普通高等教育电子信息类系列教材

激 光 器 件

（第二版）

周广宽　葛国库　赵亚辉　顾　洁　编著

西安电子科技大学出版社

内 容 简 介

本书系统全面地阐述了各类主要激光器件的工作原理、工作特性、输出特性以及基本的设计方法和应用，涉及的主要激光器件有气体激光器、固体激光器、半导体激光器及其他具有代表性的各类器件。

本书内容编排深入浅出、条理清晰、重点突出、实用性强，反映了近年来国内外激光器件研究及应用的最新成果和最新进展。

本书可作为电子科学与技术、光信息科学与技术、应用物理与技术等专业本科生和研究生的教材，也可作为光电子技术及相关产业的技术人员和其他相关专业师生的参考书。

图书在版编目(CIP)数据

激光器件/周广宽等编著. —2 版. —西安：西安电子科技大学出版社，2018.6(2024.1重印)

ISBN 978 - 7 - 5606 - 4947 - 4

Ⅰ. ①激… Ⅱ. ①周… Ⅲ. ①激光器件 Ⅳ. ①TN365

中国版本图书馆 CIP 数据核字(2018)第 117898 号

责任编辑　云立实　李鹏飞
出版发行　西安电子科技大学出版社(西安市太白南路 2 号)
电　　话　(029)88202421　88201467　　　邮　　编　710071
网　　址　www.xduph.com　　　　　　电子邮箱　xdupfxb001@163.com
经　　销　新华书店
印刷单位　咸阳华盛印务有限责任公司
版　　次　2018 年 6 月第 2 版　2024 年 1 月第 6 次印刷
开　　本　787 毫米×1092 毫米　1/16　印张 18.5
字　　数　435 千字
定　　价　49.00 元
ISBN 978 - 7 - 5606 - 4947 - 4/TN

XDUP 5249002 - 6

前　言

众所周知，激光器是 20 世纪人类科技的四大发明之一。五十多年来，激光科学技术以其强大的生命力推动着光电子技术及其相关产业的形成和发展，其应用已经遍及科技、军事和社会发展的许多领域，远远超出了当年人们原有的设想。激光器的发明不仅导致了一部典型的学科交叉的创造发明史，而且生动地体现了人类的知识和技术创新活动是如何推动经济、社会的发展，从而造福人类的物质和精神生活的。

随着激光技术的飞速发展，各类激光器件的性能明显提高，激光器件的应用范围不断拓展和扩大，加之电子科学与技术、光信息科学与技术、应用物理与技术、激光技术、近代光学等专业培养规模的扩大及相关产业的发展和进步，从事激光器件的应用研究和开发的技术人员日益增多，广大读者迫切需要系统全面地学习激光器件的相关知识和了解激光器件的新进展。本书在激光原理的基础上，围绕选取什么样的工作物质、选择什么样的谐振腔、采取什么样的泵浦手段构成激光器件，介绍激光器的结构、工作原理、工作特性、输出特性及基本的设计方法。书中各章节的内容编排既注重基本理论知识之间的有机联系，又有大量的实例解析，并配有练习与思考题，便于读者自学。

本书内容取材丰富新颖，既包括了传统激光器件，又反映了近年来国内外激光器件研究及应用的新成果和新进展，具有适应本学科领域发展水平的先进性。经过多年的发展，在传统的氦氖激光器基础上出现的绿光氦氖激光和高功率氦氖激光器，在传统的二氧化碳激光器基础上出现的流动型二氧化碳激光器、TEA 二氧化碳激光器和气动型二氧化碳激光器，在传统的固体激光器基础上发展的可调谐激光和透明陶瓷激光器，在传统的染料激光器基础上发展的随机激光器，在传统的半导体激光器基础上发展的可集成激光和半导体微碟激光器等，这些内容本书中均有体现。本书内容编排循序渐进、深入浅出、条理清晰、通俗易懂、实用性强，总结了编者多年来从事激光器件教学工作的经验和体会，体现了理论指导实践、实践检验理论科学的研究方法，注重启迪读者的独立思考能力、自学能力和创新能力，是一本理想的教学用书，也是相关科技人员的良师益友。

全书共分四篇 16 章。第一篇气体激光器，重点讨论氦氖激光器和二氧化碳激光器的基本结构、工作原理、工作特性、输出特性及基本的设计方法，以及研究新成果和应用新进展，同时还介绍了其他一些重要的气体激光器，如金属蒸气激光器、离子气体激光器、准分子激光器、光泵浦远红外激光器、氮分子激光器等。第二篇固体激光器，重点讨论红宝石激光器、钕玻璃激光器、YAG 晶体激光器的基本结构、工作原理、工作特性、输出特性，同时还介绍了固体激光器的一些重要的新进展，如可调谐固体激光器和透明陶瓷激光器。

第三篇半导体激光器，重点讨论同质结 GaAs 半导体激光器和异质结半导体激光器的基本结构、工作原理、工作特性、输出特性，同时还介绍了半导体激光器的一些新型器件。第四篇其他激光器，介绍染料激光器及其新进展，和一些处于研究阶段的新型激光器，如自由电子激光器、化学激光器、光纤激光器等。

本书的第 1、2、3 章由周广宽编写，第 5～9 章和第 15、16 章由葛国库编写，第 10～12 章由顾洁编写，第 4 章和第 13、14 章由赵亚辉编写，全书由周广宽主编。

本书在编写过程中参阅了大量的国内外文献，在此向这些文献的作者表示诚挚的感谢！

由于编者水平有限，书中可能还存有一些不足之处，敬请读者批评指正，不胜感激！

编　者
2018 年 1 月

目　　录

第一篇　气体激光器

第二篇 固体激光器

第三篇　半导体激光器

第四篇　其他激光器

第一篇 气体激光器

由单一气体、混合气体或蒸气等气态物质作为工作物质的激光器称为气体激光器。自从 1960 年首次研制成氦氖激光器(波长 1.15 μm)以来,相继出现了各种原子、分子、准分子和离子气体激光器,其销售量约占世界激光器市场的 60%。气体激光器以其突出的优点,被广泛地应用于工业、农业、国防、医学、计量学和其他科研领域中,如准直导向、计量、全息照相、激光光谱学、激光医学、激光育种、激光加工(切割、焊接)等。气体激光器的主要优点表现在以下三个方面:

(1) 工作物质均匀,输出光束质量优良。由于工作物质均匀一致,能够保证大部分器件产生接近高斯分布的光束模式,其单色性、发散度均优于固体激光器和半导体激光器。

(2) 谱线范围宽。已有数百种气体、蒸气可以产生近万条激光谱线,覆盖范围从亚毫米波、可见光到真空紫外线,甚至 X 射线、γ 射线波段。

(3) 输出功率大,既能连续工作又能脉冲工作,且效率高。如二氧化碳激光器是目前效率和连续输出功率最大的器件,氩离子激光器是目前可见光连续输出功率最大的器件。

除此以外,气体激光器还具有结构简单、造价低廉、运行费用低、可采用多种激励手段等优点。由于工作粒子以气体或蒸气的形式存在于工作物质中,因而常采用气体放电激励、热激励、化学激励、核能激励、光泵激励、电子束激励等,其中气体放电激励是气体激光器主要采用的激励方式。

气体激光器的发展方向主要是探索新的波段,发展新器件,拓展应用领域和开发大功率、大能量、高效率、长寿命、高光束质量、高可靠性及小型化的激光器件。

第一章　气体激光器的放电激励基础

由单一气体、混合气体或蒸气等气态物质作为工作物质的激光器称为气体激光器。大多数气体激光器采用气体放电激励。

气体物质在外加电场作用下，产生电离而形成电流的现象，称为气体放电。根据气体电离程度的不同，放电气体可分为弱电离气体和强电离气体。一般而言，气体激光器中的放电气体属于弱电离气体(电离度小于 10^{-4})。利用气体放电过程中粒子的相互作用而实现粒子数反转分布，称为气体放电激励。大多数气体激光器均采用气体放电激励。本章主要讨论气体放电中粒子相互作用的基本过程、气体放电的选择激发过程和气体激光器的其他激励方式。

1.1　气体放电的基本过程

在气体放电过程中，粒子的相互作用决定了放电气体的物理性质，需要采用一些物理量来描述气体放电中粒子的相互作用过程。为了深入了解气体激光器的工作特性，本节简要介绍气体放电的基本概念和基本过程。

1.1.1　气体放电粒子的种类及其相互作用

放电气体中存在的粒子种类取决于气体和外界激励强度。一般来说，弱电离气体中将有电子、正离子、负离子、中性和带电基态粒子、中性和带电激发态粒子、光子等。这些粒子的相互作用，决定了放电气体的力学性质、电学性质、化学性质和光学性质，构成了一个复杂的电、光、化学作用系统。

1. 中性气体粒子

中性气体粒子是指气体没有发生放电时就存在的气体粒子，一般有原子、分子等，其粒子密度随气压变化较大。对于几百帕的气压来说，其粒子密度约为 $10^{22} \sim 10^{23}$ m^{-3}，比半导体和固体的粒子密度低。

2. 带电粒子

中性气体粒子一旦被电离就产生了带电粒子，带电粒子包括电子、正离子、负离子。从带电粒子对放电特性的影响看，电子对气体的电学性质起主导作用。离子可能有多种，如 N_2 和 O_2 气体放电时，就会产生 N^+、N_2^+、O^+、O_2^+、NO^-、O_2^-、NO_2^-、O_3^- 等，氦气体放电时，就会产生 He^+ 等。离子和中性气体粒子对气体的力学性质的影响起主要作用。

3. 受激粒子和光子

中性气体粒子和带电粒子在气体放电中被激发，形成受激中性粒子以及受激带电粒子。由于存在量子效应，这些受激粒子会形成自发发射、受激辐射过程，产生自发辐射光子和受激辐射光子，同时也因吸收光子而形成光激发、光电离等过程。

4. 碰撞过程

在气体放电中，决定放电过程的物理因素是多种粒子的运动和它们之间的相互作用。在粒子的相互作用过程中实现了粒子动量、动能、内能和电荷的交换，使粒子发生扩散、电离、激发、复合、吸附等。粒子的相互作用过程相当复杂，但可以运用碰撞特征参量来表征，因此必须对粒子之间的碰撞有正确的理解。

带电粒子的碰撞是指粒子在相互作用过程中，粒子的间距不断减小，到一定距离后，它们的距离又不断增加。在这个过程中，粒子的运动状态发生了变化，即粒子的动量、动能、内能及电荷发生变化，就认为它们之间发生了碰撞。这样的碰撞模型已经被大量实验所证实，如卢瑟福(Rutherfold)α粒子散射实验、X射线 Bragg 衍射实验等。

按照粒子状态的变化，一般将碰撞过程分为弹性碰撞和非弹性碰撞。弹性碰撞过程中，粒子只交换动量和动能，不交换内能，内能不变，即遵守动量守恒和动能守恒；非弹性碰撞过程中，粒子既交换动量和动能，又交换内能，粒子内能发生改变，即遵守动量守恒和能量守恒。粒子之间的弹性碰撞对确定气体放电过程中各种传递系数起主要作用，如热传导系数、电传导系数、扩散系数和漂移系数等；粒子之间的非弹性碰撞对确定气体放电过程中各种电参量和光参量起主要作用，如电子温度、电子密度、各激发能级的粒子数分布等。

非弹性碰撞将引起气体粒子的激发和电离，就其内能改变方式可分为两类。一粒子的动能与另一粒子的内能交换称为第一类非弹性碰撞，如电子-原子(分子)之间的非弹性碰撞；一粒子的动能或内能与另一粒子的内能交换称为第二类非弹性碰撞，如原子(分子)-原子(分子)之间的非弹性碰撞。

设两粒子质量分别为 m_1、m_2，碰撞前粒子的速度分别为 v_1、v_2，其中 $v_2 = 0$。两粒子发生碰撞后速度分别为 u_1、u_2，如图 1.1 所示。

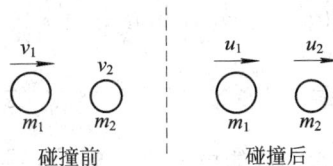

图 1.1　质量分别为 m_1、m_2 的粒子的对心碰撞

（1）弹性碰撞过程。在对心弹性碰撞过程中，两粒子构成的体系满足动量守恒和动能守恒。由动量守恒定律和动能守恒定律可得

$$m_1 v_1 = m_1 u_1 + m_2 u_2 \tag{1-1}$$

$$\frac{1}{2} m_1 v_1{}^2 = \frac{1}{2} m_1 u_1{}^2 + \frac{1}{2} m_2 u_2{}^2 \tag{1-2}$$

两式联立可得 u_1、u_2 为

$$u_1 = \frac{m_1 - m_2}{m_1 + m_2} v_1 \tag{1-3}$$

$$u_2 = \frac{2 m_1}{m_1 + m_2} v_1 \tag{1-4}$$

于是粒子 m_1 传递给粒子 m_2 的动能为

$$\varepsilon_2 = \frac{1}{2} m_2 u_2^2 = \frac{4 m_1 m_2}{(m_1 + m_2)^2} \varepsilon_1 \tag{1-5}$$

式中 $\varepsilon_1 = \frac{1}{2} m_1 v_1^2$。$m_1$ 的动能损失率 Δ 定义为

$$\Delta = \frac{\varepsilon_2}{\varepsilon_1} = \frac{4 m_1 m_2}{(m_1 + m_2)^2} \tag{1-6}$$

考虑非对心碰撞情况，Δ 将减小，其最小值为零，故 m_1 的平均动能损失率 $\overline{\Delta}$ 为

$$\overline{\Delta} = \frac{\varepsilon_2}{\varepsilon_1} = \frac{2 m_1 m_2}{(m_1 + m_2)^2} \tag{1-7}$$

可以看出，若 $m_1 \ll m_2$，则 m_1 的平均动能损失率 $\overline{\Delta}$ 很小。如电子与气体原子之间的弹性碰撞，电子的平均动能损失率 $\overline{\Delta}$ 很小，说明电子每次与原子碰撞，电子损失的动能很少，因此电子能从电场中不断积累能量。但由于电子频繁地与原子碰撞，单位时间内电子传递给气体的总动能是不可忽视的，将引起气体温度升高。

若 $m_1 \approx m_2$，则 m_1 的平均动能损失率 $\overline{\Delta} \approx \frac{1}{2}$。如粒子与粒子之间的弹性碰撞，将产生大量的动能交换。因此弹性碰撞对确定气体放电过程中各种传递系数起主要作用，如热传导系数、电传导系数、扩散系数、漂移系数等。

（2）非弹性碰撞过程。在对心非弹性碰撞过程中，两粒子构成的体系满足动量守恒和能量守恒。由动量守恒定律和能量守恒定律可得

$$m_1 v_1 = m_1 u_1 + m_2 u_2 \tag{1-8}$$

$$\frac{1}{2} m_1 v_1^2 = \frac{1}{2} m_1 u_1^2 + \frac{1}{2} m_2 u_2^2 + W \tag{1-9}$$

其中 W 为粒子 m_2 的内能。两式联立可得

$$W = \frac{1}{2} m_1 v_1^2 - \frac{1}{2} m_1 u_1^2 - \frac{1}{2} m_2 \left(\frac{m_1 v_1 - m_1 u_1}{m_2} \right)^2 \tag{1-10}$$

可见，W 随 u_1 的改变而变化。由 $\frac{\partial W}{\partial u_1} = 0$ 知，当 $u_1 = \frac{m_1}{m_1 + m_2} v_1$ 时，W 的极大值为

$$W_{\max} = \frac{m_2}{m_1 + m_2} \frac{1}{2} m_1 v_1^2 = \frac{m_2}{m_1 + m_2} \varepsilon_1 \tag{1-11}$$

可以看出，若 $m_1 \ll m_2$，则 m_2 获得的内能极大值为 $W_{\max} \approx \frac{1}{2} m_1 v_1^2 = \varepsilon_1$。如电子与基态原子 A 的非弹性碰撞，电子的大部分动能转化为原子的内能，使原子 A 被激发。其反应方程为

$$A + \overline{e} \longrightarrow A^* + e \tag{1-12}$$

式中 A^* 为激发态 A 原子。当 $W_{\max}$ 大于原子 A 的电离能或电离激发能时，原子将被电离或电离激发，反应方程为

$$A + \overline{e} \longrightarrow e + A^+ + e \tag{1-13}$$

$$A + \overline{e} \longrightarrow (A^+)^* + 2e \tag{1-14}$$

式（1-12）、式（1-13）、式（1-14）表示的是第一类非弹性碰撞，是气体放电激励能获得很高的电光转换效率的原因之一。电子与基态离子的非弹性碰撞也有类似情况。

若 $m_1 \approx m_2$，则 m_2 获得的内能极大值为 $W_{\max} \approx \frac{1}{2} \varepsilon_1$。如基态原子 A、B 之间动能和内

能的转换，使基态原子被激发、电离或电离激发。激发态原子 A^* 与基态原子 B 之间的内能转换也可实现基态原子被激发、电离或电离激发，反应方程为

$$A^* + B \longrightarrow A + B^* \tag{1-15}$$

$$A^+ + B \longrightarrow A + B^+ \tag{1-16}$$

$$A^* + B \longrightarrow A + B^+ + e \tag{1-17}$$

$$A^* + B \longrightarrow A + (B^+)^* + e \tag{1-18}$$

此为第二类非弹性碰撞，如能量转移、电荷转移、潘宁效应等。

总之，弹性碰撞对确定气体放电过程中各种传递系数起主要作用，非弹性碰撞对确定气体放电的各种电参量和光参量起主要作用，如电子温度、电子密度、激发态的集聚数分布等。

1.1.2 气体放电的基本参量

气体放电中决定放电情况的基本物理因素是电子、原子、分子及离子间的碰撞，描述这种碰撞过程的物理量是碰撞截面、自由程和激发速率。

1. 碰撞截面

所谓碰撞，是指粒子相互接近时，将引起粒子的动量、动能、内能等的变化。以电子与原子的碰撞为例，引进碰撞截面的概念。如图 1.2 所示，如果认为原子是半径为 a 的"弹性球"，当运动的电子处于"弹性球"的阴影区域时，电子与"弹性球"将发生碰撞，可以认为碰撞截面为

图 1.2 碰撞截面概念

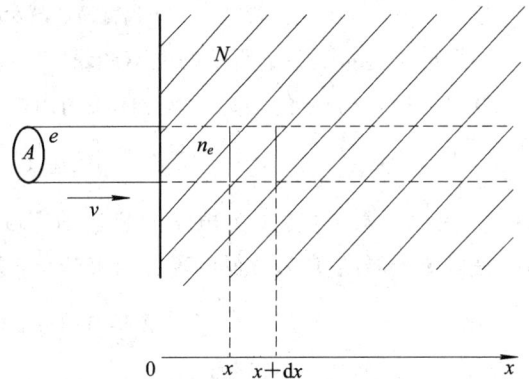

$$\sigma = \pi a^2 \tag{1-19}$$

实际的气体放电是大量电子与大量原子的碰撞过程，因此必须用统计平均方法来描述。

假设一束截面积为 A 的电子沿 x 轴以速度 v 通过某种气体，电子与气体粒子发生碰撞，电子的动量改变使电子束偏离，如图 1.3 所示。

在气体中，在 $x \sim x + \mathrm{d}x$ 之间单位时间单位体积内受到碰撞的电子数为

$$\frac{\mathrm{d}n_e}{\mathrm{d}t} = -Nn_e\pi a^2 \frac{\mathrm{d}x}{\mathrm{d}t} \tag{1-20}$$

式中 n_e 为电子数密度，N 为气体粒子数密度，a 为气体粒子半径。对式(1-20)积分可得

图 1.3 电子束在气体中的碰撞

$$n_e = n_0 \exp(-N\pi a^2 x) \tag{1-21}$$

其中 n_0 是 $x=0$ 处的电子密度。式(1-21)表明，经过距离 x 后，未被碰撞的电子密度随 x 增大而指数下降。通过实验可以测量不同距离 x 的电子流 i：

$$i = i_0 \exp(-\alpha x) = i_0 \exp(-N\sigma x) \tag{1-22}$$

其中 i_0 是 $x=0$ 处的电子流，α 是气体对电子的吸收系数。由式(1-22)可测得有效碰撞截面，并可得出 σ 的物理意义。

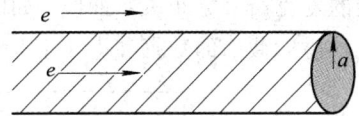

$N \cdot \sigma$ 表征了电子束穿过气体 x 距离而不被碰撞的概率，称之为总碰撞截面，记为 Q。σ 表征了大量电子与气体粒子的碰撞概率的统计平均值，称之为碰撞截面。σ 的量纲为 m^2，Q 的量纲为 m^{-1}。

Q 和 σ 的计算，不仅要考虑粒子的大小、密度，还要考虑粒子的运动速度、库仑力及波动性，具体计算需用量子力学的方法来处理，通常由实验方法来测定 σ。实验发现，碰撞截面 σ 与电子的速度和气体种类有关，而与气体粒子密度无关。总碰撞截面 Q 与气体粒子密度有关，即与气压、温度等状态条件有关。

碰撞截面的概念对于描述粒子的碰撞过程及粒子状态都十分有用。粒子的碰撞包括弹性碰撞、非弹性碰撞的激发和电离，因此 Q 可表示为总弹性碰撞截面 $Q_弹$、总激发截面 $Q_激$ 和总电离截面 $Q_{电离}$ 的总和，即

$$Q = Q_弹 + Q_激 + Q_{电离} \tag{1-23}$$

$$\sigma = \sigma_弹 + \sigma_激 + \sigma_{电离} \tag{1-24}$$

弹性碰撞截面 $\sigma_弹$、激发截面 $\sigma_激$ 和电离截面 $\sigma_{电离}$ 分别表征了各种碰撞几率的大小。原子系统的电离截面 σ_i、禁戒跃迁的激发截面 σ_{ex1}、非禁戒跃迁的激发截面 σ_{ex2} 以及电子随动能的麦克斯韦分布关系曲线，如图 1.4 所示。曲线表明碰撞截面与碰撞前电子的动能有关。各种碰撞截面的数据和电子能量分布函数可由实验测得。

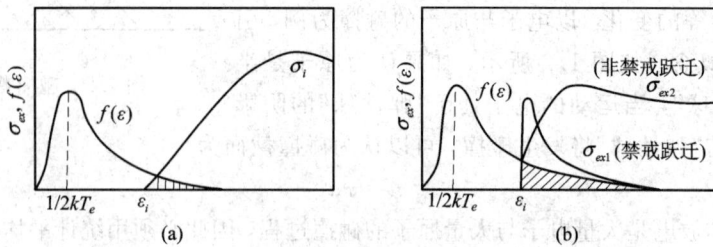

图 1.4　电离截面和激发截面与麦克斯韦分布

如果电子能量 ε 小于原子的电离能量 ε_i，就不会发生电离，此时 $\sigma_i = 0$；当 $\varepsilon > \varepsilon_i$ 时，将发生电离碰撞，σ_i 是 ε 的函数。单位体积内由电离碰撞产生的电离速率 Z_i 被定义为

$$Z_i = \int N v \sigma_i(\varepsilon) \, n_e f(\varepsilon) \, \mathrm{d}\varepsilon \tag{1-25}$$

式中 N 为原子数密度，v 为电子的热运动速度，$f(\varepsilon)$ 为电子能量分布函数。图 1.4 中的 $f(\varepsilon)$ 是以电子温度 T_e 为特征的麦克斯韦分布，即

$$f(\varepsilon) = 2 \left(\frac{\varepsilon}{\pi} \right)^{1/2} (kT_e)^{-3/2} \exp\left(-\frac{\varepsilon}{kT_e} \right) \tag{1-26}$$

因此，要求得电离速率以及激发速率，就必须知道碰撞截面 σ 和电子能量分布函数 $f(\varepsilon)$。

2. 自由程

所谓自由程 $\bar{\lambda}$，是指相邻两次碰撞之间，运动粒子所走过的路程的统计平均值。由统计方法可求出 $\bar{\lambda}$ 为

$$\bar{\lambda} = \langle x \rangle = \frac{\int_0^\infty x \cdot \mathrm{e}^{-Qx} \, \mathrm{d}x}{\int_0^\infty \mathrm{e}^{-Qx} \, \mathrm{d}x} = \frac{1}{Q} \tag{1-27}$$

$\bar{\lambda}$ 的大小与气体的压强和温度有关，$\bar{\lambda}^{-1}$ 表征单位长度上的碰撞次数。显然 Q 表征了粒子之间碰撞几率的大小。

3. 激发速率

在气体放电过程中，工作物质粒子数反转分布的建立和维持依赖于电离和激发两种过程，电离过程是为维持放电所必不可少的（要求提供电子、离子、亚稳粒子），激励过程是建立反转分布所必需的（要求只对激光上能级有强烈的激发，而对激光下能级有有效的消激发）。为了描述激发过程建立的快慢，引入激发速率。激发速率是描述碰撞几率的另一个基本参量，表示单位时间内、单位体积气体中发生碰撞的次数，相当于化学反应的速率常数。

在维持电子的来源和激光上能级的激发过程中，起重要作用的因素是基态粒子密度 n、电子数密度 n_e、电子数按能量的分布 $f(\varepsilon)$，以及激发截面。对于碰撞截面为 σ 的某一过程，反应的速率或激发速率 R 定义为

$$R = n \int_0^\infty \sigma(\varepsilon) \cdot f(\varepsilon) \cdot \mathrm{d}\varepsilon \tag{1-28}$$

其中：$\sigma(\varepsilon)$ 是特定反应的碰撞截面；$f(\varepsilon)$ 是粒子按能量 ε 的分布函数，它可能是麦克斯韦分布律，也可能是得拉维意斯坦分布律，视等离子体密度而定。

（1）对于电子碰撞激发过程来说，工作粒子的某一激发态的电子碰撞激发速率 R_e 为

$$R_e = n \int_0^\infty \sigma_e(\varepsilon) \cdot f_e(\varepsilon) \cdot \mathrm{d}\varepsilon \tag{1-29}$$

其中：$\sigma_e(\varepsilon)$ 是激发态的电子碰撞激发截面；$f_e(\varepsilon)$ 是电子按能量 ε 的分布函数，且有

$$\int_0^\infty f_e(\varepsilon) \, \mathrm{d}\varepsilon = n_e \tag{1-30}$$

由于 $\sigma_e(\varepsilon)$ 与电子能量的关系通常是不清楚的，一般将 R_e 写成

$$R_e = n \cdot n_e \cdot \overline{v_e} \cdot \overline{\sigma_e} \tag{1-31}$$

其中 $\overline{v_e}$ 是电子相对于工作粒子的平均速度，$\overline{\sigma_e}$ 是按平均速度 $\overline{v_e}$ 的平均碰撞截面。

（2）对包含有两种粒子的能量转移激发过程来说，能量转移激发速率写成

$$R = n_1 \cdot n_2 \cdot \overline{v} \cdot \overline{\sigma} \tag{1-32}$$

其中 n_1、n_2 分别代表接受能量的基态粒子和能量载体的粒子数密度，$\overline{v}$ 是粒子相对平均速度，$\overline{\sigma}$ 是按平均速度 $\overline{v}$ 的平均碰撞截面。

（3）R 的量纲为 $\mathrm{m}^{-3} \cdot \mathrm{s}^{-1}$，表示单位时间内、单位体积气体中被激发的粒子数。

4. 电子能量分布函数

放电气体中任何粒子的电离几率和激发速率都与电子能量分布函数 $f_e(\varepsilon)$ 有关。由于电子是气体放电过程中能量的主要携带者，电子能量的大小取决于电子在外电场中获得的平均能量，另一方面电子能量的分布还会受到其他粒子碰撞交换的影响。有关电子能量分布函数的研究工作是从 1913 年开始的，得拉维意斯坦（Druyresteyn）等研究了低密度（$n_e < 10^{10}\,\mathrm{cm}^{-3}$）热平衡态下的电子能量分布函数，表示为

$$f_e(\varepsilon) = 1.63 \chi^{\frac{1}{2}} \exp(-\chi^2) \tag{1-33}$$

式中 $\chi = \dfrac{\varepsilon}{\varepsilon_0}$，$\varepsilon_0 = \dfrac{E}{p}\left(\dfrac{4m_e}{3M}\right)^{\frac{1}{2}}e\lambda_e$，$\varepsilon$ 为电子的动能，$\dfrac{E}{p}$ 为单位气压下的电场强度，λ_e 为气压在 133 Pa 下电子的平均自由程，m_e 为电子质量，e 为电子电荷，M 为其他粒子的质量。称式 (1-33) 为得拉维意斯坦分布律。

在较高的电子密度下，电子服从麦克斯韦分布

$$f_e(\varepsilon) = \frac{4}{\sqrt{\pi}}\chi^{\frac{1}{2}}\exp(-\chi) \qquad (1-34)$$

式中 $\chi = \dfrac{\varepsilon}{kT}$；$T$ 为等效电子温度，用电子伏特作为等效电子温度的单位，1 eV 相当于热力学温度 7730 K。

但是，气体放电等离子体是一种比较复杂的等离子体，它的电子密度往往较低（而电子与其他粒子的碰撞截面较大），因此电子能量分布偏离麦克斯韦分布。在连续气体放电中，可以用朗缪尔探针测量电子能量分布函数。作为例子，在 $CO_2 + N_2 + He$ 混合气体为工作物质的 CO_2 激光器中电子能量分布曲线如图 1.5 所示。结果表明，分布函数是偏离麦克斯韦分布的。这种偏离反映了电子-分子之间的能量交换过程。可以看出，当 E/N 值增大时，高能电子大量增加。

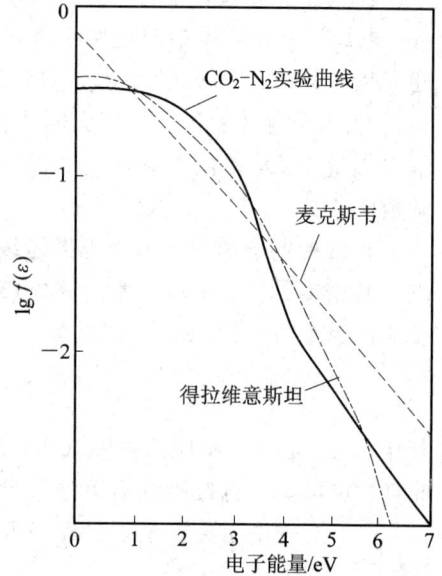

图 1.5　CO_2 激光器电子能量分布函数

对其他气体放电的物质，只要从实验中测出激发截面，就可以求得电子能量分布函数，并由此计算出各种放电参量的平均值和各种速率常数。这些参量和常数是激光动力学过程的必要参数。

1.1.3　气体放电的形式

按照是否需要外加电离源来维持放电，气体放电可分为自持放电和非自持放电；按放电参量是否随时间变化来分类，可分为直流放电、射频放电和脉冲放电等形式，其中直流放电有辉光放电、弧光放电、电晕放电等形式。

1. 直流放电

为进一步了解放电的内部物理过程，我们以分析放电管的管压降和放电电流的关系即伏-安特性来说明放电的物理过程。气体击穿后，放电管两电极间电压一般称为放电管的维护电压或管压降。放电管采用平行板电极，阴极 K 和阳极 A 之间的距离为 d，管内充有压强为几百帕～几千帕的某种气体，在放电管两端加一个可调直流电压 U。图 1.6 所示是测量放电管伏-安特性的电路(a)及伏-安特性曲线(b)。改变电源电压或电阻 R 可得出伏-安曲线 $OABCDEFGH$，该曲线称为全伏-安特性曲线。伏-安特性曲线的不同区域代表了不同的放电特性，其放电的物理过程也不一样，而这些不同的放电特性之间又有其内在的联系。

(1) 曲线 $OABCD$ 段所对应的放电过程称为非自持放电，可划分为 OAB 和 BCD 两段。其中 OAB 段称为被激导电，由于外加电压较低，故从阴极发射的电子通过气体时不能

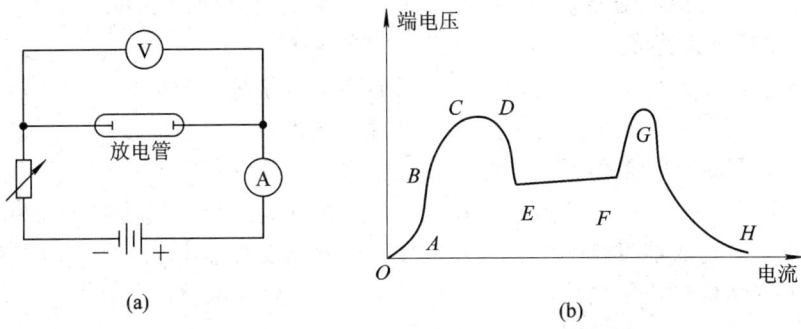

图 1.6 气体放电的伏-安特性

产生电离,此时电流较小($10^{-20}\sim10^{-11}$ A 之间),当外加电压升高时,阴极发射的电子全部到达阳极,呈现出电流饱和的现象,曲线较陡峭。BCD 段所对应的放电称为繁流放电,由于外加电压较高,少量电子在电场中积累较大能量而引起气体粒子的电离,当场强足够强时,电离出来的电子又可产生电离碰撞,同时产生出来的正离子碰撞阴极会产生二次电子发射,如此连锁进行,引起外电路电流急剧上升($10^{-10}\sim10^{-7}$ A)。在这些过程中放电主要取决于外因,外因去掉后放电立即停止,故称为非自持放电。

(2) 曲线 DE 段对应着非自持放电到自持放电的过渡过程,称为着火过程。外加电压升高到 D 点后,放电管的电流急剧上升的同时,管压降迅速下降,呈现出不稳定的负阻特性,同时放电管出现辉光(光辐射产生)。D 点电压称为气体的击穿电压(着火电压、起辉电压),此时气体被击穿,由绝缘体变成导体。这是由于正离子碰撞(轰击)阴极产生的二次电子被加速又引起气体的连锁电离,形成自持放电,即去掉外因后,放电仍能维持。在这个过程中,由于电流的增加,若没有限流电阻来限流,就会使放电管烧坏。

(3) 曲线 EFGH 段对应着自持放电,EF 段所对应的放电称为正常辉光放电,其特点是电流增加,管压降几乎维持不变,电流为 $10^{-4}\sim10^{-1}$ A,这是一种稳定的小电流自持放电。此时放电完全依靠放电管内部的物理作用,放电管侧面呈现明暗相间的辉光空间区域,这正是正常辉光放电名称的由来。此时放电管内部可分为 8 个明暗相间的区域,如图 1.7 所示。

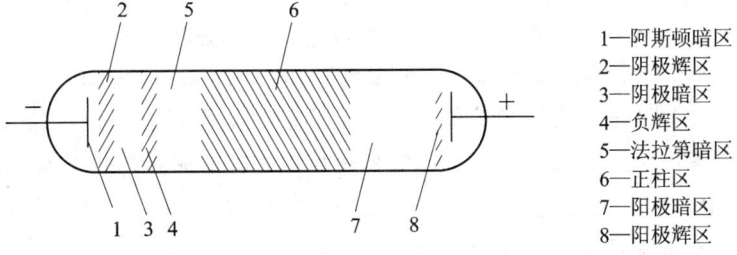

1—阿斯顿暗区
2—阴极辉区
3—阴极暗区
4—负辉区
5—法拉第暗区
6—正柱区
7—阳极暗区
8—阳极辉区

图 1.7 正常辉光放电管内辉光空间区域

二次电子在电场的作用下,由阴极向阳极运动。初始阶段,电子能量很小,不足以产生电离和激发,因此在靠近阴极区域内(约 1 mm 范围)便形成阿斯顿暗区。随着外电场加速使电子能量的增加,当少量电子能量大于气体粒子(分子、原子)的激发能时,使部分气体粒子被激发,同时形成一个微弱发光层,即阴极辉区,也称为激发区。电子能量在阴极

— 9 —

辉区得到增加，获得更大动能，(高能电子)足以产生电离而使激发粒子数减少(相对阴极辉区)，在阴极辉区后就形成较暗的阴极暗区(放电区域)。

由阿斯顿暗区、阴极辉区和阴极暗区组成的阴极区是维持放电的关键区域。当阳极向阴极逐渐靠近，到阴极区边界附近时，放电仍可继续维持；当阳极移动到阴极区内时，放电立即熄灭。阴极区的三个主要参量为阴极电流密度、阴极位降和阴极区长度。

经阴极暗区后，少量电子能量稍有衰减，但仍能有效地激发气体粒子而发光，形成负辉区。经负辉区后电子能量继续消耗衰减，以致不能激发气体粒子，使得激发粒子数相对减少，在负辉区后便形成了法拉第暗区。

电子经法拉第暗区加速，能量得以增加，又能有效地使气体粒子激发、电离，形成正柱区，正柱区为均匀的辉光放电区域。正柱区占据了放电管的绝大部分，其长度由放电管极间距离决定，极间距离缩短时，正柱区长度也随着变短，在一定条件下，甚至可以不出现正柱区，但气体放电仍然存在(但当阳极移动到阴极区内时，放电立即熄灭)。因此就放电本质而言，正柱区是可有可无的，它不是维持放电的主要区域。但它是放电的一个重要区域，气体激光器大多是利用正柱区中的粒子数反转形成受激辐射的。正柱区是一种由带正电粒子数和带负电粒子数几乎相等组成的等离子区。由于带电粒子的密度很大，且正离子质量大，迁移速度小，因此放电载流子主要是电子，电子数密度处于动态平衡状态。

电子穿过正柱区，继续穿过阳极暗区和阳极辉区，到达阳极。阳极暗区为电离较强区，阳极辉区为激发较强区。

氦氖激光器、普通型二氧化碳激光器均采用正常辉光放电激励。

(4) 曲线 FG 对应着反常辉光放电。随着电流的增加，管压降又随之增加，此时观察到辉光布满整个阴极表面，并且充满整个放电空间，这是由于二次电子能量很大，阴极溅射强烈的缘故。一般应防止激光器放电管在此状态下工作。

阴极溅射效应是由于正离子把动能给予阴极表面，对表面的轰击，使阴极发射离子、原子或分子，引起阴极金属蒸发(汽化)所致的。在激光器件中，该效应将使器件寿命降低(消耗阴极)。它是辉光放电的一种特有现象，阴极物质微粒向四面八方发射，使器件的内部零件和器壁上覆盖一层薄膜，金属材料不同，溅射效应也不同，因此选取阴极材料时，应选溅射效应小的材料。按溅射效应大小，几种常用的阴极材料排列顺序如下：

银—金—铜—铂—镍—钼—铁—铝—镁—钽

(5) 曲线 GH 段对应的放电形式称为弧光放电，其主要特征是：通过放电管的电流很大，可达数十安培到数千安培，从而使阴极温度升高，产生强烈的热电子发射，因此，随着电流的增大，电离强度也增大，管压降反而下降，对应 G 点电压称为弧光着火电压。相对辉光放电，弧光放电是一种低电压大电流的自持放电，放电空间辉光更强烈。

2. 射频放电

射频放电也称高频放电，在放电管两电极间施加高频电场，使电场变化周期远小于带电粒子在两电极间的渡越时间，电子只能在某个固定位置附近振荡，并与气体粒子碰撞，产生电离和激发来维持放电，射频在 1 MHz 至数百 MHz。在这种放电方式中，管压降大大低于直流放电电压，并且电子的往复运动增大了电子的飞越路程，增加了与气体粒子的碰撞次数，电离能力得到了提高，使放电既可以采用电极，也可以不采用电极也能进行。

射频放电激励技术的引入为气体激光器带来一些极为重要的新概念和新技术，如"增加大面积"概念，使普通型 CO_2 激光器有了突破性进展，该技术也工作于辉光放电区域。

3. 脉冲放电

在放电管两极间施加脉冲电压引起气体击穿的现象，称为脉冲放电。如果气体的击穿电压为 U_D，当两极间施加脉冲电压 $U<U_D$ 时，气体具有绝缘体的特性，当 $U>U_D$ 时，气体开始导通，阻抗急剧下降。由于击穿电压 U_D 随气压不同而变化，通常按气压和极间距离的乘积 pd 来区分低气压区和高气压区。在 $pd \leqslant 20\ 000\ \mathrm{Pa \cdot cm}$ 的低气压区，气体击穿过程的发展随时间而变化，击穿电压 U_D 与外加电压的作用时间有关。短脉冲放电的击穿电压一般高于直流连续放电或射频放电的击穿电压。低气压下的脉冲放电大部分是均匀的辉光放电。与连续放电相比，脉冲放电激励可以在很短的时间内输入高功率，大大提高气体激光器输出脉冲的峰值功率。

在 $pd \geqslant 20\ 000\ \mathrm{Pa \cdot cm}$ 的高气压区，气体击穿时间很短，如电极间距为 1 cm、气压为 $1.033 \times 10^5\ \mathrm{Pa}$（标准大气压）时的气体击穿时间为 $10^{-6} \sim 10^{-7}\ \mathrm{s}$。电子以极快的速度到达阳极，正离子的运动较慢（$10^{-5}\ \mathrm{s}$），几乎停留在原来的位置，形成浓度较高的空间电荷区，空间电荷本身会产生电场，当外加电场与空间电荷电场大小接近时，就发生击穿。这种高气压放电的单个雪崩击穿往往是通道很窄的弧光，对于产生激光是极为不利的。激光器要求均匀的高气压辉光放电，高气压放电经常伴有辉光向弧光转变的不稳定性。如果采用预电离的方法，使放电区内开始有一定数量的均匀分布的初始电子，在电场作用下将产生许多个初始雪崩，电场的横向分布就会均匀，也就会形成均匀的辉光放电。采用预电离要求预电离密度大于 $10^8\ \mathrm{cm}^{-3}$。

除采用预电离获得高气压下的均匀辉光放电外，还可用快速放电方法和用限流电阻方法。快速放电的原理是使放电时间短于弧光形成的时间，快放电线路已广泛应用于金属蒸气激光器、氮分子激光器及准分子激光器等。限流电阻方法采用限流电阻来限制电流增长，阻止弧光的形成，TEA－二氧化碳激光器就是采用这种方法激励的。

脉冲放电按放电电流大小可分为脉冲辉光放电和脉冲弧光放电，按脉冲交变状态可分为直流脉冲放电和交流脉冲放电，按脉冲持续时间可分为短脉冲放电和长脉冲放电。

1.2　气体放电中的选择激发过程

气体放电中任何一个粒子都会通过碰撞与其他粒子产生相互作用，引起动量、动能、内能及电荷发生变化，并使粒子发生电离、激发等物理过程。选择激发是指在气体放电中有选择地使粒子被激发到有关的亚稳态能级，即激光上能级。气体激光器中主要的选择激发过程有共振激发能量转移、电荷转移、潘宁电离和电子碰撞等。

1.2.1　共振激发能量转移

激发态粒子与基态粒子相碰撞，使基态粒子被激发到高能态（亚稳态）而原激发态粒子则跃迁到较低能态或返回基态，这种过程称为共振激发能量转移，属于第二类非弹性碰撞。该过程适用于原子-原子，分子-分子之间的内能转移。

1. 原子–原子的共振激发能量转移过程

激发态原子 A^* 与基态原子 B 相碰撞，使基态原子被激发到高能态 B^*，而原激发态原子则跃迁到较低能态或返回基态 A，反应方程为

$$A^* + B \rightarrow A + B^* \pm \Delta E_\infty \tag{1-35}$$

式中 ΔE_∞ 表示激发态 A^*、B^* 间的能级差值。该过程进行的快慢取决于碰撞截面 σ。氦氖激光器的激发机理主要基于这个过程。

2. 分子–分子的共振激发能量转移过程

类似于原子–原子的共振激发能量转移过程的特性，在 CO_2 激光器的激光上能级的激发过程中，N_2 与 CO_2 分子间的振动能级发生转移，反应方程为

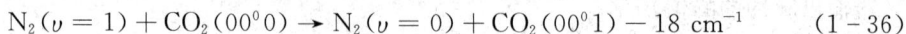

$$N_2(\upsilon = 1) + CO_2(00^00) \rightarrow N_2(\upsilon = 0) + CO_2(00^01) - 18 \text{ cm}^{-1} \tag{1-36}$$

由于激发态 $N_2(\upsilon=1)$ 分子与 $CO_2(00^01)$ 振动能级相差仅是 $\Delta E_\infty = 18 \text{ cm}^{-1}$，因此，这种过程的碰撞截面相当大，约为 $1.7 \times 10^{-18} \text{ cm}^2$，激发速率很高，从而使过程进行得十分有效。

Mott 和 Massey 对这类过程进行了理论分析，指出其碰撞截面具有以下特性：

（1）ΔE_∞ 愈小或趋于零时，能量转移截面 σ 最大，能量转移愈容易，呈现共振特性。随着 ΔE_∞ 的增大，σ 下降，原子–原子共振激发能量转移过程中 ΔE_∞ 与 σ 之间的关系。如图 1.8 所示。当 $\Delta E_\infty = 0.001 \text{ eV}$ 时，$\sigma = 10^{-14} \text{ cm}^2$；当 $\Delta E_\infty \geqslant 0.1 \text{ eV}$ 时，$\sigma = 0$。

（2）σ 与碰撞原子的相对速度有关。一般而言，粒子之间的相对速度越大，σ 值越大，但并不呈现线性增长关系，共振激发能量转移过程中 $\sigma \cdot (\Delta E_\infty)^{2/3}$ 与相对动能的关系如图 1.9 所示。

（3）根据量子力学中的自旋选择定则，碰撞前后量子态遵守自旋守恒，才能具有较大的能量转移截面。

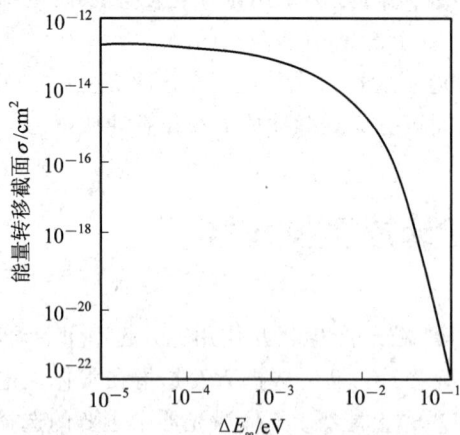

图 1.8 ΔE_∞ 与 σ 之间的理论曲线   图 1.9 $\sigma \cdot (\Delta E_\infty)^{2/3}$ 与相对动能的关系

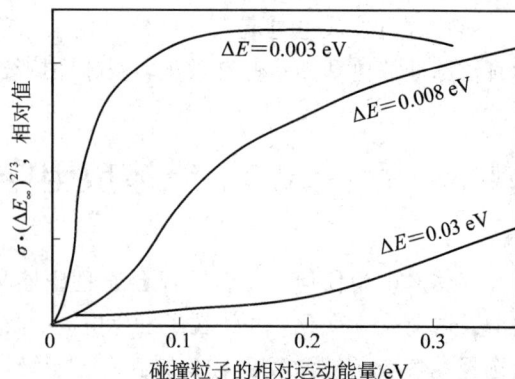

在气体激光器的工作物质中，共振激发能量转移过程对激光能级的粒子数抽运、粒子数反转的建立有很重要的意义。在原子–原子碰撞过程中，具有代表性的 $He(^1S_0)$ 和 $He(^3S_1)$ 亚稳态，与 $Ne(3s)$ 和 $Ne(2s)$ 态之间的共振激发能量转移是氦氖激光器运转的主要过程。在分子–分子碰撞过程中，具有代表性的是 $CO_2(00^01)$ 态和 $N_2(\upsilon=1)$ 振动态之间的

共振激发能量转移。一般而言，振动能量转移要求 $\Delta E_\infty \leqslant 500\ \mathrm{cm}^{-1}$，约等于 $6 \times 10^{-2}\ \mathrm{eV}$。由于 ΔE_∞ 的存在，这类过程是非绝热过程，可以解释为分子间短程作用力的结果。当这种作用力的传播时间与分子振动周期接近时，就会发生强烈的能量转移，因此，大部分振动能量转移过程中振动量子数只变化 $\Delta v = 1$。

1.2.2 电荷转移

正离子 A^+ 与中性粒子 B 相碰撞的过程中，二者会相互交换内能，A^+ 获得一个电子而成为中性粒子，粒子 B 被电离或电离激发，称之为电荷转移，属于第二类非弹性碰撞。反应方程为

$$A^+ + B \rightarrow A + B^+ \pm \Delta E_\infty \tag{1-37}$$

$$A^+ + B \rightarrow A + (B^+)^* \pm \Delta E_\infty \tag{1-38}$$

其中反应式(1-38)是同时电离和激发，ΔE_∞ 是离子 A^+ 与 B^+ 或 $(B^+)^*$ 之间的位能差，电荷转移截面 σ 的大小也依赖于 ΔE_∞ 的大小。

令两个粒子相互作用的距离为 d，相对速度为 v，则它们的相互作用时间为 d/v，正离子 A^+ 与中性粒子 B 碰撞前后分别处于两个量子态，其能级差为 ΔE，根据测不准关系，正离子 A^+ 与中性粒子 B 相互作用组合态的振荡周期为 $\Delta t = h/\Delta E$，当 Δt 与 d/v 接近时，电荷转移截面 σ 达到最大值，此时对应的相对速度为 v_m，且有

$$\frac{d}{v_\mathrm{m}} \approx \frac{h}{\Delta E} \tag{1-39}$$

需要注意的是，ΔE 将会随着两个粒子的间距改变而变化。令 ΔE_∞ 是两个粒子的独立能级差，则

$$|\Delta E| = \Delta E_\infty + E_\mathrm{p} \tag{1-40}$$

其中 E_p 是正离子 A^+ 与中性粒子 B 接近时的极化能。

电荷转移激发为激光的选择激发提供了一种新的途径。许多离子激光器如 $He^+ - Hg$、$He^+ - Zn$、$He^+ - Ne$ 等金属蒸气-稀有气体准分子激光器都是利用该过程作为激励手段的。

1.2.3 潘宁效应

一个中性激发态粒子 A^* 与中性基态粒子 B 相互碰撞，使中性基态粒子产生电离或电离激发的过程，称为潘宁效应。反应方程为

$$A^* + B \rightarrow A + B^+ + e \tag{1-41}$$

$$A^* + B \rightarrow A + (B^+)^* + e \tag{1-42}$$

这个过程首先由潘宁(Penning)提出，属于第二类非弹性碰撞。式(1-41)表示的是潘宁电离，式(1-42)表示的是潘宁电离激发。潘宁效应的最大特点是，只要激发态粒子 A^* 的激发能大于中性粒子 B 的电离能或电离激发能，反应就能顺利进行。即使 A^* 与 $(B^+)^*$ 之间的位能差高达 20 eV，上述反应仍具有共振性，这是因为反应的生成物慢，电子把碰撞体系反应前后的能量差以动能形式带走的缘故。

许多金属蒸气离子激光器的激励机理就是基于该过程。

1.2.4 电子碰撞

电子碰撞激发是气体放电激励中最常见的选择激发过程。快电子与气体粒子碰撞，使

气体粒子被激发、电离或电离激发的过程,称为电子碰撞,属于第一类非弹性碰撞。反应方程为

$$A + \bar{e} \rightarrow A^* + e \qquad (1-43)$$

激发态的激发速率与电子碰撞激发截面 σ 成正比,如图 1.4 所示,电子碰撞激发截面 σ 与激发态的自发辐射跃迁几率 A_{21} 成正比,即具有光学联系的跃迁能级具有最大的电子碰撞激发截面。利用这个特性,可以采用不同能量的电子束,或者不同的放电电压来选择激发不同的激发态能级。因此电子碰撞成为气体激光器的有效激励手段。

电子碰撞也可使基态粒子跃迁到更高的激发态上,或使粒子发生电离,或电离激发,这也成为气体激光器选择激发过程中常用的方式。反应方程分别为

$$A + \bar{e} \rightarrow A^+ + 2e \qquad (1-44)$$

$$A + \bar{e} \rightarrow (A^+)^* + 2e \qquad (1-45)$$

任何过程都会有它对应的逆过程,电子碰撞也可使激发态粒子跃迁到基态,形成消激发过程。在消激发过程中,任何能量的电子均可引起消激发,尤其是能量很小的电子将有较大的消激发截面。

1.3 气体激光器的整机效率和其他激励方式

在气体激光器件中,工作气体的物理性质和能级结构特性,决定了气体激光器的工作特性和输出特性。气体激光器的整机效率不仅与能级结构有关,而且还与激励方式有关。除气体放电激励外,还采用其他一些激励手段。

1.3.1 气体激光器的整机效率

气体激光器的光电转换效率或整机效率与能级结构密切相关,决定了工作物质吸收效率和原子发光效率。连续激光器的效率可简单地定义为

$$\eta = f \frac{h\upsilon}{E_2} \qquad (1-46)$$

式中:f 为泵浦能量中用于激发激光上能级的百分比,称为工作物质从气体放电中的能量提取率;$h\upsilon$ 为激光跃迁产生的光子能量;E_2 为激光上能级的能量。气体原子激光器选取了与基态间距大的激发态作为激光下能级,并要保证能够迅速驰豫,造成气体原子激光器的光电转换效率低。连续激光器的 E_2 较高,不利于提高 f,大部分泵浦能量消耗在激发低能级和电离过程中,通常 f 只有约 1%,且使 $\frac{h\upsilon}{E_2}$ 很少超过 0.1,因此连续激光器的效率仅为 $10^{-3} \sim 10^{-4}$。

在气体激光器工作物质能结构的选取中,可以选取较低的能级作为泵浦能级或激光上能级,以提高工作物质从气体放电中的能量提取率 f。将大部分泵浦能量用于激发原子系统的第一共振能级,在短脉冲放电激励下,构成跃迁终止于亚稳态的脉冲激光器的"自终止跃迁激光器"。将大部分泵浦能量用于激发分子能级,在气体放电激励下,构成连续运转或脉冲工作的"分子激光器"或"准分子激光器"等。

1.3.2 气体激光器的其他激励方式

大多数气体激光器采用气体放电激励。除气体放电激励外，还有其他一些激励手段，如电子束激励、光激励、热激励、化学能激励、核能激励等。

1. 电子束激励

采用电子枪产生高速电子来激励气体，实现粒子数反转，称为电子束激励。电子束激励与气体放电激励一起，统称为电激励。电子束激励与气体放电有不同之处，如能获得较大的激励体积和较高的能量转换效率，在高气压或高重复频率运转的气体激光器中，可采用电子束预电离和电子束激励相结合的方式，提高激光器的效率、重复频率等。

2. 光激励

用特定波段的光照射物质，产生粒子数反转，称为光激励或光泵浦。早期的光激励是固体激光器和液体激光器常采用的激励手段，但它们的泵浦灯光是非相干的宽带辐射，不适合于气体激光器工作物质的窄带吸收。

光泵浦气体激光器采用的激励源是激光，波长为 λ_1 的激光入射于气体物质，气体将产生波长为 λ_2 的相干辐射，泵浦激光在气体中的波长转换形成的装置称为光泵激光器。光泵激光过程可分为共振光泵激光和光泵非线性激光两类。共振光泵激光过程可以直接导致某一对能级实现粒子数反转，而光泵非线性激光过程不要求激励光子能量与粒子能级间隔对应。共振光泵激光过程简称光泵激光，可归结为光泵非线性激光过程的一个特例。

光泵激光的突出优点有：激励光波长多，激励光功率强；辐射波长可以由改变气体物质和选择激励光波长 λ_1 而得到调谐；可以使激发态气体分子呈现有规律的宏观取向。这些优点使光激励能够实现其他激励方法无法实现的某些气体的粒子数反转和激光振荡，尤其是在远红外，要求激发速率和选择性满足分子的同一振动能级的不同转动能级之间实现粒子数反转，此时，其他激励方法显得难以实现，只能采用光激励。

吸收和辐射激光的气体粒子可能通过不同的能级跃迁，它们是电子跃迁、振-转跃迁和纯转动跃迁。通常电子跃迁落在可见光和近红外，跃迁强度最强；振-转跃迁落在中红外，跃迁强度最弱；纯转动跃迁落在远红外、亚毫米波段，跃迁强度介于二者之间。属于振-转跃迁的中红外光泵激光气体有 NH_3、N_2O、CF_4、SiH_4、OCS 等，泵浦源为 HBr、CO、CO_2 激光等。

属于纯转动跃迁的远红外、亚毫米波段光泵激光气体有 CH_3F、$Cm2H_6O_2$、C_2H_6O、D_2O、HCOOH、HC_3OCH、CH_4、HF、NOCl 等，典型的光激励源为可调谐 CO_2 激光，它使分子从低振动态激发到高振动态中某一转动能级上，使该转动能级与相邻的下转动能级形成粒子数反转，满足了激励速率快于转动能级之间的能量交换速率和泵浦光选择性好的要求，形成了光泵远红外激光器、光泵亚毫米激光器。

3. 热激励

利用高温加热的方式使气体物质温度升高，从而使高能级有较多粒子(仍服从玻尔兹曼分布)，然后通过某种方式(如绝热膨胀)使热弛豫时间较短的某些较低能级上的粒子抽空，而热弛豫时间较长的某些较高能级上的粒子得以积累，从而实现粒子数反转，称为热激励。采用热激励的实例是气动 CO_2 激光器。

4. 化学能激励

利用物质发生化学反应时释放出来的能量来实现粒子数反转分布，称为化学能激励。采用化学能激励的激光器件称为化学激光器。为促成化学反应，一般需采用一些引发措施，如光引发、电引发、化学引发等。这种激励方式最大的优点是原则上不需输入其他能源作为激励源，结构简单且运转效率较高，某些化学反应中可获得的能量相当大，因此可望得到高功率激光输出。目前，典型的化学激光器有 HF 激光器和 I 原子激光器等。

5. 核能激励

利用核反应产生的放射线、高能粒子和裂变碎片来激励物质，实现粒子数反转分布，称为核能激励。如果原子核反应堆放出的巨大能量得以利用，可使核能激励激光器具有很多优点，如产生的激光能量和功率会很大，转换效率高达 50%，体积小（据计算输出百万焦耳的激光器不过一立方米大小）等。自 20 世纪 60 年代以来，整个发展大致可以分为两个阶段：第一阶段，主要做了大量的理论研究探索，并做了激励实验，这些实验并未完全证实核激励的可行性，但表明核激励对激光的产生是有作用的；第二阶段，成功地用核能激励产生了激光，并且性能有所改进，已有实验性运转的核能激励 CO 激光器，效率达 50%。目前，核能激励仍处于探索阶段，要制成实用的激光器，尚需做大量的工作，包括寻找适宜的工作物质，研制气体堆芯反应堆，研究裂变碎片重粒子与工作物质的相互作用过程等。

核激励激光器的研制尚处于实验室阶段，但其优越的性能和可能应用吸引着人们，随着生产和科学技术的发展，这项研究的步伐将会加快。

练习与思考题

1. 气体放电过程中参与相互作用的粒子可能有哪些？
2. 碰撞截面的物理意义是什么？
3. 在气体放电过程中，工作物质粒子数反转分布的建立和维持依赖于哪些过程？
4. 影响共振激发能量转移过程实现的因素是什么？
5. 直流放电中二次电子的作用是什么？
6. 潘宁效应的最大特点是什么？
7. 气体激光器采用的激励方式主要有哪些？
8. 正常辉光放电管侧面呈现明暗相间的辉光空间区域的物理机制是什么？

第二章 原子气体激光器

原子气体激光器是以原子气体为工作物质的激光器,其受激辐射跃迁发生在中性原子的不同激发态之间。能产生激光跃迁的原子气体主要有惰性气体和某些金属蒸气,具有代表性的器件有氦氖激光器和铜蒸气原子激光器,其中氦氖激光器是目前研究最为透彻、最早实现系列商品化、应用最为广泛的激光器件之一,同时氦氖激光器也有其新发展;铜蒸气原子激光器作为金属蒸气原子激光器的代表,具有优良的性能和广泛的应用。本章重点介绍氦氖激光器和铜蒸气原子激光器。

2.1 氦氖激光器的工作原理

氦氖激光器是以氦气和氖气组成的混合气体为工作物质的气体激光器,是最典型的惰性气体原子激光器,1960 年 12 月 12 日由伊朗科学家贾万(Javan)发明。氦氖激光器是最早发明的气体激光器(波长为 1.15 μm),第一次实现了连续激光辐射,证明了用气体放电激励可以实现粒子数反转分布。随后,于 1962 年成功研制出波长为 632.8 nm 的氦氖激光器。

氦氖激光器的主要特点是既可以连续运转又可以脉冲运转,输出光束相干性好(单色性和方向性,$\Delta\upsilon \leqslant 20$ Hz,$\theta_0 < 1$ mrad,接近衍射极限),输出功率和频率稳定度高($< \pm 2\%$,5×10^{-15}),并且具有结构简单、使用方便、制作成本低廉、寿命长等优点,加之输出为可见光,适合于精密计量、检测、准直、导向、水中照明、信息处理、光全息摄影、医疗以及光学科研等方面的应用。除 632.8 nm 谱线外,还有多条激光谱线运行,如1.15 μm、1.52 μm、3.39 μm、612 nm、604 nm(橙光)、594 nm(黄光)、543 nm(绿光)等100 多条谱线,主要分布在可见光近红外区域,输出功率最高可达 400 mW。

2.1.1 氦氖激光器的基本结构

氦氖激光器的工作物质是氦气和氖气组成的混合气体,其中氦气是提高泵浦效率的辅助气体,氖气是产生激光的物质。氦氖激光器的基本结构由放电管、电极和光学谐振腔构成,如图 2.1 所示。按照腔镜的构成方式可分为内腔式、外腔式、半内腔式、旁轴式、单毛细管式等。

放电管由放电毛细管与贮气管构成,其中毛细管处于增益介质工作区,是决定激光器输出性能的关键组成部分,之所以采用毛细管结构是由氖原子的能级结构决定的。而贮气管与毛细管相连,且毛细管的一端有隔板,这是为了保证放电只限于毛细管内部,而贮气管里不发生放电现象。贮气管的作用是增加了放电管的工作物质总量,使毛细管内的气体得到不断更新,减缓了放电时毛细管内杂质气体的增加和氦氖气压比的变化速率,延长了器件寿命。普通的氦氖激光器放电管一般用 GG17 硬质玻璃制成,而高稳定性器件常采用热胀系数更小的石英玻璃制成。

放电管的密封,采用玻璃粉加热的"硬封接"技术,使密封可靠性大大提高,从而提高了器件的寿命。

电极有阳极和阴极,阴极多采用冷阴极方式,冷阴极材料多用阴极溅射率(效应)小、电子发射率高的铝或铝合金制成。为了进一步增加电子发射截面和降低溅射效应,阴极常制作成圆筒状,并有尽可能大的尺寸;阳极一般用钨(杆)针制成。

一般氦氖激光器多采用直流放电激励,工作于正常辉光放电区域,属于高电压、低电流自持放电,起辉电压约为 8 kV/m(每米毛细管长度),放电电流在几毫安到几百毫安范围内,作为增益区域的毛细管几乎整体处在正柱区中。

光学谐振腔由一对镀有多层高反射率介质膜的反射镜组成,一般采用平凹腔形式,平面镜为输出镜,透过率约为 1‰~2‰,凹面镜为全反射镜,反射率接近 100%。

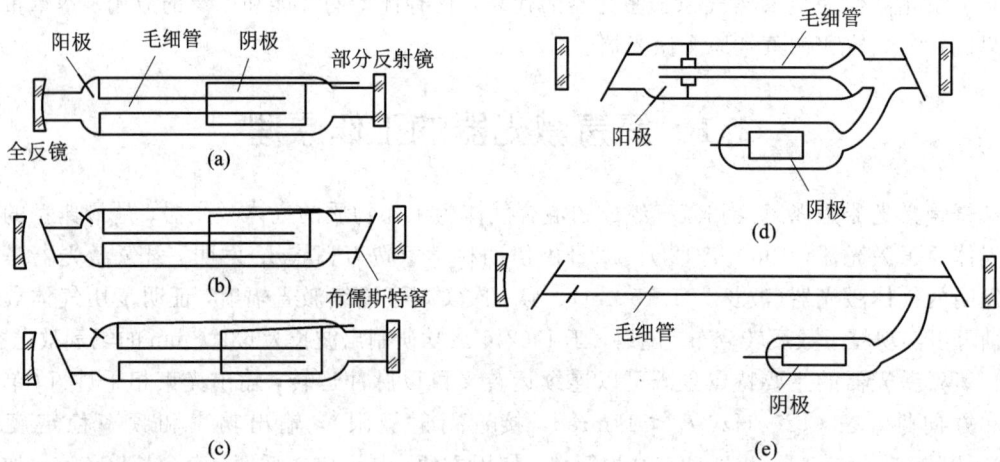

图 2.1　氦氖激光器的结构

不同的结构形式有不同的优缺点:

1. 内腔式氦氖激光器

如图 2.1(a)所示,光学谐振腔的一对反射镜直接粘贴在放电管两端。结构紧凑、使用方便、不需调整,但当放电发热或外界冲击导致谐振腔失调时无法校正,输出激光的偏振性差,所以只能适用于短管的结构。

2. 外腔式氦氖激光器

如图 2.1(b)所示,光学谐振腔的一对反射镜与放电管是分开的,放电管的两端用布儒斯特窗密封,以便在放电管管壁处获得最小的反射。腔内有足够的空间可以插入其他光学元件以改善输出激光性能。缺点是谐振腔容易产生变化,需要随时调整,造成使用不方便,还有由于布儒斯特窗的加入,引起腔内损耗增大,造成阈值提高和输出功率下降。

3. 半内腔式氦氖激光器

如图 2.1(c)所示,谐振腔的一个反射镜与放电管一端直接粘贴,放电管的另一端用布儒斯特窗密封,另一个反射镜与放电管是分开的。这种结构具有前两者的优点,适宜作特殊要求的小型器件,同时也具有外腔式的部分缺点。

4. 旁轴式氦氖激光器

如图 2.1(d)所示，结构上与外腔式相似，不同之处是阴极与放电管不同轴。其优点是阴极溅射效应不会污染布儒斯特窗镜片，器件寿命延长。缺点是体积较大，不易携带。

5. 单毛细管式氦氖激光器

如图 2.1(e)所示，结构上与旁轴式相似，不同之处是没有贮气管，放电管由单一毛细管构成。具有旁轴式氦氖激光器的部分优点，还可以沿管壁加非均匀磁场，抑制谱线竞争效应，适于在腔长较长的激光器中使用。

2.1.2 氦氖原子的能级结构

氦氖激光器之所以采用毛细管结构是由氖原子的能级结构决定的。同时氦氖原子的能级结构决定了氦氖激光器的工作原理、工作特性以及输出特性等。

氦原子处于基态时，其电子组态为 $1s1s$。按 LS 耦合法则，氦原子基态谱项可表示为 1^1S_0。当氦原子基态中一个电子被激发到较高能级，氦原子便处于激发态。氦原子的第一激发态的电子组态为 $1s2s$，按照 LS 耦合法则，氦原子的第一激发态谱项分别为 2^1S_0、2^3S_1，其中 2^1S_0 为单重能级结构的第一激发态，2^3S_1 为三重能级结构的第一激发态。这两个能级与基态之间的跃迁是禁戒的，属于亚稳态，能量分别为 20.55 eV、19.77 eV，激发态原子辐射寿命分别为 $2×10^{-2}$ s、$6×10^{-5}$ s，比其他能级的寿命（10^{-8} s）长一些，为氦原子的激光上能级的共振激发能量转移提供了有利条件。氦原子第一电离能为 24.63 eV。

所谓 LS 耦合法则，是指两个价电子的自旋角动量合成了原子的总自旋角动量 S，两个价电子轨道角动量合成了原子的总轨道角动量 L，然后总自旋角动量与总轨道角动量合成了原子的总角动量，即 LS 耦合。

当氖原子处于基态时，其电子组态为 $1s^2 2s^2 2p^6$，按 LS 耦合，氖原子基态谱项为 1^1S_0。氖原子第一电离能为 21.61 eV。氖原子 $2p^6$ 壳层中的一个电子被激发到较高能级，形成了氖原子的激发态。与激光跃迁有关的氖原子激发态电子组态有

$$1s^2 2s^2 2p^5 3s，1s^2 2s^2 2p^5 3p，1s^2 2s^2 2p^5 4s，$$
$$1s^2 2s^2 2p^5 4p，1s^2 2s^2 2p^5 5s$$

这些电子组态的内部满壳层 $1s^2 2s^2$ 不影响原子态的组成，而 $2p^5$ 是满壳层失去一个电子，5 个同科 p 电子对原子态的贡献，相当于一个 p 电子的贡献。这个 p 电子与激发到外层的 ns、$np(n=3,4,5)$电子进行 LS 耦合，形成了氖原子的激发态能级，如图 2.2 所示。

与氦的亚稳态能级最接近的是 $2p^5 4s$ 和 $2p^5 5s$ 组态形成的能级。对 $2p^5 ns(n=3,4,5)$，两个电子的轨道量子数分别为 $l_1=1、l_2=0$，自旋量子数分别为 $s_1=s_2=1/2$，

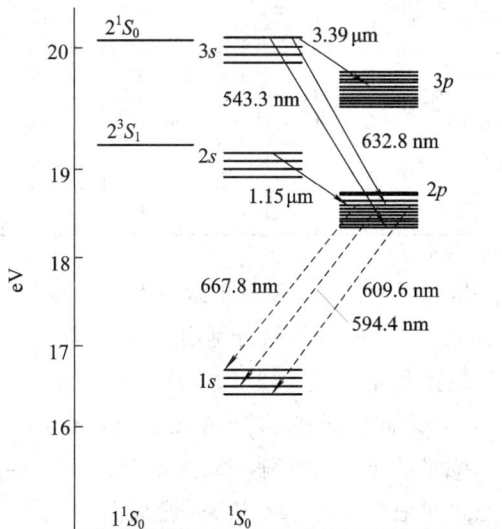

图 2.2 氦原子与氖原子的能级结构

合成后 $L=1$、$S=0,1$，即激发态谱项为 $^1P_1$ 和 $^3P_{0,1,2}$，激发态由四个能级 $^1P_1$、$^3P_0$、$^3P_1$、$^3P_2$ 组成，其中 $^1P_1$ 是最高能级。

对 $2p^5np(n=3,4)$ 两个 p 电子，轨道量子数分别为 $l_1=l_2=1$，自旋量子数分别为 $s_1=s_2=1/2$，合成后 $L=0$、1、2，$S=0$、1，这样共构成氖原子的 10 个原子态，谱项分别为 $^1S_0$、$^1P_1$、$^1D_2$、$^3S_1$、$^3P_{0,1,2}$、$^3D_{1,2,3}$，其中 $^1S_0$ 态能级最高，其他能级可能有能级交叉情况。

通常用帕形符号表示上述电子组态的氖原子能级。为便于对照，在表 2-1 中列出了氖原子的激发态能级的电子组态、帕形符号、谱项、能量和寿命。

表 2-1 氖原子部分激发态的电子组态、帕形符号、谱项及相应能量和寿命

电子组态	帕形符号	谱项	能量 /eV	寿命 /10^{-9} s	电子组态	帕形符号	谱项	能量 /eV	寿命 /10^{-9} s
$2p^5 5s$ (3s)	$3s_2$	5^1P_1	20.663	10～20	$2p^5 3p$ (2p)	$2p_1$	3^1S_0	18.97	14.4
	$3s_3$	5^3P_0	20.657			$2p_2$	3^3P_0	18.73	18.8
	$3s_4$	5^3P_1	20.57			$2p_3$	3^3P_1	18.71	17.6
	$3s_5$	5^3P_2	20.56			$2p_4$	3^3P_2	18.70	19.1
$2p^5 4p$ (3p)	$3p_1$	4^1S_0	20.37	64		$2p_5$	3^1P_1	18.69	19.9
	$3p_2$	4^3P_0	20.298	10		$2p_6$	3^1D_2	18.64	19.7
	$3p_3$	4^3P_1	20.26	10		$2p_7$	3^3D_1	18.61	19.9
	$3p_4$	4^3P_2	20.297	9.8		$2p_8$	3^3D_2	18.576	19.8
	$3p_5$	4^1P_1	20.29			$2p_9$	3^3D_3	18.55	19.4
	$3p_6$	4^1D_2	20.215			$2p_{10}$	3^3S_1	18.38	24.8
	$3p_7$	4^3D_1	20.21		$2p^5 3s$ (1s)	$1s_2$	3^1P_1	16.84	
	$3p_8$	4^3D_2	20.20			$1s_3$	3^3P_0	16.72	8×10^8
	$3p_9$	4^3D_3	20.19			$1s_4$	3^3P_1	16.67	
	$3p_{10}$	4^3S_1	20.15	65		$1s_5$	3^3P_2	16.62	8×10^8
$2p^5 4s$ (2s)	$2s_2$	4^1P_1	19.73	96					
	$2s_3$	4^3P_0	19.76	160					
	$2s_4$	4^3P_1	19.69	98					
	$2s_5$	4^3P_2	19.66	110					

依照对应关系，氖原子激发态 1s、2s、3s 分别由 4 个能级组成，如 2s 由 $2s_2$、$2s_3$、$2s_4$、$2s_5$ 组成，2p 和 3p 组级分别由 10 个子能级组成，如 2p 由 $2p_1$、$2p_2$，…，$2p_{10}$ 组成。氖原子三条最强激光谱线 632.8 nm、1.15 μm、3.39 μm 分别对应能级 $3s_2 \rightarrow 2p_4$、$2s_2 \rightarrow 2p_4$、$3s_2 \rightarrow 3p_4$ 之间的跃迁，其中 632.8 nm 和 3.39 μm 谱线共用同一激光上能级。

按照跃迁选择定则，1s、2s、3s 中的一些能级与基态之间允许辐射跃迁，而 2p、3p 和基态之间是禁戒的，2p 和 3p 能级上的粒子只能以辐射形式向 1s 能级跃迁。1s 能级中的 $1s_3$、$1s_5$ 为亚稳态，$1s_2$、$1s_4$ 为谐振能级。

到目前为止，已观察到的氦氖激光谱线有 100 多条，部分相关谱线的参数如表 2-2 所示，其中 543.3 nm 是波长最短的($3s_2 \rightarrow 2p_{10}$)，最接近人眼灵敏曲线的最大值对应波长为 550 nm，目前深受关注。

表 2-2 氖原子激光谱线相关参数

跃迁	波长/nm	自发辐射几率/10^6 s^{-1}	相对强度	g_3/g_2
$3s_2 \rightarrow 3p_4$	3391.30	2.87	250	$\frac{3}{5}$
$2s_2 \rightarrow 2p_4$	1152.30	6.54		$\frac{3}{5}$
$3s_2 \rightarrow 2p_1$	730.49	0.48	30	$\frac{3}{1}$
$3s_2 \rightarrow 2p_2$	640.11	0.60	100	$\frac{3}{1}$
$3s_2 \rightarrow 2p_3$	635.19	0.70	100	$\frac{3}{1}$
$3s_2 \rightarrow 2p_4$	632.82	6.56	300	$\frac{3}{5}$
$3s_2 \rightarrow 2p_5$	629.38	1.35	100	$\frac{3}{3}$
$3s_2 \rightarrow 2p_6$	611.80	1.28	100	$\frac{3}{5}$
$3s_2 \rightarrow 2p_7$	604.61	0.68	50	$\frac{3}{3}$
$3s_2 \rightarrow 2p_8$	593.95	0.56	50	$\frac{3}{5}$
$3s_2 \rightarrow 2p_9$	588.25	禁戒	未观察到	$\frac{3}{7}$
$3s_2 \rightarrow 2p_{10}$	543.36	0.59		$\frac{3}{3}$

2.1.3 粒子数反转分布的建立过程

氦氖激光器的粒子反转分布的建立过程取决于能级结构的性质。由图 2.2 可以看出，氦氖激光跃迁属于典型的四能级系统。泵浦能级为氦原子的亚稳态 2^1S_0、2^3S_1，激光上能级为氖原子的 $3s_2$、$2s_2$，激光下能级为 $2p_4$ 和 $3p_4$，均为激发态。实验发现，在氖原子能级 $2s$、$3s$ 和 $2p$、$3p$ 之间，可以产生上百条激光谱线。对每一条谱线来说，其实现粒子反转分布的阈值条件为

$$R_2 > \frac{g_2 \tau_1}{g_1 \tau_2}\left(1 - \frac{g_2 \tau_1 A_{21}}{g_1}\right)R_1 \qquad (2-1)$$

其中 R_2、R_1 分别是氖原子激光上、下能级的激发速率，τ_2、τ_1 分别是激光上、下能级的寿命，g_2、g_1 分别是相应能级的简并度，A_{21} 是氖原子由激光上能级跃迁到激光下能级的自发辐射跃迁几率。按照表 2-1、表 2-2 所示参数，对 543.4 nm、632.8 nm、1.15 μm、3.39 μm 谱线，粒子反转分布的阈值条件分别为

$$R_2 > \frac{5}{4}R_1, \ R_2 > \frac{2}{3}R_1, \ R_2 > \frac{1}{7}R_1, \ R_2 > \frac{1}{3}R_1 \qquad (2-2)$$

可见，1.15 μm 谱线的 R_2 最低，后三条谱线在激光上能级的激发速率 R_2 低于下能级的激发速率 R_1 时就能实现粒子数反转分布，而且谱线较强。543.4 nm 谱线则要求 $R_2 > R_1$，再加上它与 632.8 nm、3.39 μm 谱线共用同一上能级，腔内若存在 632.8 nm、3.39 μm 谱线

的激光振荡，则 543.4 nm 谱线的输出将会减小，甚至振荡停止。

理论和实验表明：采用直流放电激励的氦氖激光器，其放电毛细管增益区处在正常辉光放电的正柱区，正柱区为等离子体（带电粒子浓度为 $10^{10} \sim 10^{12}$ cm^{-3}）。氦氖激光器实现粒子数反转分布主要依靠电子碰撞激发和氦氖原子之间的共振激发能量转移过程，实现激光上能级的激发，以及对激光下能级的消激发过程。

1. 激光上能级 $3s_2$、$2s_2$ 的激发

1）电子碰撞激发

以适当能量的电子与基态氖原子碰撞，使其激发到 $2s$、$3s$ 态，反应方程为

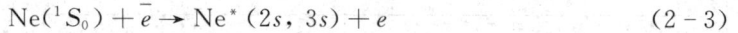

$$Ne(^1S_0) + \bar{e} \rightarrow Ne^*(2s, 3s) + e \tag{2-3}$$

除此以外，处在正柱区的电子对 $1s$、$2p$ 和 $3p$ 能级也有激发，而且对 $1s$ 和 $2p$ 能级的激发几率大于对 $2s$、$3s$ 态的激发几率，因此，单靠电子碰撞激发是不能实现粒子数反转分布的。常称这些不能按人们意愿控制的激发为非选择性激发。

2）共振激发能量转移激发

以适当能量的电子与基态氦原子碰撞，使其激发到亚稳态 2^1S_0、2^3S_1，反应方程为

$$He(1^1S_0) + \bar{e} \rightarrow He^*(2^1S_0, 2^3S_1) + e \tag{2-4}$$

要求快电子具有能量分别为 20.55 eV、19.77 eV，相应电子温度高达 1.06×10^5 K，比工作气体温度（约为 $470 \sim 670$ K）高。由于氦原子亚稳态的寿命较长，并且具有很大的电子碰撞激发截面，激发速率很高，因此容易积累较多的亚稳态氦原子数。

亚稳态氦原子与基态氖原子发生非弹性碰撞，经过共振激发能量转移过程实现了基态氖原子的激发，反应方程为

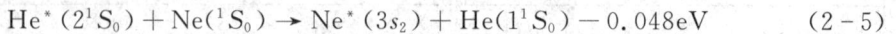

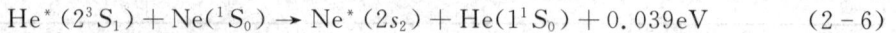

$$He^*(2^1S_0) + Ne(^1S_0) \rightarrow Ne^*(3s_2) + He(1^1S_0) - 0.048eV \tag{2-5}$$

$$He^*(2^3S_1) + Ne(^1S_0) \rightarrow Ne^*(2s_2) + He(1^1S_0) + 0.039eV \tag{2-6}$$

可见氦原子亚稳态与氖原子 $3s_2$、$2s_2$ 能级相当接近，其能级差在原子热运动动能的范围内，该反应具有较大的碰撞截面，如表 2-3 所示。若采用氦同位素 He-3，碰撞截面更大。因此共振能量转移几率相当高，可达 95% 以上。

表 2-3 氦氖原子共振激发能量转移激发截面

反应过程	自旋变化 Δs	ΔE_∞/eV	碰撞截面/cm^2
$He^*(2^1S_0) + Ne(^1S_0) \rightarrow$			
$Ne^*(3s_2) + He(1^1S_0)$	0	-0.0478	$10^{-15} \sim 10^{-17}$
$Ne^*(3s_3) + He(1^1S_0)$	1	-0.0408	
$Ne^*(3s_4) + He(1^1S_0)$	1	0.0443	$< 10^{-18}$
$Ne^*(3s_5) + He(1^1S_0)$	1	0.0547	$10^{-16} \sim 10^{-17}$
$He^*(2^3S_1) + Ne(^1S_0) \rightarrow$			
$Ne^*(2s_2) + He(1^1S_0)$	1	0.0388	10^{-16}
$Ne^*(2s_3) + He(1^1S_0)$	0	0.0580	1.4×10^{-17}
$Ne^*(2s_4) + He(1^1S_0)$	0	0.1271	$10^{-16} \sim 10^{-19}$
$Ne^*(2s_5) + He(1^1S_0)$	0	0.1546	

一般来说，亚稳态氦原子经过共振激发能量转移过程对基态氖原子的选择性激发，比电子碰撞激发的几率要大，并以 $Ne^*(3s_2)$ 粒子对亚稳态氦原子的依赖性最大，如表 2-4 所示。

表 2-4   亚稳态氦原子与电子对激发态氖原子的激发比

Ne^*	$2s_2$	$2s_3$	$2s_4$	$2s_5$	$3s_2$	$3s_3$	$3s_4$	$3s_5$
$\dfrac{R_{He}}{R_e}$	11	20	5	10	72	4	7	7

除此以外，还有串级激发、复合激发等过程，在普通型直流放电激励器件中这些过程对激光上能级氖原子 $Ne^*(3s_2,2s_2)$ 的贡献很少。

2. 激光下能级的消激发

激光下能级的激发主要是电子碰撞，使基态氖原子跃迁到激发态 $2p_4$ 和 $3p_4$，其反应方程为

$$Ne(^1S_0) + \bar{e} \rightarrow Ne^*(2p,3p) + e \qquad (2-7)$$

由于 $2p$ 和 $3p$ 能级与基态之间禁戒跃迁，所以其电子碰撞激发截面较小，这些能级上的粒子数的积累主要是由上能级的自发辐射和受激辐射形成的。从激发态 $2p$ 和 $3p$ 向低能级的跃迁过程称为消激发，主要是以自发辐射的形式首先跃迁到 $1s$ 态，弛豫速率很快，因此 $1s$ 能级上的氖原子数将出现堆积。

$1s$ 能级由四个子能级组成，其中 $1s_3$、$1s_5$ 为亚稳态，$1s_2$、$1s_4$ 为谐振能级。谐振能级虽可辐射光子弛豫到基态，但这些光子很容易被基态氖原子捕获又回到 $1s$，使谐振能级的寿命增长近两个数量级。由于 $1s$ 能级的这种特点，使 $1s$ 能级上的氖原子数出现堆积。如果不立即排空 $1s$ 能级，这些原子就会被小能量的电子碰撞或捕获光子而重新回到激光下能级 $2p$ 和 $3p$，这样就降低了粒子数反转分布的绝对值，使增益减小。把这种低能级粒子数出现阻塞的现象称为瓶颈效应。

因此要提高粒子数反转分布的绝对值，关键是排空 $1s$ 能级的粒子。排空 $1s$ 能级的粒子的方法是使 $Ne^*(1s)$ 粒子与其他各类粒子（电子、氦原子、氖原子）或管壁发生非弹性碰撞，将 $Ne^*(1s)$ 粒子的内能转变为其他粒子的动能或管壁的热能而回到基态 $^1S_0$。根据非弹性碰撞的规律可知，质量相当的粒子碰撞交换的能量较少，为保证增益区较高的电子温度，因此将 $Ne^*(1s)$ 粒子的内能转换的有效方法是选择低气压，细放电管直径的结构。这样，有效排空 $1s$ 能级粒子的方法是依靠 $Ne^*(1s)$ 粒子扩散到管壁处，释放激发能后跃迁（弛豫）到基态 $^1S_0$，这个过程称为管壁弛豫。管壁弛豫要求减少放电毛细管直径 d，而 d 的减小使模体积减小，导致输出功率下降。实验证明氦氖激光器 632.8 nm 谱线中心频率处小信号增益最佳值与放电管直径 d 成反比，证明瓶颈效应是存在的，管壁弛豫是有效的，即

$$G_m = \frac{3 \times 10^{-3}}{d} \text{ (mm}^{-1}\text{)} \qquad (2-8)$$

2.2   氦氖激光器的工作特性

氖原子激光能级结构不仅决定了器件的结构和工作原理，还决定着器件的工作特性，包括增益及增益饱和特性。由激光原理可知，增益是决定激光器振荡、模式竞争及输出功

率等特性的重要因素，与粒子数反转分布的绝对值 Δn^0 成正比，即 $G^0 = K_0 \Delta n^0$。而激光器放电参数对粒子数反转分布 Δn^0 及其分布也有重要影响。

2.2.1　氦氖激光器速率方程组

设与氦氖激光谱线有关的泵浦能级（氦原子第一激发态 $2^1 S_0$、$2^3 S_1$）、氖原子激光上、下能级、氖原子基态（$^1 S_0$）、氦原子基态（$1^1 S_0$）粒子数密度分别为 n_4、n_3、n_2、n_1、n_0，小信号情况下（不考虑受激辐射），关于 n_4、n_3、n_2 的速率方程为

$$\frac{\mathrm{d} n_4}{\mathrm{d} t} = n_0 n_e s_{04} - (n_4 n_e s_4 + n_4 A') \qquad (2-9)$$

$$\frac{\mathrm{d} n_3}{\mathrm{d} t} = K n_1 n_4 - K n_0 n_3 - \frac{n_3}{\tau_3} \qquad (2-10)$$

$$\frac{\mathrm{d} n_2}{\mathrm{d} t} = n_1 n_e s_{02} - n_2 n_e s_2 - n_2 A \qquad (2-11)$$

其中方程式（2-9）表示激发态氦原子数 n_4 随时间的变化，主要是由电子碰撞激发决定的，其第一项表示电子碰撞激发速率，n_e 是电子数密度，s_{04} 表示使基态氦原子激发到激发态的电子激发速率常数；第二项表示电子碰撞消激发速率，即电子碰撞使氦原子由激发态返回基态的速率，s_4 为消激发速率常数；第三项表示因扩散和共振转移过程使激发态粒子减少的速率，A' 表示衰减几率。

方程式（2-10）表示氖原子激光上能级的粒子数密度 n_3 随时间变化的速率，主要与亚稳态氦原子粒子数密度 n_4 有关，其第一项表示氦原子亚稳态能级向氖原子激光上能级共振转移的激发速率，其中 K 为转移速率常数；第二项表示氖原子激光上能级向氦原子亚稳态能级共振转移的消激发速率，由于两个能级很靠近，可以认为以上两个相反方向的共振转移过程具有相同的速率常数 K；第三项表示氖原子激光上能级向其他能级弛豫的速率，τ_3 为弛豫时间。

方程式（2-11）表示氖原子激光下能级的粒子数密度 n_2 随时间变化的速率，主要是由电子碰撞激励决定，其第一项表示电子碰撞将氖原子从基态激发到激光下能级的激发速率，s_{02} 为激发速率常数；第二项表示电子碰撞消激发速率，s_2 为消激发速率常数；第三项表示由激光下能级向 $1s$ 的自发辐射引起的衰减速率，A 为自发辐射跃迁几率。

在稳定条件下有 $\dfrac{\mathrm{d} n_4}{\mathrm{d} t} = \dfrac{\mathrm{d} n_3}{\mathrm{d} t} = \dfrac{\mathrm{d} n_2}{\mathrm{d} t} = 0$，代入速率方程则有

$$n_4 = \frac{n_0 n_e s_{04}}{n_e s_4 + A'} \qquad (2-12)$$

$$n_3 = \frac{K n_0 n_1 n_e s_{04}}{\left(K n_0 + \dfrac{1}{\tau_3} \right)(n_e s_4 + A')} \qquad (2-13)$$

$$n_2 = \frac{n_1 n_e s_{02}}{n_e s_2 + A} \approx \frac{n_1 n_e s_{02}}{A} \qquad (2-14)$$

由于 A 很大，可忽略 $s_2 n_e$，由 n_3 和 n_2 可以讨论增益与放电条件的关系。

2.2.2　增益与放电条件的关系

所谓放电条件是指放电管的放电电流、充气气压、充气混合比等参量，这些参量与激

光器的增益密切相关。

1. 增益与放电电流的关系

氦氖激光器工作在正常辉光放电正柱区。在气压和混合比一定的情况下，由正柱区的性质可以知道，放电管中的放电电流 i 与管内的电子数密度 n_e 成正比，即 $n_e = K'i$。而参与激发的原子数比例很小，可以认为 n_1、n_0、τ_3、A 等均与 i 无关，因此 n_3 和 n_2 可以改写成

$$n_3 = \frac{K_1 i}{K_2 i + A'} \tag{2-15}$$

$$n_2 = K_3 i \tag{2-16}$$

其中 K_1、K_2、K_3、A' 都是与放电电流 i 无关的常数，K_1 与电子碰撞使氦原子从基态激发到激发态的过程有关，K_2 与电子碰撞使亚稳态氦原子的消激发过程有关，与电子碰撞使氖原子从基态激发到激光下能级的过程有关，K_3 与使亚稳态氦原子粒子数减少的扩散过程和共振转移过程有关，分别为

$$K_1 = \frac{K'Kn_1 n_0 s_{04}}{\left(Kn_0 + \dfrac{1}{\tau_3}\right)}, \quad K_2 = K's_4, \quad K_3 = \frac{K'n_1 s_{02}}{A}$$

这四个常数与激光器的谱线、结构尺寸有关，一般通过实验测定。于是有

$$\Delta n^0 = \frac{K_1 i}{K_2 i + A'} - K_3 i \tag{2-17}$$

$$G^0 = K_0 \Delta n^0 = K_0 \left(\frac{K_1 i}{K_2 i + A'} - K_3 i\right) \tag{2-18}$$

其中 $K_0 = \sigma_{32}$，与 i 无关，可由实验测得。式(2-17)所示关系已由图 2.3 所示的实验曲线验证。

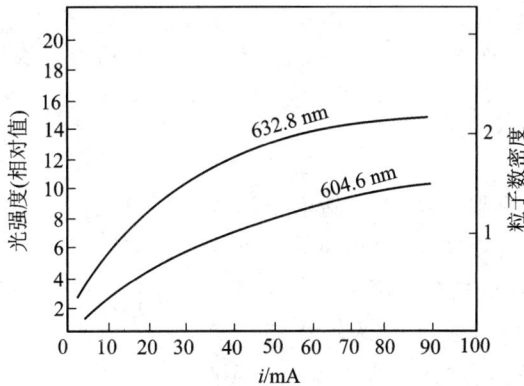

图 2.3　粒子数密度与放电电流的关系

式(2-18)表明：

(1) 当 i 较小时，使 $K_2 i \ll A'$，于是有

$$G^0 = K_0 \left(\frac{K_1 i}{A'} - K_3 i\right) = K_0 \left(\frac{K_1}{A'} - K_3\right) i \tag{2-19}$$

由此可见，增益与放电电流呈线性关系。这是由于 n_3 与放电电流 i 呈线性变化。

(2) 当 i 较大时，使 $K_2 i \gg A'$，于是有

$$G^0 = K_0 \left(\frac{K_1}{K_2} - K_3 i \right) \qquad (2-20)$$

即增益随 i 增大而减少,出现饱和现象。这是由于 n_3 呈饱和状态,而 n_2 呈线性增长,使 Δn^0 减小。这就是如图 2.4、图 2.5 所示 632.8 nm、3.39 μm 谱线的增益与放电电流的实验关系曲线,存在着与最大增益对应的最佳工作电流的缘故。

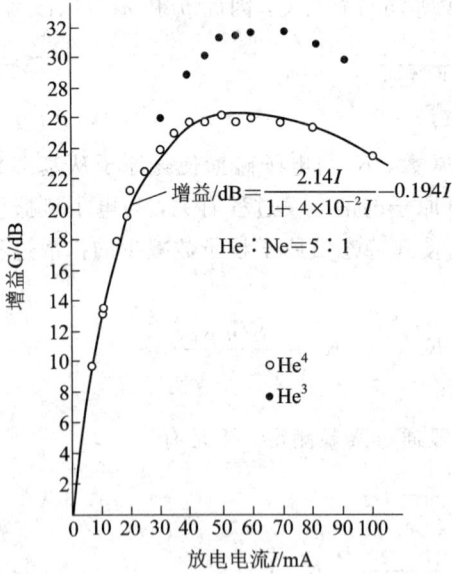

图中左侧曲线标注:
增益/dB$= \dfrac{2.14I}{1+4 \times 10^{-2} I} - 0.194I$

He : Ne = 5 : 1

○He^4
●He^3

纵轴:增益 G/dB   横轴:放电电流 I/mA

图中右侧曲线标注:
增益 $G = \left(\dfrac{0.594I}{1+0.04I} - 0.0572I \right) \times 10^{-2}$

○ 放电管直径 d=4 mm
× 放电管直径 d=6 mm

纵轴:净增益 G/10^{-2}%   横轴:放电电流 I/mA

图 2.4　632.8 nm 谱线增益与
放电电流的关系曲线

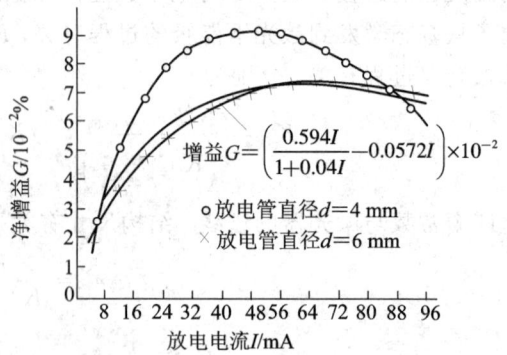

图 2.5　3.39 μm 谱线增益与放电电流的
关系曲线

2. 增益与气压的关系

通常情况下对四能级系统有,$n_3 \gg n_2$,$\Delta n^0 \approx n_3$,当放电电流取最佳工作电流时增益为

$$G^0 \approx K_0 n_3 = \frac{K_0 K n_0 n_1 s_{04}}{\left(K n_0 + \dfrac{1}{\tau_3} \right) s_4} = \frac{K_0 K_1}{K_2} \qquad (2-21)$$

式中氦原子亚稳态能级的激发速率 s_{04} 随电子温度 T_e 呈指数增加,而消激发速率 s_4 与 T_e 的关系可忽略。电子温度 T_e 随 pd 值的增加而降低。当充气混合比一定时,随着充气总压强 p 的逐渐增加,n_1、n_0 也相应成比例增加,使 n_3 增大,增益增加,但 p 的增加又使 pd 增加,导致 T_e 下降,s_{04} 下降,使 n_3 减小,因此综合来看,p 的增大使增益达到最大值,随后 p 增加,增益反而减小,即存在最佳总压 p,如图 2.6 所示。在最佳总气压下,对应着电子温度 T_e 的电子平均能量最有利于激光上能级粒子的积累和激光下能级粒子的排空。pd 值过大,不利于氦原子的激发,pd 值过小,造成工作物质少、模体积小、衍射损耗大、电流密度高,导致增益下降。对氦氖激光器,一般选

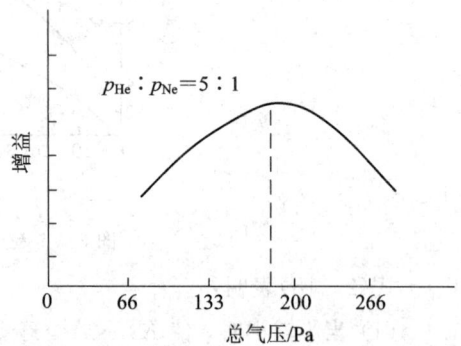

图中标注:
$p_{He} : p_{Ne} = 5 : 1$

纵轴:增益   横轴:总气压/Pa

图 2.6　增益与充气气压的关系

取 pd 值为 $4 \times 10^2 \sim 6.6 \times 10^2$ Pa·mm。对于不同组分的气体，相同的 pd 值其电子温度 T_e 是不同的。易电离的气体，电子温度 T_e 低。氖原子的电离电位比氦原子低，其电离截面为氦原子的两倍，所以纯氖气的电子温度低于氦气及氦氖混合气体的电子温度。

3. 增益与氦氖气体混合比的关系

当总气压 p 一定时（ pd 一定），改变氦氖气体混合比 $p_{He}:p_{Ne}$，增益变化如图 2.7 所示。在氖气比例较小时，随着氖气比例的增加，由于 n_1 的增大，使增益增大，当氖气比例过高时，增益反而下降，这是由于氖原子的电离电位比氦原子低，且氖原子的电离截面较氦原子大，过高比例的氖，使参与电离的氖原子增多，使电子温度下降，导致 s_{04} 下降，使增益下降，因此氦氖激光器也存在最佳充气混合比。

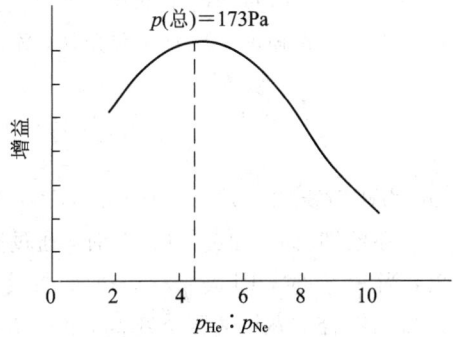

图 2.7　增益与充气混合比的关系

综上所述，为获得最大增益，应使激光器工作在最佳放电条件下，即最佳放电电流，最佳充气压强，最佳充气混合比。

4. 增益分布

一般来说，增益沿放电管轴向是均匀分布的，而沿放电管径向分布是不均匀的，受到放电电流、充气气压和充气混合比的影响。当放电电流较小时，放电管内增益的径向分布同管内电子密度的径向分布一样，呈零阶贝塞尔函数分布，如图 2.8 所示。随着放电电流增大，管轴附近开始出现增益饱和；电流继续增大，在管壁附近才出现增益饱和现象。

在适当的放电电流下，随着气压增大，容易在管轴附近出现增益饱和现象。这是由于管轴附近的 $1s$ 能级的粒子在气压较大时，不易扩散到管壁碰撞弛豫，导致 Δn 减小，增益下降。随着气体混合比 $p_{He}:p_{Ne}$ 的减小，增益会下降且向径向分布变宽。这是由于氖的比例增大，氖原子电离几率增大，电子温度降低，导致 Δn 减小，在离管轴较远处也有较多电子使氖原子激发到激光上能级，导致增益分布低而宽。

2.2.3　增益曲线和增益饱和

激光工作物质的增益系数与工作物质谱线加宽线型有关。氦氖激光器工作在最佳放电条件下，其充气气压通常在几十帕~几百帕的范围内，其谱线加宽属于综合加宽，由多普勒非均匀加宽和碰撞均匀加宽构成。根据激光原理，其增益系数为复变量的误差函数的实部，有

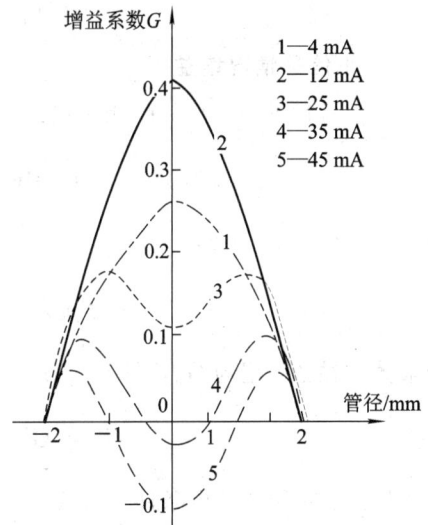

图 2.8　不同放电电流下 632.8 nm 谱线增益的径向分布

$$G(\upsilon, I_{\upsilon}) = \Delta n^{0} \frac{\lambda_0^2 A_{32}}{4\pi^2 \Delta\upsilon_D} \sqrt{\frac{\ln2}{\pi}} \frac{1}{\sqrt{1+\dfrac{I_{\upsilon}}{I_S}}} W_R(\xi+\mathrm{i}\eta) = \frac{G_D^0(\upsilon_0)}{\sqrt{1+\dfrac{I_{\upsilon}}{I_S}}} W_R(\xi+\mathrm{i}\eta) \quad (2-22)$$

其中 Δn^0 为小信号情况下的反转粒子数密度，υ_0 为谱线中心频率，$\Delta\upsilon_D$ 为多普勒线宽，I_{υ} 是频率为 υ 的光强度，I_S 为饱和光强，$W_R(\xi+\mathrm{i}\eta)$ 为复变量 $(\xi+\mathrm{i}\eta)$ 的误差函数的实部，其中

$$\xi = \frac{2\sqrt{\ln2}(\upsilon-\upsilon_0)}{\Delta\upsilon_D}, \qquad \eta = \frac{\sqrt{\ln2\left(1+\dfrac{I_{\upsilon}}{I_S}\right)}\,\Delta\upsilon_H}{\Delta\upsilon_D}$$

$\Delta\upsilon_H$ 为碰撞线宽，$G_D^0(\upsilon_0)$ 为中心频率 υ_0 处的多普勒非均匀加宽小信号增益系数。

在已知 $\Delta\upsilon_H$、$\Delta\upsilon_D$、I_{υ}、I_S 时，通过查数学手册，可描绘出增益曲线如图 2.9 所示，可看出，当 $\eta=0$ 时，即 $\Delta\upsilon_H \ll \Delta\upsilon_D$ 时，曲线为多普勒非均匀加宽；当 $\eta=0.2$ 时，相当于氦氖激光器的综合加宽，气压 p 越高，$\Delta\upsilon_H$ 越大，则 η 越大，曲线下移，接近均匀加宽增益曲线。

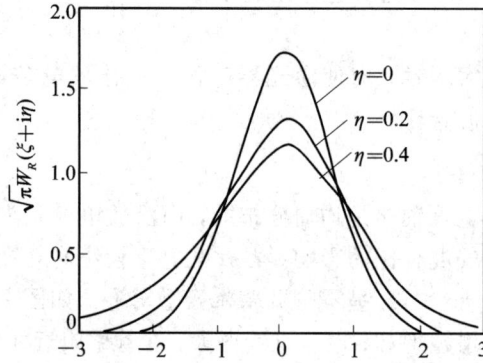

图 2.9　$W_R(\xi+\mathrm{i}\eta)$ 曲线

1. 小信号情况增益

小信号情况下，$I_{\upsilon} \approx 0$，由式（2-22）可得

$$G^0(\upsilon) = G_D^0(\upsilon_0) W_R\left[\frac{2\sqrt{\ln2}(\upsilon-\upsilon_0)}{\Delta\upsilon_D} + \mathrm{i}\frac{\sqrt{\ln2}\,\Delta\upsilon_H}{\Delta\upsilon_D}\right] \quad (2-23)$$

当 $\upsilon=\upsilon_0$ 时：

$$G_m(\upsilon_0) = G_D^0(\upsilon_0) W_R\left(\mathrm{i}\frac{\sqrt{\ln2}\,\Delta\upsilon_H}{\Delta\upsilon_D}\right) \quad (2-24)$$

为最大增益值，记为 G_m，即

$$G_m = G^0(\upsilon_0) = \Delta n^0 \frac{\lambda_0^2 A_{32}}{4\pi^2 \Delta\upsilon_D} \sqrt{\frac{\ln2}{\pi}} \quad (2-25)$$

实验证明：在最佳放电条件下有式（2-8），即 $G_m = 3\times10^{-3}/d$。因此在设计激光器时，应选择最佳放电条件。

2. 增益饱和

当 I_{υ} 与 I_S 比拟时，随 I_{υ} 的增加，增益 $G(\upsilon, I_{\upsilon})$ 将减小，出现增益饱和现象。其物理机制是强烈的受激辐射跃迁使反转粒子数减少。由于氦氖激光器工作物质谱线加宽属于多普勒非均匀加宽为主的综合加宽，因此增益饱和会在增益曲线上"烧孔"，烧孔宽度为 $\delta\upsilon =$

$\left(1+\dfrac{I_v}{I_S}\right)^{1/2}\Delta v_H$；又由于碰撞加宽的因素使增益曲线整体下降，这正是综合加宽增益饱和的特点，与实验结果一致。如图 2.10 所示为 632.8 nm 激光谱线的单纵模振荡(a)和多模振荡(b)增益饱和实验结果。单纵模振荡增益饱和基本是非均匀的，但整个曲线的下移，反映了振荡模增益饱和对均匀加宽的影响。如图 2.10(a)所示。

多纵模振荡增益饱和将呈现以下两种情况：

(1) 当烧孔宽度 $\delta v < \dfrac{1}{2}\Delta v_q$，$\left(\Delta v_q = \dfrac{C}{2L}\right)$ 即相邻纵模烧孔不相重叠时，各纵模独自饱和，不存在模式竞争，因此，输出功率较小。

(2) 当 $\delta v \gg \dfrac{1}{2}\Delta v_q$，即各纵模烧孔相互重叠时，增益曲线在阈值以上部分全部被"烧掉"，因此整个综合加宽曲线出现类似于均匀加宽谱线的增益饱和，如图 2.10(b)所示。

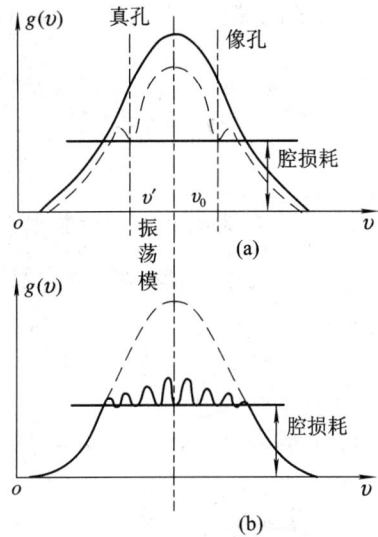

图 2.10　632.8 nm 激光谱线的增益饱和

2.3　氦氖激光器的输出特性

氦氖激光器的增益决定了激光器的输出特性，包括输出功率，发散度，偏振特性，频率特性等。输出特性参数也是设计激光器主要结构参数的理论依据。

2.3.1　氦氖激光器的输出功率

由氦氖激光器的工作特性可知，单纵模和多纵模振荡具有不同的增益饱和情况，因此其输出功率有不同形式。

1. 单纵模激光器输出功率

当连续波运转的激光器腔内单纵模 v 实现稳定振荡后，腔内往返一次的饱和增益必定等于腔内光学总损耗，即

$$2G_s(v,I_v)l \approx a_c + T \tag{2-26}$$

其中 $G_s(v,I_v)$ 为饱和增益系数，l 为增益区长度，T 为输出镜透过率(通常认为全反射镜反射率接近 100%)，a_c 为除 T 外的腔内往返损耗百分数。由式(2-26)可确定腔内稳定振荡光强 I_v。激光器输出功率 P 为

$$P = ATI_v \tag{2-27}$$

式(2-27)中，A 为光束的有效横截面面积，一般情况下，A 小于放电管截面积。令 $A=\dfrac{1}{4}\pi d^2 \eta$，$\eta$ 为放电管利用系数，定义为

$$\eta = \frac{V_m}{V_t} = \frac{\text{腔内光束的模体积}}{\text{放电管体积}}$$

对 TEM$_{00}$ 模，有 $\dfrac{\omega^2(z)}{\omega_0^2} - \dfrac{z^2}{f^2} = 1$，放电管利用系数 η 为

$$\eta = \frac{V_m}{V_t} = \frac{\int_0^L \pi \omega^2(z)\mathrm{d}z}{\frac{1}{4}\pi d^2 L} = \frac{4\lambda L}{\pi d^2}(\Gamma - 1)^{1/2}\left[1 + \frac{1}{3(\Gamma - 1)}\right] \qquad (2-28)$$

其中 $\Gamma = \dfrac{R}{L}$，R 为凹面反射镜曲率半径。

式 $(2-27)$ 中，稳态光强 I_v 不仅与激活介质有关，而且与激光器的结构参数有关。为此引入激发参量 β，令

$$\beta = \frac{2G_m l}{a_c + T} \qquad (2-29)$$

代入 G_m 及 $G(v, I_v)$，取 $v = v_0$，得

$$\beta = \frac{G_m}{G(v_0, I_{v0})} = \left(1 + \frac{I_{v0}}{I_S}\right)^{1/2} \frac{W_R\left(0 + \mathrm{i}\dfrac{\Delta v_N}{\Delta v_D}\sqrt{\ln 2}\right)}{W_R\left[0 + \mathrm{i}\dfrac{\Delta v_H}{\Delta v_D}\sqrt{\ln 2\left(1 + \dfrac{I_v}{I_S}\right)}\right]} \qquad (2-30)$$

由式 $(2-30)$ 给出的 $\beta \sim I_v/I_S$ 关系如图 2.11 所示。对结构确定的激光器，由曲线可查出相对应的 Δv_H 和与 β 对应的 I_v/I_S，求得 I_v。

式 $(2-27)$ 中，增大输出镜透过率 T 可提高 P，但是 T 增加却降低了 I_v，导致 P 降低，因此存在最佳透过率 T_{opt}，使 P 达到最大值，由 $\dfrac{\mathrm{d}P}{\mathrm{d}T} = 0$ 求得 T_{opt}。

当 $T = T_{\mathrm{opt}}$ 时，激光器最佳输出功率为

$$P_{\mathrm{opt}} = \frac{\pi d^2}{4}\eta G_m I_S l \varphi \qquad (2-31)$$

式中，$\varphi = \dfrac{(TI_{v0})_{\mathrm{opt}}}{G_m I_S l}$，是 $\dfrac{G_m}{a_c}$ 和 Δv_H 的函数，在不同的 Δv_H 下，φ 与 $G_m l/a_c$ 的关系如图 2.12 所示。对结构确定的激光器，由曲线可查出相对应的 Δv_H 和与 $G_m l/a_c$ 对应的 φ，求得 P。

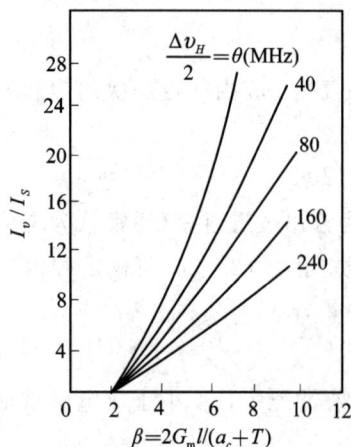

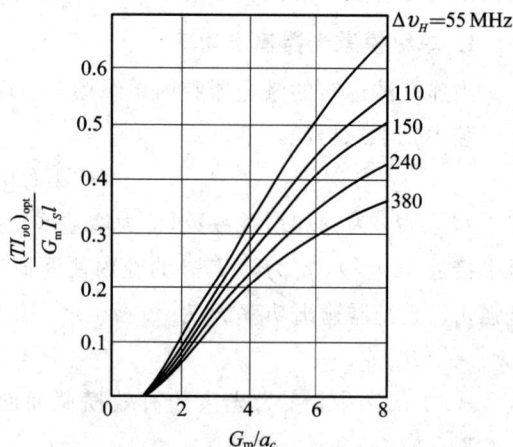

图 2.11　单纵模器件的 I_v/I_S 与 β 的关系　图 2.12　单纵模器件的 φ 与 $G_m l/a_c$ 的关系的计算曲线

总之，要确定单纵模最佳输出功率，必须确定光束有效截面积、放电管利用系数、腔

内光强、激发参量及最佳透过率。

2. 基横模多纵模振荡输出功率

多纵模饱和有两种情况，一种是纵模间隔 Δv_q 大于 δv，各纵模烧孔不重叠，每个纵模的输出功率可由上述方法计算，总功率为各个纵模功率之和；另一种是纵模间隔 Δv_q 小于 δv，$\Delta v_q \ll \Delta v_H$，各纵模烧孔相互重叠，存在模式竞争，当纵模数较大时，增益曲线阈值以上的部分被烧掉，增益饱和类似于均匀加宽的情形，因此在计算输出功率时可等效为一系列间隔为 δv 的纵模振荡，如图 2.13 所示，腔内总光强 I_T 可用等效纵模平均频率 v_1 的光强乘以等效纵模数来获得，即

$$I_T = I_1 \cdot \frac{\Delta v_{\mathrm{osc}}}{\mathrm{d}v} \tag{2-32}$$

$\mathrm{d}v$ 为等效纵模间隔，Δv_{osc} 为振荡线宽，等效纵模平均频率为 $v_1 = (v_t + v_0)/2$，氦氖激光器谱线以非均匀加宽为主，故 Δv_{osc} 可表示为

$$\Delta v_{\mathrm{osc}} = 2(v_t - v_0) = \Delta v_D \sqrt{\frac{\ln \beta}{\ln 2}} \tag{2-33}$$

$$\mathrm{d}v = \left(1 + \frac{2I_1}{I_S}\right)^{1/2} \Delta v_H \tag{2-34}$$

代入式(2-32)得

$$I_T = I_1 \frac{\Delta v_D}{\Delta v_H} \sqrt{\frac{\ln \beta}{\left(1 + \frac{2I_1}{I_S}\right) \ln 2}} \tag{2-35}$$

I_1 与 β 的关系为

$$\beta = \frac{2G_{\mathrm{m}}l}{a_c + T} = \left(1 + \frac{2I_1}{I_S}\right)^{1/2} \frac{W_R\left(0 + \mathrm{i}\,\frac{\Delta v_H}{\Delta v_D}\sqrt{\ln 2}\right)}{W_R\left(\frac{\sqrt{\ln \beta}}{2} + \mathrm{i}\,\frac{\Delta v_H}{\Delta v_D}\sqrt{\ln 2\left(1 + \frac{2I_1}{I_S}\right)}\right)} \tag{2-36}$$

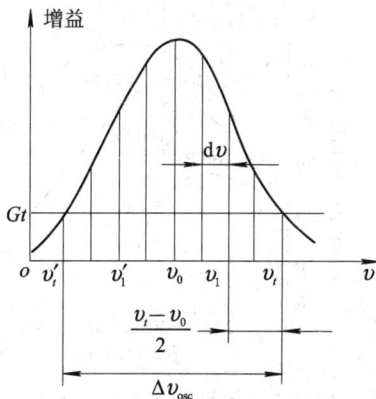

图 2.13　烧孔重叠时的等效纵模　　图 2.14　多纵模的 I_T/I_S 与 β 的关系

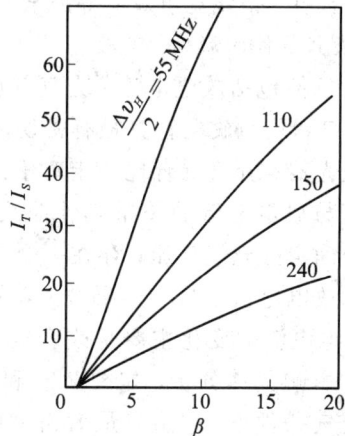

相应的 β 与 I_T/I_S 的关系曲线如图 2.14 所示。在不同的 Δv_H 对应不同的曲线，这些曲

线接近于直线,近似地用直线方程来描述:

$$\frac{I_T}{I_S} = K(\beta - 1) \tag{2-37}$$

式中 K 为直线斜率,由此可得输出功率为

$$P = ATI_T = ATKI_S(\beta - 1) \tag{2-38}$$

式中 KI_S 称为 632.8 nm 谱线的有效饱和参量,与气压无关,其值为 $30\pm3(\text{W}\cdot\text{cm}^{-2})$,代入 β、A、G_m,得氦氖激光器最佳放电条件下的输出功率(W)为

$$P = 7.5\pi d^2 T\eta\left[\frac{6\times10^{-4}l}{(a_c+T)d} - 1\right] \tag{2-39}$$

其中 η 为放电管利用系数,d 为放电管直径(cm),l 为增益区长度(cm),T 为输出镜透过率。由 $\dfrac{\mathrm{d}P}{\mathrm{d}T}=0$ 可得最佳透过率 T_opt:

$$T_\text{opt} = \sqrt{2G_\text{m}la_c} - a_c \tag{2-40}$$

相应地最大输出功率 P_opt 为

$$P_\text{opt} = 7.5\pi d^2 \eta\left(\sqrt{\frac{6\times10^{-4}l}{d}} - \sqrt{a_c}\right)^2 \tag{2-41}$$

这是对多纵模烧孔重叠的情况,即 $\Delta\upsilon_q \leqslant \Delta\upsilon_H$,其中 $\Delta\upsilon_H$ 为

$$\Delta\upsilon_H = 2\times\left[\frac{29.5}{d} + 8\right]\times10^6$$

由 $\Delta\upsilon_q = \dfrac{C}{2L}$ 可得,放电毛细管直径应满足

$$d \leqslant \frac{118L}{3\times10^4 - 32L} \tag{2-42}$$

时得到较大输出功率。若 $L=30$ cm,可得 $d<0.12$ cm。

3. 影响输出功率的物理因素

由最佳放电条件下的输出功率表达式(2-41)可知,最大输出功率取决于放电条件、透过率和腔损耗、谱线竞争效应等因素。

1) 放电条件的影响

放电条件包括放电电流、充气气压、充气混合比等,这三者均与放电管直径有密切关系。图 2.15 是氦氖激光器中充气混合比一定时不同充气气压下输出功率与放电电流的关系实验曲线。实验表明,对应一个确定的充气气压,存在一个与最大输出功率对应的放电电流。充气气压增大,最佳放电电流减小。放电电流的变化主要是改变电子密度,对输出功率的影响具体分析,如图 2.4 和图 2.5 所示。在最佳充气条件下,对应着最大输出功率的放电电流称为最佳放电电流。在充气混合比一定时,每个充气气压存在一个最佳放电电流,最佳放电电流随总气压的升高而降低,还与放电管直径有关,随 d 增大而增大。对632.8 nm 谱线有 $I=19(d-1)$,d 的单位为毫米,I 的单位为毫安。

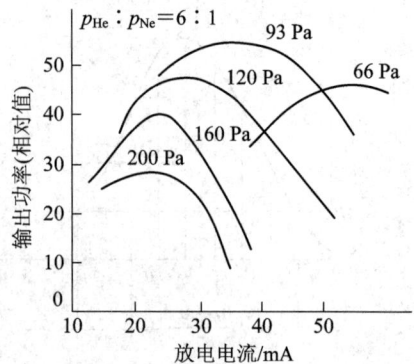

图 2.15 输出功率与放电电流的关系

2）充气气压的影响

图2.16是氦氖激光器中充气气压与输出功率的关系实验曲线。实验表明，在充气混合比一定的情况下，输出功率随充气气压改变而变化，存在一个最佳气压。对放电管直径 d 在 $1\sim15$ mm 范围内，最佳气压满足 $pd=4\times10^2\sim6.6\times10^2$(Pa·mm)。在充气混合比一定的情况下，放电管直径越大，pd 取值越高。

3）充气混合比的影响

图2.16还表明，在直径确定的放电毛细管中，对应最大输出功率也有一个最佳充气混合比或压强比（$p_{He}：p_{Ne}$）。如果充气混合比增大，最佳气压也增大。充气混合比对输出功率主要从电子温度和激光物质密度两方面产生影响。通常最佳充气混合比为 $p_{He}：p_{Ne}=$ $5：1\sim10：1$。最佳充气气压和最佳充气混合比称为最佳充气条件。

4）透过率及腔损耗的影响

图2.17是透过率与输出功率的关系实验曲线。实验表明：透过率太大或太小都使输出功率减小。这是因为透过率太小，输出的比例小，输出功率减小；反之，透过率太大，谐振腔损耗增大使腔内激光振荡减弱，输出功率减小，因此，存在最佳透过率 T_{opt} 如式（2-40）所示。实验还表明，在最佳透过率附近，透过率可以有小的变化，对 P_{opt} 不会有明显的影响，透过率偏大对输出功率的影响较小，因此对透过率的要求不必过高。而腔的损耗对输出功率的影响明显。减小损耗 a_c 将提高输出功率，因此必须选用损耗较小，易于调整的谐振腔。

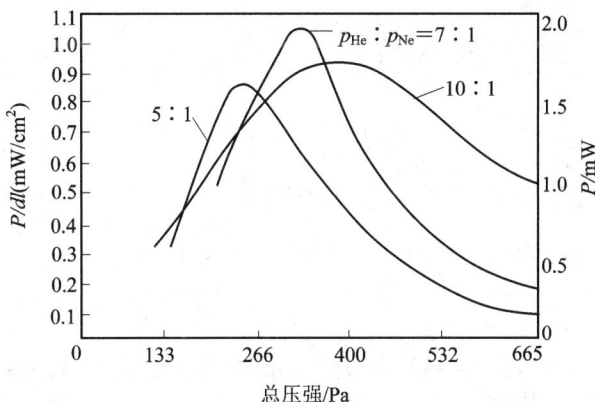

图2.16 输出功率与充气气压的关系

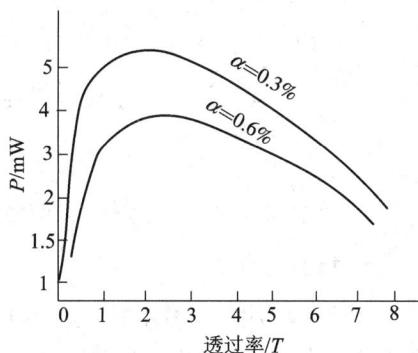

图2.17 输出功率与输出镜透过率的关系

5）谱线竞争效应的影响

543.4 nm、632.8 nm 和 3.39 μm 谱线共用同一激光上能级，且 3.39 μm 谱线增益最大，543.4 nm 谱线增益最小，要获得 543.4 nm 谱线振荡，必须设法抑制 632.8 nm 和 3.39 μm 谱线的振荡。要获得 632.8 nm 谱线振荡，必须设法抑制 3.39 μm 谱线的振荡以提高 632.8 nm 谱线的输出功率。

6）同位素 He-3 的作用

由于同位素 He-3 的质量较小，在同样条件下，其运动速度大于 He-4，从而使能量交换速率提高。He-3 的第一激发态与氖的 $3s_2$ 能级更接近,从而使共振能量转移速率提高,提高输出功率在 25% 左右。

4. 输出功率的稳定性

输出功率的稳定性是目前器件性能检验的一个重要指标。习惯上用功率稳定度 S 来度量,S 定义为一段时间内输出功率 P 变化的百分数:

$$S = \frac{\Delta P}{\overline{P}} \qquad (2-43)$$

式中 $\overline{P}$ 是一段时间内输出功率 P 的平均值,ΔP 是这段时间内输出功率 P 的变化范围。影响氦氖激光器输出功率稳定性的因素主要有放电电流、工作波长和腔损耗的波动等。

2.3.2 氦氖激光束的发散角

在激光准直、测距等应用中,不仅要求氦氖激光器输出 TEM_{00} 模,而且要求具有良好的方向性和准直性。光能量在光束方向上越集中,方向性越好。通常用发散角描述方向性和准直性,TEM_{00} 模的平面发散角(半角)定义为

$$\theta(z) = \frac{\mathrm{d}\omega(z)}{\mathrm{d}z} = \frac{\dfrac{\lambda}{\pi \omega_0}}{\sqrt{1 + \left(\dfrac{\pi \omega_0^2}{\lambda z}\right)^2}} \qquad (2-44)$$

1. 远场发散角

由式(2-44)可知,当 $z \gg \dfrac{\pi \omega_0^2}{\lambda}$ 时,$\theta(\infty) = \dfrac{\lambda}{\pi \omega_0}$。$\theta(\infty)$ 越小,表明光能量在光束方向上越集中,也就是常说的方向性越好。对平凹腔,$\omega_0^2 = \dfrac{\lambda L}{\pi}\left(\dfrac{R}{L} - 1\right)^{1/2}$,代入 $\theta(\infty)$ 得

$$\theta(\infty) = \frac{\sqrt{\dfrac{\lambda}{\pi L}}}{\left(\dfrac{R}{L} - 1\right)^{\frac{1}{4}}} = \frac{\sqrt{\dfrac{\lambda}{\pi L}}}{(\Gamma - 1)^{\frac{1}{4}}} \qquad (2-45)$$

式中,$\Gamma = \dfrac{R}{L}$。可见 $\theta(\infty)$ 取决于谐振腔的结构。

2. 瑞利长度

式(2-44)中,z 较小时,$\theta(z)$ 也较小,即光斑半径 $\omega(z)$ 随 z 增加而缓慢增大,这种特性常称为准直特性。在实际应用中,需要在尽可能长的距离内保持激光束的准直特性。一般把光斑半径从腰斑半径 ω_0 增加到 $\sqrt{2}\omega_0$ 的传输距离称为准直长度,或瑞利长度 Z_R,由

$$\omega(Z_R) = \omega_0 \left[1 + \left(\frac{Z_R \lambda}{\pi \omega_0^2}\right)^2\right]^{1/2} = \sqrt{2}\omega_0 \qquad (2-46)$$

得,$Z_R = \dfrac{\pi \omega_0^2}{\lambda} = \dfrac{\lambda}{\pi \theta^2(\infty)}$,即腔的共焦参数 f。因此,激光器远场发散角越小,输出光束的瑞利长度越长,即准直性越好。

2.3.3 氦氖激光的偏振特性

对不同的腔型结构的氦氖激光器,氦氖激光的偏振特性有不同的表现。通常用偏振度

来描述激光的偏振特性。偏振度定为

$$V_d = \frac{I_\parallel - I_\perp}{I_\parallel + I_\perp} \tag{2-47}$$

通常以放电毛细管轴线与布儒斯特窗法线构成的入射平面来描述。$I_\parallel$、$I_\perp$分别为振动矢量平行于、垂直于入射面的线偏振光强度。

（1）外腔式和半内腔式结构中，由于布儒斯特窗的存在，其偏振度均在99%以上，输出激光为理想的线编振光。

（2）内腔式氦氖激光器的输出激光偏振特性表现为自然光的性质。但也存在一定的偏振性，并且在激光器工作过程中，偏振特性还会发生不规则变化。为了改善内腔式氦氖激光器的输出激光偏振特性，获得高偏振度的线编振光输出，又要保留内腔式激光器结构紧凑使用方便的特点，可以利用塞曼效应，如图2.18所示。在放电管上加上均匀横向磁场，即磁场方向重直于放电管轴线，使分裂出的偏振方向平行于磁场方向的π光形成振荡而输出（其中π光具有2倍于其他两个分量σ光的强度）。

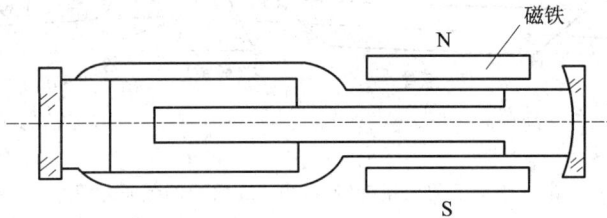

图 2.18　磁起偏氦氖激光器

氦氖激光器具有一定的使用寿命。通常规定激光器的输出功率下降到启用时输出功率的$\frac{1}{e}$所经历的时间（使用或搁置的时间），为激光器的工作寿命。影响器件寿命的物理因素主要有慢性漏气、阴极溅射，工作气压的渗漏和吸附、器件内部元件放气等因素。近年来，由于制作工艺水平的提高和完善，尤其由玻璃硬封接工艺代替环氧树脂粘接工艺，使激光器的寿命大大提高，最长寿命已达数万小时。

2.3.4　氦氖激光的频率特性

氦氖激光器最主要的应用领域是精密计量、全息摄影、激光通信、激光光谱等，其中频率的单一性和稳定性是最重要问题。2.1.2节中曾说明在氖原子相关能级间已发现有上百条谱线，如表2-2所示。但在实际中通常只出现一条或几条谱线，且这些谱线的输出功率的提高也受限，这是由于谱线竞争的结果。尤其是当前氦氖激光器最感兴趣的绿光543.4 nm谱线，必须抑制其他高增益谱线的振荡。对实际运转的激光器，由于激光振荡的多纵模特性和振荡频率漂移，使氦氖激光器输出表现为多纵模和频率不稳定。因此从抑制谱线竞争和稳频两方面来改善频率特性。

1. 抑制谱线竞争

谱线543.4 nm、632.8 nm、3.39 μm共用同一上能级$3s_2$，增益分别为$G_1 = \frac{1}{17}G_2$、$G_2 = 5.3 \times 10^{-3}$ mm^{-1}、$G_3 \geqslant 4 \times 10^{-1}$ mm^{-1}。可以看出，要获得543.4 nm谱线激光振荡，

必须抑制 632.8 nm、3.39 μm 谱线。采取的措施有使用选择性谐振腔、色散元件、腔内吸收、非均匀磁场等。

1）使用选择性谐振腔

在短腔器件中，谐振腔的腔镜对所需振荡谱线呈高反射，而对其他需抑制谱线呈低反射、高损耗。例如在谱线为 543.4 nm 的器件中，要求腔镜对谱线 543.4 nm 的反射率大于 99.9％，对谱线 632.8 nm 的反射率小于 80％，对谱线 3.39 μm 的反射率小于 2％。

2）腔内加色散元件

利用色散元件增大其他谱线的偏折损耗，所需振荡谱线仍在腔内，如图 2.19 所示。为保证 632.8 nm 谱线在腔内往返，棱镜顶角为 θ 的等腰三角棱柱，θ 的大小为

$$\theta = 2\arcsin\sqrt{\frac{1}{1+n^2}} \tag{2-48}$$

其中 n 为棱镜在谱线 632.8 nm 处的折射率。

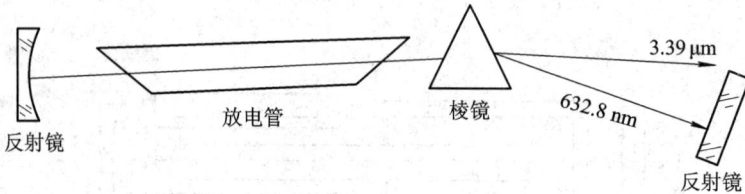

图 2.19　三角棱镜抑制 3.39 μm 谱线的装置示意图

3）腔内吸收

在腔内放置一个对振荡谱线透明、对要抑制的谱线有强吸收的元件，来实现弱增益谱线的振荡或提高弱增益谱线的输出功率。如甲烷对 3.39 μm 谱线有强吸收，但对 632.8 nm 谱线为透明。

4）加非均匀磁场

在长腔器件中，最有效的方法是利用原子处于非均匀磁场中的塞曼效应，使需要抑制的谱线在工作介质中的增益降低，以达到抑制的目的。原子处在外加磁场中，由于电子的轨道磁矩和自旋磁矩受到磁场的作用，引起的附加能量使原子辐射谱线分裂。分裂的谱线线距为

$$\Delta\upsilon_{\mathrm{m}} = \frac{2g\mu_B B}{h\mu} \tag{2-49}$$

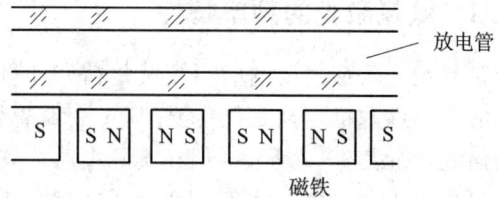

图 2.20　外加非均匀磁场的装置示意图

其中，$\mu_B = \dfrac{eh}{4m_e\pi}$，为玻尔磁子，$B$ 为磁感应强度，g 为兰德因子。若沿放电管施加非均匀磁场，如图 2.20 所示，沿放电管轴线各处磁场大小不同，从左向右依次增大，相应各处谱线分裂的线距不同，且从弱到强谱线连续增宽，相当于谱线展宽，称之为塞曼展宽。

谱线 543.4 nm、632.8 nm、3.39 μm 共用同一上能级 $3s_2$，具有相同的兰德因子，即具有相同的塞曼展宽。在 $0\sim3\times10^{-2}\,T$ 的非均匀磁场作用下，塞曼展宽约为 900 MHz，而三条谱线原来的多普勒线宽分别为 1753 MHz、1500 MHz、280 MHz。对谱线 543.4 nm、632.8 nm，塞曼展宽相当小，对谱线 3.39 μm，塞曼展宽是其原来的多普勒线宽的三倍多。

由于增益与线宽成反比，谱线 3.39 μm 的增益将急剧下降，谱线 632.8 nm 次之，谱线 543.4 nm 下降最少，从而抑制了谱线 3.39 μm 的激光振荡。

对 543.4 nm 谱线氦氖激光器，需要同时采取 1)、2)、4)三种措施。对 632.8 nm 谱线氦氖激光器，只在腔长为 1 m 以上时，才采取措施 4)。

2. 频率稳定状况

在未采取任何纵模选取措施的情况下，一般的氦氖激光器表现为多纵模振荡。无源腔各纵模间隔 Δv_q 和振荡线宽 Δv_{osc} 分别为

$$\Delta v_q = \frac{c}{2L}, \qquad \Delta v_{osc} = 2\Delta v_D (\ln\beta)^{1/2} \qquad (2-50)$$

式中激励参数 β 一般取为 2，常温下 632.8 nm 谱线的多普勒带宽 Δv_D 约为 1500 MHz，可估算出 Δv_{osc} 为 1725 MHz。与 Δv_{osc} 对应的相干长度 $L_c = 20$ cm，而 Kr^{86} 原子单色光源的相干长度可以达到 $L_c = 75$ cm。显然这样的相干长度的氦氖激光器远远不能满足实际应用要求。因此氦氖激光器必须实现单纵模、基横模运转。通常所选单纵模方法中有短腔法和 $F-P$ 标准具法两种。

但是，由于线型加宽和振荡频率漂移，氦氖激光器的振荡频率将在多普勒线宽 Δv_D 内变化，使振荡频率呈现不稳定状态，造成输出相干性的降低。单纵模运转的氦氖激光器的振荡频率为

$$v = v_q + (v_0 - v_q)\frac{\Delta v_c}{\Delta v_D} \qquad (2-51)$$

其中无源腔纵模频率 $v_q = q\frac{c}{2\eta L}$，η 和 L 分别为工作物质的折射率和腔长，无源腔纵模线宽 $\Delta v_c = \frac{c\alpha}{2\pi L}$，$v_0$ 为中心频率。在激光器的工作过程中，由于各种因素的影响，造成 η、L 的变化，引起无源腔纵模频率 v_q 的变化 Δv 为

$$\Delta v \approx \frac{\partial v_q}{\partial \eta}\Delta\eta + \frac{\partial v_q}{\partial L}\Delta L = -v_q\left(\frac{\Delta\eta}{\eta} + \frac{\Delta L}{L}\right) \qquad (2-52)$$

频率的稳定状态一般由稳定度和再现性来描述。频率稳定度定义为

$$S_v^{-1} = \frac{\Delta v}{\bar{v}} \qquad (2-53)$$

其中 $\bar{v}$ 表示频率的平均值，Δv 为频率变化量。S_v^{-1} 表示的含义为同一激光器在工作期间频率的重复特性，$S_v = \frac{\bar{v}}{\Delta v}$ 称为稳定性。

频率再现性定义为：$R = \frac{\delta v}{\bar{v}}$，其含义为同一激光器在不同时间、不同地点条件下频率的重复特性，其中 δv 和 $\bar{v}$ 分别为不同条件下频率变化量和平均值。

由于氦氖激光器线型加宽是以多普勒加宽为主的综合加宽，漂移使振荡频率具有各种不同的频率变化 Δv 和不同的频率稳定状态。分析以下两种极限情况：

1) 振荡频率在整个多普勒线宽内移动

这是一种最大频移的情况，即单纵模振荡频率在整个振荡线宽内移动(漂移)。振荡线宽可以视作增益曲线的多普勒加宽 Δv_D，即

$$\Delta v = \Delta v_D = 7.16 \times 10^{-7} \left(\frac{T}{M} \right)^{\frac{1}{2}} \cdot v \qquad (2-54)$$

因此频率稳定度为

$$S_v^{-1} = \frac{\Delta v}{v} = 7.16 \times 10^{-7} \left(\frac{T}{M} \right)^{\frac{1}{2}} \qquad (2-55)$$

632.8 nm 谱线氦氖激光器工作过程中,气体温度 $T = 400$ K,氖原子量 $M = 20$,代入式 (2-55)得

$$S_v^{-1} = 7.16 \times 10^{-7} \sqrt{20} = 3.2 \times 10^{-6} \qquad (2-56)$$

这是氦氖激光器最低的频率稳定度。

2)振荡频率仅在自发辐射线宽极限内移动

这是一种最小频移情况,即单纵模振荡频率在谱线线宽极限内漂移。根据激光原理,在有源腔中,由于自发辐射的存在,振荡谱线的线宽有一极限 Δv_s,即

$$\Delta v = \Delta v_s = \frac{2\pi h v_0}{P} (\Delta v_c)^2 \qquad (2-57)$$

取 $\alpha = 2\%$,$L = 20$ cm,则 $\Delta v_c = 3 \times 10^6$ Hz,当 $P = 0.1$ mW 时,632.8 nm 谱线氦氖激光器频率稳定度为

$$S_v^{-1} = \frac{\Delta v_s}{v_0} = \frac{2\pi h}{P} (\Delta v_c)^2 = 5 \times 10^{-17} \qquad (2-58)$$

这是 632.8 nm 谱线氦氖激光器频率的最高稳定度。

3. 影响频率稳定度 S_v^{-1} 的主要因素

氦氖激光器频率稳定度的极限值为 5×10^{-17},而目前实际采取的被动稳频和主动稳频所能达到的最高频率稳定度为 10^{-14}。由式(2-51)可知,影响频率稳定度的主要因素有粒子发光中心频率 v_0 的变化及无源腔纵模频率 v_q 的变化等。造成粒子发光中心频率 v_0 产生微小改变的原因主要是放电电流、充气气压、充气混合比的变化。造成无源腔纵模频率产生微小改变的原因主要是工作环境温度、机械振动、工作物质温度、工作物质折射率等因素造成的变化。

2.4 氦氖激光器的设计

氦氖激光器是最早问世的气体激光器,也是应用最广的一种激光器,比如说在准直、测距、导向、精密计量等应用中,利用其方向性好的特点,而在全息摄影、信息处理等应用中,利用其单色性、相干性好的特点等。不同的应用目的,对氦氖激光器的输出特性要求不同,相应的对器件结构参数设计有不同的要求。另外如激光测距中,除了要求一定的输出参数,还要求具有机械强度好、体积小、寿命长以及省电等特点。总之"应用"对氦氖激光器设计提出的要求是多种多样的,概括起来主要的要求包括:运行于 TEM$_{00}$ 模,具有较高的输出功率和较小的发散角,以及寿命长、结构坚固、工作稳定、使用方便等。

根据应用要求确定激光器的结构参数,就是激光器设计的主要任务。主要结构参数包括放电管内径和长度、谐振腔长度、反射镜曲率半径和透过率等。本节以全内腔式 632.8 nm 谱线氦氖激光器设计为例,说明基本的设计方法。

2.4.1　放电管长度和谐振腔长度

在最佳放电条件下，氦氖激光器放电毛细管的长度决定着激光增益区域的长度，从而决定着激光器的输出功率，因此从输出功率 P 要求出发设计放电毛细管的长度。通常根据经验参数确定放电毛细管的长度 l。对运行于 TEM_{00} 模的 632.8 nm 激光器件，在最佳放电条件下，单位长度放电毛细管的输出功率为 $P_0 = 20$ mW。若抑制了谱线 3.39 μm，P_0 可达 50 mW。对输出功率要求为 P 的放电毛细管的长度 l 为

$$l = \frac{P}{P_0} \tag{2-59}$$

有了放电毛细管的长度 l，就可以确定谐振腔长度 $L = l + \Delta l$，其中 Δl 是为了防止电极溅射污染镜片以及加工工艺的要求，Δl 不能过小，一般情况下取 $\Delta l > 20$ mm，但也不能过大。

2.4.2　反射镜曲率半径

氦氖激光器增益较小，其谐振腔一般都采用平凹稳定腔，以获得较大的模体积和调整方便。凹面反射镜曲率半径 R 与输出功率、激光的发散角、方向稳定性、调整容限以及衍射损耗等有密切关系，通常用腔参数 $\Gamma = \dfrac{R}{L}$ 描述 R。

1. 输出功率、远场发散角对 Γ 的要求

根据激光原理，TEM_{00} 模在平凹腔腔镜上的光斑半径 ω_1、ω_2 分别为

$$\omega_1 = \left(\frac{\lambda L}{\pi}\right)^{1/2} \left(\frac{R}{L} - 1\right)^{1/4} = \left(\frac{\lambda L}{\pi}\right)^{1/2} (\Gamma - 1)^{1/4} \tag{2-60}$$

$$\omega_2 = \left(\frac{\lambda L}{\pi}\right)^{1/2} \left(\frac{R^2}{L(R-L)}\right)^{1/4} = \left(\frac{\lambda L}{\pi}\right)^{1/2} \left(\frac{\Gamma^2}{\Gamma - 1}\right)^{1/4} \tag{2-61}$$

ω_1、ω_2 与 Γ 的关系曲线如图 2.21 所示。当 Γ 很大时，ω_1 与 ω_2 很接近，即振荡模越能充满放电管，增益介质利用率或放电管利用系数 η 就越高，所以一般要求 $\Gamma > 2$。由远场发散角式 (2-45) 知，Γ 越大，方向性越好，也希望 Γ 取大一些。

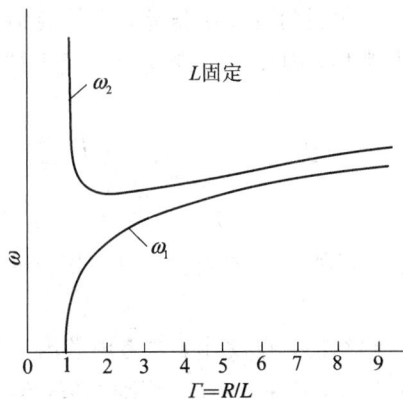

图 2.21　平凹腔镜面上光斑半径与 Γ 的关系

2. 谐振腔的调整精度(调整容限)、衍射损耗及方向的稳定性等因素对 R 的要求

对氦氖激光器的平凹腔,要求平面镜和凹面镜组成共轴系统。但实际调整谐振腔时,平面镜的光轴和凹面镜的光轴存在偏移,如图 2-22 所示,凹面反射镜倾斜角 β 越大,光轴偏移量 $\delta_1(\delta_1 = R\beta)$ 就越大。

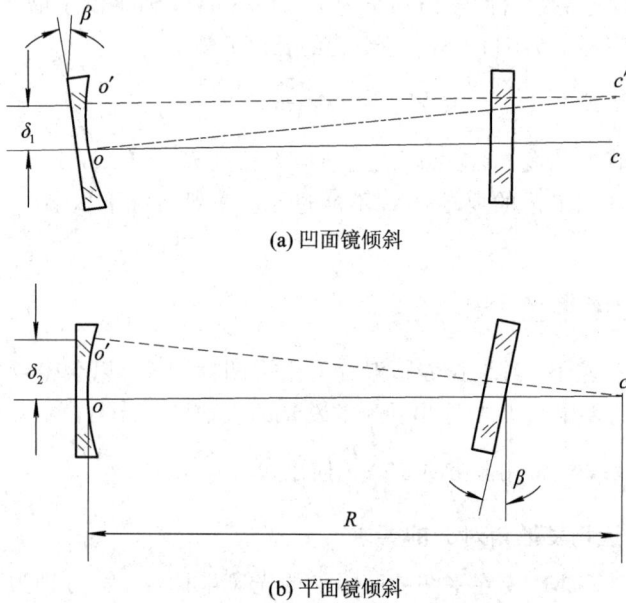

(a) 凹面镜倾斜

(b) 平面镜倾斜

图 2.22　平凹腔的调整容限

若规定偏移量 $\delta_1 \leqslant \dfrac{d}{10}$,则允许凹面反射镜的最大倾斜角 β_m,即调整容限为

$$\beta_m = \frac{\delta_1}{R} = 0.333\sqrt{\frac{\lambda}{\pi L}}\left(\frac{1}{\Gamma^2(\Gamma-1)}\right)^{1/4} \tag{2-62}$$

式中,β_m 的单位为毫弧度。可见 Γ 越大,调整容限 β_m 就越小,谐振腔的调整越为困难。同时 Γ 越大,外界因素引起反射镜倾斜角的较小偏差,会使腔镜上的光斑有较大的位移,从而造成较大的功率漂移和光点漂移,因此为了提高腔的稳定性,希望 Γ 取小一些。此外菲涅耳数 N 与 Γ 关系为

$$N = \frac{d^2}{4\lambda L} = \frac{1}{0.36\pi} \cdot \frac{\Gamma}{(\Gamma-1)^{1/2}} \tag{2-63}$$

式(2-63)表明:$\Gamma=2$ 时,N 最小,约为 1.7;$\Gamma>2$ 时,N 增加较慢;$\Gamma<2$ 时,N 增加很快。N 增加,则衍射损耗减小,有利于增加输出功率,因此也希望 Γ 小一些(如图 2-23 所示)。

由于这些参数指标是相互制约的,在设计上要考虑的因素较多,在工程设计中对 Γ 的要求应综合考虑,对一般常规器件,Γ 在 1~3.5 范围取值,然后由 $R=\Gamma L$ 来确定 R。此外还须进行结构设计,满足一定的工艺要求。

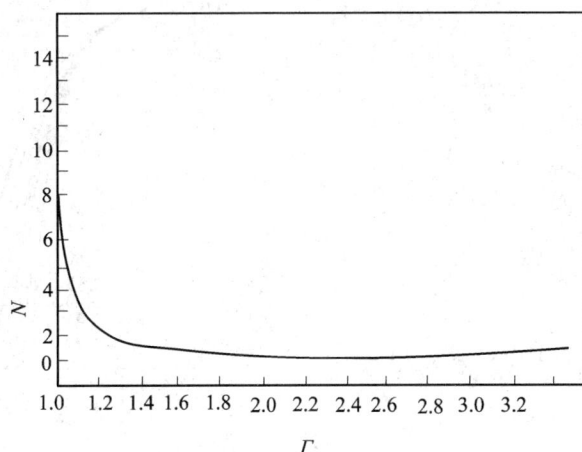

图 2.23 TEM$_{00}$ 模的 N 与 Γ 的关系

2.4.3 放电管内径

放电管内径 d 是激光器的关键尺寸,它影响着激光器的输出功率、放电电流、充气气压和衍射损耗以及器件输出的横模。放电管内径 d 通常是根据对器件输出横模和纵模的要求确定的。为了使器件运行于 TEM$_{00}$ 模(基横模),并且使其衍射损耗比较小,放电管内径 d 与平凹腔腔内最大光斑半径 ω_2 必须满足

$$\omega_2 = (0.3 \sim 0.35)d \qquad (2-64)$$

代入式(2-61)得

$$d = \sqrt{\frac{\lambda L}{0.09\pi}} \cdot \sqrt[4]{\frac{\Gamma^2}{\Gamma - 1}} \qquad (2-65)$$

对双凹腔,则应选取最大光斑半径代入上式计算 d,一般在 $1 \sim 3$ mm 范围内。从氦氖激光器多纵模运行要求来讲,纵模间隔要小于或等于烧孔宽度,放电管内径还要满足式(2-42)。除确定放电管内径外,还应考虑放电管圆、直、孔径一致、刚度、强度等要求。实际的放电管参数总有偏差,可将毛细管粗端作为凹面镜端以减少衍射损耗。

2.4.4 最佳透过率

从式(2-40)可以看出,T_{opt} 与衍射损耗和其他光学损耗有关。其中 a_c 为单程损耗,它包括反射镜的吸收和散射损耗、布儒斯特窗反射和吸收损耗、腔的吸收和衍射损耗等,精确计算 a_c 比较困难。根据经验,反射镜的损耗 $\alpha_m \approx 0.6\%$,布儒斯特窗的损耗 $\alpha_B \approx 0.2\%$,腔的单程衍射损耗 a_D 由 a_D 与菲涅耳数 N 和腔参数 g 的关系曲线查得。具体方法是根据已经确定的放电管内径 d 和谐振腔长度 L 计算菲涅耳数 N 和腔参数 g,在单程衍射损耗与菲涅耳数 N 和腔参数 g 的关系曲线上,查出单程衍射损耗 a_D,如图 2.24 和图 2.25 所示。由 α_m、α_B、a_D 及除输出损耗 T 外的其他损耗来确定腔内单程总损耗 a_c。由式(2-40)计算最佳透过率 T_{opt}。实际中,激光器对透过率的要求并不十分严格,根据经验,透过率在最佳透过率 T_{opt} 附近选取即可。

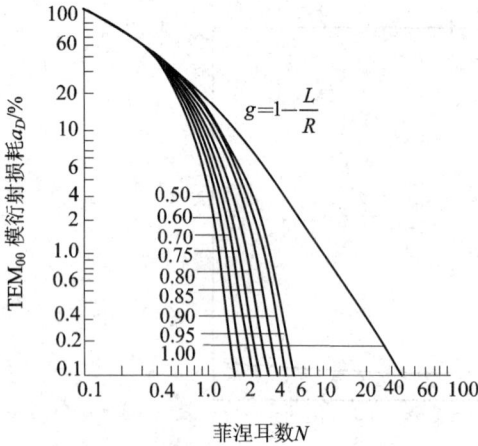

图 2.24　TEM$_{00}$ 模的 a_D 与 N 的关系　　图 2.25　TEM$_{01}$ 模的 a_D 与 N 的关系

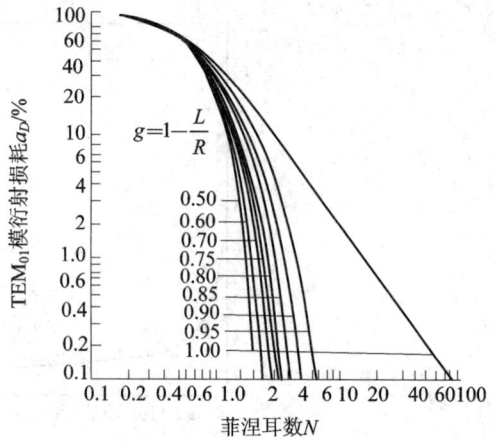

　　根据以上设计参数，代入式(2-41)估算输出功率，并与设计要求比较。一般计算输出功率值应略大于设计要求值。最后由实验测量，验证参数设计的合理性。

2.4.5　设计举例

　　试设计一功率为 10 mW（未抑制 3.39 μm 谱线振荡），发散角小于 1 m rad，运行于 TEM$_{00}$ 模情况下的 632.8 nm 氦氖激光器的结构参数。

　　(1) 根据放电毛细管的长度 l 与输出功率 P 的经验关系式(2-59)，取 $P_0 = 20$ mW/m，由 $l = \dfrac{P}{P_0}$ 可得 $l = 500$ mm，$\Delta l = 30$ mm，则谐振腔长度 $L = 530$ mm。

　　(2) 根据输出功率、远场发散角、腔的调整精度（调整容限）、衍射损耗及方向的稳定性等因素对 R 的要求，综合考虑后取 $\Gamma = 2$，则 $R = 2L = 1060$ mm。

　　(3) 根据横模要求确定放电管内径 d，将 $\lambda = 632.8$ nm、$\Gamma = 2$、$\theta < 1$ m rad 代入式(2-65)，则 $d = 1.1$ mm。

　　(4) 确定菲涅耳数 N 和腔参数 g，查出单程衍射损耗 a_D。由 α_m、α_B、a_D 及除输出损耗 T 外的其他损耗来确定腔内单程总损耗 a_c，一般取 $a_c = 0.01$。

　　(5) 取放电管利用系数 $\eta = 0.7$，代入式(2-41)计算输出功率 P_{opt}，则

$$P_{\text{opt}} = 7.5\pi d^2 \eta \left(\sqrt{\frac{6 \times 10^{-4} l}{d}} - \sqrt{a_c} \right)^2 = 10.4 \text{ mW}$$

P_{opt} 略大于设计要求值 10 mW，参数设计基本合理。根据设计参数进行实验，由实验进一步验证参数设计的合理性。

2.5　其他氦氖激光器和其他惰性气体原子激光器

　　除了 632.8 nm 氦氖激光器件外，还有其他波长的氦氖激光器件，形成了绚丽多彩的氦氖激光器多波长系列器件。除了氦氖激光器件外，还有其他惰性原子气体激光器件，产生红外激光谱线。

2.5.1　其他形式的氦氖激光器

氦氖激光谱线有 100 多条，在不同工作条件下，将有不同的激光谱线振荡，形成不同形式的氦氖激光器。

1. 红外 1.152 μm 氦氖激光器

红外 1.152 μm 谱线由激光能级跃迁 $2s_2 \rightarrow 2p_4$ 产生。发射波长为 1.152 μm 的激光器的结构形式基本类似于 632.8 nm 器件，放电管直径 d 由经验公式来选取：

$$d = \sqrt{4NL\lambda} \tag{2-66}$$

其中 N 为谐振腔的菲涅耳数。主要的工作条件是

(1) 最佳工作总气压 p 与放电管内径 d 的乘积为

$$p \cdot d = 22 \times 10^3 \sim 26 \times 10^2 (\text{Pa} \cdot \text{mm}) \tag{2-67}$$

(2) 最佳气体混合比为

$$\text{He} : \text{Ne} = (10 \sim 4) : 1$$

(3) 最佳放电电流为 3～4 mA。

2. 红外 1.523 μm 氦氖激光器

红外 1.523 μm 谱线由激光能级跃迁 $2s_2 \rightarrow 2p_2$ 产生，选择适当带宽的介质膜反射镜构成谐振腔，发射波长为 1.523 μm 的激光器的结构形式也基本类似于波长 632.8 nm 器件，典型的工作条件是

(1) 最佳工作总气压 p 与放电管内径 d 的乘积为

$$p \cdot d = 2.2 \times 10^2 (\text{Pa} \cdot \text{mm}) \tag{2-68}$$

(2) 最佳气体混合比为

$$\text{He} : \text{Ne} = 11 : 1$$

(3) 最佳放电电流：对于 $d = 2.2$ mm 的激光器，其最佳放电电流为 4～5 mA，比相同工作条件的 632.8 nm 器件要小。

3. 绿光氦氖激光器

谱线 543.4 nm 是氦氖激光的最短波长，最接近 550 nm（人眼灵敏曲线的最大值深受关注）。由激光能级跃迁 $3s_2 \rightarrow 2p_{10}$ 产生，选择适当反射镜构成谐振腔，发射波长为 543.4 nm 的激光。由于 543.4 nm 谱线的增益只有 632.8 nm 谱线增益的 1/7，因此，只有采用适当措施，抑制掉其他激光波长的振荡，才有可能获得波长为 543.4 nm 的激光输出。主要的抑制方法是，采用特种光学涂料调节气体成分和采用对 543.4 nm 的激光有高反射率的反射镜构成谐振腔。其结构形式也基本类似于 632.8 nm 氦氖激光器，放电管内径比 632.8 nm 激光器件要大。1985 年由美国 Melles Griot 公司首次研制成功的全内腔绿光氦氖激光器，使得氦氖激光器喜获新生，再造辉煌。

绿光氦氖激光器不仅在某些场合下替代了常规红光激光器，而且有着比红光激光器更加诱人的应用前景，这是由于绿光具有三个独特的优点：一是人的视觉对绿光最敏感。因此对于用人眼作传感器的任何应用，例如准直、监测、显示等，选用绿光是最合适的；绿光又是大自然中最柔和的色彩，所以绿光为多色指示器和艺术布景等增添了一种重要的色彩。二是绿光在水中的吸收损耗小，在水中的穿透能力强，可以用作水中照明、深海通信

等，因而具有较高的商业和军事应用价值；在基于新的米定义的长度计量中，氦氖绿激光还以其稳定性和再现性好而成为一种新的国际长度标准。三是绿光在医学中的应用，由于红光易与血液、肌肉的颜色混淆，而绿光就绝无此虑，所以将绿光激光器用于外科手术指示器、生物组织部位瞄准、血管造影和内窥镜等，有着普通氦氖激光器无法比拟的优点。因此绿光激光器在普通氦氖激光器家族中有着特殊重要的意义。

4. 波长可调谐氦氖激光器

波长可调谐氦氖激光器的波长调谐范围在红光(731 nm)与黄光(594.0 nm)之间，如表2-2所示，对应能级 $3s_2$ 向 $2p$ 的十个子能级的跃迁中，除去 $3s_2 \rightarrow 2p_9$ 为禁戒跃迁外，都有一定的跃迁几率。但是由于 632.8 nm 谱线增益远大于其他谱线，如果不采用腔内选频元件，则只会产生 632.8 nm 谱线振荡。为了得到其他 8 条谱线激光，通常在腔内插入色散棱镜，结构与图 2.19 所示相似。由于棱镜色散，对不同波长的偏向角不同，谐振腔只对其中一条满足振荡条件的谱线产生输出，其他谱线由于偏折损耗而逸出腔外。如要改变振荡波长，只需把谐振腔和棱镜调节到谱线满足振荡条件的位置。

棱镜调节波长的方式有两种，一种是棱镜不动，调节腔镜。这样棱镜入射角不变，而出射角变化，则相应波长原路返回实现振荡。另一种是棱镜、腔镜相对不动，作为整体调节，构成固定偏向角准直光路。这样棱镜出射角不变，而入射角变化，则相应波长实现振荡。

由于在可见光波段，氦氖激光的增益很小，腔内插入色散棱镜必然增加腔内损耗。因此在棱镜材料选择、棱镜结构及光路设计中要尽可能减小损耗。

5. 双波长氦氖激光器

一般的氦氖激光器总是以单一波长振荡输出的，在采用特殊措施后，可实现两个波长同时振荡输出，即双波长激光器。

1) 1.15 μm 和 0.63 μm 双波长激光器

波长 1.15 μm 和 0.63 μm 的激光跃迁具有共同的下能级 $2p_4$，因此两者在激光振荡过程中存在较强的竞争效应。如果总气压较低，氖的含量比例较低时，对 0.63 μm 的激光振荡有利；反之，则有利于 1.15 μm 激光振荡。当工作气体总气压和混合比取得适当，并使谐振腔反射镜对 1.15 μm 和 0.63 μm 两个波长都有较高的反射率，就可实现两个波长的同时振荡。双波长激光器的结构形式也基本类似于 632.8 nm 器件，作为一个实例，这种激光器的工作条件为：放电管长度 180 mm，放电管内径 1.2 mm，混合比 He：Ne＝6：1，总气压 400 Pa，最佳放电电流 6 mA。

2) 3.3912 μm 和 3.3922 μm 双波长激光器

波长为 3.3912 μm 和 3.3922 μm 的激光产生于氖原子跃迁 $3s_2 \rightarrow 3p_4$，这两条谱线容易实现同时振荡。这种激光器主要用于真空检漏，例如甲烷气体分子仅对 3.3922 μm 谱线吸收，而对 3.3912 μm 谱线没有吸收，由此可以制作灵敏的漏气检测系统。

6. 高功率氦氖激光器

由于氖原子 1s 能级扩散弛豫的"瓶颈效应"，一般的普通氦氖激光器都用圆截面毛细管作放电管，而激光功率的大小主要取决于激光放电管的长度。考虑到一般实用整机长度不宜超过 2 m、气压受到限制和放电毛细管直径不能太大，这样就限制了模体积以及激光功率的增大。因此，一般的氦氖激光器的输出激光功率都在数十毫瓦以下。

然而，矩形放电截面的扁平放电管可以通过增加矩形截面的横向尺寸来增加激光模体积，以提高输出激光功率。矩形放电管具有两维横向尺寸 $a \times b$（b 为短边尺寸），如图 2.26 所示。根据等离子体参量的理论分析可知，当 $a \gg b$ 时，放电等离子体电子温度主要取决于 b。因此，设计合适的 b，既可保证所需激光增益，又不增加放电管长度。对于同一电子温度而言，这种矩形放电管的等效半径可表示为

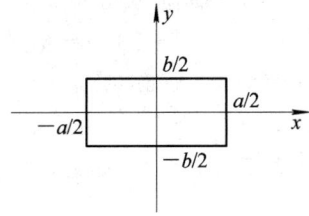

图 2.26　扁平放电管中正柱区的横截面

$$R = \frac{0.765ab}{\sqrt{a^2 + b^2}} \approx 0.765b \qquad (2-69)$$

这样，可以通过增加矩形截面的长边来增加模体积，以提高输出功率。若设计矩形放电管的输出功率为同样放电管长度的圆形激光放电管的输出功率的 2～2.4 倍，则要求

$$\frac{ab}{\pi(0.765b)^2} = 2 \sim 2.4 \qquad (2-70)$$

据一般圆形放电管氦氖激光器的设计经验，输出功率为 80～100 mW，需要放电管长度为 1.7 m，内径为 7～8 mm。若选用矩形放电管，放电管内径为 4.6～5.2 mm，取 $b=4.5$ mm，由式(2-65)可估算出 $a \approx 16.5 \sim 20$ mm。因此采用矩形放电截面尺寸为 20 mm×4.5 mm，可得到波长 632.8 nm 的激光输出功率超过 200 mW，经一级放大后可达到 400 mW，这是目前输出功率最大的氦氖激光器。

7. 紫外氦氖激光器

将非线性光学晶体置于常规波长为 632.8 nm 的氦氖激光器谐振腔内，进行腔内倍频可以得到波长为 316.4 nm 的紫外激光。这种激光器于 1997 年由北京大学李新章教授带领的小组研制成功，达到了国际领先水平。

对增益长度为 1 m 的 632.8 nm 的氦氖激光器，输出镜透过率为 1.46% 左右，输出功率达到 45 mW 以上，此时腔内光功率有 3 W。在腔内进行适当聚焦，就可以达到倍频所要求的功率密度，实现波长为 316.4 nm 的紫外激光。倍频晶体为 α - LiIO$_3$ 晶体，长度为 11 mm，晶体表面镀有 632.8 nm 和 316.4 nm 的增透膜，输出 316.4 nm 激光功率达到 5 mW 以上，稳定功率大于 3 mW，功率稳定性优于 10%，为线偏振光，纵向发散角与 632.8 nm 激光基本相同，约为 26.3 mrad，横向发散角约为 2.4 mrad。

这一激光器应用于人体血清和含癌细胞的人体血清荧光研究，比传统方法大大改善，将为半导体能谱研究、激光生物荧光光谱、高分子感光材料、激光化学反应等提供一种新的研究手段，大大加速了这些领域的研究进展。

2.5.2　其他惰性气体原子激光器

除氦原子外，还有其他惰性气体原子产生激光跃迁，如氩原子、氪原子、氙原子等，都采用氦气为辅助气体，激光谱线处在红外区的多达 200 条以上。其他惰性气体激光器在结构、工作原理和输出特性等方面，与氦氖激光器相类似，输出功率在几十毫瓦范围内，大

部分器件都利用"管壁弛豫"来消除瓶颈效应,即增益与放电管内径成反比。几种惰性气体原子激光器的激光波长分布如下

(1) 氖原子:1～133 μm 左右,计 100 余条谱线。

(2) 氩原子:1.6～27 μm 左右,计 25 条以上谱线。

(3) 氪原子:1.6～7 μm 左右,计 25 条以上谱线。

(4) 氙原子:1.7～18 μm 左右,计 30 条以上谱线。

2.6 金属蒸气原子激光器

金属蒸气激光器是以金属蒸气作为激光工作物质的气体器件。金属蒸气激光器是气体激光器中相当活跃的一个分支,目前已经实现受激发射的金属有三十多种。金属蒸气激光器按其激发机理和工作状态可分为三类:

(1) 自终止跃迁金属蒸气原子激光器。工作物质粒子属中性原子系统,粒子能级跃迁为自终止跃迁,也称自终止跃迁激光器。采用高压脉冲放电激励,可在高重复频率下工作。目前已经实现自终止跃迁受激发射的金属原子有二十多种,如铜、金、铅、锰、锶等。

(2) 金属蒸气离子激光器。工作粒子属于离子系统,用放电激励,可在脉冲或连续状态下工作,如 Cd^+、Sr^+、As^+、Pb^+、Hg^+、Cu^+ 等系统。

(3) 光泵浦金属蒸气原子激光器。工作物质为碱金属蒸气,采用光激励。

本节将阐述自终止跃迁金属蒸气原子激光器,并以高效率、高功率、高重复频率的铜蒸气激光器为代表,阐述其工作原理、典型器件、工作特性等,最后对其他同类型金属蒸气原子激光器做扼要介绍。

2.6.1 自终止跃迁激光器

气体原子激光器选取了与基态间距大的激发态作为激光下能级,并要保证能够迅速弛豫。造成气体原子激光器的光电转换效率低。连续激光器的效率可简单地定义为

$$\eta = f\frac{h\upsilon}{E_2} \tag{2-71}$$

式中 f 为泵浦能量中用于激发激光上能级的百分比,$h\upsilon$ 为激光跃迁产生的光子能量,E_2 为激光上能级的能量。连续激光器的 E_2 较高,不利于提高 f,大部分泵浦能量消耗在激发低能级和电离过程中,通常 f 只有约 1%,且使 $\frac{h\upsilon}{E_2}$ 很少超过 0.1,因此连续激光器的效率仅为 $10^{-3}\sim10^{-4}$。

在气体放电过程中,可以将大部分泵浦能量用于激发原子系统的第一共振能级。我们知道,在中性原子中彼此靠近且与基态有光学联系的那些能级,可以由电子碰撞有效地选择激发,其电子碰撞激发截面 Q_{12} 与基态和激发态的波函数有关,当电子能量 E_e 远远大于激发态能量 E_2 时($E_e \gg E_2$),在电子交换相互作用可忽略时,Q_{12} 近似表示为

$$Q_{12} \propto A_{21} \tag{2-72}$$

式中 A_{21} 为自发辐射跃迁几率。式(2-72)说明,对光学允许跃迁,A_{21} 可能很大,因此可得到较大的激发截面。因此原子系统的第一共振能级可以选作激光上能级,激光下能级只能

是比第一共振能级低的亚稳态能级。在短脉冲放电激励下，这两个能级会有效地产生粒子数反转。但由于亚稳态向基态的禁戒跃迁性质，激光振荡条件很快被破坏，激光振荡停止。我们称跃迁终止于亚稳态的脉冲激光器为"自终止跃迁激光器"。

金属蒸气激光器是典型的自终止跃迁激光器。一些金属和过渡元素原子具有较低的能级，用作激光介质可以得到很高的效率。对自终止跃迁激光器，一个激光脉冲终止后，激光上能级的一部分粒子没有被利用，这取决于激光上、下能级的统计权重 g_2、g_1 之比，考虑到这个因素，激光器效率式(2-71)应为

$$\eta = f\frac{h\upsilon}{E_2} \cdot \frac{g_2}{g_2 + g_1} \tag{2-73}$$

该效率为极限转换效率，因子 $\frac{g_2}{g_2+g_1}$ 一般在 $\frac{1}{3} \sim \frac{2}{3}$ 之间，$\frac{h\upsilon}{E_2}$ 约在 $0.5\sim0.7$ 之间，对于激发共振能级来说，f 约为 0.5，可得到极限转换效率 $\eta\approx25\%$。实际中要达到极限转换效率将受到许多条件限制，如激励脉冲脉宽必须与激光上能级同数量级、非激励功耗与激励功耗接近等因素。转换效率 η 实际预期值在 10% 左右。

自终止跃迁激光器的能级系统如图 2.27 所示的三能级系统，实现粒子数反转需要满足以下条件：

(1) 激光上能级应是共振能级，与基态有强的电偶极辐射跃迁。快放电可使其得到强激发。

(2) 激光下能级应是亚稳态，与基态没有电偶极辐射跃迁(与基态是电偶极禁戒跃迁，宇称相同)，与激光上能级宇称相反。下能级的激发截面很小。

(3) 希望激光上能级仅与下能级和基态有光学联系，与其他能级的电偶极矩阵元很小，这样上能级就没有噪声跃迁。为了减少上能级到基态的跃迁几率，必须使原子浓度足够高，并有效地捕获共振辐射。当基态有子能级时，它们的间隔应很小，并在工作温度下有足够的粒子数，以便捕获上能级的自发辐射。

图 2.27　自终止跃迁的三能级系统

(4) 上能级的激光跃迁辐射几率 A 应小于激发跃迁几率，大于弛豫跃迁几率，实际 A 的范围约为 $10^4\,\mathrm{s}^{-1} < A < 10^7\,\mathrm{s}^{-1}$。如果激光跃迁的辐射寿命小于激励脉冲的上升时间，那么自发辐射将使上能级的粒子数在实现反转之前抽空；如果激光跃迁辐射几率 A 很小，那么为了得到足够高的增益，所需的反转粒子数密度很难达到。

(5) 为了提高激光效率，要求激光振荡量子能量与基态和上能级能量差之比 $\frac{h\upsilon}{E_2}$ 足够大。因此下能级要尽可能靠近基态，但下能级分布的粒子数不能超过原子总数的 0.1%，下能级应选在基态之上 $6000\sim18\,000\,\mathrm{cm}^{-1}$ 之间。

当满足上述条件时，就可以达到极限转换效率。但同时满足全部要求是困难的。从分析原子能级结构出发，只有 p 和 d 壳层部分填充的元素原子符合这些要求，这些原子应是重元素原子。对这些原子，为了得到几百帕的原子气体，通常需要高温，存在较大的工艺困难。铜原子首先获得了最高的脉冲峰值功率和最大的转换效率，这是由于铜原子能级结构能更好地符合上述五个条件。

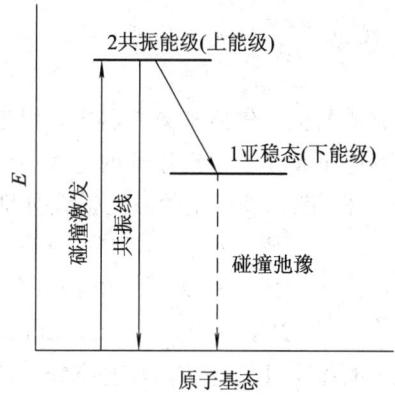

2.6.2 铜蒸气原子激光器

1966 年 Walter 发明的铜蒸气原子激光器，因其高重复频率、短脉宽、可见光波段而得到广泛应用，尤其在激光同位素分离上的应用而得到快速发展，单台输出功率达到 60 W 以上，效率达到 1.0%。高功率铜蒸气激光大都是在大口径器件上获得的。

1. 铜原子能级及激光跃迁

铜原子序数为 29，其基态电子组态为 $1s^2 2s^2 2p^6 3s^2 3p^6 3d^{10} 4s^1$，基态谱项为 $^2S_{1/2}$。第一电离能为 7.72 eV。与铜原子激光跃迁相关的第一激发态为亚稳态，第二激发态为第一共振态，电子组态分别是

$$1s^2 2s^2 2p^6 3s^2 3p^6 3d^9 4s^2, \quad 1s^2 2s^2 2p^6 3s^2 3p^6 3d^{10} 4p^1$$

谱项分别为 $^2D_{3/2,5/2}$、$^2P_{1/2,3/2}$，能量分别为 1.5 eV、3.8 eV。如图 2.28 所示。原子激发态被填充的机制是电子与基态原子的碰撞，反应方程为

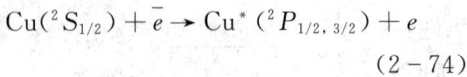

$$Cu(^2S_{1/2}) + \bar{e} \rightarrow Cu^* (^2P_{1/2,3/2}) + e$$
$$(2-74)$$

在典型的铜蒸气原子激光器中，用于上述过程的电子是产生于铜原子的电离，而不是缓冲气体。跃迁及产生的激光谱线分别为

$$^2P_{3/2} \rightarrow {}^2D_{5/2}, \quad 510.6 \text{ nm};$$
$$^2P_{1/2} \rightarrow {}^2D_{3/2}, \quad 570 \text{ nm};$$
$$^2P_{3/2} \rightarrow {}^2D_{3/2}, \quad 578.2 \text{ nm}$$

共振态 $^2P_{3/2}$、$^2P_{1/2}$ 与基态 $^2S_{1/2}$ 之间分别同 324.8 nm、327.4 nm 共振跃迁相联系，又分别是 510.6 nm、578.2 nm 激光跃迁的上能级，彼此相距很近（248 cm^{-1}）。在激励脉冲期间，这些共振态可能很快地交换激发能，并且 570 nm 与 510.6 nm 共用同一上能级 $^2P_{3/2}$，570 nm 与 578.2 nm 共用同一下能级 $^2D_{3/2}$。其他所有已知的铜原子的光跃迁均

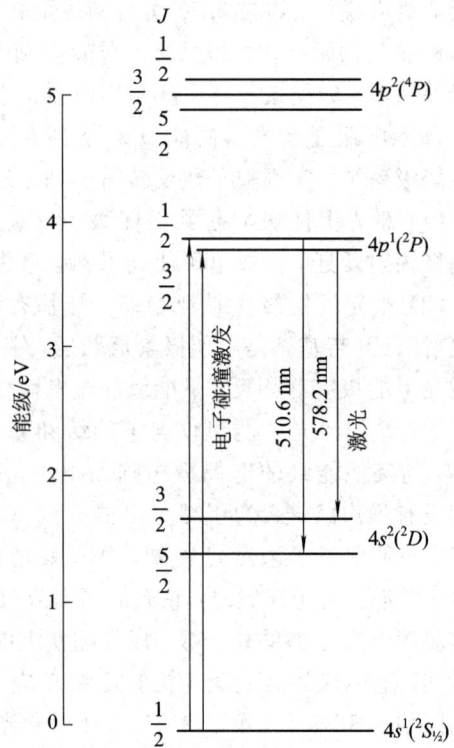

图 2.28　铜原子能级图

发自两个共振态之上，且终止于这两个共振态，这些光跃迁的时间较长，与放电激励时间大致相同，因此在激光上、下能级之间没有其他噪声跃迁。

共振态 $^2P_{3/2}$、$^2P_{1/2}$ 的有效寿命严重影响铜原子激光动力学，特别是在近阈值条件下。当铜原子基态粒子数密度 N_1 和放电管半径 R 满足条件 $N_1R \geqslant 10^{13}$ cm^{-2} 时，324.8 nm、327.4 nm 共振线被捕获，增加了共振态的有效寿命。在不发生共振捕获时，共振态的寿命分别为 9.6 ns、10.24 ns，在共振跃迁完全被捕获时，共振态的有效寿命与激光跃迁的爱因斯坦系数的倒数相等，分别为 615 ns、370 ns，因此在满足条件 $N_1R \geqslant 10^{13}$ cm^{-2} 的情况下，对泵浦的要求大大降低。由此说明共振捕获是铜原子蒸气激光器能够实现的必须条件。

亚稳态 $^2D_{3/2,5/2}$ 寿命为几毫秒，说明了 510.6 nm、578.2 nm 激光辐射的自终止特性。受激辐射使亚稳态很快被填充，当填充到与激光上能级粒子数近似相等时，增益将小于阈值增益，激光振荡停止。当亚稳态粒子由于碰撞而衰减时，又可以出现第二个激光脉冲。

铜原子的 510.6 nm、578.2 nm 谱线增益都很大，分别为 58 dB(m^{-1})、42 dB(m^{-1})，因此无谐振腔镜或单腔镜时，都能观察到超辐射。

当铜原子系统在脉冲电流的激发下，形成瞬态粒子数反转分布时，由于激光下能级的禁戒跃迁性质，受激辐射使系统很快不满足激光振荡条件，受激辐射跃迁便自行终止，故称这是自终止跃迁方式，持续时间为 10～50 ns。

铜原子激光能级为三能级系统，从基态到激光上能级之上的 1 eV 范围内，除激光上、下能级之外没有其他能级存在，因此其他的竞争跃迁很少，能量损耗也最小，能够获得高效率。粒子数反转分布的建立是由于电子碰撞激发激光上能级的速率大于激光下能级的速率。由于电子碰撞激发激光上、下能级的激发截面是电子能量的函数，激发速率是电子温度的函数，由半经典方法计算可得出，当电子温度 $T_e>2$ eV，激光上能级的电子碰撞激发速率大于激光下能级的激发速率，就可产生瞬态粒子数反转分布。

铜蒸气原子激光器的发展很快，应用也日渐广泛。对放电管长度为 80 cm，其平均功率达 200 W，脉冲峰值功率可达 300 kW，转换效率大于 1%，在脉冲重复频率 1～20 kHz 之间工作，脉宽为几个纳秒。

按工作物质分类，铜蒸气原子激光器可分为纯铜、卤化铜和铜的有机化合物三类。纯铜激光系统的工作温度高达 1500℃ 以上，氧化铜激光系统的工作温度高达 1300℃，而卤化铜和铜的有机化合物激光系统的工作温度为 600℃ 以下。纯铜激光器通常采用高重复频率自加热方式，而卤化铜激光器通常采用双脉冲低重复频率外加热方式工作。

2. 纯铜蒸气激光器

铜蒸气激光器首次是在纯铜体系中实现的，最低工作温度高达 1500℃，器件的工作条件和使用条件受到限制。但由于纯铜体系能获得比卤化铜体系高得多的输出功率，并且对其他纯金属蒸气激光器的研究具有普遍意义，所以近年来进展很快。纯铜蒸气激光器装置示意图如图 2.29 所示。基本结构主要由放电管，谐振腔，电极电源和加热炉条构成。

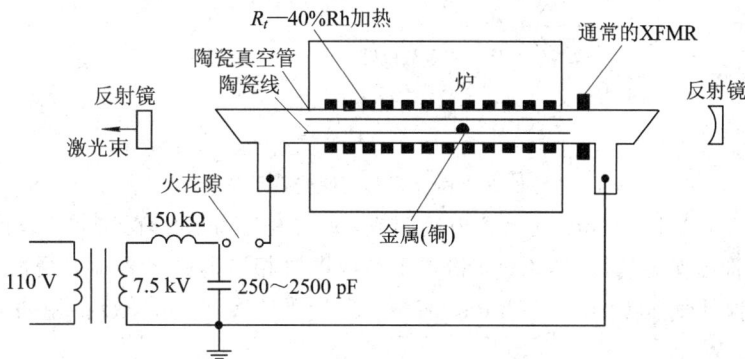

图 2.29　纯铜蒸气激光器示意图

放电管由耐高温的 Al_2O_3 或 BeO 陶瓷管做成，直径 ϕ 为 10～70 mm，充有气压为 133～400 Pa 的氖气作为缓冲气体，铜粉沿放电管轴线均匀放置，在 1500℃ 的温度下产生的铜蒸气气压约为 40 Pa。放电管两端用法兰封上布儒斯特窗，布儒斯特窗和电极处于冷区。

谐振腔为平凹腔，凹面镜曲率半径为 3 m，为全反射镜，平面镜为输出镜。放电电源为脉冲电源，放电脉冲宽度约 400 ns。放电电容在 250～2500 pF 之间可调，最高充电电压 7.5 kV，电流脉冲上升时间约 20 ns，半峰值宽度约 200 ns。

加热炉（条）采用白金和铑的合金加热条对放电管加热，外部还套有保温套。

采用的陶瓷放电管直径 10 mm、长度 800 mm，管内充以 133 Pa 的氦气作为缓冲气体，平凹腔腔长 1580 mm，放电峰值电流几百安培，利用这个实验装置，首次实现了铜原子的 510.6 nm、578.2 nm 谱线的脉冲激光振荡。在激励脉冲期间，基态和共振态的粒子数密度约为 10^{15} cm^{-3} 和 10^{12} cm^{-3}。随着温度的升高，没有观察到功率的饱和，表明尚有巨大的潜力。纯铜蒸气激光器多数是以纵向放电的方式进行。

3. 卤化铜蒸气激光器

卤化铜作为工作物质的激光器，工作温度在 400℃ 左右，且激光器从开始泵浦到最佳运转状态的时间比纯铜激光器要短（小于 10 分钟），因此是一种较实用的铜激光器。卤化铜包括 CuCl、CuBr、CuI，由于卤化铜工作物质在运转过程中会产生卤素气体，并且这种过程是不可逆的，这些不可逆产物会使封闭式器件的工作物质条件变坏，严重影响器件工作寿命，因此在卤化铜激光器中，需不断加入慢流动的缓冲气体（如氦气），以带走不可逆生成物，从而提高器件寿命和输出功率，并且有助于放电电压的均匀化。以纵向放电的卤化铜蒸气激光器为例，说明这种器件的工作原理。基本结构由放电管，谐振腔，电极及保温套等构成，如图 2.30 所示。

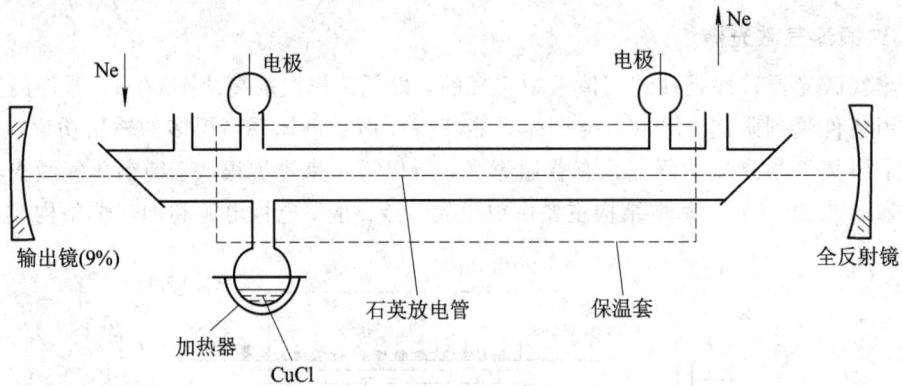

图 2.30　卤化铜蒸气激光器示意图

放电管由 $\phi28\times1000$ mm 的石英玻璃制成，两端由布儒斯特窗密封，以产生线偏光输出，整个放电管用保温套保温，CuCl 粉置于与放电管相连通的容器中，缓冲气体 Ne 慢速流过放电管，保持气压 1330～6550 Pa。谐振腔采用平凹腔构型，全反射镜曲率半径为 3 m，输出功率约 10 W。

CuCl 蒸气激光器的激励采用的是快速双脉冲放电激励方式，即一个激光脉冲的形成，需两个放电脉冲来激励。第一个脉冲放电使 CuCl 分子离解，第二个脉冲放电使基态 Cu 原子激发，形成粒子数反转。过程如下：

(1) CuCl 分子的离解：$CuCl+e \rightarrow Cu(^2S_{1/2})+Cl+e$，快电子能量约为 2.5 eV。

(2) 基态 Cu 原子的激发：$Cu(^2S_{1/2})+e \rightarrow Cu^*(^2P_{1/2,3/2})+e$，快电子能量约为 3.8 eV。

(3) Cu 原子的受激跃迁：$Cu^*(^2P_{1/2,3/2}) \rightarrow Cu^*(^2D_{3/2,5/2})+h\upsilon$(510.6 nm，578.2 nm)，激光跃迁在 10～50 ns 内自终止。

(4) $Cu^*(^2D_{3/2,5/2})$ 的管壁弛豫：$Cu^*(^2D_{3/2,5/2}) \rightarrow Cu(^2S_{1/2})$，用时约为 10～100 μs。

(5) CuCl 分子的复合：$Cu+Cl \rightarrow CuCl$，用时约为 0.1 ms。

经历(1)～(5)过程，形成一个激光脉冲，第二个激光脉冲的形成必须在以上过程结束后才能开始。

纵向放电卤化铜蒸气激光器的特点是可以用较高的缓冲气压(10 600～13 300 Pa 之间)，并扩大了放电管的直径和长度，在 16.7 kHz 的脉冲重复频率下得到 19.5 W 的输出功率，激光脉冲宽度 40 ns，激光脉冲能量和峰值功率分别为 1.2 mJ 和 30 kW。

4. 铜蒸气激光器电源线路

铜蒸气激光器电源是总体装置的重要组成部分，是提高输出功率和效率的主要因素之一。我们可以把电源线路分成两部分，主放电线路和闸流管触发电路。

主放电线路包括贮能电容、脉冲充电电容、谐振充电线路和闸流管。其原理可以用图 2.31 所示的基本线路来说明。主贮能电容 C_1 通过二极管 V_D 和电感 L 串联线路谐振充电，在初始时 $V_1=2V_0$，当闸流管 V 被触发脉冲导通时，V_1 快速降低到零，而 $V_2=-2V_0$，电荷从电容 C_1 转移到脉冲充电电容 C_2，在 V_2 达到激光管的击穿电压后，C_1、C_2 皆通过激光管放电，放电的频率由触发器的重复频率而定。如果在双脉冲放电条件下，则主贮能电容和闸流管各需要两个，两个闸流管的导通由延迟时间可调的触发器控制。用脉冲充电电容 C_2 有效地减少了通过激光管的回路电感，使电流变化斜率增加、电流脉冲宽度减小，提高了激光器的效率。

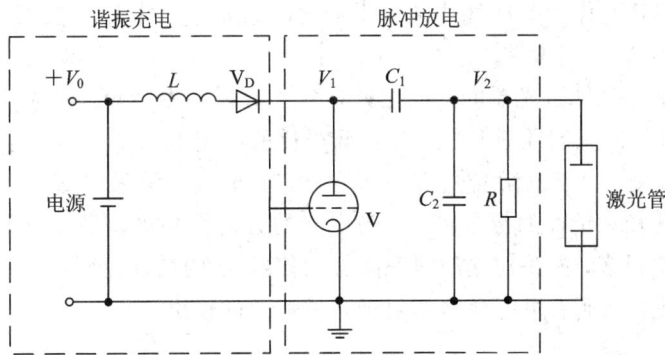

图 2.31 铜蒸气激光器主放电线路图

对不同的闸流管，闸流管触发电路有所不同，一般的由低压脉冲振荡器、脉冲放大器和栅偏压电路所组成，并可在高重复频率多脉冲和低重复频率双脉冲条件下触发。

5. 铜蒸气激光器的工作特性

铜蒸气激光器的输出特性与许多工作参数有关。一般来讲，工作参数包括铜蒸气密度、放电管温度、缓冲气体种类及气压、放电电压、电流增长速率、双脉冲延迟时间以及激光管直径、电极间距等，它们之间又有着有机的联系。

为使铜原子发生共振辐射捕获，需要的最小铜蒸气密度约为 $10^{13}\ \mathrm{cm}^{-3}$，这要在 1200℃的温度下才能达到，而实际的纯铜激光器的工作温度在 1500℃～1700℃ 之间，相应的铜蒸气密度约在 $10^{15}\sim10^{16}\ \mathrm{cm}^{-3}$ 之间，1500℃时铜原子亚稳态粒子数约为基态粒子数的 0.01%，而在 2000℃时达到 0.1%。这样高的粒子密度与一般放电时共振能级的粒子数可相比拟，所以铜蒸气原子激光器不能超过这个温度工作。图 2.32 为平衡状态下纯铜蒸气密度与温度的关系。采用卤化铜作为工作物质，可以在较低的工作温度下，产生较高的铜蒸气气压，从而克服了纯铜激光器所需要的高温困难，图 2.33 所示为卤化铜蒸气密度与温度的关系，卤化铜常以 Cu_3X_3 和 Cu_4X_4 的蒸气形式存在，可以看出，在三种卤化铜中，氯化铜的蒸气气压是最高的，因此工作温度比其他两种卤化铜要低。

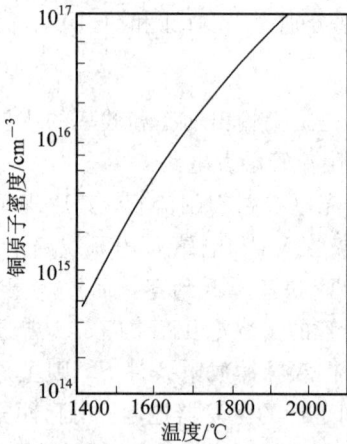

图 2.32　纯铜蒸气密度曲线　　　　图 2.33　卤化铜蒸气密度曲线

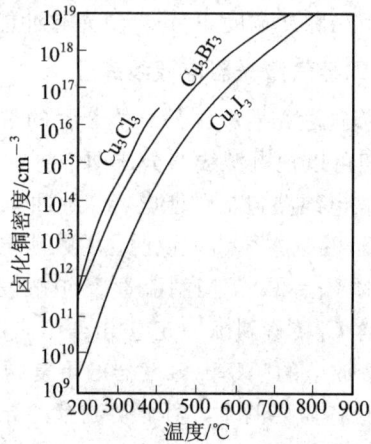

实验证明，用氖气作为缓冲气体能获得最大的激光输出能量，它比用氦气获得的能量约大 10%，比用氩气约大 30%。

所有快放电脉冲气体激光器的共同之处是粒子数反转寿命短，约为几十纳秒。在这短时间内，光子在谐振腔只能往返几次。对于低损耗的稳定腔来说，要往返多次才能形成腔模，振荡的发生较慢。由于铜激光介质的高增益，输出镜常常采用低反射率，输出光的发散角由放电管的孔径和镜面的像来决定，输出光的方向性相当差。当采用非稳腔时，振荡的建立比稳定腔快得多，振荡建立的速率随放大倍数 M 的增加而变快，只要光子在腔内往返几次就形成基模，从而有可能获得衍射极限发散角的输出。

2.6.3　其他金属蒸气原子激光器

除铜原子外，还有一些金属蒸气原子激光器的发展和应用也相当迅速和广泛。如铅、锰、金、钡、银、铊、锡、钙、锶、铁、镱等金属元素中获得了自终止脉冲受激发射，波长从紫外到近红外区。这里选其中几种重要的作简单介绍。

1. 金蒸气原子激光器

对于金原子，原子核外有 79 个电子，第一电离能为 9.22 eV。与金原子激光跃迁有关的基态、亚稳态、共振态的电子组态分别为

$$1s^2 2s^2 2p^6 3s^2 3p^6 3d^{10} 4s^2 4p^6 4d^{10} 4f^{14} 5s^2 5p^6 5d^{10} 6s^1$$
$$1s^2 2s^2 2p^6 3s^2 3p^6 3d^{10} 4s^2 4p^6 4d^{10} 4f^{14} 5s^2 5p^6 5d^9 6s^2$$
$$1s^2 2s^2 2p^6 3s^2 3p^6 3d^{10} 4s^2 4p^6 4d^{10} 4f^{14} 5s^2 5p^6 5d^{10} 6p^1$$

谱项分别为 $^2S_{1/2}$、$^2D_{3/2,5/2}$、$^2P_{1/2,3/2}$。如图 2.34 所示，产生的受激辐射主要有两个跃迁，它们的波长分别是 627.8 nm（$^2P_{1/2} \rightarrow {}^2D_{3/2}$）和 312.2 nm（$^2P_{3/2} \rightarrow {}^2D_{5/2}$）。这两个波长都有很高的增益，因而也能观察到放大的自发辐射。金蒸气原子激光器由于需要 1500℃ 的工作温度，器件结构、电源线路与铜激光器类似。谱线 627.8 nm 的平均输出功率高达几十瓦，峰值功率达到 6.5 kW，效率达 0.15%，是目前可见光波段中最强的激光器。在激光投影、显微镜的亮度放大器、激光医疗等方面很有应用价值。谱线 312.2 nm 的输出功率在数瓦量级。

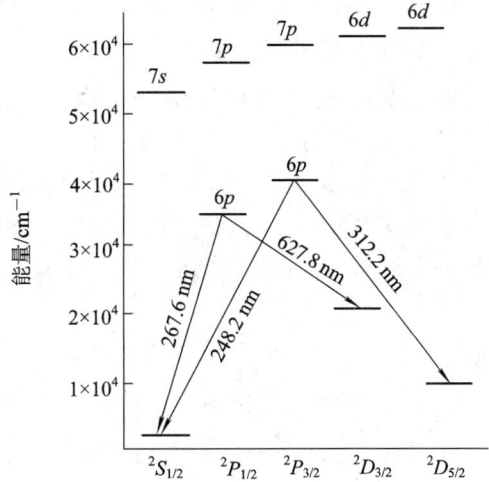

图 2.34　金原子激光跃迁能级图

2. 铅蒸气原子激光器

在金属蒸气激光器中，首先实现自终止跃迁受激发射的金属原子是铅蒸气原子激光器。对于铅原子，原子核外有 82 个电子，第一电离能为 7.415 eV。铅原子的部分能级如图 2.35 所示，基态谱项为 $^3P_0$，铅原子能级的特点是从共振态到亚稳态有好几个跃迁都可以振荡，首先获得振荡的谱线是 722.9 nm，对应的跃迁为 $(6p7s)^3P_1 \rightarrow (6p^2)^1D_2$，其激光下能级属于基态组态能级，激光上能级在共振捕获时的寿命为 450 ns，其跃迁量子能量与激发能量之比为 0.4，故有高的激发效率，并获得高达 600 dB/m 的增益。除 722.9 nm 外，还有谱线 363.9 nm（$(6p7s)^3P_1 \rightarrow (6p^2)^3P_1$）、405.7 nm（$(6p7s)^3P_1 \rightarrow (6p^2)^3P_2$）等。

和铜蒸气激光器类似，用铅和铅的卤化物都可以产生激光，它们的蒸气气压随温度的变化示于图 2.36。用纯铅作工作物质，在 850℃ 左右就达到阈值，其气压约为 13 Pa，纯铅激光器的典型工作温度为 1000℃，气压为 130 Pa。如果用铅的卤化物，在 425℃～475℃ 的温度范围，也能达到 13 Pa 的气压，卤化铅

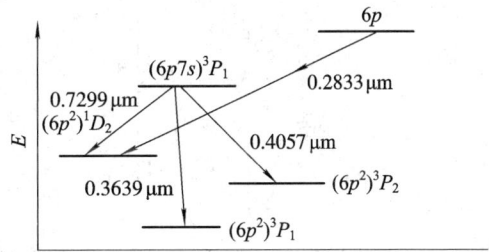

图 2.35　铅原子激光跃迁能级图

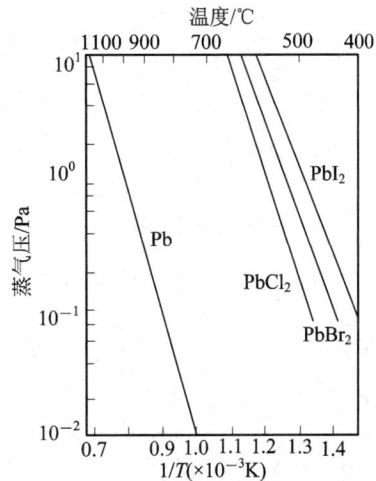

图 2.36　纯铅和卤化铅蒸气气压曲线

激光器的工作温度在 $500℃\sim600℃$ 之间，由于卤化铅的分解能较高，从而使卤化铅激光器的效率降低，因此卤化铅作为工作物质没有显示出优越性。

和铜蒸气激光器电源类似，一般在自加热条件下工作。用普通型的纯铅激光器已获得近百小时的积累寿命，它是仅次于铜蒸气激光器的最有潜力的一种激光器。

3. 锰蒸气原子激光器

对于锰原子，原子核外有 25 个电子，第一电离能为 7.435 eV。基态、亚稳态、共振态的电子组态分别为

$$1s^2 2s^2 2p^6 3s^2 3p^6 3d^5 4s^2 、1s^2 2s^2 2p^6 3s^2 3p^6 3d^6 4s^1 、1s^2 2s^2 2p^6 3s^2 3p^6 3d^5 4s^1 4p^1$$

基态谱项为 $^6S_{5/2}$，锰原子的部分能级如图 2.37 所示，在 11 条谱线上都可以产生脉冲激光，见表 2-5，最强谱线是 534.1 nm。

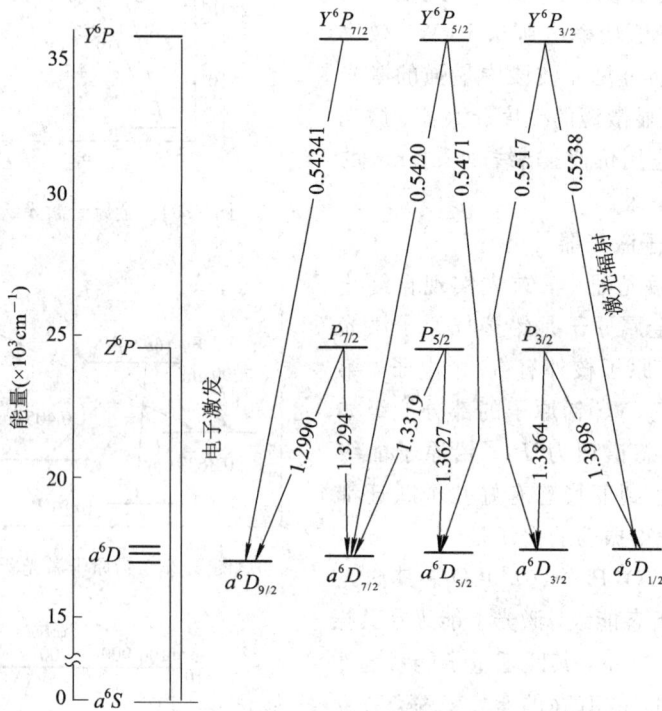

图 2.37 锰原子激光跃迁能级图

表 2-5 锰原子激光跃迁及波长

波长/nm	跃　迁	波长/nm	跃　迁
534.1	$Y^6P_{7/2} \rightarrow a^6D_{9/2}$	1329.3	$Z^6P_{7/2} \rightarrow a^6D_{9/2}$
542.0	$Y^6P_{5/2} \rightarrow a^6D_{7/2}$	1337.1	$Z^6P_{5/2} \rightarrow a^6D_{7/2}$
547.0	$Y^6P_{5/2} \rightarrow a^6D_{5/2}$	1362.4	$Z^6P_{5/2} \rightarrow a^6D_{1/2}$
551.6	$Y^6P_{3/2} \rightarrow a^6D_{5/2}$	1386.4	$Z^6P_{3/2} \rightarrow a^6D_{3/2}$
553.7	$Y^6P_{3/2} \rightarrow a^6D_{1/2}$	1399.5	$Z^6P_{3/2} \rightarrow a^6D_{1/2}$
1289.9	$Z^6P_{7/2} \rightarrow a^6D_{7/2}$		

锰蒸气原子激光器在约 950℃时达到阈值,此时锰蒸气气压约为 1.3 Pa,而最大输出功率是在 1100℃～1300℃之间得到的,相应的锰蒸气气压约在 13～260 Pa 之间。因此激光管必须采用氧化铝陶瓷管,其电源与高重复频率自加热铜激光器类似。在研究锰-氦混合物的受激发射机制和能量特性时,发现锰和氦原子间的非弹性碰撞对激光辐射有相当大的影响。锰原子高、低激光能级的混合引起了从这些能级到邻近能级的激发转移,因此激光跃迁之间产生强的竞争。利用这种竞争效应,有可能使输出辐射的主要部分(70%)集中在 534.1 nm 谱线上。

对于锰蒸气原子激光器,如果取管径 2 cm,放电体积 143 cm^3,在自加热的放电条件下,最佳重复频率为 5 kHz 时,得到的平均输出功率为 3.5 W。

除了以上几种金属蒸气激光器之外,其他许多金属都获得了激光振荡,谱线也十分丰富。为了某些特殊需要的多波长激光器也可以由金属蒸气激光器来实现,如铜、金混合物作为工作物质,在纵向脉冲放电自加热激光管内就可以同时产生红(627.8 nm)、黄(578.2 nm)、绿(510.6 nm)三种波长的激光输出。

原则上大多数金属原子都能产生从共振态到亚稳态的跃迁振荡,但这些可能性的实现遇到了技术上的障碍,其中最主要的是建立激发脉宽和振荡脉宽同数量级的电源以及高温放电管等问题。例如铁蒸气激光振荡要求 1680℃这样高的工作温度。

总之,金属蒸气激光器比其他脉冲气体激光器有一系列优点:宽的辐射光谱区、高的量子跃迁转换效率、高的辐射功率和重复频率。此外,脉冲金属蒸气激光器作为在紫外、可见光和红外光谱区建立连续运转的碰撞激光器也是很有希望的,主要问题是必须保证下能级的碰撞弛豫速度高。

练习与思考题

一、选择题

1. 氦氖激光器中,要提高反转粒子数密度的绝对值,必须加速 $Ne^*(1s)$ 的排空。这就要求(　　　)。

(A) 减小放电管管径的尺寸　　　　　　(B) 增大气体混合比

(C) 增大气体的压强　　　　　　　　　(D) 保持均匀放电

2. 氦氖激光器的谱线竞争效应是指两条或几条激光谱线共用同一激光上能级,常见的竞争谱线是(　　　)。

(A) 1.15 μm/3.39 μm　　　　　　(B) 632.8 nm/1.15 μm

(C) 632.8 nm/3.39 μm　　　　　　(D) 632.8 nm/543.3 nm

3. 内腔式氦氖激光器输出激光的偏振特性通常表现为(　　　)。

(A) 自然光的性质　　　　　　　　　(B) 椭圆偏振

(C) 线偏振　　　　　　　　　　　　(D) 圆偏振

4. 氦氖激光器的充气气压通常在几百帕～几千帕范围,其谱线加宽属于(　　　)。

(A) 非均匀加宽　　(B) 均匀加宽　　　(C) 综合加宽　　　(D) 碰撞加宽

5. 影响氦氖激光器频率稳定的主要因素有(　　　)。

（A）原子发射中心频率的变化 （B）腔长的变化

（C）无源腔纵模频率的变化 （D）频率牵引

二、填空题

1. 氦氖激光器放电毛细管与_____构成放电管，其中毛细管处于_____工作区，是决定激光器输出性能的关键因素。按照腔镜的构成方式氦氖激光器可分为_____、_____、_____、旁轴式和单毛细管式激光器等。

2. 氦氖激光器实现粒子数反转分布除电子碰撞激发过程外，主要过程是_____，其对粒子数反转分布的贡献相当于前一种过程的 $60\sim80$ 倍。

3. 氦氖激光器工作在最佳放电条件下，其充气气压通常在几百帕~几千帕的范围内，其谱线加宽属于_____，由_____和碰撞均匀加宽构成。

4. 影响氦氖激光器件寿命的物理因素主要有_____、_____、工作气压的渗透和吸附、器件内部元件放气等因素。

5. 当 Cu 原子系统在脉冲电流的激发下，形成粒子数反转分布，由于激光下能级的禁戒跃迁性质，受激辐射使系统很快不满足_____条件，受激辐射跃迁_____，故称为自终止跃迁方式。其中产生激光谱线 510.6 nm（绿）的能级跃迁为_____。

三、论述题

1. 分析氦氖激光器粒子数反转分布的建立过程及器件特征。

2. 分析氦氖激光器谱线竞争效应。

3. 影响 632.8 nm 氦氖激光器输出功率的因素。

4. 氦氖激光器 632.8 nm 谱线小信号增益最佳值为 $G_m = \dfrac{3 \times 10^{-3}}{d}$，怎样证明了瓶颈效应的存在。

四、设计题

设计一功率为 8 mW，发散角小于 1 mrad，运行于 TEM_{00} 模并抑制了 3.39 μm 谱线的 632.8 nm 氦氖激光器。

第三章 分子气体激光器

分子气体激光器的是以分子气体为工作物质的激光器。分子激光器的发展十分迅速，并受到广泛重视，其主要原因是分子的振-转能级非常接近基态，以及振动能级的电子碰撞激发截面比较大，能够获得较高粒子数反转值，能量转换效率高。因此，利用分子的振-转能级作为红外激光工作系统，有可能获得较高的功率和效率。

二氧化碳分子就是被首先考虑进行这种尝试的分子。1964 年由帕特尔（Patel）发明的波长为 $10.6~\mu m$ 的二氧化碳分子激光器，因其效率高、光束质量好、功率范围大、既能连续输出又能脉冲输出、运行费用低等众多优点，成为气体激光器中最重要、用途最广、发展极为迅速的一种激光器。自问世以来，相继出现了普通型、流动型、气动型、大气压型、横向激励型、波导型等形式的二氧化碳分子激光器，并使其中的大部分器件实现系列化和商品化。目前，电激发二氧化碳器件的能量转换效率高达 $20\%\sim25\%$，连续输出功率最高达 40×10^4 W 级，脉冲器件输出能量达到万焦耳，脉宽为纳秒级。

无论是连续的，还是脉冲工作的二氧化碳激光器，由于其激光波长是 $10.6~\mu m$，处在大气窗口，同时又有宽频带（1.2×10^3 MHz）可调谐、输出高功率、高能量等，首先在通信领域获得应用，如作为地面-宇宙空间之间、局域网的无线光通信等。其次是在工业领域及医疗领域的应用也较广泛，如激光焊接、切割、激光手术刀等。还可在军事领域用作激光武器等。在科学研究领域，$10.6~\mu m$ 的非线性光学现象将揭示物质结构的奥秘。

除二氧化碳分子气体外，还有 CO、N_2、O_2、NO_2、H_2O、H_2 等分子气体，以及准分子 XeF^*、KrF^* 等气体分子，都可以产生激光。

本章主要讨论二氧化碳分子激光器，重点在普通型二氧化碳分子激光器。同时介绍准分子，N_2 分子等具有代表性的分子激光器。

3.1 普通型二氧化碳分子激光器的激励机理

二氧化碳分子结构决定了能级结构，能级结构的性质决定了二氧化碳分子激光器的结构、工作原理、工作特性和输出特性。本节首先介绍二氧化碳分子的能级结构，其次介绍普通型二氧化碳分子激光器粒子数反转分布的建立过程。

3.1.1 二氧化碳分子能级结构

二氧化碳分子激光器输出谱线处在 $9\sim11~\mu m$ 波段的带状荧光谱中，是 CO_2 分子基电子态振动-转动能级间的跃迁所产生的，是由其分子结构的性质决定的。

1. 二氧化碳分子结构及简正振动

如图 3.1(a)所示，CO_2 分子是一种线性对称排列的三原子分子（三原子排列成一直线，中间是碳原子，两端是氧原子），具有一条对称轴线（记为 C_∞）。CO_2 分子共有 9 个自由度，其中振动自由度为 4。而 CO_2 分子是线性对称分子，其基本的振动方式可少于振动自由度，因此 CO_2 分子中有三种基本的振动形式（简正振动），即对称振动，形变振动，反对称振动。

（1）对称振动。如图 3.1(b)所示，三原子沿对称轴振动，但碳原子保持不动，两个氧原子同时向着或背着碳原子运动，用 υ_1 标记，相应振动能量 $E_{\upsilon_1 00}$，$\upsilon_1 = 0，1，2，\cdots$，基振动波数 $\tilde\upsilon_{10} = 1388.3\ \mathrm{cm}^{-1}$，相应的振动特征温度 $\theta_{10} = 1960\ \mathrm{K}$。

（2）形变振动。如图 3.1(c)所示，三原子的运动方向垂直于对称轴，并且碳原子的运动方向与两个氧原子的运动方向相反，用量子数 υ_2 来标记，相应振动能量 $E_{0\upsilon_2 0}$，$\upsilon_2 = 0，1，2，\cdots$，基振动波数 $\tilde\upsilon_{20} = 667.3\ \mathrm{cm}^{-1}$，相应的振动特征温度 $\theta_{20} = 980\ \mathrm{K}$。这一振动在能量上是二度简并的，即 υ_2 振动对应 2 个振动自由度，一个是上下作形变振动，另一个是作前后形变振动。只有在受到外界作用时，这种简并才能解除，两种形变振动的能量才能有所不同。

（3）反对称振动。如图 3.1(d)所示，三原子沿对称轴振动，其中碳原子的振动方向与两个氧原子的振动方向相反，通常用量子数 υ_3 来标记这一振动方式，并称为 υ_3 振动模，相应地振动能量记为 $E_{00\upsilon_3}$，$\upsilon_3 = 0，1，2，\cdots$，基振动的波数 $\tilde\upsilon_{30} = 2349.3\ \mathrm{cm}^{-1}$，相应的振动特征温度 $\theta_{30} = \dfrac{h\tilde\upsilon_{30}c}{k} = 3380\ \mathrm{K}$。

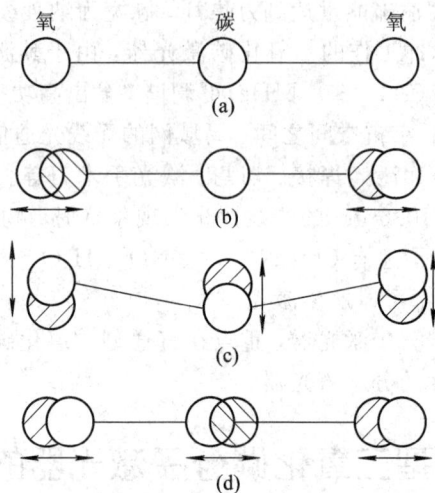

图 3.1　二氧化碳分子结构及简正振动

CO_2 分子的内能 E 由其内部三种运动所决定，这三种运动分别是：分子中电子的运动、分子中原子间的振动和分子整体的转动。

$$E = E_e + E_V + E_r \tag{3-1}$$

由于二氧化碳分子所发射的荧光谱产生于分子基电子态（$E_e = 0$）的不同振-转能级之间，因此我们只讨论振动能级和转动能级结构。

2. 振动能级

在一级近似中，对称振动、形变振动、反对称振动等三种振动方式是相互独立的。CO_2 分子的某一振动态 E_V 可以看做是由这三种独立振动方式组成的某一个态，相应的振动态

由三个量子数 υ_1、υ_2、υ_3 来确定，即振动能级用 $(\upsilon_1\upsilon_2^l\upsilon_3)$ 来表示，其中 L 是与形变振动相联系的角动量量子数。当 υ_2 为偶数时：

$$L = \upsilon_2, \upsilon_2 - 2, \cdots, 0 \tag{3-2}$$

当 υ_2 为奇数时：

$$L = \upsilon_2, \upsilon_2 - 2, \cdots, 1 \tag{3-3}$$

$L=0$ 表示能级是非简并的，$L \geq 1$ 时，能级二度简并，但由于 CO_2 分子的非简谐性，实际上是非简并的。

CO_2 分子振动能级可能产生的跃迁很多，但其中最强的，最具实际价值的跃迁仅有两条：一条是 $00^01 \rightarrow 10^00$ 跃迁，产生波长约为 $10.6~\mu m$ 附近的谱带，另一条是 $00^01 \rightarrow 02^00$ 跃迁，产生波长约为 $9.6~\mu m$ 附近的谱带。表 3-1 中给出了由量子力学方法计算出与 CO_2 分子激光跃迁有关的能级及自发辐射寿命。

表 3-1　CO_2 分子与激光跃迁有关的能级及自发辐射寿命

振动能级	00^02	00^01	10^00	02^00	01^10
能量/eV	0.582	0.291	0.172	0.159	0.082
寿命/s	1.3×10^{-3}	2.4×10^{-3}	1.1	1.0	1.1

与激光跃迁有关的 CO_2 分子能级结构如图 3.2 所示。

根据分子光谱理论，由于分子转动的存在，振动能级发生分裂，分子振动能级间的跃迁，产生带状光谱。分子是没有纯振动状态，分子振动的同时必定伴随着转动的因素，所以带状光谱中的每一条谱线都是由振-转能级间跃迁产生的，带状光谱也就是振-转光谱线组成的光谱带。

3. 转动能级

在 CO_2 分子中，原子间发生振动的同时，分子整体作转动运动。CO_2 分子的转动能量 E_r 也是量子化的，E_r 表示为

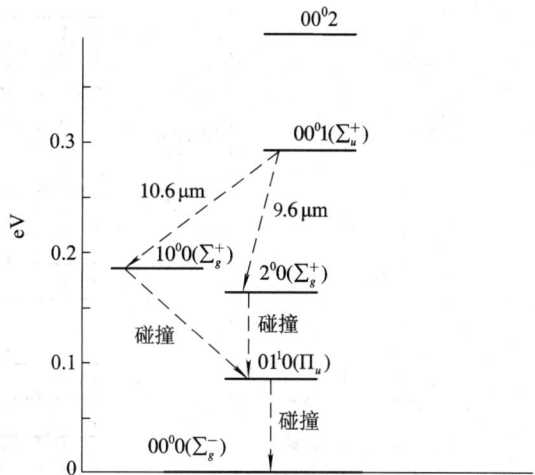

图 3.2　与激光跃迁有关的能级

$$E_r = hcBJ(J+1) \tag{3-4}$$

式中 J 是转动量子数，为大于 1 的整数，$B=0.3925~\text{cm}^{-1}$ 为转动常数。

振-转跃迁定则规定：在同一振动能级内的转动能级之间是不存在辐射跃迁的。在不同振动状态的转动能级之间的辐射跃迁选择定则为

$$\Delta\upsilon = 0, \pm 1, \quad (\Delta L = 0, \pm 1)$$

$\Delta J = 0, \pm 1$,（上能级转动量子数 J'—下能级转动量子数 J），其中

$$\Delta J = 1，称为 R 支跃迁，R 支谱线 R(J)$$

$$\Delta J = -1，称为 P 支跃迁，P 支谱线 P(J)$$

$$\Delta J = 0，称为\,Q\,支跃迁，Q\,支谱线\,Q(J)$$

由于 CO_2 分子的对称性，Q 支跃迁不存在。一般 P 支谱线的增益比 R 支谱线大，所以在二氧化碳激光器中若不采取选支措施，输出谱线一定是 P 支谱线。

在同一振动能级内，不是所有的转动能级都存在。就 CO_2 分子来说，以 $00^01\rightarrow10^00$ 振-转跃迁为例，在 00^01 振动能级上只存在 J 为奇数的转动能级，在 10^00 振动能级上只有 J 为偶数的转动能级，这种现象称为转动能级的缺位，如图 3.3 所示。CO_2 分子转动能级存在缺位，是分子态波函数对称性的要求。振动能级 00^01 上只存在 J 为奇数的转动能级是由于 00^01 态波函数为非对称（奇态）的，振动能级 10^00 上只有 J 为偶数的转动能级是由于 10^00 态波函数为对称（偶态）的缘故。

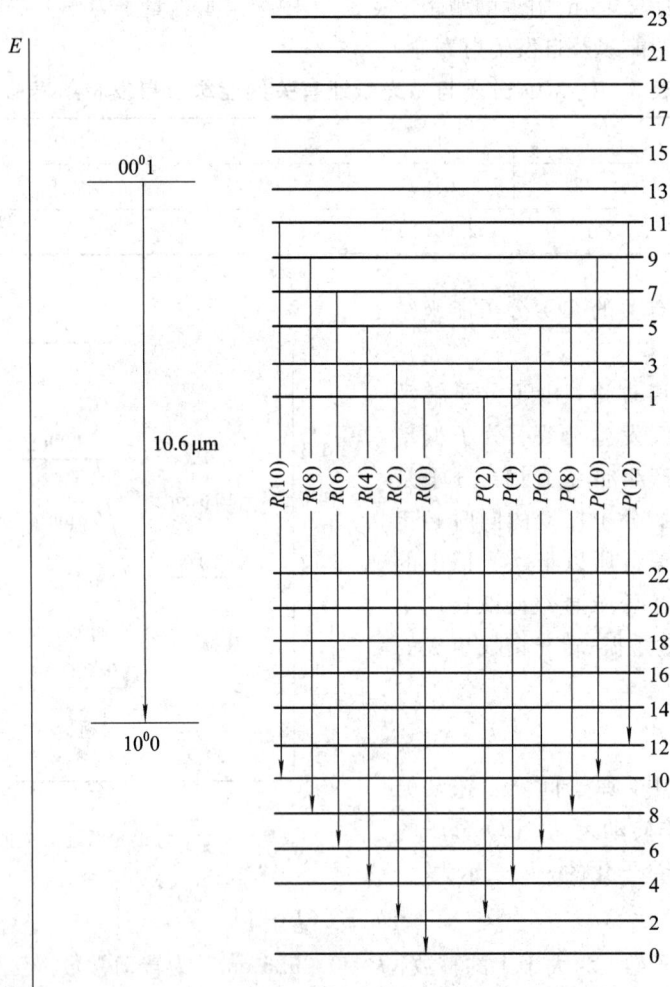

图 3.3　CO_2 分子 $00^01\rightarrow10^00$ 振-转跃迁及缺位

3.1.2　粒子数反转分布的建立

CO_2 分子激光器的两条最强的振-转光谱带，是 $00^01\rightarrow10^00$ 跃迁的波长 $10\sim11\ \mu m$ 谱带，以及 $00^01\rightarrow02^00$ 跃迁的波长 $9\sim10\ \mu m$ 谱带，共计一百多条分立谱线都可以产生激光振荡。激光上能级是 00^01 能级，激光下能级是 10^00 能级或 02^00 能级。由表 3 - 1 可见，CO_2 分子各振动能级的自发辐射寿命都较长，但激光上能级寿命比激光下能级短。由粒子数反转阈值条件可知，靠纯 CO_2 气体产生的激光，输出功率一定很小。

理论分析和实验研究表明，在建立激光上、下能级粒子数反转分布的过程中，起主导作用的是分子间的碰撞激发和弛豫过程。目前使用的普通型 CO_2 分子激光器，其激光上、下能级的平均寿命不完全依赖于自发辐射寿命，而是取决于各辅助气体分子共振转移激发对它们的贡献，如 N_2、H_2O、H_2 等。辅助气体的作用是加强激光上能级的激发和激光下能级的弛豫。

采用气体放电激励的普通型 CO_2 分子激光器通常工作在辉光放电正柱区，其激光上、下能级的激发和弛豫过程如下。

1. 激光上能级的激发

基态 CO_2 分子被激发到激光上能级 00^01 大致有三个途径，分别是电子碰撞激发、串级激发和共振转移激发。

（1）电子碰撞激发。具有一定能量的电子与基态 CO_2 分子发生非弹性碰撞，使基态 CO_2 分子直接激发到激光上能级 00^01。反应方程为

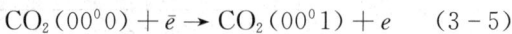

$$CO_2(00^00) + \bar{e} \rightarrow CO_2(00^01) + e \qquad (3-5)$$

由于激光上能级 00^01 与基态 00^00 相距较近，所以有相当一部分电子对基态 CO_2 分子有激发，当电子能量等于 $0.3\,eV$ 时，激光上能级 00^01 的激发截面最大，可达 $5 \times 10^{-16}\,cm^2$，如图 3.4 所示。当然，任何过程会有它的逆过程，电子碰撞可以使激发态的分子返回基态，引起消激发。任何能量的电子均可引起消激发过程。当电子能量较小时，消激发截面很大。

（2）串级激发。气体放电中，一些能量略大（如 $0.6\,eV$、$0.9\,eV$）的电子会将部分 CO_2 分子激发到比 00^01 更高的能级上，如 00^02、00^03、…、$(\upsilon_3 > 1)$，处在这些能级的分子极易与基态分子碰撞，使基态分子跃迁到 00^01 能级。反应方程为

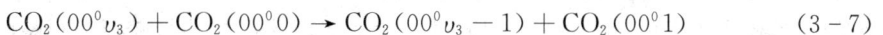

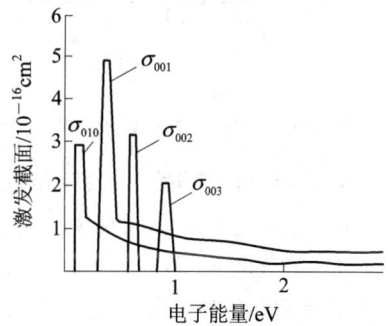

图 3.4　CO_2 分子振动能级的电子碰撞截面与电子能量的关系

$$CO_2(00^00) + \bar{e} \rightarrow CO_2(00^0\upsilon_3) + e \qquad (3-6)$$

$$CO_2(00^0\upsilon_3) + CO_2(00^00) \rightarrow CO_2(00^0\upsilon_3 - 1) + CO_2(00^01) \qquad (3-7)$$

经过多次这样降低 υ_3 的碰撞，直到全部能量转移到 00^01 能级上为止。由于 CO_2 分子反对称振动能级是一系列等间隔分布的能级，能量间隔与 00^01 能级能量几乎相等，使得这种反应具有共振性质，能量转移率很高。再加上电子碰撞激发基态 CO_2 分子至 $00^0\upsilon_3(\upsilon_3 > 1)$ 的激发截面也较大，如图 3.4 所示，所以串级激发对激光上能级的贡献是较大的。

（3）共振转移激发。由 1.2.1 节可知，实现粒子数反转的一个重要的途径是提高激光上能级的寿命。从图 3.4 可以看出，慢电子对 CO_2 分子的振动能级的激发截面都很大，而且激发函数有明显的谐振点。这是由于电子与基态 CO_2 分子碰撞过程中先形成一个分子负离子中间态，然后在极短的时间内将入射电子的能量转化为分子的内能，使基态 CO_2 分子被激发。而 N_2 分子、CO 分子同样具有很大的电子碰撞截面，电子能量在 $2.3\,eV$ 时，

$N_2^*(v=1\sim8)$态的电子碰撞截面高达 3×10^{-16} cm^2，如图 3.5 所示。电子能量在 1.7 eV 时，$CO^*(v=1\sim8)$态的电子碰撞截面高达 8×10^{-16} cm^2，如图 3.6 所示。

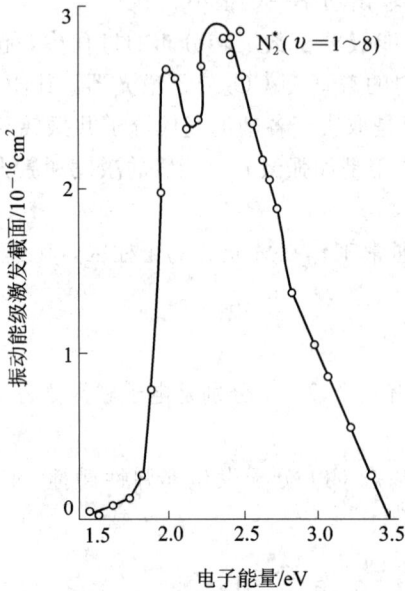

图 3.5　N_2^* 分子振动能级的电子激发截面　　　图 3.6　CO^* 分子振动能级的电子激发截面

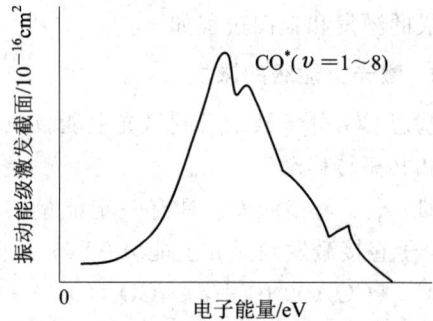

N_2 分子振动能量的共振转移过程对 CO_2 激光器很重要。N_2 分子是同核原子组成的非极性分子，在分子振动过程中，分子的正负电荷中心始终重合在一起(固有偶极矩为零)，不会吸收和发射电磁波。激发态 N_2 分子是不能通过辐射跃迁回到基态或较低能级的，所以 N_2 分子激发态的寿命很长，并且激发态 N_2 分子$(v=1)$与 CO_2 分子 00^01 能级相差很小，它们之间极易发生能量的共振转移，因此可认为 $N_2(v=1)$态与 $CO_2(00^01)$态合成为一个"混合态"，使 $CO_2(00^01)$态的寿命几乎提高一倍，其共振转移激发过程的反应方程为

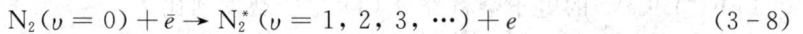

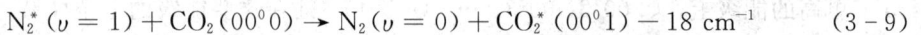

$$N_2(v=0)+\bar{e}\rightarrow N_2^*(v=1,2,3,\cdots)+e \qquad (3-8)$$

$$N_2^*(v=1)+CO_2(00^00)\rightarrow N_2(v=0)+CO_2^*(00^01)-18\ \text{cm}^{-1} \qquad (3-9)$$

N_2 分子激发态的电子碰撞截面对电子能量的依赖性，不像 CO_2 分子那么强烈。如图 3.7 所示是 CO_2 激光器工作物质的能量转移系数随电子平均能量(横坐标)的变化关系。曲线的标号代表不同的激发能级。从图中可知，当电子平均能量较低时(小于 1.5 eV)，主要激发 CO_2 分子的 00^01、00^02、01^10 等较低的振动能级，以及 N_2 分子的 $v=1$、2、3、4、5、6、7、8 振动能级，当电子平均能量较高时(大于 3 eV)，就会出现 CO_2 分子的分解。因此只需把电子能量控制在 $1\sim3$ eV 内，就可基本避开 CO_2 分子两个激发截面的(σ_{00^01} 和 σ_{01^10})竞争，如图 3.4 所示，并且通过激发态 N_2^* 分子的共振转移，使得 70% 以上的实际电子能量被用于 CO_2 激光上能级(00^01)的激发。

CO 分子是异核原子组成的极性分子。在分子振动过程中，分子的正负电荷中心不重合在一起，随着正负电偶极矩的变化，就会吸收和发射电磁波。激发态 CO 分子是可以通过辐射跃迁回到基态或较低能级的，相应分子激发态 $CO^*(v=1)$的寿命要短一些，不过它仍可以使 $CO_2(00^01)$态的寿命延长一倍。反应方程为

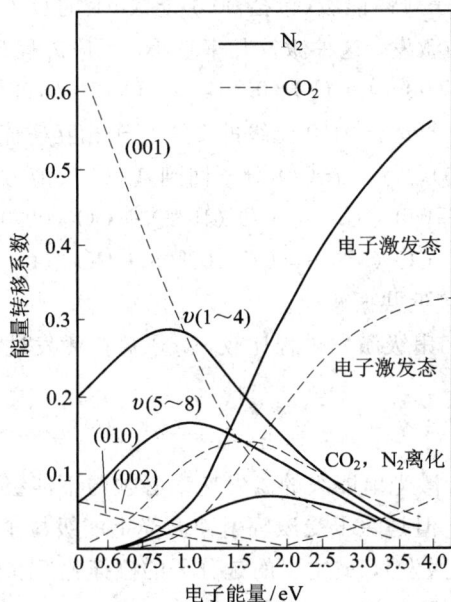

图 3.7 CO_2 与 N_2 在不同电子能量激发下产生激发、电离的能量转移系数

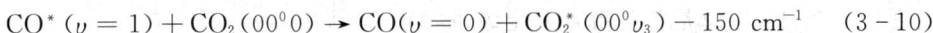

$$CO^*(v=1) + CO_2(00^00) \rightarrow CO(v=0) + CO_2^*(00^0v_3) - 150\ cm^{-1} \qquad (3-10)$$

除此之外,还有复合激发,这种作用较小。所谓复合激发,是气体放电程中,能量大于 $2.8\ eV$(CO_2分子的离解能)的电子与 CO_2 分子碰撞,使 CO_2 分子离解,CO 和 O 复合释放的复合能可使 CO_2 分子跃迁到 (00^01) 态。反应方程为

$$CO_2 + e \rightarrow CO + O \qquad (3-11)$$

$$CO + O \rightarrow CO_2(00^01) + \Delta E \qquad (3-12)$$

2. 激光下能级的激发

CO_2 分子的 10^00、02^00 能级是激光下能级,能量分别为 $0.172\ eV$、$0.159\ eV$。这两个能级上的粒子的激发有电子碰撞激发、串级激发和分子碰撞激发等三种过程。

(1) 电子碰撞激发。电子与基态 CO_2 分子碰撞,使 CO_2 分子跃迁到 10^00 或 02^00 能级。主要有直接激发、逐级激发等。直接激发的反应方程为

$$CO_2(00^00) + \bar{e} \rightarrow CO_2(10^00, 02^00) + e \qquad (3-13)$$

由于 10^00、02^00 态与基态 (00^00) 无光学联系,它们向基态的跃迁属禁戒跃迁,因此电子碰撞激发截面和电子碰撞几率很小。

电子先将基态 CO_2 激发到 01^10 能级 $(0.082\ eV)$,另一电子与 (01^10) 态的 CO_2 分子碰撞,使它跃迁到 10^00 或 02^00 能级。逐级激发的反应方程为

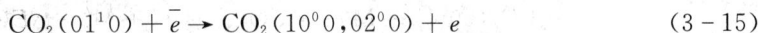

$$CO_2(00^00) + \bar{e} \rightarrow CO_2(01^10) + e \qquad (3-14)$$

$$CO_2(01^10) + \bar{e} \rightarrow CO_2(10^00, 02^00) + e \qquad (3-15)$$

由于 10^00 或 02^00 能级与 01^10 能级间有光学联系,因此逐级激发的几率较直接激发几率大。

为了减小 CO_2 分子 (01^10) 能级的电子碰撞激发,则应把电子能量提高到 $1\ eV$ 以上。这样虽然减小了上能级的激发,但同时使 01^10 的激发截面下降了更多,例如对 $1.9\ eV$ 的电子能量,01^10 和 00^01 的激发截面比为 $\sigma_{01^10} : \sigma_{00^01} \approx 0.35$。

（2）串级激发。CO_2分子较高能级（包括00^01能级）上的粒子碰撞弛豫，使高能级CO_2转移到10^00或02^00能级的激发。这种激发几率较小，反应方程为

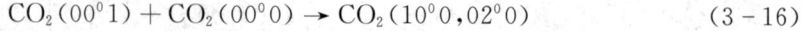

$$CO_2(00^01) + CO_2(00^00) \rightarrow CO_2(10^00, 02^00) \qquad (3-16)$$

（3）分子碰撞激发。两个处于01^10能级的CO_2分子相互碰撞，使其中一个CO_2分子被激发到下能级（10^00或02^00），另一个CO_2分子回到基态。反应方程为

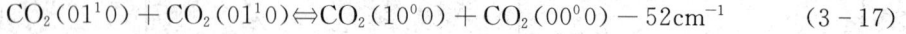

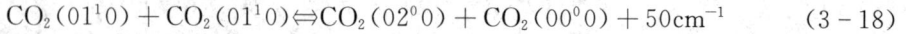

$$CO_2(01^10) + CO_2(01^10) \Leftrightarrow CO_2(10^00) + CO_2(00^00) - 52cm^{-1} \qquad (3-17)$$

$$CO_2(01^10) + CO_2(01^10) \Leftrightarrow CO_2(02^00) + CO_2(00^00) + 50cm^{-1} \qquad (3-18)$$

由于ΔE_∞很小，这种过程接近共振碰撞。

因此与电子碰撞激发和串级激发过程比较，分子碰撞激发过程具有较大的激发截面和较大的激发几率。

3. 激光上能级的弛豫

对于连续的激光系统，激光上能级的激发速率必须与下能级的弛豫速率相平衡，否则不可能产生连续激光振荡。但是除了受激辐射使激光上能级粒子数减少外，还有其他因素引起激光上能级的弛豫（消激发），最主要的是分子的碰撞弛豫和管壁弛豫。

"弛豫"在这里具有使整个状态松弛下来趋于热平衡态的意思。在一般CO_2分子激光器工作条件下，总是希望激光上能级激发速率大，消激发速率尽量小。由于分子碰撞的时间很短（只有$10^{-8} \sim 10^{-7}$ s的量级），在激光上能级的寿命期间，分子间至少要经历多次碰撞。其中只需要一次是有效碰撞，就可导致激光上能级的消激发。这种通过分子之间的碰撞引起激发态粒子消激发的过程称为碰撞弛豫，也称体积弛豫。同时，激发态CO_2分子与管壁的碰撞引起激发态消激发的过程称为管壁弛豫。如图3.8给出放电管内碰撞弛豫和管壁弛豫速率随CO_2气体气压改变而变化的关系曲线。

图 3.8 体积弛豫和管壁弛豫与CO_2气压的关系

可以看出，在CO_2气体气压较低时，管壁弛豫速率K_W较大。随着CO_2气体气压提高，K_W下降，而碰撞弛豫速率K_V随CO_2气体气压增大而线性增长。当气压$P_{CO_2} > 133$ Pa时，$K_V > K_W$，以碰撞弛豫为主。

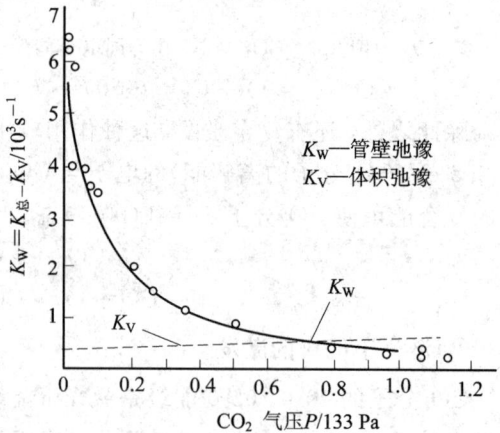

分子的碰撞弛豫一般分为两类过程，一是分子振动态到振动态的弛豫，即$V \rightarrow V$过程；二是分子振动态到平动态的弛豫，即$V \rightarrow T$过程。并且$V \rightarrow V$过程的速率大于$V \rightarrow T$过程，(00^01)态CO_2分子与其他分子 M 的$V \rightarrow V$过程的反应方程为

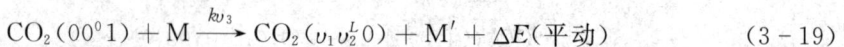

$$CO_2(00^01) + M \xrightarrow{kv_3} CO_2(v_1 v_2^l 0) + M' + \Delta E(平动) \qquad (3-19)$$

式中kv_3是反对称振动模的碰撞弛豫速率常数。不同的气体分子 M 有不同的充气比，kv_3有很大差异。特别当 M 是H_2和H_2O分子时，对CO_2分子的激光上能级00^01的消激发非常快；而当 M 是 He、N_2、Xe 和 CO 分子时，对CO_2的激光上能级00^01的消激发速率比较慢。因此，合理地选择和控制充气成分和气压比，对CO_2分子激光上能级00^01的碰撞弛豫

引起的消激发可减少到最小的程度。

4. 激光下能级的弛豫

由于下能级的寿命较长，10^00、02^00 均约为 1 秒，显然这样的弛豫速率太低（慢）。但是由于分子碰撞的时间很短，只有 $10^{-8} \sim 10^{-7}$ s 的量级，即在下能级的寿命期间至少要经历 10^4 次的碰撞，其中只需要一次是有效碰撞，就可导致由于碰撞弛豫使激光下能级的消激发产生。由此可见碰撞弛豫对 CO_2 激光器极为重要。

由于激光下能级 10^00 和 02^00 十分接近，两能级可看成一个混合态，并且这个混合态与基态之间的偶极跃迁是禁戒跃迁，寿命较长，因此混合态 CO_2 分子只能通过与基态 CO_2 分子和其他分子的 $(V \rightarrow V)$ 过程弛豫到 01^10 态，且这个过程是可逆的，不能完全解决下能级的弛豫问题。因而在 01^10 态上会出现 CO_2 分子被"堆积"的现象，常称这种低能级阻塞现象为瓶颈效应。瓶颈效应的存在会使粒子数反转分布下降，严重时可以使激光振荡停止，因此必须采取各种措施消除瓶颈效应，加速 01^10 能级的排空成为粒子数反转分布建立和器件正常工作的关键所在。

01^10 能级的自发辐射寿命为 1.1 s，显然不能通过辐射（禁戒）跃迁使其弛豫到基态 00^00。对于普通型 CO_2 激光器，最常用的方法是采用小管径和添加辅助气体，实现 01^10 能级的弛豫。利用辅助气体分子 M 的碰撞，可使 01^10 能级的弛豫大大加快，反应方程为

$$CO_2(01^10) + M \rightarrow CO_2(00^00) + M' + \Delta E \qquad (3-20)$$

利用不同种类的 M，反应截面的差别很大，特别是 H_2、H_2O 和 CO 分子对 01^10 能级弛豫影响最大。如 H_2O 分子的振动能级与 CO_2 分子下能级 01^10 很接近，极易实现碰撞能量转移，且 H_2O 分子的振动能级寿命很小，很快返回基态，H_2O 分子对 CO_2 分子能级 01^10 的碰撞弛豫速率要比对 CO_2 分子 00^01 能级大 2000 倍。倘若提高放电管内气压，下能级的弛豫效果会更加好，但对激光上能级 00^01，H_2O 分子产生的影响也比其他气体高，这对上能级 00^01 粒子数的积累是不利的。因此确定哪种气体作为辅助气体要从上、下能级对粒子数的要求及各种气体的综合影响来考虑。

CO_2 分子 01^10 能级排空也依靠管壁弛豫，但普通型 CO_2 激光器对管壁弛豫的要求不同于 He-Ne 激光器，故放电毛细管管径可以较大（几毫米～几十毫米），管内气压较高的情况下，也能获得较大的输出功率。

总之，粒子数反转分布的建立取决于激发和弛豫过程，且与辅助气体有密切关系。

在上面的讨论中，我们只考虑了 CO_2 分子的振动能级跃迁 $00^01 \rightarrow 10^00$，实际还有 CO_2 分子的振动能级跃迁 $00^01 \rightarrow 02^00$、$01^11 \rightarrow 03^10$、$01^10 \rightarrow 11^10$、$14^00 \rightarrow 05^10$、$14^00 \rightarrow 13^10$、$21^10 \rightarrow 12^20$、$03^11 \rightarrow 02^21$、$24^00 \rightarrow 23^10$ 等，波长范围在 $11 \sim 18$ μm，但它们的功率都远小于 $00^01 \rightarrow 10^00$ 的跃迁，相应的粒子数反转分布建立过程也有类似情况。

3.2 普通型二氧化碳分子激光器的工作特性

所谓普通型 CO_2 分子激光器，是指工作气体同氦氖激光器一样被封闭于放电管内。除普通型外，还有流动型、大气压型、波导型、气动型等。普通型 CO_2 分子激光器具有结构紧凑、使用方便、制作简单、成本低等优点，但输出功率较小，通常小于 200 W。

3.2.1 普通型二氧化碳分子激光器的结构

普通型 CO_2 分子激光器的基本结构由放电毛细管、谐振腔、电极等构成，另外还有贮气室、冷却水套等，如图 3.9 所示。按照放电毛细管和谐振腔的位置关系，普通型 CO_2 分子激光器有全内腔式、半内腔式和外腔式等三种结构。

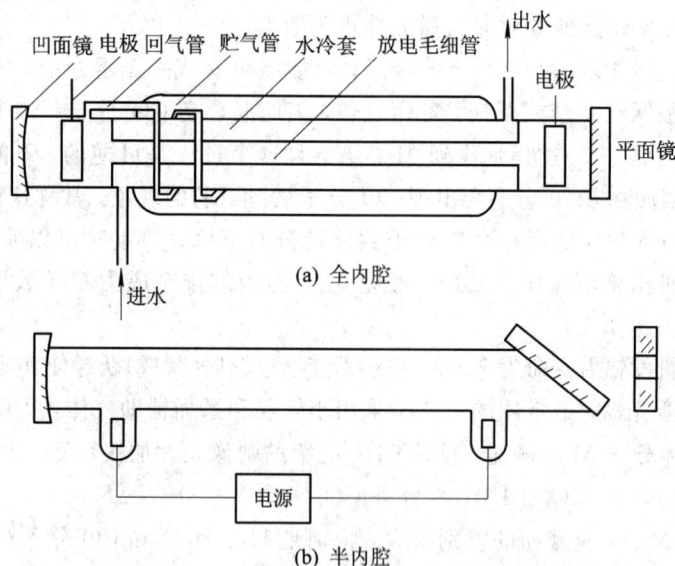

(a) 全内腔

(b) 半内腔

图 3.9　纵向放电普通型二氧化碳激光器的结构

1. 放电毛细管

普通型 CO_2 分子激光器的放电管由放电毛细管、冷却水套和贮气套组成。放电管大多由硬质玻璃(GG17)或石英玻璃制成。放电毛细管位于气体正常辉光放电正柱区，具有丰富的载能粒子，是激光增益有源区。毛细管中的充气气压和放电电流均高于氦氖激光器，故毛细管外有一冷却水套，以防止发热而影响器件的输出功率和使用寿命；最外一层是贮气套，以增大工作气体的体积，提高器件输出功率的稳定性及寿命，在毛细管和贮气套之间通过一根回气管连通。回气管的作用是为了消除和减轻气体放电过程产生的电泳现象。[1]

2. 谐振腔

普通型 CO_2 分子激光器谐振腔采用最多的是平凹腔，以增大模体积和输出功率。由于 CO_2 激光器的增益较高，大曲率半径谐振腔的高调整精度已不是主要矛盾。

腔镜中全反射镜一般以光学玻璃或金属片为基底，镀以金、银、铝等，在 $10.6~\mu m$ 附近的反射率达 99% 以上，大功率器件采用金属基片，以增加散热，避免腔镜变形或损伤。

输出镜一般采用能透射 $10.6~\mu m$ 的光学材料为基底，在其表面镀上多层介质膜而制成，以达到最佳耦合输出。常用的光学材料有氯化钾、氯化钠、锗、砷化镓、硒化锌、碲化镉

---

① 在直流放电激励过程中，由于管壁的双极扩散效应，在气体内会产生一种使气体从阴极向阳极迁移的力，而使阳极端气压高于阴极端气压，并沿放电管轴线形成气体密度梯度分布，这种现象称为电泳现象。

等。几种材料的物理性质如表 3-2 所示。表中导热系数的单位为 $W \cdot cm^{-1} \cdot K^{-1}$，吸收系数的单位为 cm^{-1}，热胀系数的单位为 $10^{-6} \cdot {}^{0}C^{-1}$，折射率温度系数的单位为 $10^{-4} \cdot {}^{0}C^{-1}$，杨氏模量的单位为 $10^{6} \, kg \cdot cm^{-1}$。

表 3-2　几种红外材料在 $10.6 \, \mu m$ 谱线附近的物理性质

材料	导热系数	吸收系数	折射率	热胀系数	折射率温度系数	杨氏模量	泊松比
NaCl	0.065	0.005	1.40	44	−0.25	0.4	0.20
KCl	0.066	0.003	1.46	36		0.3	0.13
Ge	0.59	0.045	4.02	6.1	4.6	1.01	0.27
GaAs	0.37	0.015	3.30	5.7	1.87	0.84	0.33
CdTe	0.041	0.006	2.67	4.5	1.14	0.38	0.40
ZnSe	0.13	0.005	2.40	7.7		0.7	0.37

半导体锗是最早使用的输出镜材料。在室温下，半导体锗对波长 $10.6 \, \mu m$ 光吸收小，经抛光后，反射率可达 60% 以上，直接可以用作输出镜，半导体锗不易潮解且机械性能良好。但当温度超过 50℃ 时，半导体锗对波长 $10.6 \, \mu m$ 光的吸收系数急剧上升，所以必须采取有效的冷却措施才能确保器件正常工作。而半导体砷化镓对波长 $10.6 \, \mu m$ 光的吸收系数也很小，且随温度的变化没有半导体锗那样强烈，因此在大、中功率器件中，输出镜都采用半导体砷化镓。

化合物 NaCl、KCl 材料对波长 $10.6 \, \mu m$ 光的吸收系数最小，但它们极易潮解，机械性能差，且光学加工难度高。

ZnSe 和 ZnS 材料是目前采用的较理想的材料。它们具有吸收系数小、导热性能较好、不潮解、化学稳定性和机械性能较好，且对可见光部分透明，便于谐振腔的装调。ZnSe 和 ZnS 材料由气相沉积法制造，容易获得大块晶体材料。

3. 电极电源

普通型 CO_2 分子激光器的电极包括阳极和阴极。对冷阴极材料要求具有一定的电子发射能力、溅射系数小并具有还原 CO_2 的作用，常用的金属材料有镍、铝、铜、银铜合金、钽等，目前大多数阴极采用镍阴极，形状为圆筒形，其大小由放电毛细管内径和放电电流确定。阳极大小与阴极相同，也可略小些。电极位置与放电毛细管共轴。

普通型 CO_2 分子激光器大多采用气体放电激励，电源提供数万伏直流高压。由于气体放电的负阻特性，电路中必须串联限流电阻，才能保证放电稳定性，限流电阻要小于放电管等效阻抗，限流电阻越大，放电越稳定，但功耗增大。作为一个实例，放电管长度为 $1 \, m$、内径为 $10 \, mm$ 时，等效阻抗约为 $600 \, k\Omega$，相应的限流电阻要达到 $200 \, k\Omega$。

3.2.2　普通型二氧化碳分子激光器的工作特性

纵向电激励普通型 CO_2 分子激光器一般工作在冷阴极正常辉光放电正柱区，其工作特性包括电子温度、增益特性及与气压、混合比、放电特性的关系等。

1. 电子温度

在普通型 CO_2 分子激光器正常辉光放电正柱区中，电子能量的分布函数 $f(\varepsilon)$ 实验曲线如图 1.5 所示。当电子能量 $\varepsilon<4.5$ eV 时，$f(\varepsilon)$ 为德拉维意斯坦分布，当电子能量 $\varepsilon>4.5$ eV 时，$f(\varepsilon)$ 为麦克斯韦分布。CO_2 分子激光器含氙的工作物质中电子平均能量低于含氮的工作物质，如图 3.10 所示。

CO_2 分子激光器正柱区中的 $f(\varepsilon)$ 与氦氖激光器（麦克斯韦分布）不同的原因，是由于 CO_2 分子能级低而且密集，极易发生碰撞消耗电子的能量，使电子的平均能量下降，电离能力减弱。因此 CO_2 分子激光器的电子温度比氦氖激光器低 1~2 个数量级。

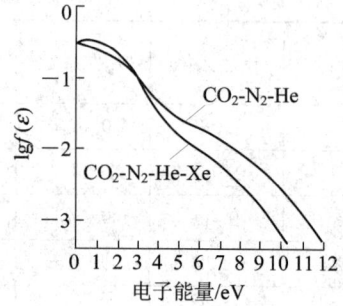

图 3.10　不同混合气体的电子能量分布函数

若 CO_2 分子激光器工作物质组分选择适当，可以使放电的 E/N（电子平均能量）维持在一个适当的范围内，通过放电电子有效地将输入电能传递给 CO_2 分子和 N_2 分子，使它们被激发到所需要的高振动能级。一般纵向激励 CO_2 分子激光器的 E/N 在 $10^{-16}\sim10^{-15}$ V·cm^2 范围内，对应的电子能量在 0.5~5 eV 之间。对 $CO_2：N_2：He=1：1：8$ 的纵向激励 CO_2 分子激光器，当 $E/N=3\times10^{-16}$ V·cm^2 时，00^01 能级吸收的总能量（包括 N_2 分子的贡献）占激光器输入能量的百分数为 42%，波长 10.6 μm 的谱线的量子效率为 41%，可知激光器的光电转换效率为 $\eta=42\%\times41\%=17\%$。若采取预电离措施使激光器的 $E/N=2\times10^{-16}$ V·cm^2，就可使光电转换效率达到 30%。

2. 增益系数

中心频率 v_0 处的小信号增益系数 $g^0(v_0)$ 与饱和光强 I_s 是激光器件的两个重要参量，其乘积 $g^0(v_0)I_s$ 值大，则表示工作物质具有较大的放大系数，并且可允许强激光通过介质而不致使产生增益饱和，因而激光器具有大的输出功率。

对普通型 CO_2 分子激光器，其工作气压在几百帕~几千帕范围内，谱线加宽属综合加宽线型，增益系数 $g^0(v_0)$ 为

$$g^0(v_0)=\sigma(v_0)\left(n_2-n_1\frac{g_2}{g_1}\right) \qquad (3-21)$$

式中，n_2、n_1 分别是激光上、下能级的粒子数密度，g_2、g_1 分别为上、下能级的统计权重，$\sigma(v_0)=\dfrac{A_{21}c^2}{8\pi v_0^2}\tilde{g}(v_0)$ 为中心频率 v_0 处的受激发射截面。对某一谱线，$\sigma(v_0)$ 仅与谱线的线型有关，通常由实验测定 $\sigma(v_0)$。工作物质组分为 $CO_2：N_2：He=1：1：8$ 时，受激发射截面与气体温度和气压的关系曲线如图 3.11 所示。可以看出随着温度升高、气压增大，$\sigma(v_0)$ 将减小。

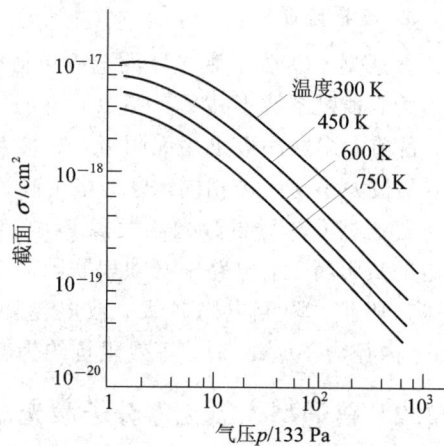

图 3.11　$\sigma(v_0)$ 与气体温度、压强的关系

由于工作物质的粒子数反转涉及混合气体的各个组分，精确计算 $g^0(v_0)$ 将相当复杂。在这里仅作一般定性分析。

1）增益系数 $g^0(v_0)$ 与放电电流的关系

图 3.12 所示是 CO_2 分子激光器中增益与放电电流的关系曲线。可以看出，存在一个最佳放电电流，且含 He 器件的最佳放电电流较大。而 CO_2 分子激光器的最佳放电电流主要受气体温度和电子密度的影响，取决于放电管直径 d、工作气体总气压 p、混合比等因素。d 增大，最佳放电电流也随之增加。例如 $d < 10$ mm 时，最佳放电电流约为 $20 \sim 30$ mA；d 为 $20 \sim 30$ mm 时，最佳放电电流约为 $30 \sim 50$ mA；d 为 $50 \sim 90$ mm 时，最佳放电电流约为 $120 \sim 150$ mA。

CO_2 分子的某些振动能级的相对粒子数 N_i/N_z 与气体温度存在依赖关系，如图 3.13 所示。N_i 表示某振动能级的粒子数，N_z 表示总粒子数。假定由于 N_2 分子或 CO 分子的共振激发能量转移，在 00^01 能级上的相对粒子数保持在 3％，但随气体温度升高，激光上能级和激光下能级上的粒子数增长的快慢不同。由图 3.13 中可以看出，温度低于 400 K 时，00^01 与下能级 10^00、02^00 间有较大的粒子数反转分布。当温度高于 400 K 时，仅在 00^01 和 10^00 间有粒子数反转分布，这就是为什么我们通常观察到的 $10.6~\mu m$ 谱线的原因。

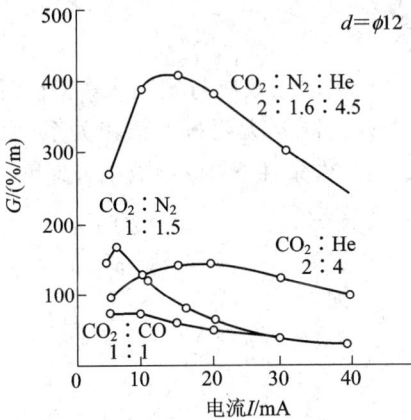

图 3.12　增益与放电电流的关系

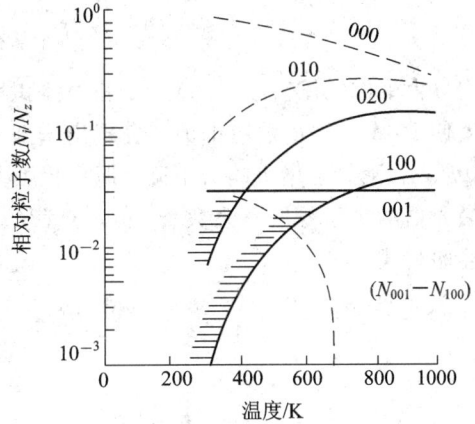

图 3.13　相对粒子数与气体温度的关系

2）增益系数 $g^0(v_0)$ 与气体压强的关系

CO_2 分子激光器的光电转换效率也与 E/p 值有关，E 为放电管内的电场强度，p 为工作气体压强。E/p 值较小时光电转换效率高，但放电管难以维持正常放电，因此 E/p 应有一个恒定值，一般取

$$\frac{E}{p} = \frac{V}{lp} = 0.075 \sim 0.15 \, (\text{V} \cdot \text{cm}^{-1} \cdot \text{Pa}^{-1}) \tag{3-22}$$

式中 V 为管压降，l 为有效放电长度，由此式可确定激光器的最佳放电电压 V。例如 $l = 1$ m，$p = 1332$ Pa 时，V 约为 $10 \sim 20$ kV。

充气气压升高，可使激活粒子增多而增加输出功率，但气压升高的同时，输入功率亦要增加，从而使气体温度升高而导致输出功率下降，因此气压有一最佳充气气压，如图 3.14 所示。增益随 CO_2 分气压变化有一最大值，对应的 CO_2 分气压为最佳气压。对不同的混合气体，CO_2 最佳气压不同。对含 He 的混合气体，可在高 CO_2 最佳气压下获得最大增益。对直流放电激励有

$$p \cdot d = 3060 \sim 3460 \text{ Pa} \cdot \text{cm}(\text{不含 } H_2 \text{ 或 } H_2O) \tag{3-23}$$

$$p \cdot d = 2526 \sim 2926 \text{ Pa} \cdot \text{cm} (\text{含约 } 40 \text{ Pa Xe}) \tag{3-24}$$

3)增益系数 $g^0(v_0)$ 与放电管管径 d 的关系

由于能级 01^10 存在瓶颈效应,在很大程度上,增益系数 $g^0(v_0)$ 受到该能级与管壁弛豫的限制。一般要求 01^10 到 00^00 的 $(V \rightarrow T)$ 特征时间等于分子扩散到毛细管管壁的特征时间 τ_D。

设放电管内径为 d,气体分子运动的平均自由程为 λ,平均速度为 v_t,则根据分子动理论有

$$\tau_D = \frac{d^2}{\lambda v_t} \tag{3-25}$$

图 3.14 增益与 CO_2 分气压的关系

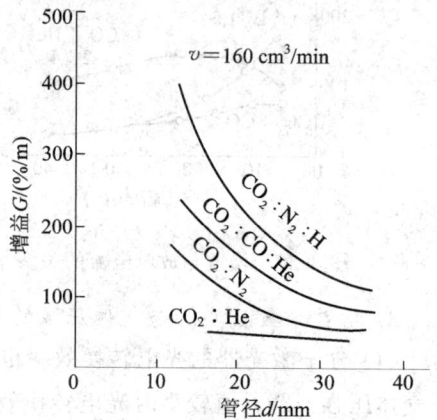

在单位体积工作物质内,可获得的最大输出功率 P_l 为

$$P_l \propto \frac{\rho}{\tau_D} = \frac{\rho \lambda v_t}{d^2} \tag{3-26}$$

式中 ρ 为工作气体密度。d 增大、腔模体积增大使 P_l 增大的正效应与 d 增大、特征时间 τ_D 增大使 P_l 减小的负效应抵消,表现出增益与放电管内径同 d 无明显的依赖关系。根据经验,$g^0(v_0)$ 随管径增大略有下降,但变化不大。在最佳工作条件下,纵向放电普通型 CO_2 分子激光器的小信号增益系数 $g^0(v_0)$ 与管径 d 有如下经验公式:

$$g^0(v_0) = 0.012 - 0.0025d \ (\text{cm}^{-1}) \tag{3-27}$$

或

$$g^0(v_0) = \frac{1.4 \times 10^{-2}}{d} \ (\text{cm}^{-1}) \tag{3-28}$$

其适用范围为:$0.4 \leqslant d \leqslant 3.4 \text{ cm}$。上式与实验结果相符。而流动型 CO_2 分子激光器的小信号增益系数 $g^0(v_0)$ 则随管径 d 的增大很快减小,如图 3.15 所示。

图 3.15 增益与管径的关系

3. 饱和光强

CO_2 分子激光器的饱和光强依赖于工作物质的增益饱和效应,增益饱和效应与谱线加宽类型有关。当工作气体压强为 $p < 2 \times 10^3 \text{ Pa}$ 时,谱线加宽为综合加宽,当 $p > 2 \times 10^3 \text{ Pa}$ 时,线型为均匀加宽。I_S 的一般表达式为

$$I_S = \frac{hv_0}{\sigma(v_0)(\tau_2 + \tau_1)} \tag{3-29}$$

其中 τ_2、τ_1 分别为上、下能级的寿命。影响 I_S 的因素很多,实验研究表明:电子数密度 n_e 升高、气体温度 T 升高、工作气压升高,将导致 I_S 增大。这是由于 n_e、T 的上升使 τ_2、τ_1 缩短;激光上、下能级的弛豫速率和谱线宽度随气压升高而增加。此外 I_S 还与放电电流和放

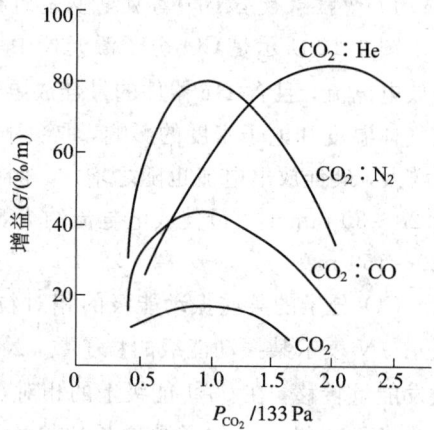

$$\beta_2^- = R_2 \beta_2^+, \quad \beta_1^+ = R_1 \beta_1^- \tag{3-32}$$

腔内归一化光强为

$$\beta = \beta^+ + \beta^-$$

稳定振荡时，工作物质的饱和增益系数为

$$g_s = \frac{g_0}{1 + \dfrac{I}{I_s}} = \frac{g_0}{1 + \dfrac{I^+ + I^-}{I_s}} = \frac{g_0}{1 + \beta^+ + \beta^-} \tag{3-33}$$

由增益系数定义可知

$$g_s = \frac{\mathrm{d}I}{I\,\mathrm{d}l} = \frac{\mathrm{d}I^+}{I^+\,\mathrm{d}z} = -\frac{\mathrm{d}I^-}{I^-\,\mathrm{d}z} = \frac{\mathrm{d}\beta^+}{\beta^+\,\mathrm{d}z} = -\frac{\mathrm{d}\beta^-}{\beta^-\,\mathrm{d}z} \tag{3-34}$$

由式(3-33)、式(3-34)联立可得

$$\frac{\mathrm{d}\beta^+}{\mathrm{d}z} = \frac{\beta^+ g_0}{1 + \beta^+ + \beta^-}, \quad \frac{\mathrm{d}\beta^-}{\mathrm{d}z} = -\frac{\beta^- g_0}{1 + \beta^+ + \beta^-} \tag{3-35}$$

由式(3-35)得 $\dfrac{\mathrm{d}}{\mathrm{d}z}(\beta^+ \beta^-) = 0$，即

$$\beta^+ \beta^- = C(\text{常数}) \tag{3-36}$$

式(3-36)说明，腔内任一位置 z 处的正、反方向传输的归一化光强的乘积为常数。于是在 M_1、M_2 镜面上有 $\beta_1^+ \beta_1^- = \beta_2^+ \beta_2^-$。比较式(3-32)，有

$$\frac{\beta_2^+}{\beta_1^-} = \left(\frac{R_1}{R_2}\right)^{\frac{1}{2}} \tag{3-37}$$

代入 $\dfrac{\mathrm{d}\beta^+}{\mathrm{d}z}$ 方程中，可得

$$\frac{\mathrm{d}\beta^+}{\mathrm{d}z} = \frac{g_0 \beta^+}{1 + \beta^+ + \dfrac{C}{\beta^+}} \tag{3-38}$$

对式(3-38)沿放电管长度积分可得

$$g_0 l = \ln\beta_2^+ - \ln\beta_1^+ + \beta_2^+ - \beta_1^+ - C\left(\frac{1}{\beta_2^+} - \frac{1}{\beta_1^+}\right) \tag{3-39}$$

同理对 $\dfrac{\mathrm{d}\beta^-}{\mathrm{d}z}$ 可求得

$$g_0 l = \ln\frac{\beta_1^-}{\beta_2^-} + \beta_1^- - \beta_2^- - C\left(\frac{1}{\beta_1^-} - \frac{1}{\beta_2^-}\right) \tag{3-40}$$

式(3-39)、式(3-40)相加得

$$\begin{aligned}
2g_0 l &= \ln\frac{\beta_1^- \beta_2^+}{\beta_1^+ \beta_2^-} + \beta_2^+ - \beta_2^- + \beta_1^- - \beta_1^+ - C\left(\frac{1}{\beta_2^+} - \frac{1}{\beta_2^-} + \frac{1}{\beta_1^-} - \frac{1}{\beta_1^+}\right) \\
&= \ln\left(\frac{1}{R_1 R_2}\right) + \beta_2^+ - \beta_2^- + \beta_1^- - \beta_1^+ - (\beta_2^- - \beta_2^+) - (\beta_1^+ - \beta_1^-) \\
&= -\ln R_1 R_2 + 2\beta_2^+(1 - R_2) + 2\beta_1^-(1 - R_1) \\
&= -\ln R_1 R_2 + 2\beta_2^+(1 - R_2) + 2(1 - R_1)\left(\frac{R_2}{R_1}\right)^{\frac{1}{2}}\beta_2^+ \tag{3-41}
\end{aligned}$$

由式(3-41)得 β_2^+ 为

$$\beta_2^+ = \frac{g_0 l + \ln \sqrt{R_1 R_2}}{1 - R_2 + (1 - R_1)\left(\dfrac{R_2}{R_1}\right)^{\frac{1}{2}}} = \frac{(g_0 l + \ln \sqrt{R_1 R_2})\sqrt{R_1}}{(\sqrt{R_1} + \sqrt{R_2})(1 - \sqrt{R_1 R_2})} \qquad (3-42)$$

于是可得

$$I_2^+ = \beta_2^+ I_s \qquad (3-43)$$

输出功率为

$$P = \frac{\pi d^2}{4} \eta T \beta_2^+ I_s \qquad (3-44)$$

式中 d 为放电管内径，η 为放电管利用率（系数）。设谐振腔的单程损耗为 α，则 R_1、R_2 可表示为

$$R_1 = 1 - \alpha, \quad R_2 = 1 - \alpha - T \qquad (3-45)$$

代入输出功率表达式可得 $\left(I_s = \dfrac{72}{d^2}\right)$

$$P = 18\pi \eta T \frac{\sqrt{(1-\alpha)}\left[g_0 l + \ln \sqrt{(1-\alpha)(1-\alpha-T)}\right]}{(\sqrt{1-\alpha} + \sqrt{1-\alpha-T})\left[1 - \sqrt{(1-\alpha)(1-\alpha-T)}\right]} \qquad (3-46)$$

式（3-46）表明，输出功率与增益 g_0、输出镜透过率 T 及腔的光学损耗等有关。影响输出功率的因素涉及激光器的注入功率、结构参数、放电参数、气体温度、腔的损耗等。

1. 注入功率影响

普通型二氧化碳分子激光器要实现连续稳定输出必须满足两个条件，一是要维持放电的稳定，主要依靠双极扩散在放电管内使带电粒子的产生速率等于其消失（复合）的速率；二是要使放电管内功率处于动态平衡，激光器内除产生激光外的剩余能量（占输入电功率的 60% 以上）依靠冷却系统带走。此时单位长度放电管允许注入激光器中的最大电功率为

$$P_{in} = \frac{4\pi \chi d}{1 - \eta_i} \Delta T_g \qquad (3-47)$$

其中 η_i 为 CO_2 分子 $00^0 1 \rightarrow 10^0 0$ 跃迁的量子效率，d 为放电管直径，ΔT_g 为放电管内允许的最大气体温度增差。由图 3.13 可以看出，气体温度 $T_g < 680$ K，若要求 $\Delta T_g = 300$ K，$\eta_i = 41\%$，含氦的混合气体中 $\chi = 3 \times 10^{-3}$ W·cm^{-1}·K^{-1}，代入式（3-47）得 $P_{in} = 2200$ W·m^{-1}。假如激光器电光转换效率为 10%，每米放电管可获得 220 W 的激光功率，实际上达不到这个功率水平。注入激光器中的电功率受到限制的原因是放电管内电子密度、气体温度以及激发态粒子的径向分布的影响。

2. 放电管尺寸的影响

中、小型二氧化碳分子激光器输出功率与放电管长度成正比，即 $P = K \cdot l$，其中 K 为单位长度放电管的输出功率，l 为放电管长度。由式（3-46）可知输出功率与增益 g_0 呈线性关系，而增益 g_0 与放电管直径近似成反比，所以输出功率与放电管直径近似无关。

3. 放电参数的影响

实验表明，二氧化碳分子激光器输出功率与放电电流、充气气压、充气混合比等条件有关。放电电流存在一个最佳值 I_{opt}，而且最佳放电电流与放电管直径有关。管径越大，最佳放电电流越大，含氦气的工作气体最佳放电电流比无氦气的工作气体要大，经验公式为

$$I_{opt} = 19d - 1 （含氦气） \qquad (3-48)$$

$$I_{\text{opt}} = 7 - 8d(无氦气) \tag{3-49}$$

式中 d 的单位为 cm，I_{opt} 的单位为 mA。

充气气压存在一个最佳值 p，而且最佳充气气压与放电管直径有关，它们的乘积等于常数。经验公式为

$$p \cdot d = (2.67 \sim 3.2) \times 10^2 \text{ Pa} \cdot \text{mm}, \quad d < 20 \text{ mm} \tag{3-50}$$

$$p \cdot d = (3.2 \sim 4) \times 10^4 \text{ Pa} \cdot \text{mm}, \quad 20 \text{ mm} < d < 50 \text{ mm} \tag{3-51}$$

普通型 CO_2 分子激光器工作气体为混合气体，辅助气体包括 N_2、CO、He、H_2、H_2O、Xe 等气体，各种辅助气体有不同作用，通常由实验确定实现最佳输出功率时各种辅助气体的含量。除此之外，还对各种气体的纯度有一定要求。

4. 气体温度的影响

气体温度对二氧化碳分子激光器输出功率的影响很大，普通型纵向激励尤为突出。实验表明，输出功率与气体温度的关系为

$$P = A \cdot T^{-3/2} \tag{3-52}$$

式中 A 为比例常数，T 为气体的绝对温度。

气体温度升高使输出功率下降的原因主要有：

(1) 使激光下能级粒子数增加，激光上能级弛豫增加，造成粒子数反转分布减少。

(2) 使管内气压增加，由 $\Delta v_L = \alpha p$ 知，碰撞加宽将增大，造成增益减小。

(3) 增加了 CO_2 分子的分解，造成 CO_2 气体分压强降低。

因此要提高输出功率，必须对激光器的工作物质进行冷却。扩散冷却是通过气体分子扩散到管壁来排除废热能，排除废热能的特征时间为 τ_D，通常比激光下能级的弛豫时间长，因此冷却效果较差。

对流冷却是采用气体流动的方式在排除废热能的同时，补充新的工作气体。这种方式冷却效果较好，不受管径的限制，能维持管截面温度均匀分布，还能保证工作气体成分的稳定，使输出功率得以提高。当然气体流动速度的大小对输出功率也是有影响的，其规律如图 3.17 所示。在流速较小时，输出功率增长较快，当流速达到一定值(管内气体每分钟更新 100 次)之后，输出功率增长减缓，当管内气体每分钟更新 400 次以上，输出功率不再增长。

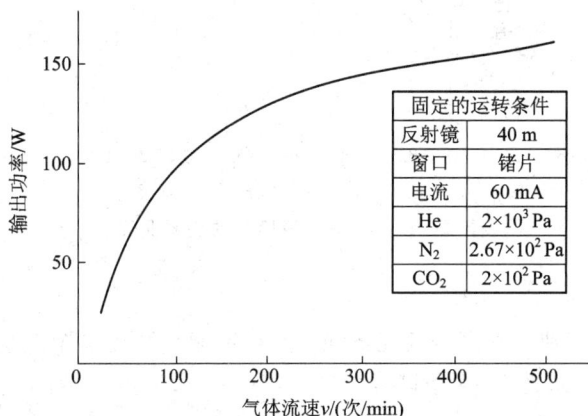

固定的运转条件	
反射镜	40 m
窗口	锗片
电流	60 mA
He	2×10^3 Pa
N_2	2.67×10^2 Pa
CO_2	2×10^2 Pa

图 3.17　气体流速与输出功率的关系曲线

5. 输出镜透过率 T 及腔的光学损耗的影响

二氧化碳分子激光器属于高增益器件，输出功率随输出镜透过率 T 的关系计算曲线如图 3.18 所示。图中曲线表明输出镜透过率 T 存在一个最佳值 T_{opt}，并且 T_{opt} 随谐振腔的光学损耗而改变，输出镜透过率在 T_{opt} 附近一个范围内改变，对输出功率的影响不是很明显。T_{opt} 也可以通过与小信号增益的计算关系曲线来确定，如图 3.19 所示。

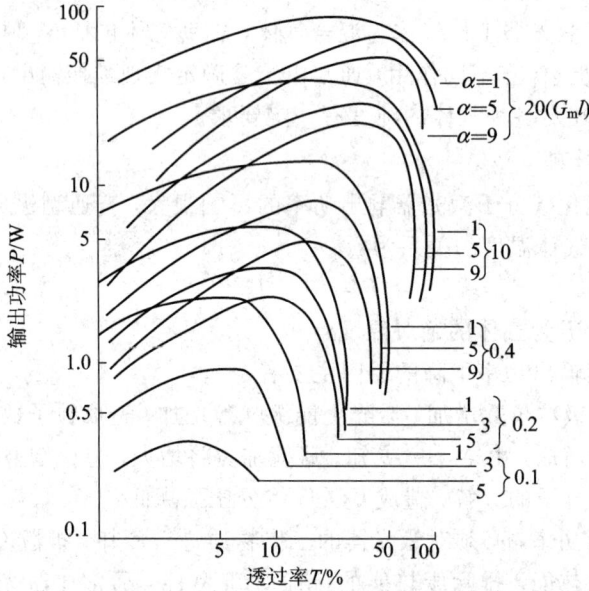

图 3.18　输出功率与透过率 T_{opt}、损耗及单程增益的关系曲线

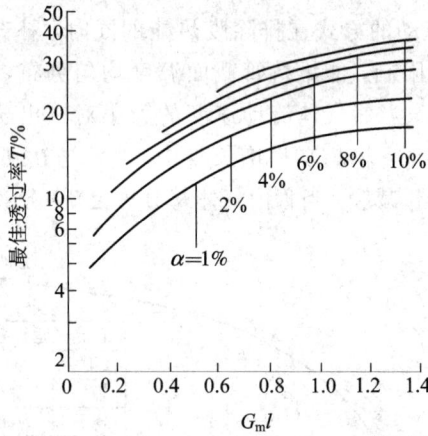

图 3.19　T_{opt} 与单程增益的关系曲线

3.3.2　频谱特性

CO_2 分子中已观察到 200 多条荧光谱线，但真正能在激光器中产生激光振荡的谱线只有 $00^01 \rightarrow 10^00$ 的 P 支跃迁 1～3 条谱线。

1. CO_2 分子荧光谱线

振动能级 $00^01 \rightarrow 10^00$ 的跃迁，产生 10.6 μm 的荧光谱带；跃迁 $00^01 \rightarrow 02^00$，产生 9.6 μm 的荧光谱带。由于分子转动因素的影响，振动能级发生分裂，形成振-转能级。又由于转动能级缺位，振-转能级的跃迁产生的荧光谱线组成了荧光谱带，已观察到常规跃迁荧光谱线 100 多条。根据跃迁定则，将振-转能级跃迁分为 P 支跃迁、R 支跃迁，表 3-3 给出了常规跃迁谱带和非常规跃迁谱带谱线的波长。

表 3-3 常规跃迁谱带和非常规跃迁谱带谱线的波长

波长/μm	跃　迁	波长/μm	跃　迁	波长/μm	跃　迁
\multicolumn{6}{c}{$00^01 \to 10^00$ 的 P 支跃迁}
10.440 579	$P(4)$	10.611 385	$P(22)$	10.811 105	$P(40)$
10.458 220	$P(6)$	10.632 090	$P(24)$	10.835 231	$P(42)$
10.476 187	$P(8)$	10.653 156	$P(26)$	10.859 765	$P(44)$
10.494 844	$P(10)$	10.674 586	$P(28)$	10.884 713	$P(46)$
10.513 114	$P(12)$	10.696 386	$P(30)$	10.910 082	$P(48)$
10.532 080	$P(14)$	10.718 560	$P(32)$	10.935 879	$P(50)$
10.551 387	$P(16)$	10.741 113	$P(34)$	10.962 110	$P(52)$
10.571 037	$P(18)$	10.764 052	$P(36)$	10.988 783	$P(54)$
10.591 035	$P(20)$	10.787 380	$P(38)$	11.015 906	$P(56)$
\multicolumn{6}{c}{$00^01 \to 10^00$ 的 R 支跃迁}
10.365 168	$R(4)$	10.233 167	$R(22)$	10.125 340	$R(40)$
10.349 277	$R(6)$	10.222 006	$R(24)$	10.114 826	$R(42)$
10.333 696	$R(8)$	10.207 142	$R(26)$	10.104 665	$R(44)$
10.318 424	$R(10)$	10.194 574	$R(28)$	10.099 476	$R(46)$
10.303 458	$R(12)$	10.182 301	$R(30)$	10.085 041	$R(48)$
10.288 797	$R(14)$	10.170 323	$R(32)$	10.075 698	$R(50)$
10.274 438	$R(16)$	10.158 637	$R(34)$	10.066 650	$R(52)$
10.260 381	$R(18)$	10.147 246	$R(36)$	10.057 875	$R(54)$
10.246 625	$R(20)$	10.136 146	$R(38)$		
\multicolumn{6}{c}{$00^01 \to 02^00$ 的 P 支跃迁}
9.428 886	$P(4)$	9.586 227	$P(24)$	9.773 356	$P(44)$
9.443 328	$P(6)$	9.603 573	$P(26)$	9.793 764	$P(46)$
9.458 052	$P(8)$	9.621 219	$P(28)$	9.814 487	$P(48)$
9.473 060	$P(10)$	9.639 166	$P(30)$	9.835 523	$P(50)$
9.488 355	$P(12)$	9.657 416	$P(32)$	9.856 876	$P(52)$
9.503 937	$P(14)$	9.675 797	$P(34)$	9.878 544	$P(54)$
9.519 808	$P(16)$	9.694 831	$P(36)$	9.900 531	$P(56)$
9.535 972	$P(18)$	9.713 998	$P(38)$	9.922 835	$P(58)$
9.552 428	$P(20)$	9.733 474	$P(40)$	9.945 458	$P(60)$
9.569 179	$P(22)$	9.753 259	$P(42)$		

波长/μm	跃 迁	波长/μm	跃 迁	波长/μm	跃 迁
\multicolumn{6}{c}{$00^01 \rightarrow 02^00$ 的 R 支跃迁}
9.367 339	$R(4)$	9.260 526	$R(22)$	9.174 070	$R(40)$
9.354 414	$R(6)$	9.249 946	$R(24)$	9.165 645	$R(42)$
9.341 758	$R(8)$	9.239 615	$R(26)$	9.157 446	$R(44)$
9.329 370	$R(10)$	9.229 530	$R(28)$	9.149 471	$R(46)$
9.317 246	$R(12)$	9.219 690	$R(30)$	9.141 719	$R(48)$
9.305 386	$R(14)$	9.210 092	$R(32)$	9.134 184	$R(50)$
9.293 786	$R(16)$	9.200 733	$R(34)$	9.126 866	$R(52)$
9.282 444	$R(18)$	9.191 612	$R(36)$		
9.271 358	$R(20)$	9.182 725	$R(38)$		
\multicolumn{6}{c}{$01^11 \rightarrow 11^10$ 的 P 支跃迁}
10.9730	$P(19)$	11.0385	$P(25)$	11.1073	$P(31)$
10.9856	$P(20)$	11.0529	$P(26)$	11.1238	$P(32)$
10.9944	$P(21)$	11.0610	$P(27)$	11.1309	$P(33)$
11.0078	$P(22)$	11.0762	$P(28)$	11.1483	$P(34)$
11.0164	$P(23)$	11.0840	$P(29)$		
11.0306	$P(24)$	11.0999	$P(30)$		
\multicolumn{6}{c}{$01^11 \rightarrow 03^10$ 的 P 支跃迁}
10.9735	$P(19)$	11.1000	$P(30)$	11.2035	$P(39)$
10.9951	$P(21)$	11.1070	$P(31)$	11.2235	$P(40)$
11.0165	$P(23)$	11.1235	$P(32)$	11.2295	$P(41)$
11.0300	$P(24)$	11.1315	$P(33)$	11.2495	$P(42)$
11.0385	$P(25)$	11.1485	$P(34)$	11.2545	$P(43)$
11.0535	$P(26)$	11.1555	$P(35)$	11.2770	$P(44)$
11.0610	$P(27)$	11.1736	$P(36)$	11.2804	$P(45)$
11.0760	$P(28)$	11.1791	$P(37)$		
11.0850	$P(29)$	11.1980	$P(38)$		

对于 $00^01 \rightarrow 10^00$ 的跃迁，已观察到的 P 支有 27 条荧光谱线，其中最强的谱线是 $P(18)$、$P(20)$、$P(22)$ 和 $P(24)$，对应的波长分别为 10.57 μm、10.59 μm、10.61 μm 和 10.63 μm；R 支有 26 条荧光谱线，其中最强的谱线是 $R(18)$、$R(20)$、$R(22)$ 和 $R(24)$，对应波长分别为 10.26 μm、10.25 μm、10.23 μm 和 10.22 μm。

对于 $00^01 \rightarrow 02^00$ 的跃迁，已观察到从 $P(4) \sim P(60)$ 共有 29 条 P 支荧光谱线，其最强的谱线是 $P(18)$、$P(20)$、$P(22)$、$P(24)$ 和 $P(26)$，对应波长分别为 9.54 μm、9.55 μm、9.57 μm、9.59 μm 和 9.60 μm；从 $R(4) \sim R(52)$ 共有 25 条 R 支荧光谱线，最强的是

$R(18)$、$R(20)$、$R(22)$和$R(24)$，对应波长分别为 $9.28~\mu m$、$9.27~\mu m$、$9.26~\mu m$ 和 $9.25~\mu m$。

2. 激光谱线　转动能级竞争效应

虽然有这么多荧光谱线，都有可能产生激光振荡，但在激光器中能同时形成激光振荡的谱线只有 $1\sim3$ 条，这是由于转动能级竞争效应决定的。并且在 $00^01\rightarrow10^00$ 跃迁中，P 支跃迁占优势，如图 3.20 所示。$00^01\rightarrow10^00$ 跃迁过程中，P 支谱线（实线）和 R 支谱线（虚线）的增益系数按转动量子数 J 来分布。由图可以看出，对于 00^01 和 10^00 能级粒子数比值 N_{00^01}/N_{10^00} 相同的情况，P 支谱线增益系数高于 R 支谱线。而 P 支谱线中 $P(18)$、$P(20)$、$P(22)$ 三条谱线占优势。

同样在 $00^01\rightarrow02^00$ 跃迁中，最强的谱线是 P 支谱线。由于它们共用同一上能级，而且 $00^01\rightarrow10^00$ 跃迁几率大，因此在 CO_2 激光器中，如果没有波长选择装置，$9.60~\mu m$ 谱线会因竞争而消失（熄灭）。为了获得其他波长的输出，必须在谐振腔内进行波长选择，即选支。

那么，什么是转动能级竞争效应？我们知道，在气体放电激励过程中，CO_2 分子各振动能级之间分子数分布的热平衡被打破，出现了反转分布。但由于相

图 3.20　$00^01\rightarrow10^00$ 的跃迁的增益分布

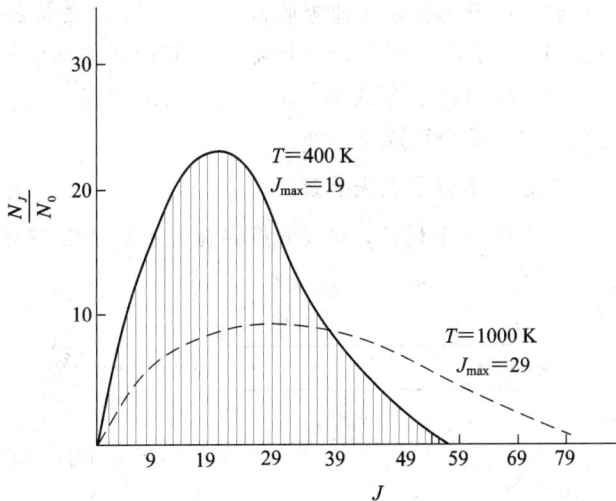

邻分子振动能级之间的间隔比分子热运动平均动能 $kT(209~cm^{-1})$ 大得多，相反，转动能级之间的间隔（约 $2~cm^{-1}$）比 kT 小得多。这意味着，在给定振动能级上，不同的转动能级之间达到热平衡的时间短（在激光器工作气压下，转动能级热弛豫时间大约只有 $10^{-7}~s$），而振动能级的热弛豫时间较长，大约为毫秒量级。因此，在振动能级弛豫时间内，各转动能级上的粒子数分布又建立了新的热平衡分布即玻耳兹曼分布，如图 3.21 所示，转动量子数

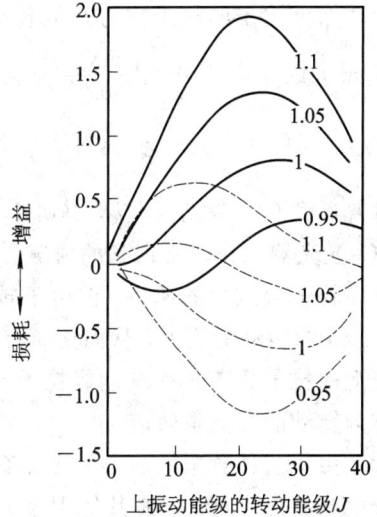

图 3.21　00^01 能级的转动能级上的粒子数热分布

为 J 的转动能级上的粒子密度为

$$N_J = N_0 \left(\frac{hcB}{kT}\right) g(J) \exp\left[-F(J)\frac{hc}{kT}\right] \tag{3-53}$$

其中 N_J 为转动能级 J 上的粒子数密度，N_0 为给定振动能级上的总粒子数密度，$g(J)$ 为 J 能级的统计权重：$g(J)=2J+1$，$F(J)=BJ(J+1)$，B 为转动常数，T 为气体温度，每一转动能级 J 上的粒子数与其他转动能级上的粒子数有关联。增益系数最大的谱线对应着 N_J 最大的转动能级，由 $\dfrac{\mathrm{d}N_J}{\mathrm{d}J}=0$ 获得，最大粒子数的转动能级 $J_{\max}$ 为

$$J_{\max} = \sqrt{\frac{kT}{2hcB}} - \frac{1}{2} = 0.95\sqrt{T} - \frac{1}{2} \tag{3-54}$$

对普通型 CO_2 激光器，$T=400$ K，相应 $J_{\max}=19$，即 $P(20)$ 支谱线有最大增益，这是一般 CO_2 激光器工作时常遇到的情况。如果 $P(20)$ 支谱线首先振荡，就加快了 $J=19$ 的转动能级上粒子数减少的速率，但由于转动能级弛豫速率大，使得其他转动能级上的粒子弛豫到 $J=19$ 的转动能级上，从而使所有转动能级上的粒子数又趋于玻耳兹曼分布。其他转动能级上的粒子数随 $J=19$ 能级粒子数的减少而减少，因而获得 $P(20)$ 支谱线振荡，这种现象称为转动能级竞争效应。

由于这种竞争效应，一旦某条谱线的增益系数很大，则振荡首先发生在这条谱线，形成激光输出，同时抑制其他 P 支及 R 支谱线振荡。

3.3.3　选支原理

由于转动能级竞争效应，CO_2 分子激光器的荧光谱线中只有 $P(18)$、$P(20)$、$P(22)$ 中 $1 \sim 2$ 条形成激光振荡。为了获得其他谱线的振荡，必须进行波长选择，即选支。选支的基本原理是控制谐振腔的损耗，使需要的谱线实现激光振荡以形成输出。通常采用腔内置放波长选择器的方法，选出所需谱线，而抑制其他谱线(包括高增益谱线)。

波长选择器一般有两种，一种是光谱吸收型的，另一种是光学色散型的。光谱吸收型波长选择器是在腔内置放吸收盒，有选择地吸收高增益谱线，增加损耗，抑制其振荡，而有利于低增益谱线的振荡；光学色散型波长选择器是在腔内置放光学色散元件，如光栅、棱镜、法布里-泊罗(F-P)标准具等，形成某一低增益谱线的振荡输出。我们以光学色散型波长选择器的光栅色散元件为例介绍选支原理。

1. 光栅腔可调谐(选支) CO_2 分子激光器装置

将平面输出镜用反射光栅 G 来代替，构成光栅谐振腔，如图 3.22 所示。

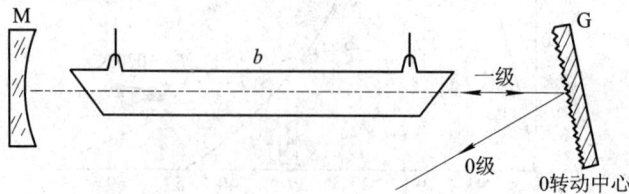

图 3.22　光栅谐振腔选支 CO_2 分子激光器

这种具有选支功能的光栅腔被广泛应用在 CO、NO_2、远红外、染料激光器中。要形成激光振荡，光栅 G 必须具有两个作用：

(1) 腔镜的反射作用，即对轴向光线有足够的正反馈（选模由放电管完成）。

(2) 色散元件的作用，即能有效地选择谐振波长。

2. 光栅选支原理

光通过光栅发生衍射，形成由单缝调制的多缝干涉图样，其干涉极大满足光栅方程为

$$d(\sin i + \sin r) = m\lambda \quad (m = 0, \pm 1, \pm 2, \cdots) \tag{3-55}$$

该式说明，波长为 λ 的光，以入射角 i 入射在光栅常数为 d 的衍射光栅上，在衍射角为 r 的方向上出现 m 级干涉极大。对反射光栅，干涉极大同样满足光栅方程。

对 $m=0$ 的零级干涉，$i=-r$，入射光与衍射光在光栅 G 法线的两侧，相当于平面镜反射的情形。对任何衍射光栅，零级条纹总是存在的。而对光栅腔，光栅必须具有腔镜的反射作用以提供正反馈，因此对光栅腔有意义的干涉级对应 $i=r$（衍射光沿入射光反方向），将光栅方程改写为（自准直方程）

$$m_e\lambda_e = 2d \sin i \tag{3-56}$$

衍射光沿入射光反向返回，这样的光栅称为自准直光栅（Littrow 光栅），m_e 表示波长为 λ_e 的自准直干涉级。

在波长为 λ_e 的衍射光中，除自准直干涉级外，还有其他非自准直干涉级，也就是说，非自准直干涉级的存在成为光栅腔的损耗。为了减少光栅腔的损耗，希望波长为 λ_e 的所有衍射光的能量都集中于 m_e 级，或衍射光只有 m_e 级，非自准直干涉的能量为零。由光栅方程及自准直方程知，通过适当选择光栅常数和入射角 i 就可满足此要求。

由 $m_e\lambda_e = 2d \sin i$ 知 $d = \dfrac{m_e\lambda_e}{2 \sin i}$，代入光栅方程并令 $\lambda = \lambda_e$ 得

$$\frac{2m}{m_e} - 1 = \frac{\sin r}{\sin i} \tag{3-57}$$

由此可知：除 m_e 自准直干涉级外，还有其他非自准直干涉级 $m(m \neq m_e)$，并且由于 m 的取值是成对的，相应的衍射角 r 是成对存在的，形成衍射光线"线偶"，成对地排列在光栅法线两侧。以法线和自准直级 m_e 为界限，把 $r>i$ 的干涉级称为"外部线偶"，$r<i$ 的干涉级称为"内部线偶"。

对外部线偶 $\left| \dfrac{2m}{m_e} - 1 \right| > m_e$，当满足判据

$$1 > \sin i > \left[\frac{2(m_e + 1)}{m_e} - 1 \right]^{-1} \tag{3-58}$$

时，外部线偶消失。

对内部线偶，$\left| \dfrac{2m}{m_e} - 1 \right| < m_e$，当 $m_e = 1$ 时，内部线偶也不复存在，即只有自准直衍射级 $m_e = 1$，于是光栅常数 d 必须满足：

$$1.5\lambda_e > d > 0.5\lambda_e \tag{3-59}$$

式（3-59）为选择光栅常数 d 的判据。将 $m_e = 1$ 代入式（3-56）得

$$\lambda_e = 2d \sin i \tag{3-60}$$

当光栅常数满足判据时，通过调整光栅腔的调谐角 i，可实现振荡波长的调谐，进行选支。这就是 CO_2 激光器的选支(调谐)原理。

任何可调谐激光器都有自己特定的输出光谱范围，根据光谱范围确定光栅常数，相应地得到在光谱范围内输出波长与光栅调谐角的对应关系。例如，对 CO_2 激光器输出的常规谱带为 $9\sim11\ \mu m$，相应的 d 取值范围为

$$\left.\begin{array}{l}1.5\times9\ \mu m>d>0.5\times9\ \mu m\\1.5\times11\ \mu m>d>0.5\times11\ \mu m\end{array}\right\}\Rightarrow13.5\ \mu m>d>5.5\ \mu m \qquad (3-61)$$

若取 $d=10\ \mu m$，则可由 $\lambda=2d\sin i$ 来确定各波长谱线的自准直调谐方位角 i，在对应的光栅调谐角 i 上，入射光的大部分能量原路返回，形成各波长谱线的激光振荡。

3. 光栅的效率和闪耀角

自准直光栅的效率定义为：$\eta=\dfrac{\text{自准级光强}}{\text{入射光强}}$。$\eta$ 由光栅的闪耀角 α 决定，闪耀角 α 是光栅 G 刻槽面与光栅平面的夹角，如图 3.23 所示。反射光栅所生成的衍射图样中，各级主极大的位置不受刻痕形状的影响，仍由光栅方程决定，而单缝衍射的中央最大(即包络线的中心)却从原来的零级主极大重合的方向移至由刻痕形状决定的反射光的方向，结果在反射光方向的光谱变强或称闪耀。

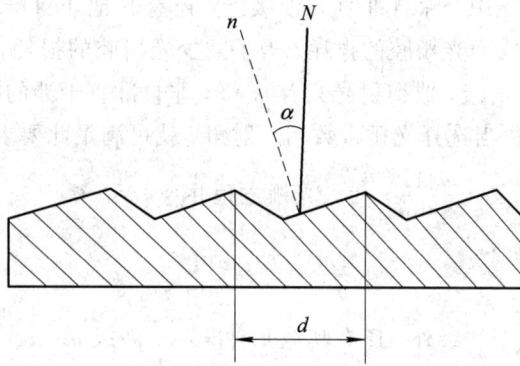

图 3.23 反射光栅的闪耀角

实验表明：对于非线偏振光，入射角 $i=\alpha$ 时，光栅的效率最大；对线偏振光，i 稍大于 α 时，光栅的效率最大。

设光栅效率在 λ_e 处的最大效率为 1，$\eta>0.5$ 的波长可调谐范围为

$$\frac{2}{3}\lambda_e<\lambda<2\lambda_e \qquad (3-62)$$

4. 光栅腔的输出耦合形式

光栅腔为了有效输出，其输出耦合形式有两种。

1) 一级振荡、一级输出

这种腔类似于普通的谐振腔。光栅 G 等效于全反射镜，球面镜为输出镜，如图 3.24 所示。这种腔的特点是：结构简单，输出光速方向不变，但损耗较大，影响激光器输出功率。

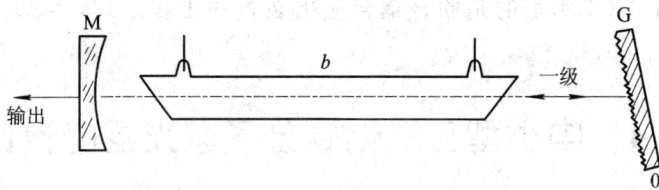

图 3.24 光栅腔"一级振荡、一级输出"

2）一级振荡，零级输出

零级干涉极大对任何光栅总是存在的，并且零级干涉极大与入射光以光栅平面法线为镜面对称($i=-r$)。以零级干涉极大作为输出耦合，是一种合理的结构形式，如图 3.22 所示。但是在调谐过程中，输出光束的方向会以 2 倍的调谐角而改变，这给实际应用带来不便。为克服这一缺陷，常采用联合耦合输出装置。如图 3.25 和图 3.26 所示为两种最常见的联合耦合输出装置。

在图 3.25 中，光栅 G 为平面光栅，M 为平面反射镜，平面 G 与平面 M 的夹角为 α，交线过 O 点平行于平面 G、平面 M。光栅 G 和平面反射镜 M 以交线为轴在光栅旋转台转动，光栅 G 上光线的入射角改变，但出射光线与入射光线的夹角 β 始终不变，保证了调谐过程中输出光束方向不变。

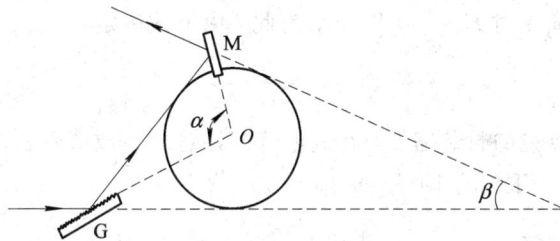

图 3.25 光栅腔联合耦合输出装置 1

在图 3.26 中，光栅 G 为平面光栅，M 为平面反射镜，S 为球面反射镜，球心 O 点处于光栅 G 和平面反射镜 M 构成的平面上，三面镜子围绕 O 点的转轴转动，改变了光栅 G 上的调谐角进行选支，但出射光线方向不变。

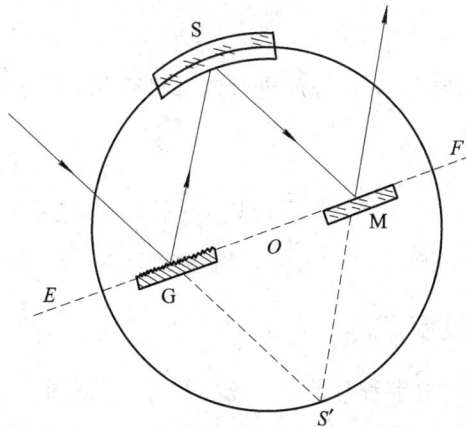

图 3.26 光栅腔联合耦合输出装置 2

图 3.25 和图 3.26 所示的是联合耦合输出装置的工作原理，可以由几何光学进行证明。

3.4 中小型二氧化碳分子激光器的设计

二氧化碳分子激光器的增益较高，因此输出功率较大，通常按输出功率大小将器件分为三类：输出功率在 100 W 以下，为小型 CO_2 激光器。输出功率在 $100 \sim 500$ W 之间，为中型 CO_2 激光器。输出功率在 $500 \sim 20$ kW（甚至更高），为大型 CO_2 激光器。

中小型 CO_2 激光器的设计主要根据使用要求来进行的，一般的使用要求包括对输出功率及输出模式的要求。按照使用要求对器件参数进行设计，器件参数包括放电管直径和长度，谐振腔长度，腔镜曲率半径及透过率等，确定参数值的方法与 He - Ne 激光器设计方法类似，所不同的是一些经验数据。

3.4.1 放电管长度和腔长

由于中小型 CO_2 激光器的输出功率 P 与放电管长度 l 成正比，根据对输出功率的要求，设计 l 的大小。根据经验，中小型 CO_2 分子激光器单位放电管长度的基横模输出功率为 $K_0 = 30$ W/m，多横模时 $K_0 = 50$ W/m，为此 l 由下式决定：

$$l = \frac{P}{K_0} \tag{3-63}$$

考虑电极、回气管和腔镜的封装需要，在放电管两端各预留放电管长度 l 的 $5\% \sim 15\%$，腔长为 $L = l + \Delta l$，Δl 一般取 l 的 $10\% \sim 30\%$。

3.4.2 腔镜曲率半径

中小型 CO_2 激光器的谐振腔一般采用大曲率半径的平凹腔。这种腔型结构稳定、模体积大、调整方便、易获得大功率输出。从输出功率、谐振腔的调整容限、菲涅耳数等方面综合考虑，选取 $\Gamma = R/L$ 值在 $2 \sim 3.5$ 之间，则凹面镜曲率半径为 $R = \Gamma L$。

3.4.3 放电管直径

按照激光器所需的运转模式，根据放电管的选模作用，确定放电管直径 d。TEM_{00} 模在腔内最大光斑半径 ω_2 为

$$\omega_2 = \left(\frac{\lambda L}{\pi}\right)^{\frac{1}{2}} \left(\frac{R^2}{L(R-L)}\right)^{\frac{1}{4}} \tag{3-64}$$

当要求基横模 TEM_{00} 运转时，$d = 3\omega_2$；多横模运转时，$d > 4\omega_2$。

3.4.4 输出镜最佳透过率 T_{opt}

根据确定的 d、L、R 计算菲涅耳数 N、腔参数 g，根据图 2.24 和图 2.25 的实验曲线来确定相应模式（TEM_{00} 或 TEM_{01}）的单程衍射损耗 α_d，得出腔的光学损耗 α_c，按照式 (3-36) 计算 T_{opt}。

3.4.5 估计功率 P

根据以上所确定的结构参数，代入式(3-46)估算输出功率。估算值大于设计要求，说明设计基本合理，否则设计不合理。

3.5 流动型二氧化碳分子激光器

普通型 CO_2 分子激光器输出功率取决于放电管长度，加入适量的氦使混合气体的导热率提高，使 01^10 能级的粒子得到扩散弛豫便提高了单位放电管长度输出功率。可以利用对流冷却方式在排除废热能的同时，补充新的工作气体，使输出功率得以提高，如图 3.17 所示。可以看出，提高 CO_2 分子激光器输出功率的途径是提高工作气体的密度和降低分子扩散到毛细管管壁的特征时间 τ_D。提高工作气体的密度意味着增加工作气压；降低 τ_D 意味着降低气体温度（λ、v_t 与温度有关），加速工作过程中废热能的排除速度。

20 世纪 80 年代初以来，输出功率在 $500\sim40\times10^4$ W（甚至更高）的高功率放电激励 CO_2 分子激光器得到了迅速发展，技术日趋成熟，既能连续工作又能脉冲工作，应用十分广泛。例如，金属和非金属材料的切割、焊接、打孔、标记、表面改性处理及新材料合成等加工技术已成为激光应用市场中的最大领域之一；在激光核聚变、分离同位素、光泵远红外激光器及激光化学等方面的研究中，也有极为重要的应用。以流动型 CO_2 分子激光器、横向激励高气压 CO_2 分子（TEACO_2）激光器及气动 CO_2 分子激光器等为例，简要介绍高功率 CO_2 分子激光器的工作特性。

3.5.1 流动型二氧化碳分子激光器的工作特性

利用高速流动的工作气体使废热能的排除速度增加，可使输出功率大幅提高，可达每米放电管长度 $3\sim5$ kW 的激光输出，效率达 25%。在工作气体以速度 v 高速流动的系统中，废热能的排除特征时间为

$$\tau_f = \frac{a}{v} \tag{3-65}$$

a 为放电空间中沿流动方向气体的厚度，于是有

$$P_L \propto \frac{\rho}{\tau_f} = \rho\,\frac{v}{a} \tag{3-66}$$

因此，在流动系统中，只要提高气体密度和流动速度，就可提高输出功率。

流动系统中，工作物质可看作二能级系统，激光上能级 E_2 的粒子数密度、激发速率、弛豫时间分别为 N_2、R_2、τ_2；下能级分别为 N_1、R_1、τ_1，其速率方程可写成

$$\frac{\partial N_2}{\partial t} = R_2 - \frac{N_2}{\tau_2} - (N_2 - N_1)\frac{\sigma I}{hv} + \frac{N_{20} - N_2}{\tau_f} \tag{3-67}$$

$$\frac{\partial N_1}{\partial t} = R_1 - \frac{N_1}{\tau_1} + (N_2 - N_1)\frac{\sigma I}{hv} + \frac{N_{10} - N_1}{\tau_f} \tag{3-68}$$

方程中 I 是腔内光强，σ 为受激发射截面，v 为谐振频率，N_{20}、N_{10} 是 $I=0$ 时的上，下能级粒子数密度，τ_f 为流动特征时间。

激光器达到稳态时，$\frac{\partial N_2}{\partial t}=\frac{\partial N_1}{\partial t}=0$，由式(3-67)、式(3-68)联立可求出大信号增益系数 g、饱和光强 I_S 分别为

$$g = \frac{g^0}{1 + \frac{I\sigma}{h\upsilon}\left[\frac{\tau_2\tau_f}{\tau_2+\tau_f} + \frac{\tau_1\tau_f}{\tau_1+\tau_f}\right]} \qquad (3-69)$$

$$I_S = \frac{h\upsilon}{\sigma}\cdot\frac{1}{\frac{\tau_2\tau_f}{\tau_2+\tau_f} + \frac{\tau_1\tau_f}{\tau_1+\tau_f}} \qquad (3-70)$$

式(3-69)、式(3-70)为讨论流动型 CO_2 分子激光器工作特性和输出特性的理论依据。其中 g^0 为小信号增益系数，$g^0 = \sigma(R_2\tau_2 - R_1\tau_1)$。由此可讨论流动速度对激光器工作特性的影响。可以看出：

(1) 当流速较小时，$\tau_f \gg \tau_2$、τ_1，有

$$g = \frac{g^0}{1 + \frac{I\sigma}{h\upsilon}(\tau_2+\tau_1)} \qquad (3-71)$$

$$I_S = \frac{h\upsilon}{\sigma(\tau_2+\tau_1)} \qquad (3-72)$$

可见 g、I_S 虽与 v 无关，但流动型的大信号增益系数 g 比普通型更高，如图 3.17 所示。

(2) 当流速较大时，$\tau_f \ll \tau_2$、τ_1，有

$$g = \frac{g^0}{1 + \frac{2I\sigma}{h\upsilon}\tau_f} = \frac{g^0}{1 + \frac{2I\sigma}{h\upsilon}\frac{a}{v}} \qquad (3-73)$$

$$I_S = \frac{h\upsilon}{\sigma}\cdot\frac{v}{2a} \qquad (3-74)$$

可见随着 v 的增大，增益 g 和饱和光强 I_S 增加，流动系统中的废热能得到了有效的排除。

3.5.2 流动型二氧化碳分子激光器的分类

按照工作气体流动方向、电流方向与光轴的关系，将流动型 CO_2 分子激光器可分为轴向流动和横向流动 CO_2 分子激光器两类。

1. 轴向流动 CO_2 分子激光器

如图 3.27 所示为轴向流动 CO_2 分子激光器结构示意图。气体流动方向、电流方向与光轴在同一直线上。工作气体从放电管一端连续流入，从另一端流出。由于工作气体得到不断更换，工作过程中废热能得到有效的排除，气体温度不会升高，因而能长时间稳定工作。工作气体的冷却效果由 CO_2 分子在放电区域停留时间 τ_f 来度量。要减小 τ_f ($a=l$)，势必要提高气体流动速度 v。

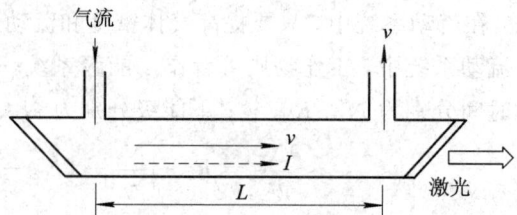

图 3.27 轴向流动 CO_2 分子激光器

轴向流动要求有一个流量较大、压差较大的激光风机使气体高速循环，为了使气体流动速

度 v 加大，可采用大型涡轮鼓风机来获得。v 可达到 $200 \sim 600$ m/s，放电管的内径约 20 mm，长度约 300 mm，已经获得每米放电长度输出功率可达 3 kW，能量转换效率达到 25%，而且输出功率的稳定性和光束质量相当优良。在 $500 \sim 5000$ W 范围内输出功率的激光器是工业中应用最多的一种激光器。

轴向流动 CO_2 分子激光器既可采用直流放电激励也可采用射频放电激励。直流放电激励的轴向流动 CO_2 分子激光器必须在放电电极附近安装湍流发生器，可对稳定放电有较大作用，阴极和阳极均在放电管内。为防止电极溅射对腔镜的污染，要求电极尽可能远离腔镜或放在放电管的侧部。由射频放电激励的 CO_2 分子激光器的电极放在放电管的外侧，电功率通过电容耦合进入放电管，其优点是没有电极溅射引起的污染，且放电均匀稳定，不需要湍流发生器，但射频电源成本高。

2. 横向流动 CO_2 分子激光器

如图 3.28 和图 3.29 所示是两种形式的横向流动 CO_2 分子激光器结构示意图。它们的气体流动方向与光轴方向垂直，由于气体流过放电区域的路程 a 缩短，因此气体流速一般较小也可使工作气体渡越放电区的特征时间大大缩短，满足 $\tau_f \ll \tau_2, \tau_1$ 的要求，v 约为 $50 \sim 80$ m/s。

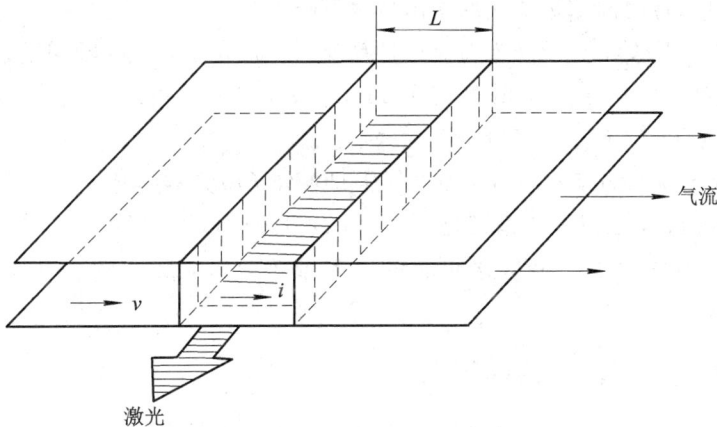

图 3.28　横向流动 CO_2 分子激光器

横流风机噪声低，效率高，能在工频条件下工作。放电区的入口和出口均装有导流器，使放电通道内沿光轴方向的气流速度的不均匀度控制在 2% 以下，激光风机两端装有热交换器，用来带走工作气体中的废热能。每米放电长度输出功率可达 5 kW。横向流动激光器的极间距离较短，约为 35 mm，故极间电压不太高，约为 5000 V，放电电流较大，约为 $5 \sim 10$ A。谐

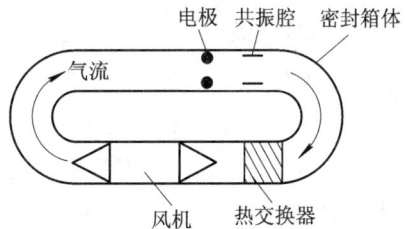

图 3.29　闭合循环横向流动 CO_2 分子激光器

振腔的模体积大，菲涅耳系数大，工作物质的增益分布和折射率分布都不均匀，若要产生基模或低阶模激光输出，最好采用多折腔或非稳腔。

图 3.28 所示的气体流动方向与光轴方向垂直，与放电电流在同一直线上。激光增益区

截面是矩形的。图 3.29 所示是闭合循环千瓦级横向流动 CO_2 分子激光器结构示意图，气体流动方向、光轴方向、放电电流方向相互垂直。总体结构由封闭箱体、谐振腔、放电室、热交换器、激光风机等组成。电极结构有管板式和针板式两种。管板式放电的阴极是一个铜管，阳极分为几十块电极，每块阳极串接有限流电阻，整个放电区实际上由几十个小放电区组成。针板式放电的阳极是一个铜板，内部通水冷却，阴极为几百根针电极，气体流动时，每根针的附近都会出现湍流使放电稳定性提高，整个放电区实际上是由几百个小放电区组成。

管板式放电和针板式放电相比各有优缺点。管板式放电均匀性优于针板式放电，且工艺和结构也比较简单。针板式放电的稳定性优于管板式放电，表现出在较高的气压下稳定工作，且在用氩气代替氦气也可稳定工作，大大降低了成本。

3.6 横向激励高气压型二氧化碳分子激光器

由式(3-66)看出，提高输出功率最有效的途径是提高工作气体的密度和降低气体分子的扩散特征时间。但是普通型 CO_2 激光器存在一个最佳的工作气压，其主要原因是由于气体温度升高和弛豫时间缩短造成的输出功率下降。

横向激励高气压 CO_2 分子激光器是脉冲激光器，放电方向与腔轴相垂直，且能在气压为 10^5 Pa(或更高气压)下运转，其英文为 Transversly Excited Atmospheric Pressure CO_2 Laser，通常称为 TEACO_2 分子激光器。

横向脉冲放电激励 6.1×10^4 Pa 和大气压 CO_2 分子激光器是脉冲气体激光器的一项重大突破。到目前为止，已发展成系列化、商品化的 TEACO_2 激光器，工作气压为 1～2 个大气压，脉冲峰值功率达 10^{12} W，脉冲能量达到数千焦耳，脉宽约为几十纳秒，效率达 10%～20%。

3.6.1 TEACO_2 分子激光器的特点

TEACO_2 分子激光器是气体激光器在高功率和高能量方面与固体激光器竞争的最有希望的器件，具有工作气压高、横向激励、大面积放电、采用预电离等一系列鲜明的特点。

1. 工作气压高

普通型 CO_2 分子激光器由于受到结构和工作气体温度因素的限制，通常只能在 1.3×10^2～2×10^3 Pa 气压范围内工作，输出功率得不到大幅提高。工作气压从 1.3×10^3 Pa 升高到 1.033×10^5 Pa 左右，工作粒子密度会由 10^{16} cm^{-3} 升高到 10^{18} cm^{-3} 左右。而 TEACO_2 分子激光器放电管内工作气压约为 10^5～10^6 Pa，工作粒子密度将比普通型 CO_2 分子激光器高 3～4 个数量级，致使腔内激发态粒子数大幅提高。由于工作气压 p 的提高会缩短激发态的寿命 $\tau(\tau =$ 常数)，因此 CO_2 分子激光上能级 00^01 的寿命在 $p = 1.033 \times 10^5$ Pa 时仅为 10 μs 左右。在这种情况下，如果利用快速激励技术，在小于 10 μs 的时间内将激励能量注入，实现高密度粒子数反转，就可获得与 p^2 成正比的脉冲激光功率。

可见，以脉冲方式工作的 TEACO_2 分子激光器，温度升高的程度比连续工作低很多，而且激励脉冲宽度很小，小于弛豫时间，因此 TEACO_2 可以在高气压下工作，输出功率可以大大提高。工作气压越高，要求激励脉冲宽度越短。

2. 采用横向放电激励

增加工作气压有利于增大输出功率，但气压的升高又会使气体击穿电压升高。气体击穿电压与气压和电极间距乘积有关。对纵向激励的 CO_2 分子激光器，如果工作气压升高到 1.033×10^5 Pa，电极间距为 1 m，那么极间击穿电压约为 $760 \sim 1100$ kV。如此高的电压除安全因素外，放电管内还很容易产生线状弧光，使放电不稳定，E/p 偏离最佳值，不利于激光器正常工作。所以高气压激光器通常采用横向放电激励，即放电电流与谐振腔轴垂直，以减小电极间距，这样大大降低了击穿电压和工作电压，形成了高功率 CO_2 分子脉冲激光器这一新的分支。随后，横向放电激励技术还应用于其他气体工作物质，产生了氮分子激光器、准分子激光器等新型气体激光器。

3. 电极面积大

为了获得高功率激光，除增大工作气压外，还要增大增益介质体积。横向激励虽然减小了极间电压，但由于极间距离的减小，导致放电面积增大，不容易获得均匀辉光放电，局部放电区域还会出现弧光放电现象（常称拉弧），影响了器件的正常工作。因此，采用大面积电极，可实现大体积激励，以提高工作介质单位长度的输出功率。如何获得大面积均匀辉光放电成了 TEACO$_2$ 激光器的关键技术，由此为气体放电引入了新概念，如"增加大面积"、预电离等。

4. 采用预电离技术

两个大面积电极间总存在一处或几处孤立的击穿放电，会形成线状弧光放电，这些弧光放电还会发生无规则跳动，这就是大体积放电的不均匀现象。电极面积越大，这种现象越严重。

在大体积放电中，通常采用缩短放电时间、限制放电电流和预电离等技术来获得均匀放电。预电离技术是在阴极和阳极间主放电之前，先使气体产生弱电离，然后再进行主放电。采用预电离技术不仅可以使大体积放电均匀，而且可以降低击穿电压。目前采用较多的预电离技术有双放电法、紫外线、电子束预电离等。

3.6.2　TEACO$_2$ 分子激光器的工作特性

1. "增益开关"效应

工作气压 p 的提高致使腔内激发态粒子大幅提高，但会缩短激发态的寿命 $\tau(\tau = $ 常数$)$。为了在 CO_2 分子激光上能级 00^01 的寿命期间获得粒子数反转，泵浦时间要小于激发态寿命。当泵浦时间短于谐振腔内光子场的建立时间时，光子场建立时腔内粒子数反转值已远远超过激光的振荡阈值，从而得到强的光子脉冲。这种脉冲与 Q 开关获得的巨脉冲具有相同的性质，称为"增益开关"脉冲，也称为"增益开关"效应。增益开关过程中脉冲电压、放电电流、增益和输出激光波形的时序关系，如图 3.30 所示。可以看出，由于能量交换过程需要一定的时间，所以它们出现极大值的时间都不同。放电电流脉冲的极大值（图 3.30(b)）要迟后于脉冲电压的极大值（图 3.30(a)）。宽度为 1 μs 左右的电流脉冲，接近放电终止时激光介质的增益才能达到极大值（图 3.30(c)）。激光振荡要求腔内增益大于阈值增益，并迅速在腔内建立极强的振荡，形成的激光脉冲极大值出现的时间在增益极大值之后，约比电压脉冲起始信号滞后 $1.5~\mu s$(图 3.30(d))。

令激光器的放电长度为 1 m，腔长为 1.2 m，输出镜的反射率为 30%，在激光脉冲峰值时，工作物质中激光上能级 00^01 约有 10^{20} 个 CO_2 分子。如果腔内初始信号光功率为 $10^{-13} \sim 10^{-12}$ W，要通过受激辐射光功率放大到 10^6 W，需要在腔内往返 $36 \sim 42$ 次，所需时间应为 $0.3~\mu s$。事实上由于损耗及其他因素，腔内受激辐射场建立时间将更长。在激发过程中增益随时间增长，当激光振荡开始时，增益已经达到较大值，从而出现一个强的增益开关脉冲。对于 $CO_2 + N_2 + He$ 激光体系，这种增益开关脉冲如图 3.31 所示，其特点是脉冲尾部有一个低强度的、持续时间较长的第二峰，且两峰值大小和宽度相差较大，第一脉冲峰值总是在电流脉冲的尾部，而第二个峰值振幅则随 N_2 含量增加而增大，但与第一峰值的时间间隔不变。如果工作物质不含 N_2，这

图 3.30　TEACO$_2$ 激光器中激光
运转的时序

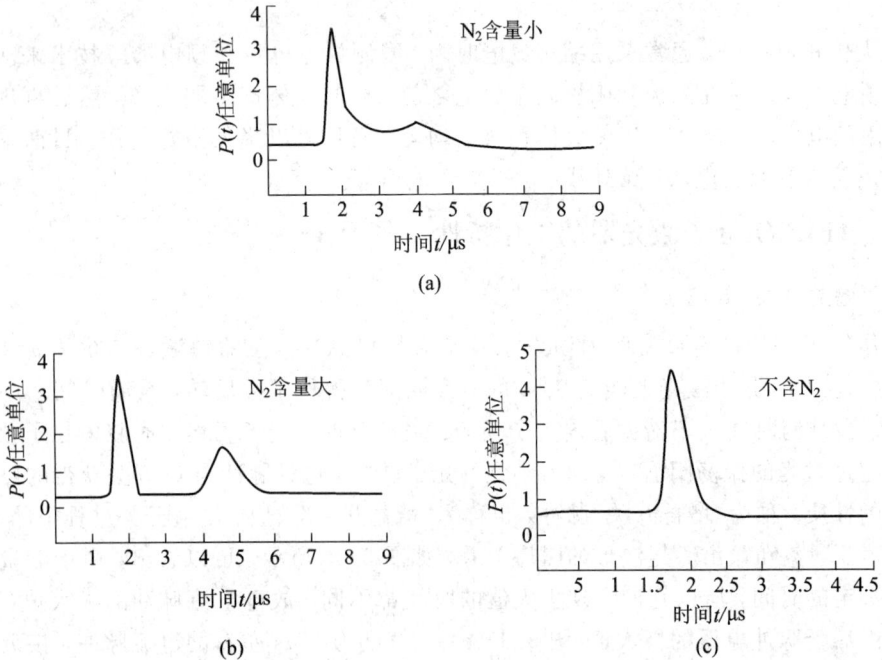

时激光输出就只出现一个峰，而且峰值振幅会有所提高，这表明第一个增益开关脉冲只消耗粒子数反转的一部分，由于 N_2 分子振动态与 CO_2 分子激光上能级 00^01 之间的共振能量转移，使激光输出脉冲出现第二个较小的次峰。激光脉冲第一峰的宽度很窄，约 $200 \sim 300$ ns。第二峰持续时间较长，约几个纳秒，峰值功率也很小。可以认为第一峰值能量是由电子碰撞激发形成的，与 N_2 分子无关。

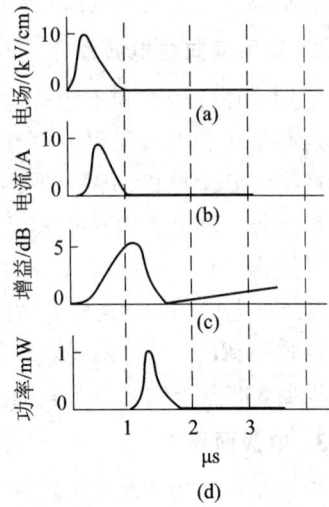

(a)

(b)

(c)

图 3.31　不同条件下 TEACO$_2$ 激光器输出波形

实验还发现，如果增加激励电流，两个峰值都会提高，第一峰出现的时间会提前，两个峰值的时间间隔会缩短。在自由振荡条件下，TEACO$_2$分子激光器的输出功率一般可达 10 MW 以上，经过脉冲压缩及放大，输出功率可高达 10^{12} W 以上。

2. 激光器输出能量与激励能量的关系

如图 3.32 所示，激光器输出能量与激励能量呈线性关系，注入能量越多，输出能量就越大，未见饱和出现。但激励能量不宜过大，否则会出现弧光放电等不稳定现象。

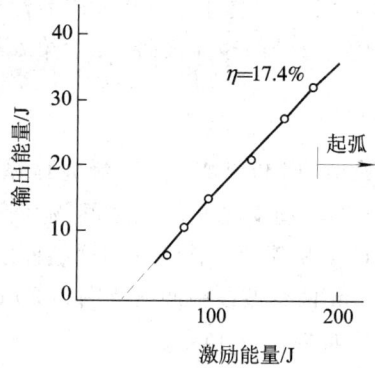

图 3.32　输出脉冲能量与激励能量的关系

3. 激光器输出功率与气压的关系

在一定的电场强度下，激光器工作物质中的能量密度正比于单位体积内的激发态粒子数，从而也正比于工作气体的压强。又由于激光上能级寿命与气压成反比，因此输出功率随气压平方而增加。实验结果如图 3.33 所示。工作电压 $V_c = 20$ kV，混合比 CO$_2$：N$_2$：He= 2：1：12，结果显示激光脉冲宽度 $\Delta T \propto 1/p$，输出激光功率 $P_W \propto p^2$。可见，提高工作气压是实现大功率、高能量输出的有效措施。

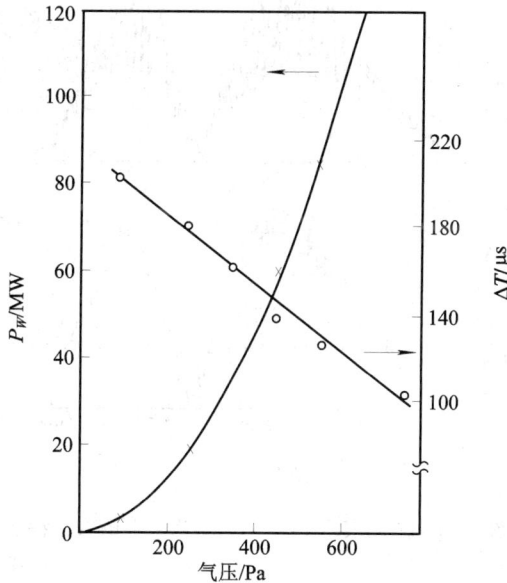

图 3.33　TEACO$_2$激光器输出功率与气压的关系

4. 增益特性

随着工作气压的升高，激光谱线的压力加宽增大，使激光器输出波长在一定范围内可调谐。普通型 CO$_2$分子激光器工作气压约在 1300 Pa 左右，谱线加宽主要为多普勒加宽。随着气体气压的升高，压力加宽 Δv_L 为

$$\Delta v_L = \sum_i \frac{N_i Q_i}{\pi} \left(\frac{8kT}{\pi \mu_i} \right)^{1/2} \tag{3-75}$$

式中 i 为混合气体中第 i 种气体的标号，N_i 为第 i 种气体的粒子数密度，Q_i 为第 i 种气体粒子与 CO_2 分子的碰撞截面，μ_i 为第 i 种气体粒子的约化质量：

$$\mu_i = \frac{M_{CO_2} M_i}{M_{CO_2} + M_i} \tag{3-76}$$

对于典型的 $CO_2 + N_2 + He$ 激光体系，$\Delta \upsilon_L / p = 34$ kHz/Pa，而 CO_2 分子的振动-转动能级中，不同转动支之间的频率间隔为 57 GHz。因此，只要 $p \geqslant 1.033 \times 10^6$ Pa，就有 $\Delta \upsilon_L \approx 34$ GHz，相邻两个转动支的增益曲线就会互相重叠。利用这种特性已经研制出 9.4 μm 和 10.6 μm 两个波段中调谐范围为 30 cm^{-1} 的高压 CO_2 分子可调谐激光器。不同气压下的增益特性如图 3.34 所示。

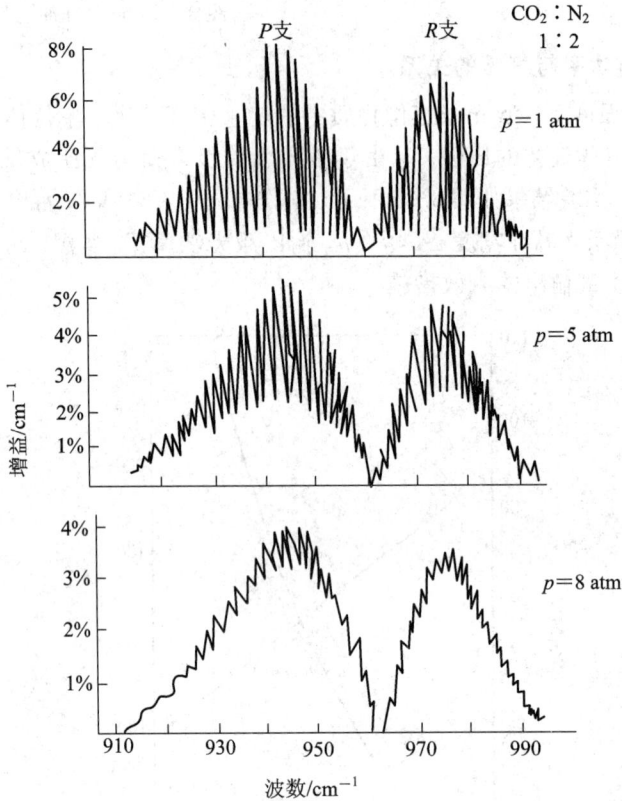

图 3.34 不同气压下 $TEACO_2$ 激光器的增益特性

5. 光束质量

$TEACO_2$ 激光器光束质量比普通型 CO_2 激光器差。这是由于 $TEACO_2$ 激光器中存在各种不均匀性，如电场梯度、中性粒子、密度梯度、带电粒子密度梯度等，它们都是影响放电均匀和介质光学质量的因素，因此要改善光束质量首先要保持均匀放电。

实验表明，均匀放电与预电离的深度有关，比较几种预电离方式，应用紫外预电离最理想；其次是改变电极结构，使其具有空间对称性，如采用螺旋形电极可获得发散角小的单横模输出。

3.6.3 高气压均匀辉光放电技术

众所周知，在气压大于几千帕的气体中实现均匀激发和电离是比较困难的。这是由于在放电等离子体中会出现火花或弧光，它们来源于非均匀的汤生击穿，或者来源于放电中的等离子体不稳定性。为获得高气压均匀辉光放电，便产生了针电极型横向放电技术和双放电技术。

1. 针电极型横向放电技术

针电极型横向放电技术是由 Beaulieu 最早用于横向放电技术中，四种典型 TEACO$_2$ 激光器的结构如图 3.35 所示。图 3.35(a)中采用 150 个金属针作阴极，使放电发生于针状阴极和棒状阳极之间。为了防止放电集中在某个针或某几个针上，每个针电极串联一个 1 kΩ 左右的电阻，来限制放电电流的增长，防止辉光向弧光的转变。采用针电极型横向放电技术的激光器可以工作于一个大气压以上，放电时间约为 1 μs，小于不稳定性发展的时间。器件长度为 1.5 m，电极间距 2.5 m，贮能电容 0.02 μF（充电至 25 kV），输出激光能量为 0.15 J，脉冲峰值功率为 0.5 MW。为了使结构简化，也可以用硫酸铜溶液等代替电阻，将针状电极一端浸入溶液中来限制电流。

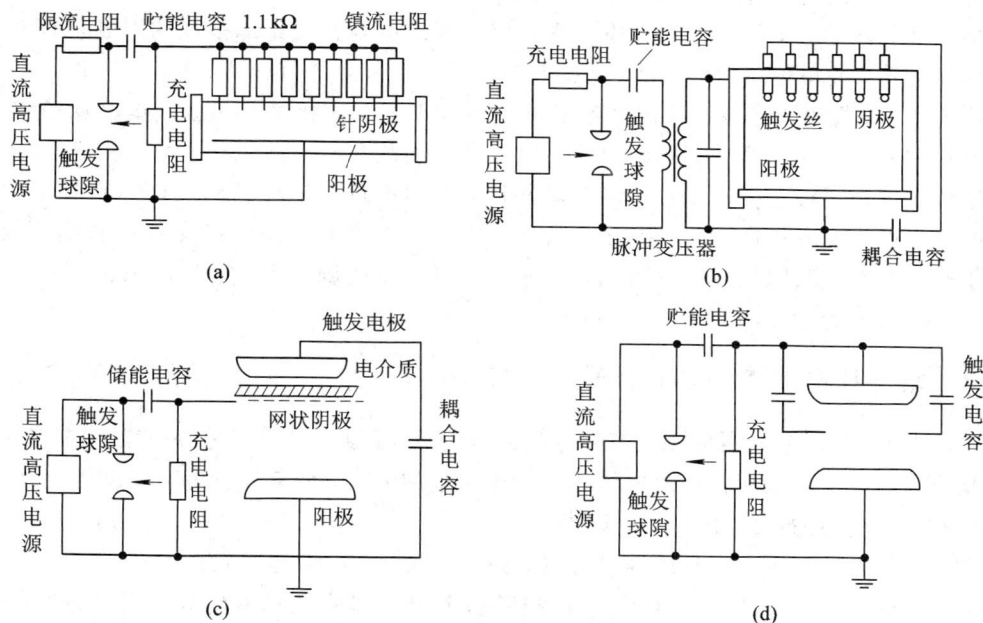

图 3.35 四种典型的 TEACO$_2$ 激光器

显然这种结构的放电截面不均匀，而且增益分布不均匀，不能得到很好的光束质量。为了改善光束质量，可将针状电极沿放电管作螺旋形排列，阳极也要选用针状结构，可以得到剖面接近高斯分布的圆对称的激光束。由于串联电阻的能量损耗，降低了器件效率，线状排列针电极型 TEACO$_2$ 激光器已很少采用，正在被其他新的结构代替。

2. 双放电技术

在高气压放电中，只要有足够的初始电子密度，在过压放电下均匀的一次雪崩就可以形成均匀放电等离子体。这个雪崩过程时间在 $0.1~\mu s$ 左右，远小于不稳定过程发展的时间。为了产生足够的初始电子密度，就要对高气压气体进行预电离。双放电技术就是预电离方法的一种。

所谓双放电预电离技术，是用一个辅助放电来产生预电离电子，从而获得主放电间隙间的均匀放电。采用双放电技术的激光器称为双放电型 TEA 激光器，目前已发展有十几种结构，最典型的结构如图 3.35(b)、(c)、(d)所示。

在图 3.35(b)中，采用触发丝和板条组成组合阴极，触发丝置于放电管中。在放电开始时，触发丝和板条之间通过耦合电容进行放电，在阴极表面产生密度较高的电子层(大于 $10^8~cm^{-3}$)，这层均匀的初始电子可以引发阴极和阳极之间的均匀高气压辉光放电。这种结果的优点是可以获得大体积的均匀辉光放电，例如在 $10~cm \times 10~cm \times 300~cm$ 放电体积中得到 130 J 的脉冲激光输出，脉冲宽度为 $2~\mu s$。缺点是组合阴极结构比较复杂，预电离仅仅在组合阴极的表面，使阴极与阳极之间的增益不均匀。

图 3.35(c)中采用三电极结构，使阴极结构简化，它类似于一只三极管。通过触发电极和网状阴极之间的电晕放电对耦合电容 C 充电，触发电极和网状阴极之间有一层电介质，电晕放电在阴极附近产生丰富的自由电子，耦合电容的大小可以控制电晕放电与主放电之间的时间延迟。因为耦合电容充电完毕后主放电开始，耦合电容对激光工作物质放电。这种结构虽然简单易作，但由于触发电极和网状阴极之间电介质绝缘强度的限制，不允许在高电压下运转，使单位体积输出能量小。

作为改进，图 3.35(d)的结构将触发电极改为平行于阴极的细丝。放电开始阶段，细钨丝首先与阴极产生预电离，然后引发主电极之间的均匀辉光放电。这种结构已摆脱了前两种结构仅仅在阴极表面产生预电离的局限性，它的优点是，上、下对称的电极具有良好的放电均匀性，结构简单可靠，已制成小型普通型长寿命器件用于激光雷达和测距仪上，但由于受到触发丝与阴极间距的限制，这种结构不易按比例扩大，单位体积、单位大气压输出能量一般不大于 20 J。

3.6.4　紫外预电离 TEACO₂ 分子激光器

双放电型 TEA 激光器的预电离仅限于阴极附近，因此不能获得很高的输出能量密度。紫外光作为预电离可以在整个放电体积内产生大量的电子，使紫外预电离 TEACO₂ 激光器成为目前广泛应用的器件。

产生紫外光的光源可以是脉冲氙灯或氢灯、空间火花、弧光或表面火花放电。图 3.36 是弧光放电紫外预电离 TEACO₂ 激光器原理图，阴极为罗科夫斯基电极(棒状阳极)，阴极为网状结构，预电离电极位于阴极之后，靠近阴极，由 6 排分立的点电极列阵组成，每排电极有 1000 个点电极，点电极通过电容 C_t 耦合在麦克斯发生器上，两级麦克斯发生器组成高压放电脉冲形成电路。贮能电容 C_s 为 $0.1~\mu F$(充电电压 32 kV)、触发电容 C_t 为 $160~\mu F$，C_c 为 $100 \times 10^{-4}~\mu F$，SG_1、SG_2、SG_3 分别为充 N_2 气的火花隙。电路的工作过程是：先对电容 C_s 充电，而后触发火花隙 SG_2 使两个串联电容 C_s 上的电压击穿 SG_1，在预电离电极和阴极网之间形成弧光放电，所产生的紫外线穿过网状阴极使两个主电极间的气体发生预电离，当达到最佳预电离后，SG_3 触发导通，实现阴极与阳极间的主放电。

放电体积为 $4~cm \times 5~cm \times 50~cm$，腔长为 1 m，全反射镜曲率半径为 $2 \sim 5~m$，总气压

为 1.033×10^5 Pa,工作气体混合比为 $CO_2 : N_2 : He = 1 : 1 : 3$,输入能量为 185 J,获得输出能量约为 123 J,效率达到 12%。

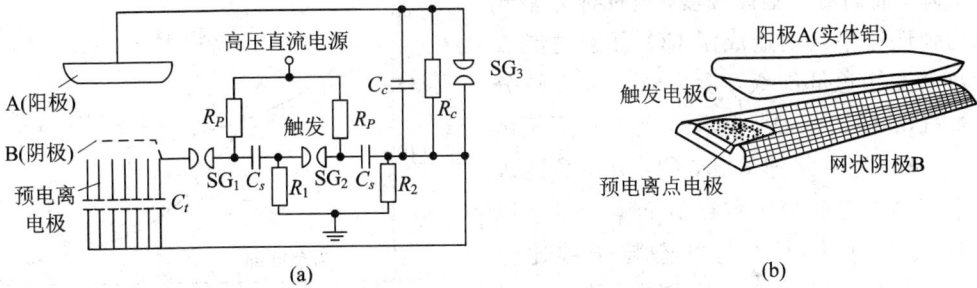

图 3.36　多弧放电紫外预电离 TEACO₂ 激光器

除此以外,还有电子束预电离也是常用的一种预电离方法,它是利用电子枪产生的高速电子,进入激光器的放电空间,使其中的混合气体电离,当预电离达到最佳状态时,开始主电极的主放电。电子束预电离 TEACO₂ 激光器的结构示意图如图 3.37 所示。

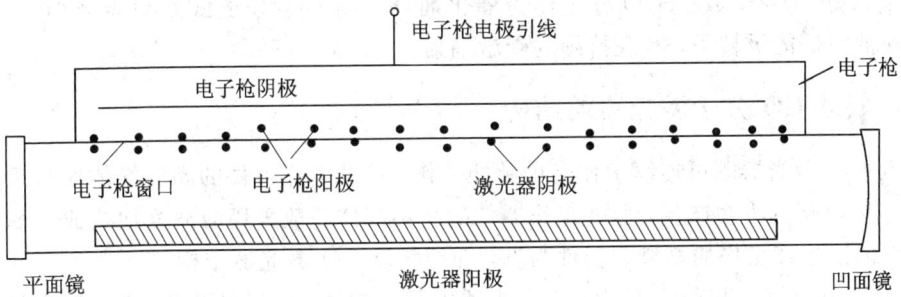

图 3.37　电子束预电离 TEACO₂ 激光器

3.7　气动型二氧化碳分子激光器

20 世纪 60 年代末,激光器的功率由于气动技术的引进得到了大幅度提高。Hurle 和 Hertbzerg 首先提出高温气体快速膨胀可能实现粒子数反转输出激光,并提出了气动激光器(GDL)的概念。70 年代,Gerry 报道了能连续输出多模 60 kW 和单模 30 kW 激光的燃烧驱动气动 CO₂ 激光器,表明气动 CO₂ 激光器已转入工程阶段。国外报道 1973 年激波管型气动 CO₂ 激光器连续输出功率达 400 kW。20 世纪末,北京航空航天大学和国防科学技术大学分别对固体和液体燃料燃烧驱动气动 CO₂ 激光器进行了试验研究,获得了较高的小信号增益。

CO₂ 气体是常见的燃烧产物,燃烧驱动气动 CO₂ 激光器利用燃料燃烧作为泵浦源,具有性能稳定、结构简单、经济实用、能连续输出大功率激光等特点,很容易成为实用的强激光源。气动 CO₂ 激光器是目前连续输出功率最大的激光器,输出功率达 400 kW 以上。

3.7.1　气动 CO₂ 分子激光器的工作原理

燃料和氧化剂燃烧生成高温高压的 CO₂、N₂、H₂O 混合燃气,通过喷管快速膨胀后热能迅速转变为动能，分子热运动平均动能急剧下降，低能级 CO_2 分子弛豫快，粒子数密度迅速下降，而高能级弛豫较慢，这种称为差分弛豫的弛豫速率差别造成了 CO_2 分子高能级粒子数密度超过低能级，形成粒子数反转分布，如图 3.38 所示。高温混合燃气利用超声喷管(马赫数为 4)迅速冷却，CO_2 分子高能级 00^01 粒子数与基态粒子数比值 N_{001}/N_{000}，以及低能级 10^00 粒子数与基态粒子数比值 N_{100}/N_{000} 沿超声喷管下游的分布，从图可见在喷管下游离开喷口某距离开始，气流中的 CO_2 分子实现了粒子数反转。这时由于受激辐射作用，在谐振腔的输出镜输出激光。

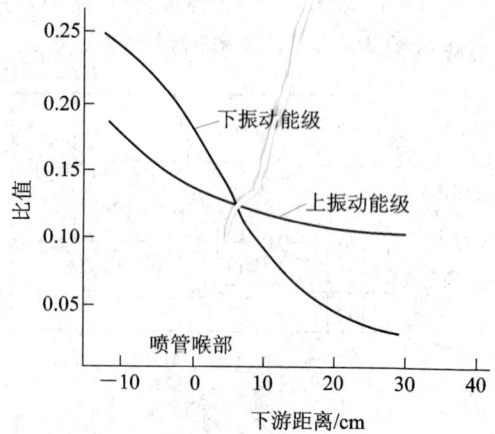

图 3.38　粒子数分布与喷口距离的关系

　　N_2 分子的振动弛豫时间长其主要作用是贮存振动能，与基态 CO_2 分子共振耦合，持续补充高能级 00^01 粒子数；H_2O 分子作为催化剂分子与 CO_2 分子低振动能级 10^00 共振耦合，不断抽空低能级粒子，实现持续的受激辐射。

3.7.2　气动 CO_2 分子激光器的结构

　　气动 CO_2 激光器既可连续工作又可脉冲工作，连续工作器件的高温气体通常采用电弧加热或气体燃烧的方法产生，脉冲工作器件的高温气体一般采用激波管加热或爆炸的方法获得。下面以连续工作的燃烧型器件为例，介绍气动 CO_2 激光器结构。

　　如图 3.39 所示，燃烧型气动 CO_2 激光器主要由燃烧室、列阵喷管、谐振腔和扩压器四大部分组成，其结构类似于超声风洞，不同之处是在喷管出口处有光学谐振腔。

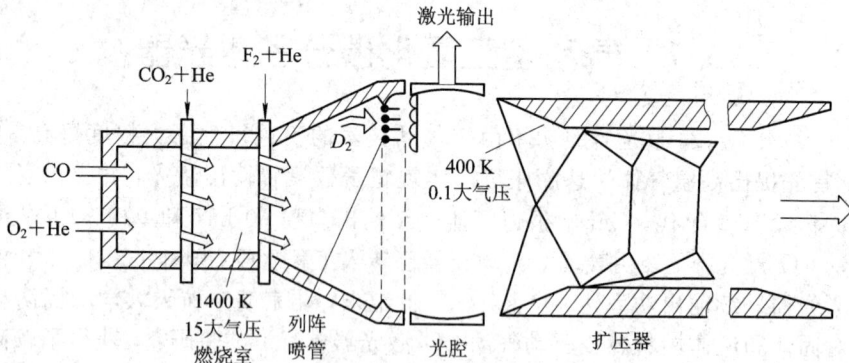

图 3.39　燃烧型气动 CO_2 激光器结构示意图

1. 燃烧室

　　燃烧室由气源、燃烧段、混合段构成，气源上有 CO、He、H_2、O_2 气的喷射孔以及火花塞，燃烧段的结构类似于火箭发动机的燃烧室，其大小由燃料性质、气压损失、气压上升速度等因素决定，其大小的估算方法有两种。第一种方法是根据燃烧段的折合长度 l 来决定：

$$l = \frac{V_c}{A^*} \qquad\qquad (3-77)$$

其中 A^* 为列阵喷管喉部的截面积，V_c 为燃烧段的容积。第二种方法是根据燃料在燃烧段停留的时间 τ 来确定：

$$V_c = J_m \tau v_c \qquad\qquad (3-78)$$

其中 J_m 为气体的质量流，v_c 为气体的比热容。混合段将冷的 N_2 气通过外壁冷却夹套导入，以保护燃烧室。

2. 列阵喷管

如图 3.40 所示为列阵喷管结构示意图。为使工作气体迅速冻结，减少流场不均匀性对光束远场发散角的影响和调节气体质量必须采用列阵喷管。列阵喷管的作用使处在混合段的高温高压气体迅速膨胀而被冷却到 400 K 左右。列阵喷管截面积很小，是由多个叶片组成，总宽度与谐振腔腔长相等。设计列阵喷管的基本要求有尺寸小、膨胀速度快等，以保证气体均匀高速流动。

3. 谐振腔

从图 3.38 可见在喷管下游离开喷口某距离开始，气流中的 CO_2 分子实现了粒子数反转。因此在与气流方向相垂直的方向上安装反射镜组成谐振腔，即可获得激光输出。

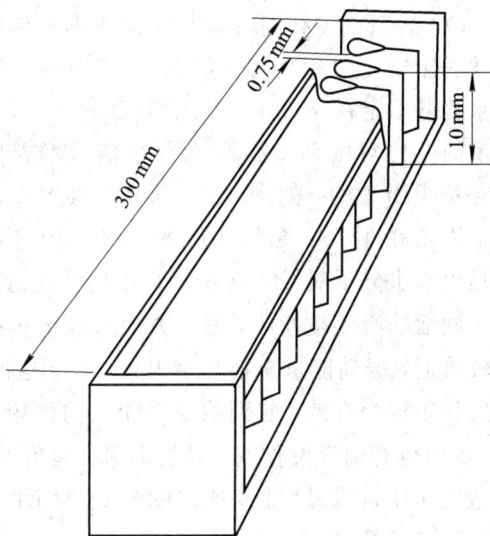

图 3.40　列阵喷管结构示意图

由于增益高，谐振腔可由不同曲率半径的矩形反射镜，构成单程的、多程的稳定腔或共焦非稳腔，稳定腔采用多孔耦合输出，非稳腔采用环状耦合输出。

4. 扩压器

扩压器一般为收缩-平直-扩张型的通道，其作用是将谐振腔的低气压、高马赫数的混合气体流变成亚声速、气压较高(超过一个大气压)的气流，导出激光器。扩压器的设计要求是在一定长度内获得尽量高的压力恢复系数，通常采取面积可调的形式。

3.7.3　气动 CO_2 分子激光器的工作特性

气动 CO_2 激光器经历了第一代和第二代的发展过程。第一代气动 CO_2 激光器的典型工作参数，如滞止压力 $p_0 = 2$ MPa，滞止温度 $T_0 = 1200$ K，喷管喉高度 $h^* = 1$ mm，面积比为 $A_r/A^* = 20$，其增益峰值出现在水含量 1% 附近，且随水含量增加迅速下降，这严重限制了激光器可用燃料的选择范围。第二代气动 CO_2 激光器采用较高的温度和压力(滞止温度 $T_0 = 1800$ K，滞止压力 $p_0 = 3$ MPa)，但喷管出口的温度仍然要控制在 300 K 左右，因此必须增加喷管面积比和减小喷管喉高度($A_r/A^* = 50$，$h^* = 0.1$ mm)，这样喷管膨胀更为迅速，激光上、下能级在喷管内更倾向于冻结，因此需要更高的水含量($6\% \sim 10\%$)以促进下能级与气体平均动能能量迅速达到平衡。

1. 增益系数

小信号增益系数是表征激光器的最重要参数，它表示光通过单位工作物质后光强的增长率。基于喷管的非平衡流动计算和 $CO_2+N_2+H_2O$ 系统温度-振动模型，计算出喷管的小信号增益系数，结果如图 3.41 所示，小信号增益最高可达 $1.05\ m^{-1}$。

CO_2 含量的变化对气动 CO_2 激光器小信号增益的影响不是很明显，如图 3.42 所示，其中水含量固定在 1.2%（△）和 1.5%（×）；水含量的变化对气动 CO_2 激光器小信号增益的影响是相当大的，如图 3.43 所示，其中 CO_2 含量固定在 18%，充气气压为 $3.6\times10^5\ Pa$。

图 3.41 小信号增益系数分布

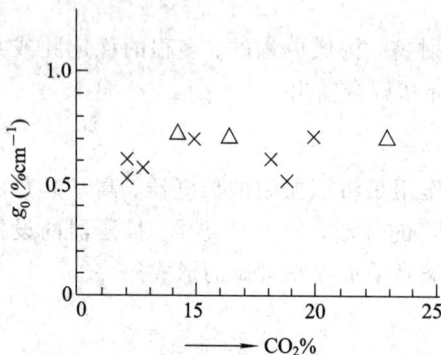

这是由于水分子对 CO_2 各振动自由度的能量交换特性所引起的，一方面水分子是弯曲振动模去激活的有效碰撞体，另一方面水分子 v_2 振动模的能级与 CO_2 分子的 v_1 模的（10^00）能级比较接近，振动能量交换几率很大。由于这两方面效应的结果，水分子对下能级 10^00 的消激发作用极为有效，起到抽空下能级的作用。但同时水分子对 CO_2 分子的 v_3 模（激光上能级 00^01）也有消激发作用，只是不那么有效而已。当水含量增加到一定程度时，这种有害的消激发作用就明显增长，所以图 3.43 所示曲线中增益系数出现一极大值，相应的水含量为 $1.1\%\sim1.5\%$。

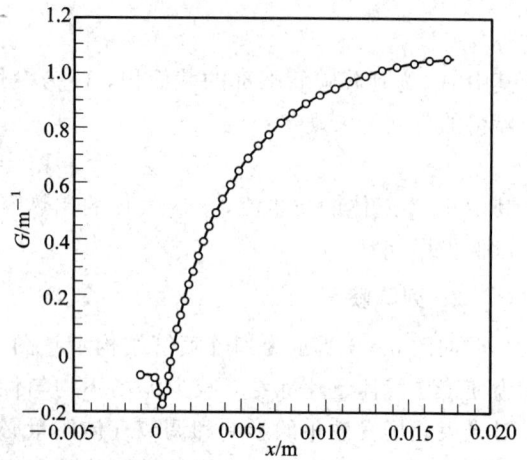

图 3.42 增益系数与 CO_2 含量的关系

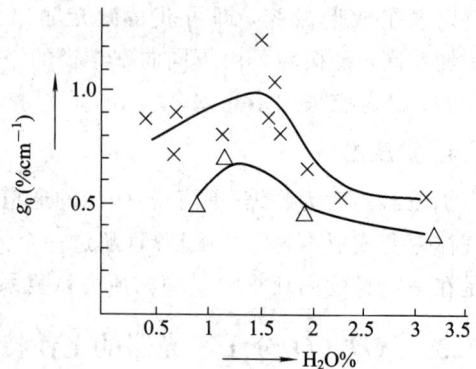

图 3.43 增益系数与水含量的关系

2. 激光特性

气动 CO_2 激光器的输出激光能量与燃烧气体的组成关系很大，如图 3.44、图 3.45 所示。图 3.44 表示燃烧气体的组成为 $CO+C_2H_2+O_2+N_2$，腔镜曲率半径 $R_1=7\ m$，$R_2=\infty$，输出耦合 7.1%，在水含量（3%）固定的情况下，激光能量随 CO_2 含量的变化关系。随 CO_2 含量的增加激光能量有下降的趋势（$>11\%$）。图 3.45 表示燃烧气体的组成为 $CO+H_2+O_2+N_2$，腔镜曲率半径 $R_1=4\ m$，$R_2=\infty$，充气气压为 $3.6\times10^5\ Pa$，在 CO_2 含量（20%）固定的情况下，激光能量随 H_2O 含量的变化关系。其变化趋势和增益随水含量的变化关系是相似的，最佳水含量约为 1.5%。

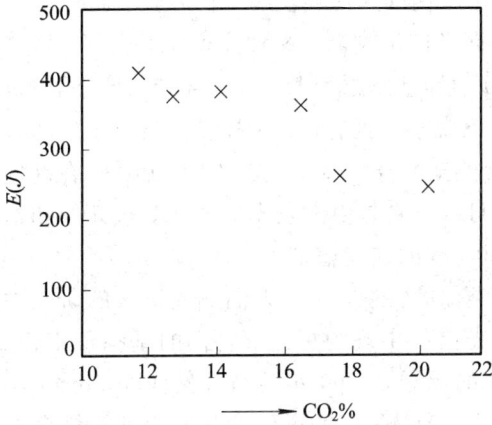

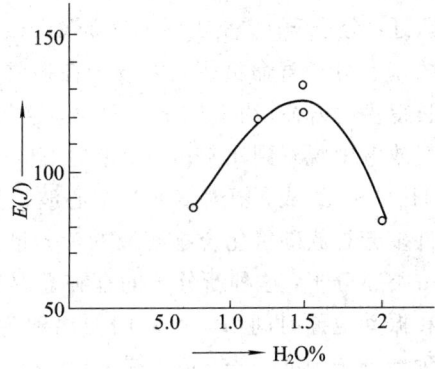

图 3.44　激光能量与 CO_2 含量的关系　　　图 3.45　激光能量与水含量的关系

实验表明：不同面积比的喷管对激光能量的影响很大。这是由于对面积比较小的喷管，高温高压气体通过喷管时膨胀冷却得不够，未能达到充分的冻结所致。激光能量随充气气压(也即滞止压力)变化的实验关系如图 3.46 所示。在一定的气压范围内，激光能量随充气气压的增加而增大，气压增加到一定程度后，激光能量开始下降。对于(×)号燃料 $CO+C_2H_2+O_2+N_2$ 的产物组成为：H_2O 含量 3%，CO_2 含量 11.7%。对于(○)号燃料 $C_2H_2+O_2+N_2$ 的产物组成为：H_2O 含量 5%，CO_2 含量 10%。由于 C_2H_2 燃料体系的燃烧值很高，燃烧产物的温度很高，需要更大面积比的喷管才能获得充分的膨胀冷却。

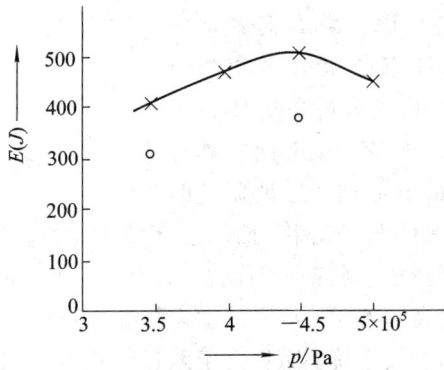

图 3.46　激光能量与充气气压的关系

3.8　准分子激光器

准分子激光器是以准分子气体为工作物质的脉冲激光器，输出波长已遍及可见光和真空紫外区，是紫外波段的高功率脉冲激光器。目前准分子激光器已广泛应用在激光医学、科学研究和工业等方面，如钻孔、标记表面处理、激光化学气相沉积、物理气相沉积、磁头与光学镜片和硅晶圆的清洁、微机电系统相关制作技术等。

3.8.1 准分子概念及其能级结构

1927 年，L. Ragleigh 在观测高气压汞蒸气的辐射谱时发现了一个完全不同于汞原子线光谱的连续谱带，其中心波长为 330 nm。根据光谱学判断，这种光谱来自分子 Hg_2^{**} 的电子跃迁。分子 Hg_2^{**} 是由激发态原子 $Hg^{**}(^3P_1)$ 和基态原子 $Hg(^1S_0)$ 组成，与分子 Hg_2^{**} 对应的基态分子寿命极短，以致于在通常条件下观察不到它的存在，而分子 Hg_2^{**} 却有比基态长得多的寿命(约 10^{-8} s)。显然，这与通常熟知的分子概念完全不同。后来，在高气压汞蒸气放电中观测到比 Hg_2^{**} 能量更低的分子 Hg_2^*，它是由激发态原子 $Hg^*(^3P_0)$ 和基态原子 $Hg(^1S_0)$ 组成，辐射谱亦是中心波长为 480 nm 的连续谱带。

许多芳香族碳氢化合物溶液的荧光谱具有类似的特性。于是人们从光谱学的研究中发现了一类新分子，这种新分子的存在总是以其光谱的出现为标志。它们的基态极不稳定，一般在振动弛豫时间(10^{-13} s)内便离解为分立的原子。1960 年哈特曼特（Houtermaos），称这种新分子为准分子，英文是 excime，是一类二聚物，它的激发态具有束缚态结合的形式，而基态却是离解的。同年哈特曼特提出以分子的束缚态→自由态跃迁产生增益的概念。

一般地，如果两个粒子构成分子后的总能量大于单个粒子能量之和，也就是说随着两个粒子的距离从无限远逐渐减小，体系的总能量反而增加，则两个粒子就只能构成准分子。准分子是指粒子的能量最低的结合态，而处于更高能态的准分子称为激发态准分子。图 3.47 是典型的准分子位能曲线，X 为排斥基态，B 为最低的激发态，C 为更高的激发态。准分子的特征谱是由 B 态到排斥基态 X 的跃迁，一般地，B 态的辐射寿命约为 10^{-8} s，而基态 X 在 10^{-13} s 内便离解。设 R_0 是 B 态的平衡核间距，即对应 R_0 处 B 态位能曲线具有最小值，则按 Franck - Condon 原理，在 R_0 附近的

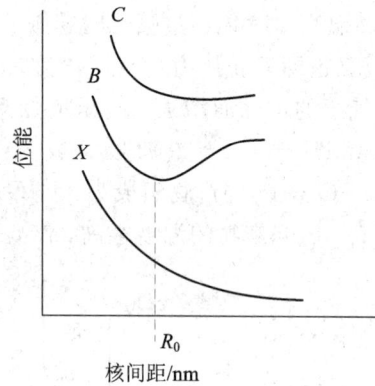

图 3.47　典型的准分子位能曲线

Franck - Condon 区内有最大的跃迁几率，而基态 X 在 R_0 附近是排斥的，处于这一核间距的基态分子将迅速离解，保持抽空状态。因此在 R_0 附近的 Franck - Condon 区内很容易建立起粒子数反转，并获得很高的增益，特别是基态可在振动弛豫时间内抽空，即使是超短脉冲运转，仍然是很好的四能级系统。而且由于跃迁终止于基态，不存在一般四能级系统的激光下能级向基态的无辐射损失，有利于形成高效率器件，也不存在瓶颈效应的限制，所以拉长脉冲宽度和高重复率运转都没有原则性困难。最后由于准分子的荧光谱是连续带，可制成在一定谱宽内连续调谐的激光器。准分子可划分为如下五类：

(1) 稀有气体。惰性气体原子组成的准分子，如 Ar_2、Kr_2、Xe_2(二聚物)等。

(2) 稀有气体卤化物。惰性原子与卤素原子结合成的准分子，如 XeF^*、ArF^*、$XeCl^*$、$XeBr^*$、Kr_2F^*、Xe_2Cl^* 等。

(3) 稀有气体氧化物。惰性原子与氧原子结合成准分子，如 ArO、KrO、XeO 等。

(4) 金属蒸气卤化物。金属原子与卤素原子结合成异核准分子，如 $HgCl^*$、$HgBr^*$、

CuF* 等。

(5) 金属蒸气氧化物，如 BeO* 等。

表 3-4 中列举了迄今为止已经发现的能够产生准分子激光的十几种准分子气体及主要激光波长。稀有气体卤化物准分子激光器有两个突出的优点：一是它们的输出波长在紫外区而不是在真空紫外，这对实际应用很方便；二是它们具有较高的效率，是迄今为止效率最高的紫外激光器，即使在高能量短脉冲情况下，仍能保持较高效率，这是它们引起研究者重视的主要原因。目前应用较广泛的准分子激光器是以稀有气体卤化物为工作物质的激光器，本节将以 XeF* 激光器为例，介绍准分子激光器的工作原理和工作特性。

表 3-4　准分子激光器输出波长

激光器类型	激光波长/nm	激光器类型	激光波长/nm
Ar_2	126	XeCl	308
Kr_2	146	XeF	351
Xe_2	172	XeO	550
ArCl	175	ArO	558
ArF	193	KrO	558
KrF	248		

3.8.2　XeF* 激光器的工作原理

XeF 是属于稀有气体卤化物类，是一种异核双原子准分子，当 Xe 原子的最外层的一个电子被激发到较高的能级(轨道)时，与 F 原子结合形成的准分子。准分子的形成过程可由准分子势能曲线(能级结构)来说明，如图 3.48 所示。

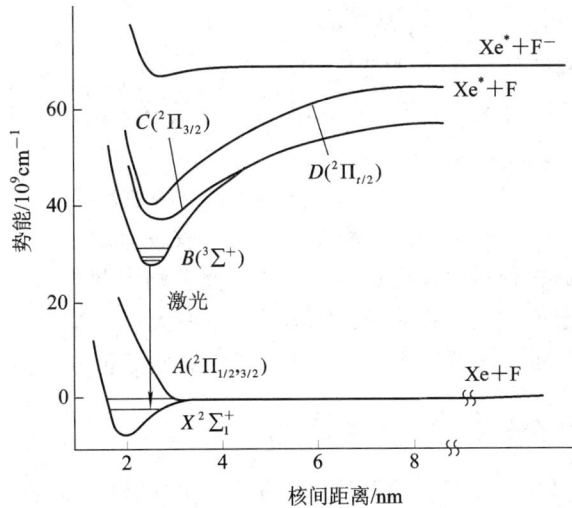

图 3.48　XeF 准分子位能曲线

基态是共价键，对应于核间距无限大时的稀有气体基态 ^1S 和卤素基态 ^2P。由于 ^2P 能级的二重性，这个共价态也是二重的，其中 $^2\Sigma^+$ 具有最低能量，记为 X 态，它是激光下能级，而能量较高的 $^2\Pi$ 态总是排斥的，记为 A 态。激光上能级是离子键，电荷转移态对应核间距无限大时的稀有气体离子 ^2P 态和卤素负离子 ^1S 态，由于稀有气体离子是二重的，这个能级也是二重的，较低的能量态记为 B 态，较高的能量态记为 C 态，B 态是一库仑位能曲线，它以绝热形式与对应的稀有气体和卤素激发态的共价位能曲线在较大核间距处相交，因此 B 态也可以由稀有气体激发态和卤素基态经交叉反应形成。稀有气体卤化物的上能级寿命一般在纳秒量级，它们多数是通过理论计算获得的，有些是从实验测量而来，这两种数据吻合很好，如理论计算 XeF 和 KrF 上能级寿命分别是 12 ns 和 6.7 ns，实验测量出来的值分别是 15 ns 和 9 ns。稀有气体卤化物 XeF 准分子的激光跃迁发生在 B 态和 X 态之间。

处于激发态的 Xe 原子与 F 原子的核间距为 r_0 时，其势能达到最小值，原子间的排斥和吸引力近似平衡，形成势谷，具有束缚态的特征，因而会形成稳定激发态准分子的分子 XeF(10^{-8} s)。

基态分子势能曲线表明，原子间具有排斥的特征，其中 $A(^2\Pi_{1/2,3/2})$ 态无势谷，不能形成分子，X 态虽有势谷，但很浅，所以虽然能形成分子，但很不稳定而且会迅速离解(10^{-13} s)。

粒子的跃迁：当外界给予能量进行泵浦，基态氙原子(Xe)与电子碰撞获得能量，产生电离或激发，与另一基态氟原子(F)相结合产生一个激发态分子 XeF。初始激发可能使准分子进入更高能级 C。处于激发态 C 态的准分子，通过碰撞有可能到达激发态 B 上，使得 B 态分子数增加。当 XeF 跃迁终止在 A、X 能级时，由于强排斥，使受激分子很快地离解为原子。下能级的准分子数很少，不可能构成下能级的阻塞(瓶颈效应)，因此受激辐射具有较高的增益。上述跃迁过程可以用以下动力学反应方程来表示：

(1) Xe 原子电离或激发的反应方程为

$$\text{Xe} + \bar{e} \rightarrow \text{Xe}^+ + 2e, \ \text{Xe} + \bar{e} \rightarrow \text{Xe}^* + e \qquad (3-79)$$

(2) F_2 分子的离解的反应方程为

$$\text{F}_2 + \bar{e} \rightarrow \text{F}^- + \text{F} \qquad (3-80)$$

(3) 碰撞复合形成准分子 XeF 的反应方程为

$$\text{Xe}^+ + \text{F}^- \rightarrow \text{XeF}, \ \text{Xe}^* + \text{F} \rightarrow \text{XeF} \qquad (3-81)$$

(4) 辐射跃迁的反应方程为

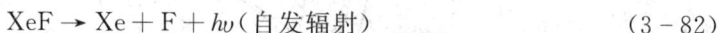

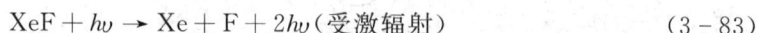

$$\text{XeF} \rightarrow \text{Xe} + \text{F} + h\nu (\text{自发辐射}) \qquad (3-82)$$

$$\text{XeF} + h\nu \rightarrow \text{Xe} + \text{F} + 2h\nu (\text{受激辐射}) \qquad (3-83)$$

由于准分子的寿命比较短，因此泵浦除要求大面积均匀放电外，还要求快速泵浦，即必须有足够高的功率密度进入工作物质，使得激励速率大于自发辐射及其他原因引起的消激发。通常采用快速脉冲放电激励和快速脉冲电子束激励两种方式。

3.8.3　快放电激励 XeF 准分子激光器

为了达到有效地泵浦，泵浦源必须有短的上升时间和强有力的泵浦功率。快放电(Blumlein)电路泵浦的 XeF 准分子激光器由放电管、谐振腔、电极组成，如图 3.49(a)所示。

放电管中的工作气体由 Xe、He 和 NF_3 组成，其中 He 为缓冲气体，通常用 NF_3 代替 F_2，是避免 F_2 的强腐蚀性及对激光的受激吸收，总气压为 $5.3 \times 10^4 \sim 8 \times 10^4$ Pa，气体混合比为

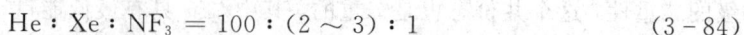

$$\text{He} : \text{Xe} : \text{NF}_3 = 100 : (2 \sim 3) : 1 \qquad (3-84)$$

谐振腔采用平凹腔，全反射镜曲率半径在 $3\sim5$ m 之间，输出镜为石英平面反射镜，透过率在 $6\%\sim30\%$ 之间。电极与谐振腔垂直放置，采用横向激励。Blumlein 电路是最常用的快脉冲放电电路，也叫行波激励电路。它是用放电传输线兼做贮能电容，为使传输线同时起到脉冲形成的作用，通常采用球隙做开关，让传输线在放电前就被充电到所需电压，能够产生几个纳秒的锐脉冲电压，如图 3-49(b) 所示是其等效电路。这种电路具有特别诱人的优点，价格低廉、小巧轻便、容易制作、可高重复率运转等。

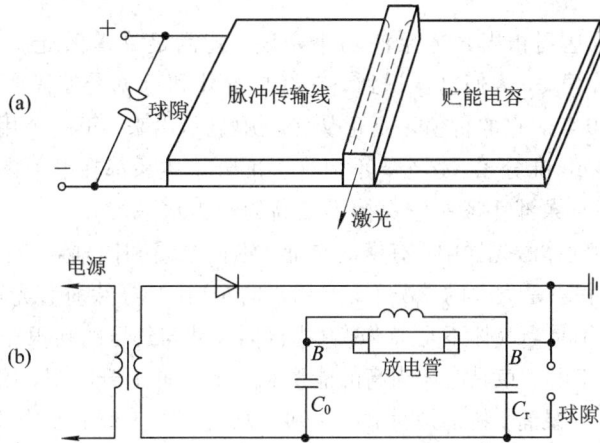

图 3.49　快放电激励 XeF 准分子激光器

在不加任何预电离的情况下，为使放电能量有效地耦合到工作物质中，放电必须在弧光出现之前结束，因此只能以短脉冲运转，一般在几十纳秒内完成。为实现短脉冲放电，必须尽可能减小回路电感，所以这种电路一般采用平行平板传输线，电缆、无感陶瓷电容器做贮能元件，放电通过脉冲开关引发。实验表明，在采用平行平板传输线的快放电电路中，电感来自开关元件。火花隙的电感比闸流管小，但由于火花隙灭弧时间的限制，不能在高重复频率下运转，为此必须选用低电感闸流管。此外还必须选择合理的工作参数，如气压、电极距、放电电压等。

随着工作气压的提高，正常辉光放电的获得将越来越困难，因此这种简单的、不加任何预电离措施的器件一般只工作在 1.033×10^5 Pa 以下。亚稳态稀有气体的生成率是与气压成正比增加的，随着工作气压的提高，必须采取预电离措施。预电离的基本原理是在主放电开始之前，预先建立起一定的电子密度，作为引发放电的电子源，以保证主放电的均匀性和抑制弧光放电的产生。通常用在准分子激光器中的预电离技术有双脉冲预电离和紫外光预电离。

双脉冲预电离是最早引进准分子激光器的预电离技术之一，是在阳极和阴极之间放置一根金属丝，由于金属丝距阳极更近，首先在金属丝和阳极之间放电，阳极附近形成一层电子，然而由于耦合电容很小，阳极与金属丝的放电很快停止，这些电子便成为引发阳极和阴极之间均匀辉光放电的初始电子。初始电子的密度由改变耦合电容来控制。这种预电离技术不需要增加供电路和同步电路，结构比较简单，但主放电与预电离之间的时间延迟不容易控制，只有当时延调节恰当时，才会有好的效果。

紫外光预电离是利用光辐射中的能量较高的紫外光子产生均匀的辉光放电所要求的初

始电子,紫外光子可以通过闪光灯、火花放电、电晕等方法获得。这种预电离的优点是预电离和主放电之间的延迟可以通过同步延迟电路调节,以得到最佳效果。目前这种预电离方法已在稀有气体卤化物准分子激光器中广泛使用,并可在 6.18×10^5 Pa 气压下获得均匀辉光放电。但受到贮能系统的限制,最大输出能量一般为几个焦耳量级。将这种器件放大到高能量,是目前准分子激光器的重要研究内容之一。

3.8.4 电子束激励 XeF 准分子激光器

由于电子束可以达到相当强的泵浦功率密度,能满足许多激光工作物质对泵浦的要求,早在激光器出现不久,人们已认识到,它将是紫外和可见光波段激光器的有效的泵浦手段。然而直到 1970 年,它的价值才真正从实验中显示出来。第一个用电子束泵浦并发出真空紫外激光的是 XeF 准分子。迄今,不但许多准分子体系都在电子束泵浦装置上获得了激光振荡,而且在各种泵浦手段中它保持了最高的输出水平。

在电子束泵浦的气体激光器中,有横向泵浦、纵向泵浦和同轴泵浦三种主要形式。在气压不是太高、激活体积不是太大的情况下,常用横向泵浦。电子束垂直光轴入射,容易得到高的泵浦功率密度,特别是当气体不是很"厚"(指横向尺寸与气压的乘积)的情况下,这种泵浦方式是很有效的。由于电子束具有相当高的能量和快的脉冲上升时间,因而可成功地运用于可见光和紫外激光器的泵浦,特别是对那些必须在高气压下工作的激光体系。然而电子束也有它的缺陷,电子枪结构庞大,制造工艺复杂,价格昂贵,不便于中、小规模使用。

如图 3.50 所示是电子束激励的 XeF 准分子激光器结构简图。主要由放电管、谐振腔和电子枪构成。总气压为 3.5 Pa,采用 Ar 为缓冲气体,气体混合比为

$$Ar : Xe : NF_3 = 100 : 3 : 1 \tag{3-85}$$

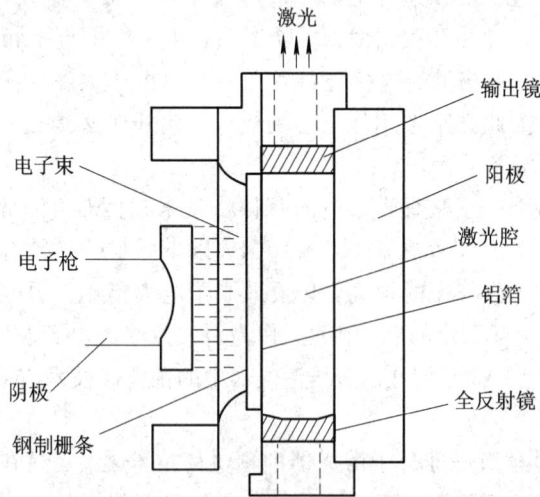

图 3.50 电子束激励准分子激光器

经过聚焦的平行电子束在脉冲电压的作用下,透过电子束窗口(厚度为 30 μm 的铝箔)射入激光腔中,使腔内电流密度达到 100 A/cm²。电子束激励的 XeF 准分子激光器的能量转换效率可达 17%。XeF 准分子激光过程反应方程为

(1) Ar、Xe 原子的激发:

$$Ar + \bar{e} \rightarrow Ar^* + e, \; Xe + Ar^* \rightarrow Xe^* + Ar \tag{3-86}$$

（2）XeF 的形成：

$$Xe^* + NF_3 \rightarrow XeF + NF_2 \tag{3-87}$$

$$Ar^* + NF_3 \rightarrow ArF + NF_2, \; ArF + Xe \rightarrow XeF + Ar \tag{3-88}$$

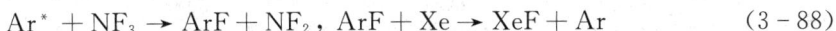

（3）XeF 的消激发：

$$Ar + XeF \rightarrow Xe + F + Ar \tag{3-89}$$

$$Xe + XeF + M \rightarrow 2Xe + F + M \tag{3-90}$$

（4）辐射跃迁：

$$XeF \rightarrow Xe + F + h\nu \, (自发辐射) \tag{3-91}$$

$$XeF + h\nu \rightarrow Xe + F + 2h\nu \, (受激辐射) \tag{3-92}$$

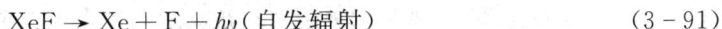

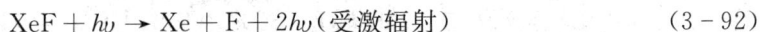

3.9　光泵远红外分子激光器

作为有效的调谐激光光源，光泵激光受到了广泛重视和发展，其应用主要有激光化学、同位素分离、光谱研究、等离子区诊断、频标、光通信及军事方面。由于发散角较小，大气吸收低，也可应用于光通信和高分辨率的全天候的飞机着陆系统等。

光泵远红外激光器的主要特点有：

（1）输出光束功率和能量较高（近瓦级的连续输出和兆瓦级的脉冲输出），不用起偏装置时输出为线偏振光。

（2）没有放电激励中的分子离解起伏、热漂移、分子离解作用等现象。

（3）效率高，泵浦光频率必须与分子吸收线相匹配。

（4）光泵浦源容易获得，如可调谐二氧化碳激光器。

迄今为止，已有数千根光泵激光谱线，它们遍及近、中、远红外区，其中有些波段实现了连续可调谐。

3.9.1　光泵浦概念

虽然早期的激光就采用了光泵浦方法，例如红宝石激光器和 YAG 激光器，但它们都是灯光泵浦。然而灯光是非相干的宽带辐射，单色功率很低，不适合于窄带吸收的气体激光介质。本节讨论的光泵浦方法是采用激光作为泵浦光源，即以波长为 λ_1 的激光入射于气体，随后产生波长为 λ_2 的相干辐射，实际就是激光在气体中的波长转换过程，称之为光泵激光过程，相应的激光器称为光泵激光器。光泵激光器是继各种波长激光问世后蓬勃发展起来的。

光泵浦的突出优点有：

（1）泵浦波长多，泵浦光功率足够强。

（2）辐射波长易由不同气体和不同泵浦光波长得到很好的调谐。

（3）泵浦激光选择性强，易产生受激作用。

（4）可以使激发分子有规律地取向，使混乱取向的基态分子，在偏振光的快速泵浦下，达到激发态时可以呈现出宏观的取向。

这些优点使光泵方法往往能实现其他泵浦方法无法实现的粒子数反转和激光振荡，尤其是在远红外区，泵浦速率和选择性需要满足不同转动能级之间的粒子数反转，此时其他泵浦方法显得十分困难，有些激光振荡只能采用光泵方法实现，如 HCOOH、CH_3F、NOCl、CH_4、NSF 等。

3.9.2 光泵远红外分子激光器基本原理

吸收和辐射激光的气体粒子可能通过不同的能级跃迁，这些跃迁过程有电子、振-转和纯转动跃迁等。各种过程相应的辐射频率和跃迁几率也迥然不同，纯转动跃迁相应于远红外，振-转跃迁相应于中红外，电子跃迁则落在较短的波段，其中电子跃迁最强，纯转动跃迁次之，振-转跃迁最弱。常见的光泵电子跃迁激光气体有金属蒸气分子和原子，光泵振-转跃迁激光气体比较丰富，如 N_2O、CO_2、SiH_4、OCS、CF_4、NOCl、NSF、NH_3、SF_6等。

振动能级发生分裂，形成的转动子能级非常密集(转动子能级间隔 ΔE_r 小于热运动平均动动动能 kT)。由于玻耳兹曼分布律，较高振动能级上的粒子数很少。纯转动跃迁指同一个分子振动态的不同转动能级之间的跃迁。对这样密集的能级进行激励，并在转动能级间建立粒子数反转分布是很困难的。早期曾有人采用放电激励而获得亚毫米波激光，如 HCN 的 $337\ \mu m$ 激光。但后来采用光泵激励更为有效。光泵浦需要泵浦光子能量与分子吸收能级相匹配，典型的泵浦源是可调谐二氧化碳激光器，光泵浦使分子从低振动态激发到高振动态中某一转动能级上，该转动能级上的粒子数得到积累，并与它相邻的转动能级形成粒子数反转。

实现纯转动能级之间的粒子数反转需满足两个条件：一是泵浦速度快于转动能级之间的能量交换速率；二是泵浦光选择性很好，能保证只泵浦其中一个转动态而不是二者。因此直至可调谐 CO_2 激光器问世以后，连续运转的光泵亚毫米波激光器才取得了显著的进展。脉冲运转的激光器一般采用 $TEACO_2$ 激光进行泵浦。

纯转动跃迁与分子的永久偶极矩相联系，辐射波长一般落在大于 $25\ \mu m$ 的远红外区，可延续到毫米波段，光子能量很小。这个波段的激光正好填补了微波与光波之间的空白区。对于在这个波段内透明的一些材料有特殊的用途，例如用来检测对远红外光透明的电缆塑料芯——聚乙烯的质量，已得到很好的应用。

能够产生转动能级跃迁的分子众多，主要分为对称和非对称极性分子。属于这一类型的激光气体很多，例如 CH_3F、C_2H_6O、D_2O、HCOOH、HC_3OCH_3、HF 等。

3.9.3 谐振腔构型

远红外激光器的充气气压一般都低于 $133.3\ Pa$ 的水平，以延长转动能级的弛豫寿命。光泵远红外激光器的输出性能的优劣，关键在于谐振腔结构的合理设计。设计时需要考虑谐振腔对振荡光有合理的耦合率的同时，对泵浦光有足够的反射率；按波导腔型设计，以减小腔内损耗，通常取管径为波长的 $100\sim200$ 倍。

图 3.51 是几种通常使用的谐振腔构型，图(a)是由带小孔的反射镜构成的 F-P 腔，带小孔的反射镜既是泵浦光输入耦合器，同时又是输出耦合器。图(b)为电介质和金属波导腔，波导结构使得泵浦光和振荡光的横截面保持恒定，避免高斯型色散，金属波导结构使得大多数波导模的损耗小于 $0.05\ m^{-1}$，波导壁有利于激光下能级的碰撞弛豫。图(c)是锯齿型谐振腔，它避免了使用小孔耦合器将泵浦光引入谐振腔遇到的困难，这种腔的缺点

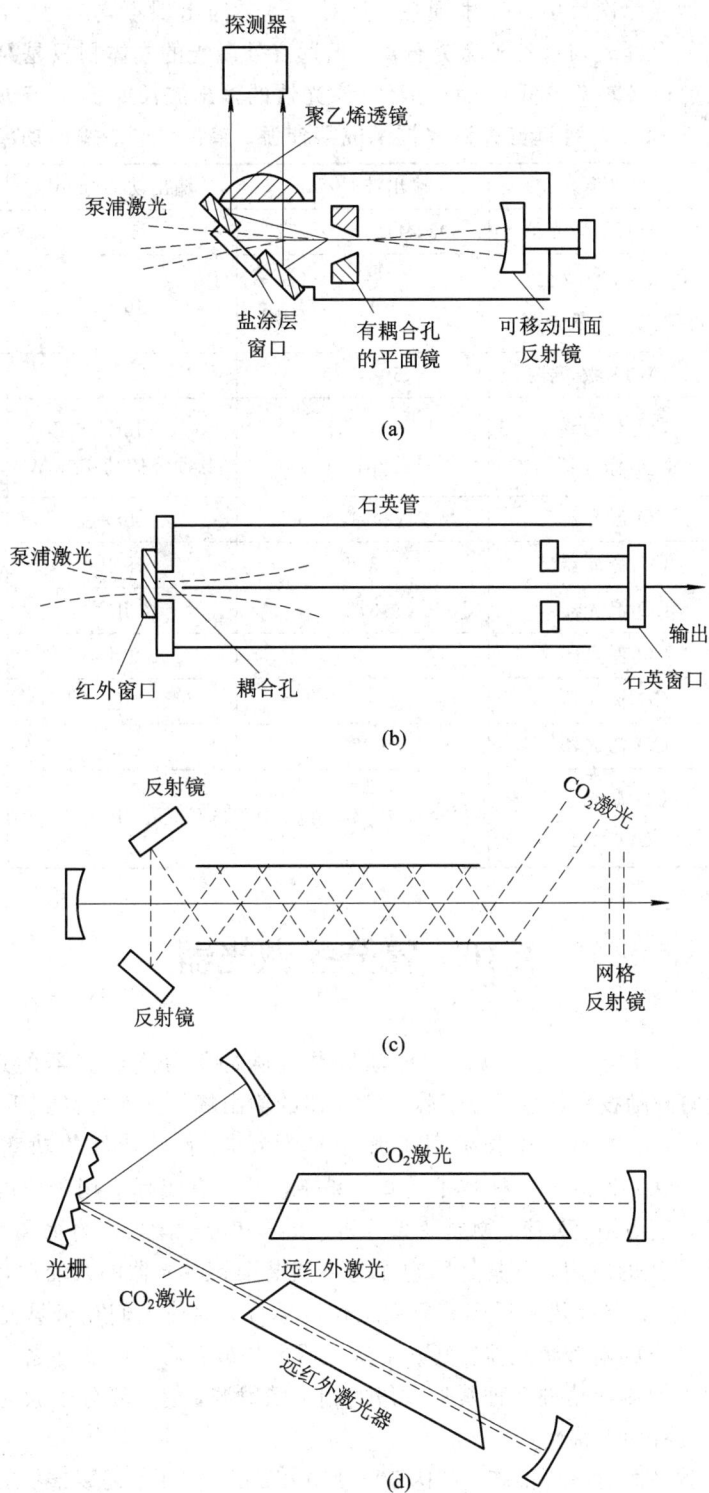

探测器

聚乙烯透镜

泵浦激光

盐涂层窗口

有耦合孔的平面镜

可移动凹面反射镜

(a)

石英管

泵浦激光

红外窗口　耦合孔

输出

石英窗口

(b)

反射镜

CO_2激光

反射镜

网格反射镜

(c)

CO_2激光

光栅

CO_2激光

远红外激光

远红外激光器

(d)

图 3.51　光泵远红外分子激光器的几种构型

在于金属壁上泵浦光每次反射都产生损耗，且对气体泵浦出现不均匀性。图(d)是一种横向泵浦谐振腔能使泵浦光与远红外激光分离，但远红外激光的模体积只是泵浦体积的一小部分，所以其能量转换效率较低。几种远红外激光器的输出波长如表 3-5 所示。

表 3-5　几种远红外激光器的光泵浦源、输出波长、输出功率

工作物质	泵浦源	输出波长/μm	输出功率/mW	激光器结构
HCOOH	可调谐 CO_2 激光器	393，418，432，513	100	
CH_3F	TEACO_2 激光器 可调谐 CO_2 激光器	496	几十	图 3.51(a)
D_2O	TEACO_2 激光器	50～385		图 3.51(a)、(b)
NH_3	CO_2 激光器 N_2O 激光器	12.08，11.06， 12.28，81.5	几千 脉冲峰值功率/mW	图 3.51(d)
CH_3OH	CO_2 激光器	71，119，265	400	图 3.51(a)
CH_3OD	CO_2 激光器	306	几十	
CH_3CN	CO_2 激光器	372	几	
CH_3I	CO_2 激光器	447	几十	
CH_2CF_2	CO_2 激光器	554	几	
CH_3F	CO_2 激光器	1222	几	
H_2O	CO_2 激光器 连续放电	27.97，78.44，118.59	几	

3.10　氮分子激光器

1963 年，Heard 首次实现了纵向放电激励紫外脉冲氮分子激光器的运转，1965 年，Leonard 采用横向激励技术，将氮分子脉冲激光器的输出峰值功率提高到千瓦量级。

1967 年，Shipman 将快放电技术用于氮分子激光器，使输出峰值功率跃变到兆瓦量级，从而使氮分子激光器成为一种技术简单、易于推广、有实际应用价值的相干光源。在农业育种、检测大气污染、医疗、物质荧光分析、原子和分子激发态寿命测量、喇曼光谱和光化学等方面有广泛的应用，尤其是用它作为可调谐染料激光器的泵浦源，具有独特的优点。近年来，由于激光受热核反应等研究工作的需要，促使人们在可见光和紫外线范围内寻求高效率大功率的新型激光器，氮分子激光器也是最有希望的器件之一。

尽管目前已经研制成功许多种紫外波段的相干辐射源，但是氮分子激光器仍然颇受重视，这是由于它具有如下特性：

(1) 氮分子激光器的增益很高，可达 $50～100$ dB/m，往往不需要谐振腔的反馈也能获得高功率（几十兆瓦）的相干光，且具有放大的自发辐射特性（ASE）。

(2) 氮分子的上能级寿命与气压有关，气压越高，寿命越短，输出脉冲也越窄，因此不需要任何锁模技术就可获得纳秒超短脉冲（0.4 ns），重复频率也高（$10～10^4$ Hz）。

（3）氮分子激光器的工作物质是廉价易得的氮气，有取之不尽的源泉，甚至不需要气室，在空气中放置两个电极及电源，便可构成一台激光器。

由于大部分短波长激光器都有类似的特点，故将氮分子激光器作为这类器件的典型来分析。

3.10.1 氮分子激光器激发机理

1. 氮分子能级结构

氮分子是同核双原子分子，与激光跃迁有关的氮分子能级如图 3.52 所示。基态为单重能级 $X(^1\Sigma_g^+)$，与激光跃迁相关的激发态为三重能级 $C(^3\Pi_u)$、$B(^3\Pi_g)$、$A(^3\Pi_g^+)$，u、g 表示电子波函数具有奇、偶宇称，（＋）表示电子波函数具有轴对称性。已在紫外和近红外两个波段实现了激光输出，紫外激光跃迁发生在能级 $C(^3\Pi_u) \rightarrow B(^3\Pi_g)$ 之间，波长为 337.1 nm、357.7 nm 和 315.9 nm，称为第二正带；近红外激光跃迁发生在能级 $B(^3\Pi_g) \rightarrow A(^3\Pi_g^+)$ 之间，波长集中在 745～1235 nm 区域，称为第一正带。此外还在波长 3290～3470 nm 之间观察到 $a(\Pi_g) \rightarrow a(\Sigma_u)$ 系，在波长 3700 nm 处观察到 $W(^1\Delta_u) \rightarrow a(^1\Pi_g)$ 系的激光跃迁。

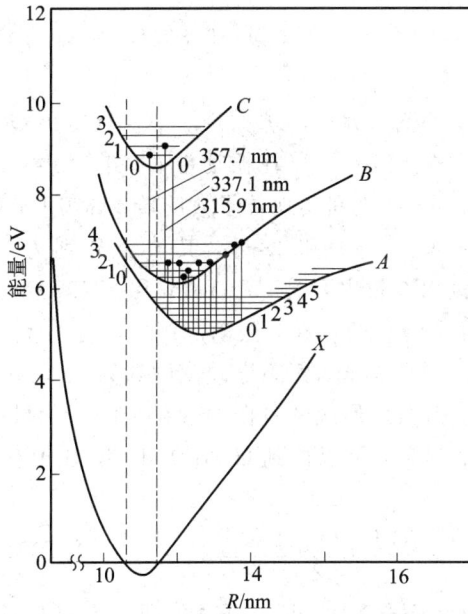

图 3.52　氮分子部分能级图

高分辨率光谱研究表明，第二正带已获得 83 条激光谱线，第一正带含有 348 条激光谱线。本节只介绍第二正带紫外脉冲氮分子激光器。

2. 粒子数反转条件

为建立反转粒子数密度，必须设法将基态粒子泵浦到激光上能级上，并保持它比激光下能级有更多的粒子。然而，当激光跃迁的两个能级均属激发态时，也激发了激光下能级对粒子数反转的建立，这样显然是不利的。氮分子的第二正带恰好属于这种情况，特别是

上能级 $C(^3\Pi_u)$ 的寿命为 40 ns，下能级 $B(^3\Pi_g)$ 的寿命为 10 μs，这给建立粒子数反转带来了困难。只有以相当高的速率激发 $C(^3\Pi_u)$ 态才能形成反转。

实验证明，氮分子在高电压(万伏以上)、大电流脉冲放电激发条件下，存在着氮分子的自发辐射、受激辐射，以及氮原子和氮分子离子的形成和复合过程。离解的氮原子复合，要在放电以后 100 μs 才能进行，氮分子离子和电子复合并且串激到 $C(^3\Pi_u)$ 态需要 10 ms 的时间。显然这些对 $C(^3\Pi_u)$ 态的激发都没有贡献。紫外光辐射是在放电开始后约 1 ns 的时间发生的，这证实了 $C(^3\Pi_u)$ 态是靠电子碰撞直接从基态激发，从而形成 $C(^3\Pi_u)$ 态中的某一振动能级与 $B(^3\Pi_g)$ 态中的某一振动能级的粒子数反转。表 3 - 6 列出了电子能量为 15 eV 时，从氮分子的基态到 $C(^3\Pi_u)$ 态各振动能级($v=0，1，2$)和 $B(^3\Pi_g)$ 态各振动能级($v=0，1，2，\cdots，10$)的电子碰撞激发截面。

表 3 - 6　氮分子 C 态和 B 态各振动能级的电子碰撞激发截面 $Q(\times10^{-18}\ \mathrm{cm}^2)$

振动量子数	0	1	2	3	4	5	6	7	8	9	10
C 态截面 Q	6.2	3.8	1.0								
B 态截面 Q	1.8	4.5	6.5	7.1	7.1	4.8	3.6	2.0	1.2	0.9	0.6

显然，$Q_{00}(C)=6.2\times10^{-18}\ \mathrm{cm}^2$，$Q_{01}(C)=3.8\times10^{-18}\ \mathrm{cm}^2$，$Q_{00}(B)=1.8\times10^{-18}\ \mathrm{cm}^2$，$Q_{01}(B)=4.5\times10^{-18}\ \mathrm{cm}^2$，有

$$Q_{00}(C) > Q_{01}(B) > Q_{00}(B)，\quad Q_{01}(C) > Q_{00}(B) \tag{3-93}$$

按照这个截面关系，由电子碰撞激发可以在振动带 $C(^3\Pi_u)(v=0)$ 和 $B(^3\Pi_g)(v=0，1)$、$C(^3\Pi_u)(v=1)$ 和 $B(^3\Pi_g)(v=0)$ 之间实现粒子数反转。事实上，观测到的激光跃迁正是发生在这些振动带上，即 $0\rightarrow0$、$0\rightarrow1$ 和 $1\rightarrow0$，其波长分别为 337.1 nm、357.7 nm 和 315.9 nm。氮分子激光器输出波长主要是 337.1 nm 和 357.7 nm，后者一般是在工作气体中加入 SF_6 才出现。由于分子转动的存在，振动能级将发生分裂(超精细结构)，所以激光输出谱线实际上是由一系列谱线构成，每条谱线宽度约为 0.1 nm。

在激光作用发生以前，由激发形成的各振动带粒子的变化可以用速率方程描述。在纳秒时间范围内，进行适当的简化，可以得到 $C(^3\Pi_u)$ 和 $B(^3\Pi_g)$ 态粒子数密度 N_C、N_B 随时间 t 有如下解：

$$N_C = N_X R_{XC} - \frac{N_X R_{XC}(Y_C + \tau_C^{-1})}{2}t^2，\quad N_B = \frac{N_X R_{XB}(Y_C + \tau_C^{-1})}{2}t^2 \tag{3-94}$$

式中 N_X 为基态 $X(^1\Sigma_g^+)$ 的氮分子密度，R_{XB}、R_{XC} 分别表示由基态 $X(\Sigma_g^+)$ 激发至 $B(^3\Pi_g)$、$C(^3\Pi_u)$ 态的激发速率，Y_C 为 $C(^3\Pi_u)$ 态和电子碰撞的消激发速率，τ_C 为 $C(^3\Pi_u)$ 态的辐射寿命。由 N_C、N_B 给出粒子数反转条件($N_C > N_B$)为

$$t < (\tau_C^{-1} + Y_C)^{-1} \tag{3-95}$$

该式表明，粒子数反转只能发生在小于 $(\tau_C^{-1}+Y_C)^{-1}$ 的一段时间内。如果超过这个时间，反转条件被破坏，泵浦无效，激光作用自动停止。称其为"自终止"效应。

这里需要指出的是，随着电子密度的增加，$C(^3\Pi_u)$ 态的消激发速率 Y_C 将增大，从而进一步缩短粒子数反转的持续时间。因此要求激发必须非常迅速，激励脉冲上升速率非常高，在几个纳秒内要达到峰值。

3.10.2　氮分子激光器的激励电路

上节已经指出，获得粒子数反转，必须在小于激光上能级 $C(^3\Pi_u)$ 态的辐射寿命的时间内，把贮存在电容器中的能量耦合到气体介质中去，因此必须精心设计激励电路。

1. 氮分子激光器对激励电源的要求

在一定范围内，激光器输出峰值功率与输入能量成正比，也就是与气体击穿电压的平方成正比。而气体击穿电压随外加电压上升速率增加而增大，电压增加得越快，气体击穿电压也就越高。而为了获得足够强的激发速率，要求电流上升速率高达 10^{12} A/s 以上。

由此可见，氮分子激光器的激励电路是一个高功率的纳秒脉冲电路。电路中的电感和阻抗对脉冲前沿的上升速率影响很大；因此，在设计电路时要尽量减小电路的分布电感和特征阻抗。Blumlein 快放电电路首先成功地用于氮分子激光器，后来也被其他脉冲气体激光器所采用。

2. Blumlein 电路

Blumlein 电路将脉冲成型线和贮能电容直接与电极相连，不需要任何中间馈线，有效地降低了分布电感和特征阻抗，是较为理想的氮分子激光器的激励电路。Blumlein 电路是由电源、脉冲成型线、贮能电容、火花隙和放电室等五部分组成，如图 3.53 所示。直流高压电源对电容 C_1 充电，并经起自动开关作用的小电感 L 对电容 C_2 充电，此时电感 L 处于短路状态。当电压达到某一给定值 V 时，外加一触发信号将火花

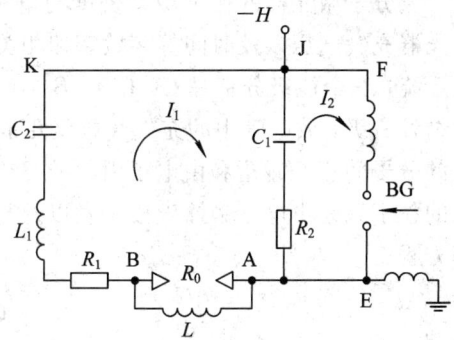

图 3.53　Blumlein 电路

隙 BG 开关导通，C_1 经导通的火花隙 BG 放电，A 点的电位急速下降，但由于 A 点对高频有很大的阻抗，此时起开路作用，B 点的电位仍保持在 V，于是随 C_1 的放电在两电极间迅速建立起电位差，这个电位差达到某一值时，气体介质被击穿，C_2 经击穿气体放电，并使气体激发。

气体介质被击穿要求有一个有限时间，这个时间取决于所加电压、电极结构、电极距、气体成分等因素。只要两电极间的电位差的建立时间（脉冲上升时间）小于这一击穿时间，就可以保证激光器在远高于气体静态击穿电压的情况下运转。在设计良好的快放电电路中，脉冲上升时间可以做到几个纳秒，工作电压可以比气体静态击穿电压高一个数量级，起倍压作用。当 C_1 放电时，它的电压将从 V 变为 $-V$，此时在两电极间的电位差将是 $2V$，这是理想情况。

平行平板电容作为贮能元件的快放电电路，可以很好地用集中参数 LC 电路来描述。平行平板电容器可由双面印刷电路板或在两层金属导体间夹以涤纶薄膜构成，其等效阻抗 Z、电容 C 和电感 L 分别为

$$Z = \frac{377d}{l\sqrt{\varepsilon}}, \quad C = \frac{\varepsilon bl}{4\pi d}, \quad L = CZ^2 \tag{3-96}$$

其中 d 为介质厚度，l 为激活长度，b 为平行平板电容器宽度，ε 为介质的介电常数。

在这种电路中，火花隙把分布电感附加在形成回路中，这样影响脉冲电压的上升速率，因此火花隙的设计和使用很重要。

3.10.3　氮分子激光器的输出特性

氮分子激光器的典型器件有纵向激励和横向激励。纵向激励即激发电场方向与激光输出方向一致，其特点是工作气压低、电源电压高、输出功率小，只是在光谱研究方面被采用。横向激励即激发电场方向垂直于激光输出方向，目前脉冲气体激光器普遍采用这种激发方式。横向激励原则上可以建造任意长度并具有强电场的放电通道，电极距可以很小，器件能在高气压下运转，为获得高功率、短脉冲提供了条件。氮分子激光器的输出特性可以从输出功率密度、发射谱和相干性等方面加以考察。

1. 输出功率密度与参数间的关系

氮分子激光器的输出功率密度与电子温度、电子密度、回路电感、电容器充电电压、激光器充气气压以及时间等参数密切相关。我们可以把氮分子激光能级结构看成一个三能级系统，三个能级分别是 $C(^3\Pi_u)$、$B(^3\Pi_g)$、$X(\Sigma_g^+)$。由于氮分子激发时间只有几纳秒到几十纳秒量级，放电管中的充气气压仅几千帕，因此在这样条件下，我们可以不考虑放电管内的分子间相互碰撞和由电子引起的 $C(^3\Pi_u)$、$B(^3\Pi_g)$ 态消激发。所以 $C(^3\Pi_u)$、$B(^3\Pi_g)$ 态上的粒子只是由电子碰撞直接激发以及与光子之间的相互作用决定的。于是可得到一组速率方程：

$$\frac{\mathrm{d}N_C}{\mathrm{d}t} = N_X R_{XC} - Q_S N_P C(N_C - N_B) - \tau_C^{-1} N_C \tag{3-97}$$

$$\frac{\mathrm{d}N_B}{\mathrm{d}t} = N_X R_{XB} + Q_S N_P C(N_C - N_B) + \tau_C^{-1} N_C - \tau_B^{-1} N_B \tag{3-98}$$

$$\frac{\mathrm{d}N_P}{\mathrm{d}t} = Q_S N_P C(N_C - N_B) - \tau_P^{-1} N_P + \phi N_C \tau_C^{-1} \tag{3-99}$$

式中 N_P 为光子数密度，Q_S 为受激辐射截面：

$$Q_S = \frac{1}{4\pi} \cdot \left(\frac{\ln 2}{\pi}\right)^{1/2} \cdot \frac{\lambda^2}{c\tau_C} \cdot \frac{\lambda}{\Delta\lambda} \tag{3-100}$$

式中 λ 为辐射波长，$\Delta\lambda$ 为线宽，一般取靠近 337.1 nm 附近的五条谱线，c 为真空中的光速。显然，在求解上述方程之前，必须给出激发速率常数 R：

$$R = \int_0^\infty Q(E) f(E) \, \mathrm{d}E \tag{3-101}$$

式中 $Q(E)$ 为氮分子基态 $X(\Sigma_g^+)(v=0)$ 到上能级 $C(^3\Pi_u)(v=0)$ 的激发截面，是电子能量 E 的函数，$f(E)$ 是电子能量分布函数。一般情况下，不能精确地知道某一振动能级激发截面的电子能量关系，而采用速度平均截面，则激发速率系数

$$R = n_e \overline{Qv} \tag{3-102}$$

现在假定电子能量分布遵守麦克斯韦分布，且 $C(^3\Pi_u)$、$B(^3\Pi_g)$ 态具有相同的激发截面，如图 3.54 所示。将电子平均速度 $\overline{v}$ 与平均截面相乘则可求得 $\overline{Qv}$ 与平均电子能量的关系。电子数密度 n_e 可用下列经验公式估算：

$$n_e = \frac{9}{32\pi} \cdot \frac{V_b}{ed^2}$$

(3-103)

式中 V_b 为气体击穿电压，d 为电极距，e 为电子电荷。

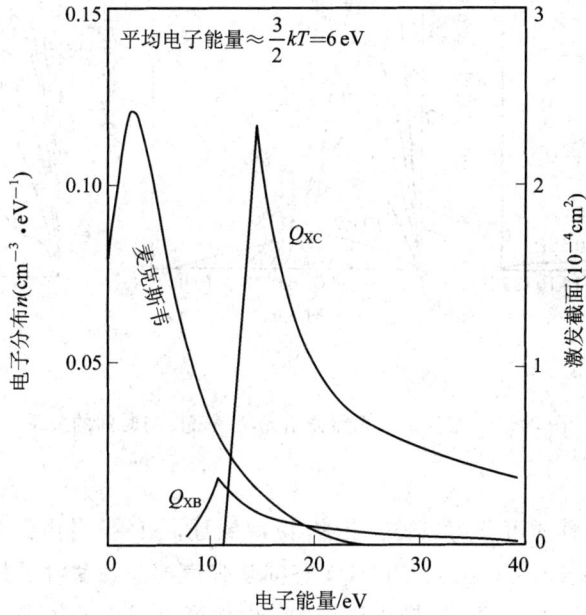

图 3.54　氮分子激光器电子能量分布函数

　　利用上述六个方程，用数值方法求得输出峰值功率密度与时间的关系，计算结果如图 3.55 所示，该结果与实验很好吻合。根据上述理论模型，改变所用参数，就可以求得相应参数对输出功率密度的影响。图 3.56 给出了峰值功率与各参数的依赖关系。可以看出，电路电感（图（a））、电容器充电电压（图（b））及氮气充气气压（图（c））对输出功率密度影响较大，前者取决于电路设计、元件选择，后者关系到合理使用器件，保证激光器在最佳条件下运转。

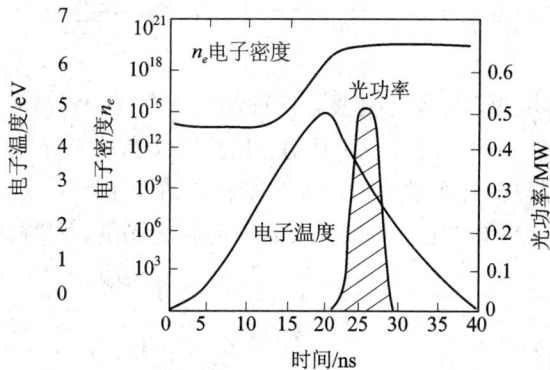

图 3.55　氮分子激光器电子温度、电子密度、输出光功率密度与时间的关系

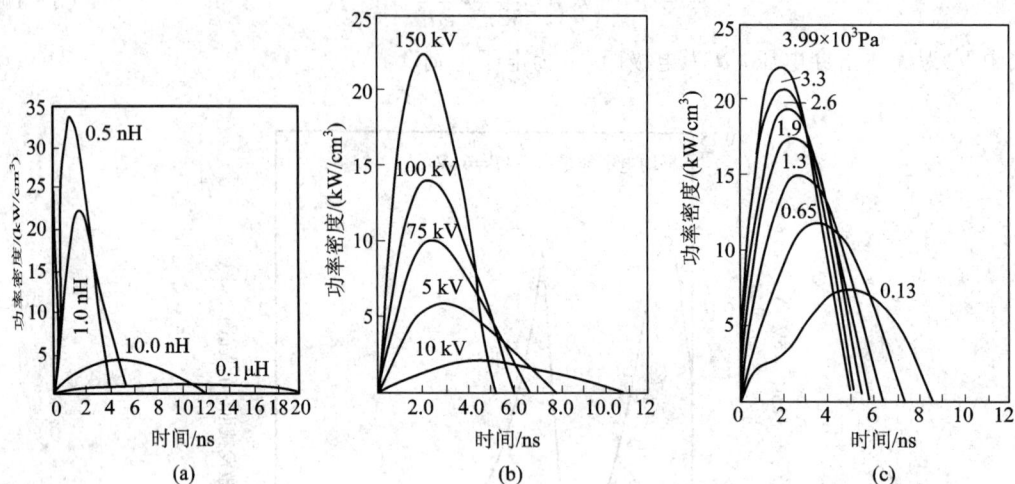

图 3.56　氮分子激光器输出光功率密度与时间的关系

2. 发射谱

激光器按其跃迁性质可分为三类：束缚-束缚跃迁，束缚-自由跃迁，自由-自由跃迁。氮分子是束缚-束缚跃迁，$C(^3\Pi_u)$、$B(^3\Pi_g)$ 态都是强束缚态，发射谱是由电子-振动-转动谱线组成。在氮分子的电子-振动-转动谱线中，由较高电子态的每一个振动能级可以向较低电子态的每一个振动能级发生跃迁，而转动能级的跃迁必须遵循：$\Delta J = 0, \pm 1$，$\Delta J = +1$ 的一组谱线称为 R 支谱线，$\Delta J = -1$ 的一组谱线称为 P 支谱线，$\Delta J = 0$ 的一组谱线称为 Q 支谱线。但检测这些振-转谱线的精细结构存在着许多困难，首先氮分子核转动角动量与电子轨道角动量的相互作用，使谱线分裂成 Λ 型双重线，即使在转动量子数相当大的情况下，分裂的谱线间隔也只有亚纳米量级，精细结构难以分辨，其次氮分子发射谱线的多普勒加宽使转动谱线互相重叠，但由于氮分子激光器是一个高增益的激光系统，经过一定的工作物质长度 L 放大后，辐射谱线明显的变窄，其半宽度为

$$\Delta\omega = \left[\frac{\ln\left(\frac{2L}{g_0} - \ln 2\right)}{\ln g_0}\right]^{1/2} \Delta\omega_D \approx \frac{\Delta\omega_D}{\sqrt{g_0 L}} \tag{3-104}$$

式中 g_0 为增益系数，$\Delta\omega_D$ 为多普勒半宽度。这种谱线变窄使测量波长达到了 10^{-7} 的相对精度，并能辨认出大多数转动谱线的 Λ 双重成分。用分辨率为 5×10^5、色散为 0.0015 nm/mm 的高分辨率光栅光谱仪以及钍和铁的标准光谱来标定氮分子激光波长。在低温和室温条件下，已经测量出 $C(^3\Pi_u) \to B(^3\Pi_g)$ 带（337.1 nm）的激光光谱，并辨认出相应的 P 支、R 支和 Q 支谱线。

3. 相干性

1）时间相干性

氮分子激光器是多波长辐射系统，因此它的干涉条纹能见度必然具有周期性。条纹能见度为

$$V_f = \frac{I_{max} - I_{min}}{I_{max} + I_{min}} \tag{3-105}$$

式中 I_{max}、I_{min} 分别为干涉场中最大、最小光强度。具有一定延时或光程差的两束干涉光，在干涉场中形成的条纹能见度为光程差的周期函数。采用经典的迈克尔逊干涉仪，可以测量出条纹能见度，测量结果与理论计算吻合很好。

2）空间相干性

氮分子激光器的增益很高，无需谐振腔反馈就可产生相干光，是一种放大的自发辐射或超辐射、超发光。它的上能级 $C(^3\Pi_u)$ 粒子寿命受到自发跃迁、自发辐射行波放大辐射场的双重影响，因此相干性较差。基于对光束进行杨氏干涉条纹可见度的测量表明，在粒子反转密度一定时，空间相干性与增益介质长度成正比；而在增益介质长度一定时，空间相干性与粒子反转密度成正比。

在具有谐振腔的激光器中，辐射的相干性是由振荡模式决定的，通过限模可以提高激光的相干性。因而将氮分子激光器的工作介质缩短到产生放大自发辐射临界阈值长度以下，然后加上谐振腔，控制振荡模式，就会获得高质量光束。临界阈值长度 l_c 为

$$l_c = \frac{8\pi\Delta\upsilon_D\tau_C}{\Delta_t\lambda^2\varphi} \tag{3-106}$$

式中 Δ_t 为阈值粒子数反转密度，φ 为辐射的分支比。实验已证实，采用一个长度为 16 mm 的氮分子工作物质，加上非稳腔，可获得单模输出，辐射能量为 0.1 mJ，脉冲宽度为 4 ns。

练习与思考题

一、选择题

1. CO_2 分子的简正振动有（　　）。

（A）机械振动，反对称振动，形变振动　　（B）对称振动，形变振动，反对称振动

（C）对称振动，简谐振动，形变振动　　　（D）简谐振动，机械振动，形变振动

2. CO_2 分子的振-转跃迁有（　　）。

（A）P 支跃迁，Q 支跃迁　　　　　　　（B）P 支跃迁，R 支跃迁

（C）R 支跃迁，Q 支跃迁　　　　　　　（D）P 支跃迁，M 支跃迁

3. 封离型 CO_2 分子激光上能级的激发和激光下能级弛豫主要采取（　　）。

（A）共振转移，管壁弛豫　　　　　　　　（B）电子碰撞，辅助气体分子体积弛豫

（C）共振转移，辅助气体分子体积弛豫　　（D）串级激发，辅助气体分子体积弛豫

4. 普通 CO_2 激光器工作物质通常为混合气体，其中含 N_2 的组分为（　　）。

（A）$CO_2 + N_2 + Ne + Xe + H_2$　　　　（B）$CO_2 + N_2 + He + Xe + H_2$

（C）$CO_2 + N_2 + Ne + CO + H_2$　　　　（D）$CO_2 + CO + Ne + Xe + H_2$

5. 光栅谐振腔的输出耦合形式有（　　）。

（A）一级振荡，一级输出　　　　　　　　（B）零级振荡，一级输出

（C）一级振荡，零级输出　　　　　　　　（D）（A）和（C）

6. 准分子激光器是工作于紫外波段的高功率激光器，与通常的气体激光器不同，它的跃迁方式是（　　）。

（A）自由态→束缚态跃迁 （B）自由态→自由态跃迁

（C）束缚态→自由态跃迁 （D）束缚态→束缚态跃迁

二、填空题

1. CO_2 分子的振动态由三个量子数 υ_1、υ_2、υ_3 来确定，其振动能级用_____来表示，其中 L 的取值为_____。

2. CO_2 分子振动能级可能产生的跃迁很多，但其中最强的，最具实际价值的仅两条：一条是_____跃迁，波长约为 10.6 μm；另一条是 $00^0 1 \rightarrow 02^0 0$ 跃迁，波长约为_____。

3. 虽然有很多条荧光谱线，但在激光器中能同时形成_____的只有 1 至 3 条，这是由于_____决定的。

4. 提高 CO_2 激光器输出功率最有效的途径是提高_____和降低气体分子的_____。

5. 选支的基本原理是控制_____，通常采用腔内置放_____的方法，选出所需谱线，抑制其他谱线（包括高增益谱线）。

6. N_2 分子激光器的增益很高，且粒子数反转存在的时间短（<40 ns），与其他气体激光器不同的是：它实质上是_____，不需要_____也能获得高功率的相干光。

三、论述题

1. 简述 CO_2 分子转动能级竞争效应。

2. 设计中、小功率 CO_2 激光器的一般方法是什么。

3. 分析 CO_2 激光器粒子数反转分布的建立过程及器件结构特征。

四、计算、设计题

1. 根据功率表达式（3-36），求出 T_{opt}。

2. 试确定一功率为 15 W、工作于 TEM_{00} 模的 CO_2 激光器的结构参数。

第四章 气体离子激光器

气体离子激光器是以气态离子物质为工作物质的一种气体激光器。气体离子激光器是最古老的激光技术之一，第一台商品化气体离子激光器诞生于1968年。产生激光的气体离子主要有惰性气体离子、分子气体离子、金属蒸气离子等，相应地有惰性气体离子激光器、分子气体离子激光器、金属蒸气离子激光器，如氩离子激光器、氦-镉离子激光器、砷金属离子激光器、氖离子激光器、氦-铅离子激光器等。

气体离子激光器的主要特点：

(1) 输出波长覆盖真空紫外到近红外，已观察到400多条谱线，大多为可见光，特别是514.5 nm、488.0 nm谱线处在探测器响应高灵敏光谱范围。

(2) 它是目前可见光连续输出功率最高的激光器，全谱线功率可以达到10 W。

(3) 阈值电流密度高，但存在效率低、寿命短的问题。

长期以来，气体离子激光器在某些领域的应用占据了统治地位，特别是在某些需要短波长，如高分辨率印刷电路制作和自动检测、光学软盘母盘刻录、全息术、高速激光打印、生物医学测量和研究等领域保持了其市场地位，甚至在某些领域扩大了应用范围。

4.1 氩离子激光器

与二氧化碳激光器同年(1964年)发明的氩离子激光器，属于惰性气体离子激光器，输出波长主要是488.0 nm和514.5 nm，是目前可见光连续输出功率最大的激光器件，被广泛地应用于全息术、信息处理、光泵染料激光、光谱分析、激光水下电视、激光医学(眼科治疗、非创伤性治疗)、激光加工、半导体量子阱微碟(microdisk)激光器(无阈值激光器)的泵浦源等领域。

4.1.1 氩离子的能级结构和激发机理

氩离子是惰性气体氩原子电离后(电离能15.760 eV)形成的。激发态氩离子会产生从真空紫外到近红外多达数百条荧光谱线，其中 $3p^44p \to 3p^44s$ 的跃迁辐射有35条以上的谱线，其中25条谱线在408.9～686.1 nm的可见光范围内。

1. 氩离子的能级结构

氩离子能级结构如图4.1所示。氩原子电离能为15.760 eV。基态氩离子的电子组态为：$1s^22s^22p^63s^23p^5$，5个同科 p 电子对能级的贡献相当于一个 p 电子的贡献，其离子基态谱项为 $^2P_{1/2,3/2}$。

当 $3p^5$ 子壳层中的一个 p 电子被激发到其他子壳层中时，就会形成氩离子激发态。与激光跃迁有关的激发态电子组态有：$3p^43d$、$3p^44s$、$3p^44p$、$3p^44d$、$3p^45s$。其中激发态电

子组态 $3p^4 4s$ 的谱项为

$$^2S_{1/2}, \, ^2P_{3/2,1/2}, \, ^2D_{5/2,3/2}, \, ^4S_{3/2}, \, ^4P_{5/2,3/2,1/2}, \, ^4D_{7/2,5/2,3/2,1/2}$$

实际共有 $^2S_{1/2}$、$^2P_{3/2,1/2}$、$^2D_{5/2,3/2}$、$^4P_{5/2,3/2,1/2}$ 八个能级。

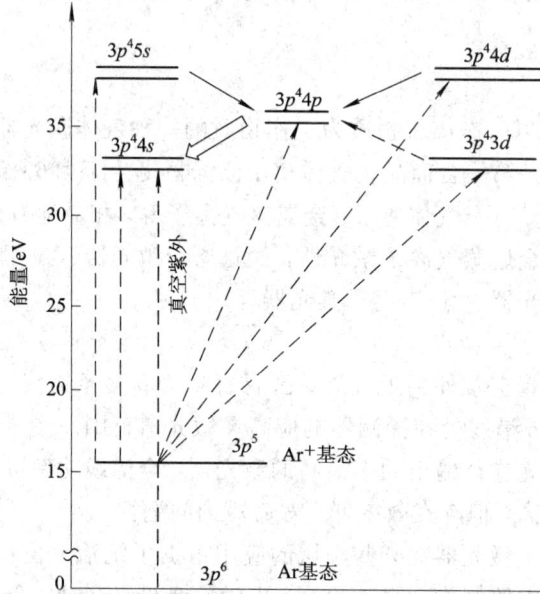

图 4.1 氩离子能级结构及跃迁

激发态电子组态 $3p^4 4p$ 的谱项为

$$^2S_{1/2}, \, ^2P_{3/2,1/2}, \, ^2D_{5/2,3/2}, \, ^2F_{7/2,5/2}, \, ^4S_{3/2}, \, ^4P_{5/2,3/2,1/2}, \, ^4D_{7/2,5/2,3/2,1/2}, \, ^4F_{9/2,7/2,5/2,3/2}$$

共有 19 个能级。与氩离子激光器的几条主要激光谱线相关的跃迁能级如图 4.2 所示，其中

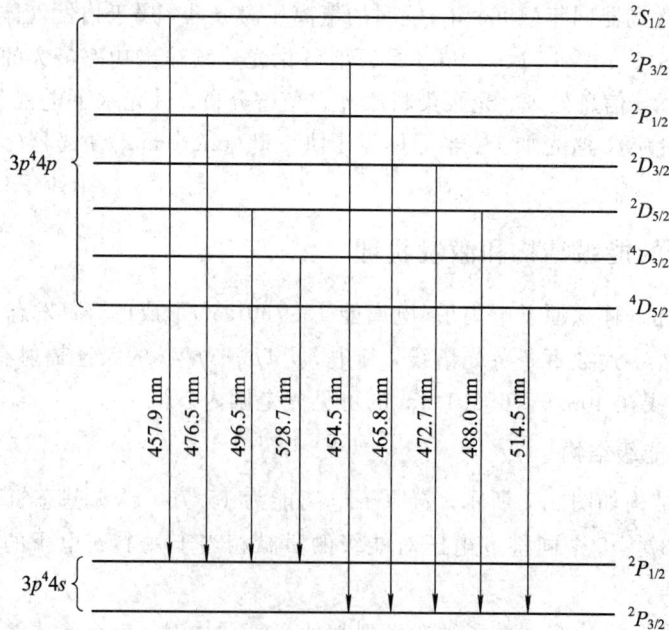

图 4.2 氩离子的几条主要跃迁

两条最强的激光跃迁谱线为

$$(3p^4 4p)^4 D_{5/2} \rightarrow {}^2 P_{3/2}(3p^4 4s), \; 514.5 \text{ nm}$$

$$(3p^4 4p)^2 D_{5/2} \rightarrow {}^2 P_{3/2}(3p^4 4s), \; 488.0 \text{ nm}$$

2. 粒子数反转分布的建立

Ar^+ 的激光上能级的激发主要依靠属于第一类非弹性碰撞的电子碰撞激发过程，可能的过程有一步过程和二步过程两种。

1）一步过程

高能电子与基态氩原子碰撞将基态氩原子电离激发到 Ar^+ 激发态 $3p^4 4p$，反应方程为

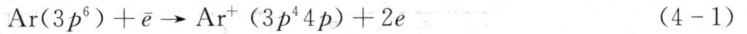

$$Ar(3p^6) + \bar{e} \rightarrow Ar^+ (3p^4 4p) + 2e \tag{4-1}$$

其中快电子的能量要求达到 35.5 eV。这只有在低气压、脉冲放电器件中才能达到，在连续器件中，一步过程不是主要的激发过程。

2）二步过程

高能电子与基态氩原子碰撞先将氩原子电离形成基态 Ar^+，然后电子碰撞使基态 Ar^+ 被激发到激发态 $3p^4 4p$，反应方程为

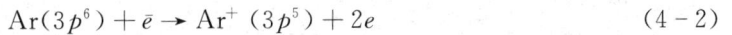

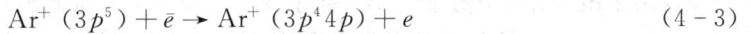

$$Ar(3p^6) + \bar{e} \rightarrow Ar^+ (3p^5) + 2e \tag{4-2}$$

$$Ar^+ (3p^5) + \bar{e} \rightarrow Ar^+ (3p^4 4p) + e \tag{4-3}$$

其中氩原子电离能为 15.760 eV。因此，将快电子的能量控制在 16～20 eV，就可实现二步过程。

当电子能量大于 20 eV 时，也可将基态 Ar^+ 激发到 $3p^4 5s$、$3p^4 4d$ 等更高能级上，然后通过辐射跃迁到达 $3p^4 4p$ 上，这一过程称为联级跃迁。可见二步过程所需电子能量比一步过程的要低一些，这是连续运转的氩离子激光器激光上能级抽运的主导过程。

由于氩离子激光器所需电子能量在 16～20 eV 范围内，因此只能在低气压条件下、工作于弧光放电时，才能获得高的电子等效温度 T_e。再加上大电流要求，使氩离子激光器的结构较其他气体激光器复杂得多。

在弧光放电的光柱区中，基态 Ar^+ 浓度 n^+ 与电子数密度 n_e 相等，电子碰撞使基态 Ar^+ 被激发到激发态的激发速率为

$$R = n^+ n_e S(kT_e) = n_e^2 S(kT_e) \tag{4-4}$$

式中 T_e 为电子温度，$S(kT_e)$ 是激发速率常数：

$$S(kT_e) = \int_0^\infty \sqrt{\frac{2E}{m}} \sigma(E) f(E) \, dE \tag{4-5}$$

式中 $f(E)$ 为电子能量分布函数，$\sigma(E)$ 为基态激发截面，m 为电子质量。式（4-4）表明：激发速率与电流密度的平方成正比。放电管单位体积中、单位时间内产生的上能级粒子数及单位体积工作物质的输出功率也与电流密度的平方成正比，这正是氩离子激光器的主要特征。

4.1.2 氩离子激光器的结构

氩离子激光器一般由放电管、谐振腔、轴向磁场和电源等组成，以南京电子管厂生产的 Ar1393NL01 型氩离子激光器(已跨入国际先进水平的行列)为例，其结构如图 4.3 所示。

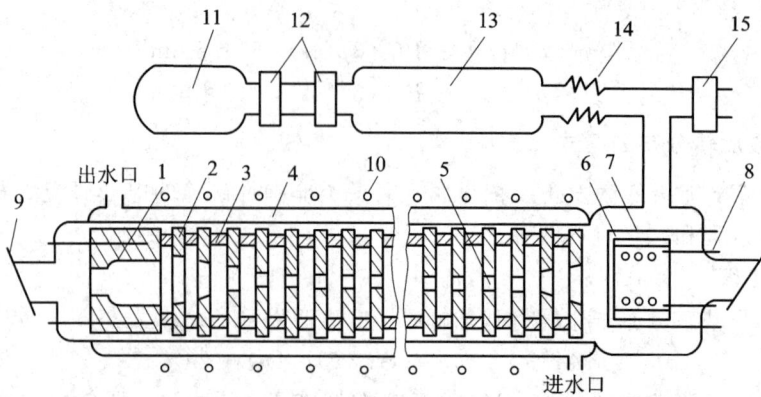

1—石墨阳极；2—钨盘片；3—石英环；4—水冷套；5—放电毛细管；
6—阴极；7—保热屏；8—加热灯丝；9—布氏窗；10—磁场；11—贮气瓶；
12—电磁真空充气阀；13—镇气瓶；14—波纹管；15—气压检测器

图 4.3　钨盘氩离子激光器结构

1. 放电管

氩离子激光器工作于低气压（低于 1.06×10^2 Pa）弧光放电，放电管内要经受大电流（约 1000 A/cm²），还要经受大量离子的轰击腐蚀和耗散大量的热能（约 120 W/cm²），所以提高输出功率和保证器件使用寿命的关键是选择放电管材料。要求放电管材料具有耐高温、耐离子轰击、气密性好（即真空状态时不放气，工作时吸附或渗漏气体少）和机械强度高等。放电管材料依次经历了石英、石墨、氧化铍陶瓷、金属钨等。

放电管是氩离子激光器最关键的部分，包括放电毛细管、阴极、阳极、布儒斯特窗、镇气瓶、轴向磁场及水冷系统，其核心是放电毛细管，放电毛细管内径为 3～4 mm，放电区长度为 500 mm 左右。放电管外壳选用氧化铍陶瓷制作，放电毛细管由分段钨盘组成，既赖以产生等离子体，又起到镇气、回气的作用。由于放电毛细管承受的电流密度大于 750 A/cm²，热流密度高达 250 W/cm²，管壁温度在 1000℃以上，激励能量在 16～20 eV 之间，这样才能保证激光振荡谱线的紫外光、紫光、蓝光和绿光功率输出。我国南京电子管厂激光研究所是继美国（相干公司和光谱物理公司）之后第二个能够生产氩离子激光器的单位。

金属放电管是一种新型的放电管结构，主要优点是导热性能好和机械强度高。较好的材料是金属钨，金属放电管的结构是把金属钨切成片（称为钨盘），用绝缘材料把它们隔开，拼成一根管。为保证在各金属片中心孔径内形成均匀弧光放电光柱区，防止串弧，每个金属片的厚度有一定限制，一般取 10 mm 左右。相邻两金属片的间隔也有一定限制，间隔过大会使金属壁相对管轴的电位差增大，造成正离子对管壁的轰击加重，也会造成轴向放电的不均匀。

放电管的阴极采用热阴极结构以提高阴极电子发射，通常采用间热式钡钨阴极，发射面积约为 20 mm²，加热功率为 250 W；阳极材料必须是能耐高温、导电导热性能良好的材料，通常采用石墨作阳极。

在氩离子激光器工作过程中，放电管内的气体会从一端被抽运到另一端，造成两端气压不均匀，严重时会产生"激光猝灭"现象。因此放电管应设计一个回气管，使管内气体形成闭合回路，依靠气体的扩散来减小管内气压差，在图 4.3 中是通过钨盘边缘缺口构成气体通道而实现的。为增大器件工作寿命，放电管上常备有贮气和充气装置。

2. 谐振腔

氩离子激光器的谐振腔为平凹腔构型，腔镜一般是玻璃基底的镀介质膜镜片，全反射镜的反射率为 99.8%，输出镜透过率约为(488 nm)12%和(514.5 nm)10%，腔长在 770～1200 mm 之间。谐振腔由超低膨胀合金制作的支架(全反射镜支架、输出镜支架、标准具支架等)、点火器和标准具等组成。谐振腔具有选频、选模、锁模功能，有较好的热稳定性和机械稳定性。配备的标准具作为波长选择器，既能获得全谱线功率输出，也可选择单一谱线功率输出。腔内光路采用全密封设计，杜绝了环境污染。

3. 轴向磁场

带电粒子(电子和氩离子)在轴向磁场中受到洛伦兹力作用，将作螺旋运动而趋向于管轴。轴向磁场使管轴附近的电子密度和正离子密度增加，保证光与物质的相互作用(受激辐射放大)在放电毛细管内进行，提高了激发速率、输出功率和效率。同时减轻了气体清除效应，减少了氩离子对管壁的冲击和对电极的溅射，因而延长了放电管寿命，保证了激光器输出方向和功率的稳定(如在刻录母版光盘时，光束指向和功率的稳定性是关键)。实验证明，轴向磁场可以提高输出功率 1～2 倍。轴向磁场通常由套在放电管外的螺线管产生，强度为几百到一千高斯。

4. 电源

氩离子激光器采用直流稳流电源，满足了激光器低气压、大电流弧光放电的工作要求，具有从辉光放电到弧光放电的变换功能，同时设有过电流、过电压保护，水流开关，水过热保护等。阴极一般要求具有高电子发射、耐离子轰击、抗杂质气体侵蚀，通常采用人工热阴极如直热式螺旋状铝酸盐浸渍钡钨阴极。阳极需要耐熔点高、导热性能好、溅射小、电子逸出功大，通常采用石墨、钼、钽等材料作阳极。电极形状都是圆筒并按轴对称位置放置。

水冷套是氩离子激光器的重要组成部分。由于工作过程中需要耗散大量的热，为保证器件正常运行，通常采用水冷或风冷或交叉式冷却。

氩离子激光器的工作过程为，在电源弧光放电激励下，激光管中电子与氩原子发生非弹性碰撞，使氩原子电离；氩离子再次与电子发生非弹性碰撞被激发，实现粒子数反转分布；处在激发态的氩离子向低能级跃迁而产生光辐射，在受激辐射光放大的过程中，通过谐振腔的光学反馈，在腔内形成激光振荡，再以一定能量分布和频谱结构的激光输出。

4.1.3 氩离子激光器的工作特性

氩离子激光器辐射的激光谱线很丰富，基本上分布在接收灵敏度很高的蓝绿光谱区，其中以 514.5 nm 和 488.0 nm 谱线最强。目前就可见区激光而言，氩离子激光器是连续输出功率最大的激光器，全谱线输出约为 10 W。单谱线 488.0 nm 输出大于 1.5 W，514.5 nm 输出大于 2.0 W，但效率低，约为 0.01%～0.1%。

1. 阈值工作电流

氩离子激光器每一振荡波长都有对应的阈值电流 I_{th}。对放电管长度为 77 cm，内径 ϕ4 mm 的几条主要谱线的阈值电流如表 4-1 所示。

表 4-1　氩离子激光器输出波长对应的阈值电流

波长/nm	488.0	514.5	476.5	496.5	501.7	472.7
阈值电流/A	4.5	7	8	9	12	14

由表可见，488.0 nm 和 514.5 nm 谱线的阈值电流最低，最容易形成激光振荡。一般情况下，不采取任何波长选择措施，连续氩离子激光器总是以这两条谱线输出。阈值电流强度 I_{th} 与放电管长度 l、直径 d、腔损耗 a_c、充气气压 p 和磁场强度等有关。在最佳充气气压、一定磁场强度下，阈值电流强度 I_{th} 与腔损耗 a_c、放电管长度 l 的关系为

$$I_{th} = cd^2 \sqrt{\frac{a_c}{l}} \tag{4-6}$$

此式适用于直径 d 为 1~5 mm 的放电管，其中 c 为比例常数。该式表明：阈值电流强度随放电管长度 l 的增加和腔损耗 a_c 的降低而降低。

2. 输出功率与工作电流的关系

氩离子激光器是在低气压、大电流弧光放电情况下工作的，输出功率与工作电流强度密切相关，如图 4.4 所示。当工作电流超过阈值工作电流后，输出功率随工作电流强度的增加而迅速增加（成四次方关系）。工作电流继续增大，输出功率就正比于电流强度的平方，这是由于在电流强度较低时，激发以二步过程为主，电流的增加使激发粒子数迅速增加，电流强度较高时，虽然激发速率增加，但气体温度的升高使谱线宽增加，导致增益下降，因此输出功率增加的速度变缓。当工作电流超过一定值时，输出功率达到最大值，出现饱和。如果电流继续增大，输出功率随之缓慢下降。当工作电流密度达到 1000 A·cm^{-2} 以上时，激光器的寿命快速缩短，因此通常的最佳工作电流应选在饱和区以下，即曲线的上升部分，如选择在功率变化率很小的区域，光控不起作用，则功率稳定度就不能提高了。单一谱线 514.5 nm 的输出功率与工作电流的关系如图 4.5 所示。可见输出功率随工作电流增大而增加。

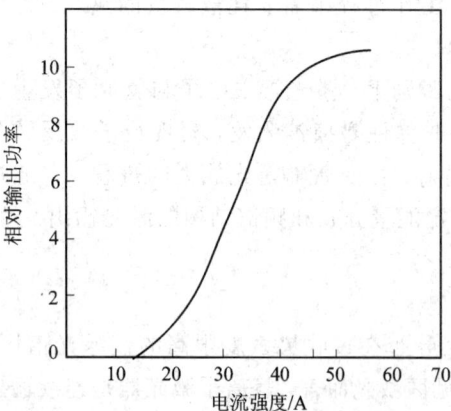

图 4.4　氩离子激光器输出功率与电流的关系　　图 4.5　单谱线 514.5 nm 输出功率与电流的关系

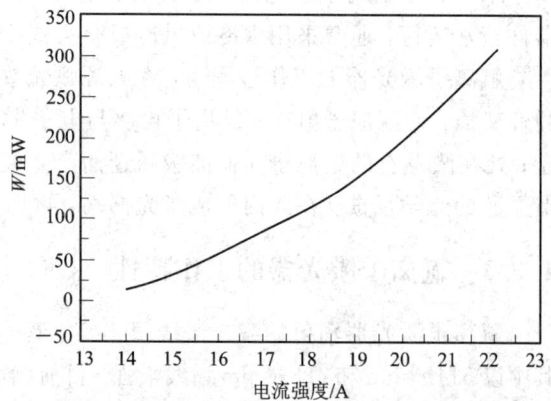

3. 输出功率与充气气压的关系

氩离子激光器与其他气体激光器件一样，管内充气气压对输出功率有很大影响。如图 4.6 所示是不同工作电流下输出功率与充气气压的实验关系曲线。由于充气气压决定着管

内气体密度，提高气压，增加了参与激光放大的反转粒子数，有利于提高输出功率，但气压过高，电子温度会降低，由式(4-4)可知激发速率常数降低，将导致反转粒子数下降，反而不利于提高输出功率。可以看出，激光管充气气压存在一个最佳充气气压，充气气压在最佳充气气压附近一个不大的范围 Δp 内变化时，输出功率的变化很小，不至于影响激光器输出功率的稳定度。如超出 Δp 范围，就会影响激光器输出功率的稳定度，这时需及时对激光管充气或抽气。对 488.0 nm 谱线，实验得出最佳充气气压与放电管管径的关系为

$$p_{\text{opt}} \cdot d = 6.65 \, (\text{Pa} \cdot \text{cm}) \tag{4-7}$$

此式适用条件为 $0.1 \, \text{cm} < d < 0.4 \, \text{cm}$，$Id < 100 \, \text{A} \cdot \text{cm}$。

4. 输出功率与谐振腔对准的关系

谐振腔最佳调整条件是谐振腔的轴与激光管轴严格重合。如果腔轴与管轴之间的夹角发生了变化，或棱镜、反射镜倾斜，即腔轴与管轴对准失谐，将使输出功率下降，如图 4.7 所示是输出功率与反射镜倾角关系曲线。可以看出，反射镜倾角稍有变化，对输出功率将产生很大影响，要得到较高的激光器输出功率稳定度，谐振腔必须调整在最佳工作状态，即腔轴与管轴要严格重合。

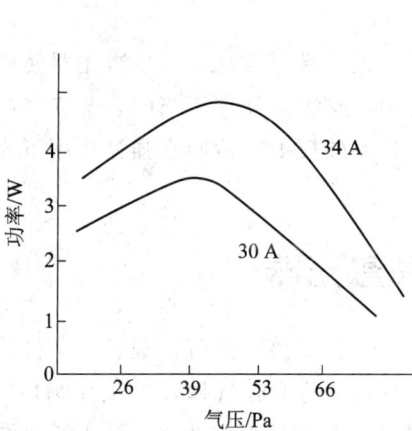

图 4.6　氩离子激光器输出功率与气压的关系　　图 4.7　输出功率与反射镜倾角的关系

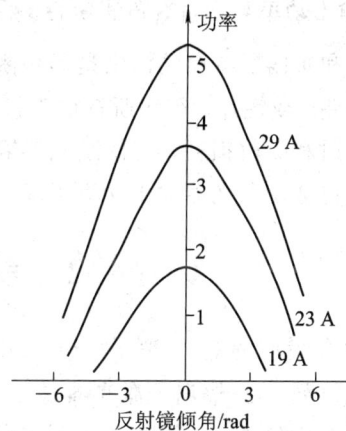

5. 输出功率与轴向磁场强度的关系

轴向磁场可以提高激光器输出功率(1～2 倍)和效率，还可以延长器件的寿命。这是由于轴向磁场使运动带电粒子向管轴集中，放电管内的电子密度和离子密度增加，提高了激发速率，使输出功率和效率提高，同时减少了带电粒子，特别是正离子对管壁的轰击，延长了器件的寿命。但轴向磁场又会引起谱线线宽增加，导致增益下降，电子温度降低。如图 4.8 所示是输出功率与轴向磁场强度的实验关系曲线，轴向磁场强度也存在最佳磁场强度，最佳磁场强度的大小主要取决于充气气压、放电管直径和输出波长，与放电电流的关系不大。放电管直径一定时，最佳磁场强度的大小随充气气压的增加而减小；充气气压一定时，最佳磁场强度的大小随放电管直径的减小而增大。

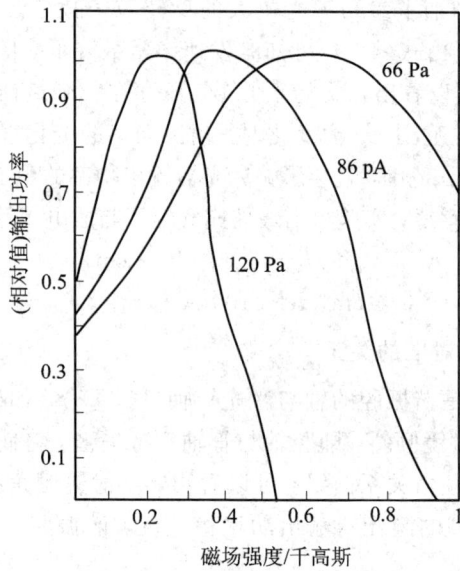

图 4.8　输出功率与轴向磁场的关系

6. 输出功率与镜片、布儒斯特窗污染的关系

镜片和布儒斯特窗的污染是影响激光器输出功率的主要因素之一。当激光器使用环境卫生条件差，或镜片、布儒斯特窗直接暴露于空气中，或清洁处理不当时，光束穿过时就会产生散射和吸收损耗，将使激光器输出功率下降。另外反射镜镀膜在强光作用下光学品质的退化也会使激光器输出功率下降。

4.2　氦-镉离子激光器

1968 年发明的氦-镉离子(He - Cd$^+$)激光器，属于金属离子蒸气激光器，是目前唯一一种标准产品。氦-镉离子激光器是以氦气和金属镉蒸气的混合气体作为工作物质的，其中氦气为辅助气体，在镉离子的不同激发态之间的跃迁形成了激光振荡。输出激光波长有 325.0 nm、441.6 nm、533.8 nm、537.8 nm、635.5 nm、636.0 nm 等，其中 441.6 nm、(蓝光)是最强谱线，输出功率为 1～130 mW；325.0 nm(紫外光)是次强谱线，输出功率为 1～25 mW。特别是输出谱线 441.6 nm 处于探测器响应高灵敏度光谱范围。在适当条件下，这些激光波长将同时振荡而形成白激光输出。

发射 441.6 nm(蓝光)和 325.0 nm(紫外光)的氦-镉离子激光器在中功率激光器中已占有一席之地。尽管氦-镉离子激光器的输出功率不能与氩离子激光器相比拟，但有些光敏材料如光刻胶，对氦-镉离子激光器光谱线 441.6 nm 的光敏性比对氩离子激光器谱线 488 nm 要强得多，并不需要谱线 488 nm 那样高的功率。激光打印机采用的光敏鼓到光刻胶的大量材料，对氦-镉离子激光器光谱线蓝光谱线的反应比对氦-氖激光器谱线红光谱线的反应要强烈得多。近年来氦-镉离子激光器被广泛应用于微电子技术、光盘刻录、激光读写系统、质量检验测试、打印、分色、全息彩色电视、医疗和防伪商标制作等领域。但氦-镉离子激光器普遍存在功率不稳、寿命不足等缺陷，而导致过早失效。目前有待进一步更新技术、更新工艺等。

4.2.1 镉离子的能级结构和激发

1. 镉离子的能级结构和激光谱线

镉原子 Cd 的核外电子数为 48，电离能为 8.994 eV。镉原子电离后形成的基态镉离子 Cd^+ 电子组态为

$$1s^2 2s^2 2p^6 3s^2 3p^6 3d^{10} 4s^2 4p^6 4d^{10} 5s$$

基态镉离子谱项为 $^2S_{1/2}$。与激光跃迁有关的激发态镉离子电子组态分别为：$4d^{10}5p$、$4d^9 5s^2$、$4d^{10}5d$、$4d^{10}5f$、$4d^{10}6g$。其谱项分别为

$$^2P_{3/2, 1/2},\ ^2D_{3/2, 5/2}、\ ^2D_{5/2, 3/2}、\ ^2F_{7/2, 5/2}、\ ^2G_{9/2, 7/2}$$

相关能级结构如图 4.9 所示。

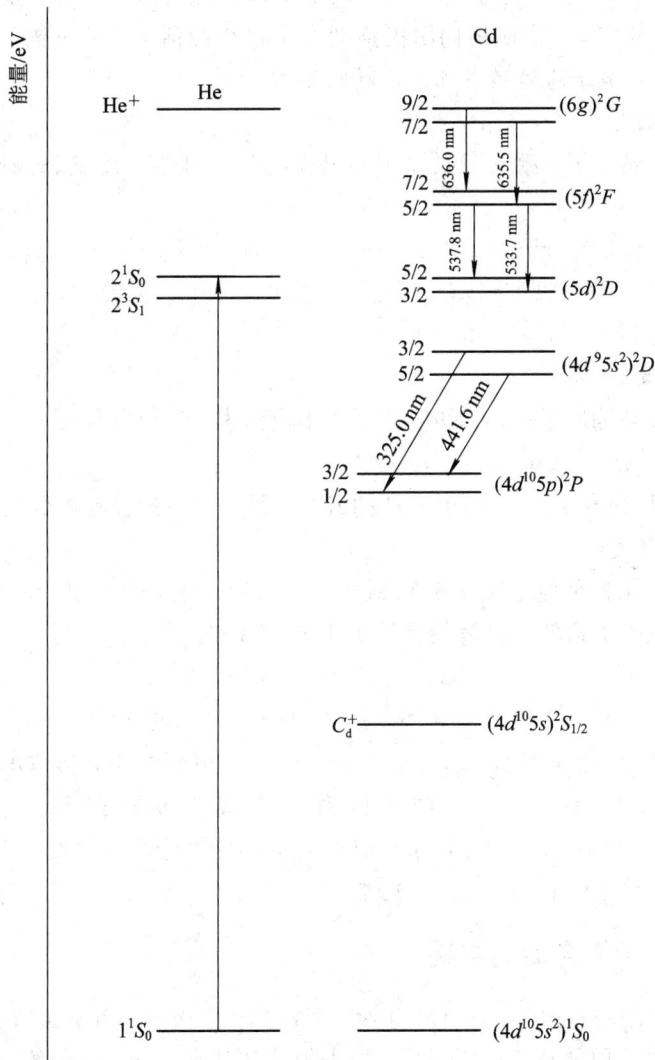

图 4.9 氦-镉原子部分能级

能级跃迁与辐射谱线的对应关系为

$$^2G_{9/2}(4d^{10}6g) \rightarrow {}^2F_{7/2}(4d^{10}5f)，636.0\ \text{nm，红光}$$

$$^2G_{7/2}(4d^{10}6g) \rightarrow {}^2F_{5/2}(4d^{10}5f)，635.5\ \text{nm，红光}$$

$$^2F_{5/2}(4d^{10}5f) \rightarrow {}^2D_{5/2}(4d^{10}5d)，537.8\ \text{nm，绿光}$$

$$^2F_{5/2}(4d^{10}5f) \rightarrow {}^2D_{3/2}(4d^{10}5d)，533.8\ \text{nm，绿光}$$

$$^2D_{5/2}(4d^{9}5s^2) \rightarrow {}^2P_{3/2}(4d^{10}5p)，441.6\ \text{nm，蓝光}$$

$$^2D_{3/2}(4d^{9}5s^2) \rightarrow {}^2P_{1/2}(4d^{10}5p)，325.0\ \text{nm，紫外光}$$

其中 441.6 nm 谱线为最强谱线，325.0 nm 谱线为次强谱线，一般情况下，基态镉离子只能被激发到 $4d^95s^2({}^2D_{3/2,5/2})$，又由于激光上能级 ^2D 的寿命为 10^{-7} s，下能级 ^2P 的寿命为 10^{-9} s，因此容易形成粒子数反转分布，形成较强的 441.6 nm、325.0 nm 激光输出。

2. 基态镉离子的激发过程

氦-镉离子激光器的运转是通过对封入放电管内的氦气放电，使从镉炉进入管内的镉蒸气电离，在电泳效应下，由阳极向阴极移动充满整个激活区。基态镉原子电离激发通常采用潘宁电离激发、电子碰撞激发和电荷转移激发。

1）潘宁电离激发

电子碰撞激发氦原子，激发态氦原子与基态镉原子碰撞，使基态镉原子被电离激发。反应方程为

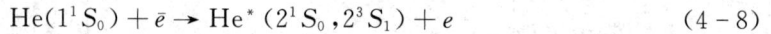

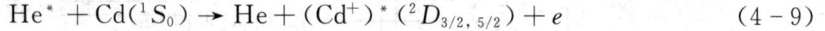

$$\text{He}(1^1S_0) + \bar{e} \rightarrow \text{He}^*(2^1S_0, 2^3S_1) + e \tag{4-8}$$

$$\text{He}^* + \text{Cd}(^1S_0) \rightarrow \text{He} + (\text{Cd}^+)^*(^2D_{3/2,5/2}) + e \tag{4-9}$$

其中快电子要求达到 $19.77 \sim 20.55$ eV。

2）电子碰撞激发

高能电子直接与镉原子碰撞，使镉原子被电离激发。反应方程为

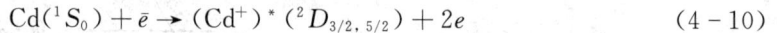

$$\text{Cd}(^1S_0) + \bar{e} \rightarrow (\text{Cd}^+)^*(^2D_{3/2,5/2}) + 2e \tag{4-10}$$

由于激光上能级 ^2D 的寿命大于下能级 ^2P 的寿命，因此容易形成粒子数反转分布。

3）电荷转移激发

如果采用空心阴极使电子能量提高到 24.470 eV 以上，使氦原子电离而成为氦离子，氦离子与镉原子发生电荷转移过程使镉原子被电离激发。反应方程为

$$\text{He}(1^1S_0) + \bar{e} \rightarrow \text{He}^+ + 2e \tag{4-11}$$

$$\text{He}^+ + \text{Cd}(^1S_0) \rightarrow \text{He}(^1S_0) + (\text{Cd}^+)^* \tag{4-12}$$

而离子激发态 $(\text{Cd}^+)^*$ 通常为 $4d^{10}5d$、$4d^{10}5f$、$4d^{10}6g$ 电子组态，形成的离子态谱项分别为 $^2D_{5/2,3/2}$、$^2F_{7/2,5/2}$、$^2G_{9/2,7/2}$ 等，产生的激光谱线主要有四条谱线，波长分别为 636.0 nm、635.5 nm、537.8 nm、533.8 nm。当腔镜为宽带反射镜时，能使上述六条谱线同时振荡，产生白激光输出，即白光激光器。

4.2.2　氦-镉离子激光器的结构

氦-镉离子激光器的基本结构由放电管、谐振腔、电极电源组成，如图 4.10 所示。激光放电毛细管一般采用硬玻璃吹制而成，根据模式和功率要求，内径约为 $1.5 \sim 3$ mm，毛细管内壁经过适当处理，形成一定的锥度。考虑气体温度对激光功率的影响，外径约为

$9\sim10$ mm，使镉蒸气不容易凝结在管壁上。管内充有 $665\sim2660$ Pa 的氦气，正如氦氖激光管一样，也存在氦的损失问题。

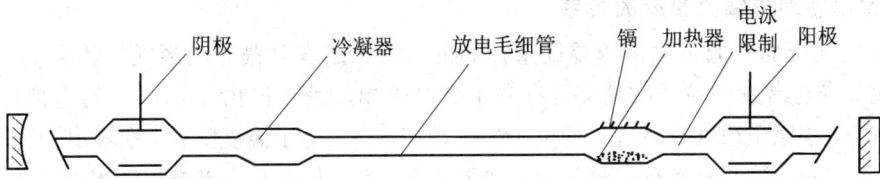

图 4.10　氦–镉激光器结构示意图

镉蒸气由处在较高温度（约 240℃）的镉炉所提供，然后由扩散及电泳效应通过毛细管（主要是后者，前者只在镉进入毛细管的一段中发生），在毛细管中形成一定的镉蒸气浓度（约 1 Pa），以产生电离激发。由于毛细管放电时处在较高的平衡温度（约 100℃），一般认为镉原子没有停留在毛细管中，而仅是通过它，最终进入处于阴极端的冷凝隔离头中，如果隔离头隔离效果不够好，则有少量镉蒸气凝聚于布儒斯特窗内表面，导致激光输出功率损失。镉炉置于阳极附近，高纯度金属镉（99.99％）的熔点为 321℃，升华温度为 164℃。

为防止镉蒸气凝结在腔镜和布儒斯特窗镜片上，在镉池与阴极之间置一冷凝器，使镉离子在到达阴极前，先在冷凝器凝结。同时在放电管两端都有电泳限制区（内径小于毛细管），限制镉蒸气向两端面扩散。

氦–镉离子激光器谐振腔一般采用平凹腔全外腔式结构，便于更换腔镜，以获得 441.6 nm、325.0 nm 的激光输出。全反射镜反射率为 99.8％，半反射镜反射率为 99％。

阴极采用空心冷阴极结构，有利于获得多波长激光同时输出。如图 4.11 所示，阴极是一根圆筒形的无氧铜管，置于玻璃套管中，既作为阴极又是放电毛细管，侧壁上有许多小孔。在靠近阴极的阴极位降区中形成大量的高速电子使氦原子电离，产生大量的 He^+。将金属镉放在阳极附近，依靠放电加热使之蒸发。经过电荷转移使 Cd 被激发到较高的离子能级 $(Cd^+)^*$ 上，从而获得红、绿光的激光振荡。

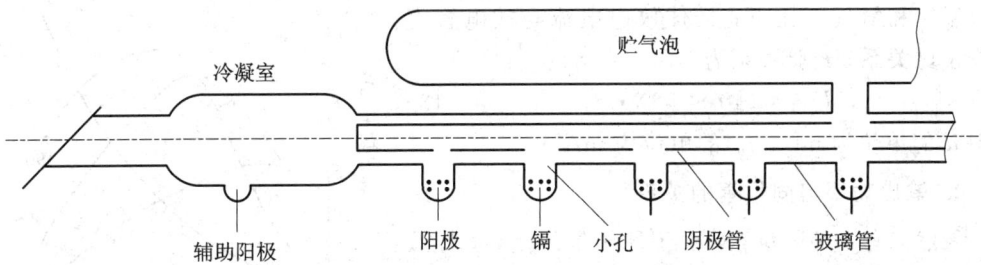

图 4.11　氦–镉激光器空心阴极结构示意图

4.2.3　氦–镉离子激光器的工作特性

氦–镉离子激光器的输出功率和输出频谱与氦气气压、镉蒸气气压、镉源温度、放电电流、激光器工作温度等因素有关。实验表明，温度在 230℃～320℃ 之间，激光输出变化不明显。这就使得激光器能以自加热方式工作。

1. 输出功率与氦气气压的关系

当镉源温度和放电电流一定时，氦气气压对输出功率的影响很大，并且存在最佳气压。输出功率随氦气气压变化的实验曲线如图 4.12 所示，实验表明，最佳气压与放电管直径成反比关系，且有 $p_{opt} \cdot d \approx 1333 \sim 1600$ Pa·mm 的近似关系。

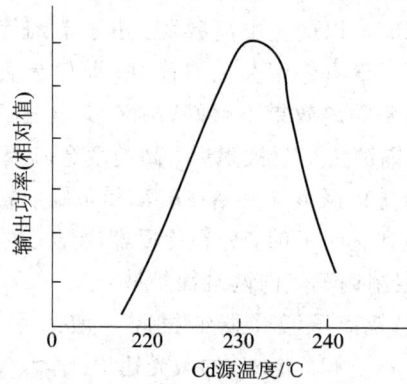

2. 输出功率与镉源温度的关系

镉蒸气气压的高低是由镉源温度来控制的，镉源温度升高，镉蒸气气压升高，镉原子浓度升高，参与激发的粒子数增多，有利于提高输出功率。但由于镉原子的电离电位较低（8.994 eV），镉原子浓度升高容易使电子失去动能，导致电子温度降低，使输出功率下降。因此，镉蒸气气压、镉源温度有一最佳值，如图 4.13 所示为输出功率与镉源温度的关系曲线，实验发现最佳镉源温度与氦气气压几乎无关，主要取决于激光管的结构，最佳镉源温度一般在 200℃～250℃ 之间，由此估算最佳镉蒸气气压为 1 Pa，粒子数密度约为 3×10^{14} cm^{-3}。

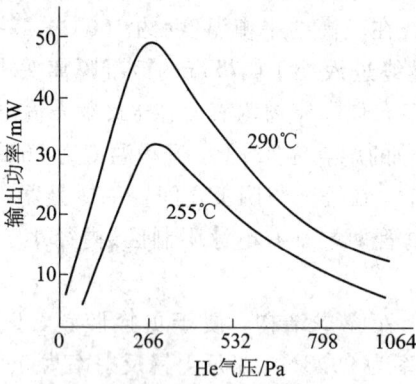

图 4.12　输出功率与氦气压强的关系　　　图 4.13　输出功率与镉源温度的关系

3. 输出功率与放电电流的关系

输出功率与放电电流关系实验曲线如图 4.14 所示，也存在最佳放电电流。最佳放电电流与氦气气压、镉源温度、放电管直径有关，在最佳镉源温度和氦气气压下，最佳放电电流与放电管直径成正比关系，经验关系为

$$I_{opt} = (40 \sim 50) \cdot d \qquad (4-13)$$

其中 d 的单位为 mm，I_{opt} 的单位为 mA。

4. 输出功率与同位素的关系

天然镉有 8 种同位素，由于原子量的差异，导致不同同位素发射光谱略有差别。单一镉同位素发射线宽约为 1100 MHz，而天然镉相应线宽约为 4000 MHz。由于增益反比于线宽，采用单一镉同位素可以获得更高的输出功率。实验表明，单一镉同位素的增益比天然镉高四倍左右。

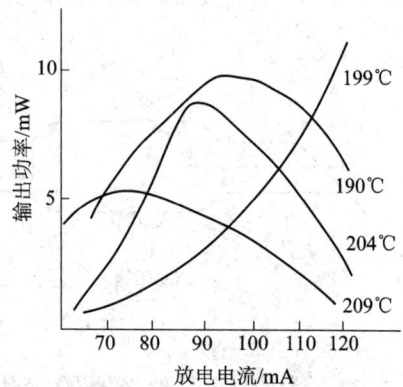

图 4.14　输出功率与放电电流的关系

5. 输出功率和输出频谱与氦气气压、镉蒸气气压、镉同位素、放电电流有关

实验表明，氦-镉离子激光器不同振荡波长有不同的最佳气压，气压大约在 825～2660 Pa 之间，红、绿、蓝三色激光都能振荡输出。红色激光在较低气压下，输出功率较

大；蓝色激光在较高气压下，输出功率较大。在较低气压下，输出功率随工作电流的上升而增大，较高气压下激光功率随放电电流的增大会趋于饱和。由于采用空心冷阴极结构，氦-镉离子激光器不仅可以同时产生三色激光，而且各色光功率可调，因此在彩色记录、彩色全息、彩色激光电视等方面，具有独特的应用价值。

6. 噪声

与氦氖激光器相比，氦-镉离子激光器的噪声较大，其频率从直流到几兆赫兹的范围，噪声功率占激光输出功率的 10% 左右。产生噪声的原因主要是温度起伏、放电电流起伏引起的镉离子密度起伏，导致输出功率不稳定。降低噪声应采取的措施有采用恒温器加热镉池，放电管保温以减少环境温度影响，采用稳流放电电路确保放电电流稳定，采用空心阴极放电，适当降低氦气气压。目前氦-镉离子激光器的噪声接近氦氖激光器的水平，小于 1%。

4.3 其他金属蒸气离子激光器

除氦-镉离子激光器外，属于金属蒸气离子激光器的还有砷离子、氪-氖离子、氖离子、氦-汞离子、氦-铅离子、铜离子、氦-镉-汞离子激光器等。

4.3.1 砷金属蒸气离子激光器

砷金属蒸气离子激光器是以金属砷蒸气为工作物质的金属蒸气激光器。砷金属蒸气离子激光器的结构和工作过程与氦-镉离子激光器相似。连续运转的砷金属蒸气离子激光器充以氦气为缓冲气体，采用空心阴极放电激励。

砷原子的核外电子数为 33，砷原子基态电子组态为 $1s^2 2s^2 2p^6 3s^2 3p^6 3d^{10} 4s^2 4p^3$，砷原子基态谱项为 $^6S_{3/2}$。砷原子电离能为 9.814 eV。

砷离子 As^+ 的激光上能级为离子激发态 $(As^+)^*(6s)$。首先通过电子碰撞使氦原子电离，再通过氦离子与基态砷原子的电荷转移实现离子激发态 $(As^+)^*\left[5d(^2P_{1/2,\,3/2})\right]$ 的激发，最后通过电子碰撞将激发态 $(As^+)^*\left[5d(^2P_{1/2,\,3/2})\right]$ 激发到激光上能级。反应方程为

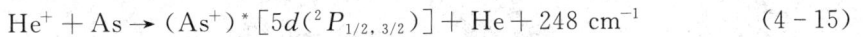

$$He + \bar{e} \rightarrow He^+ + 2e \qquad (4-14)$$

$$He^+ + As \rightarrow (As^+)^*\left[5d(^2P_{1/2,\,3/2})\right] + He + 248\ cm^{-1} \qquad (4-15)$$

$$(As^+)^*\left[5d(^2P_{1/2,\,3/2})\right] + \bar{e} \rightarrow (As^+)^*(6s) \qquad (4-16)$$

砷金属蒸气离子激光器输出谱线，在缓冲气体氦气气压较高（65×10^2 Pa）时，振荡波长为 549.7 nm 和 651.2 nm；在缓冲气体氦气气压较低（23×10^2 Pa）时，振荡波长为 617 nm。

4.3.2 氪-氖离子激光器

氪-氖离子激光器是以氪气和氖气组成的混合气体为工作物质的惰性气体激光器。其结构与氪离子激光器完全相同。在适当的工作条件下，氪-氖离子激光器能同时输出 Ar^+ 和 Kr^+ 激光，通过调整氪气和氖气的分压比，可以获得白激光输出。在总气压为 680 Pa，氪气和氖气的分压比为 2∶8 时，可以得到颜色接近太阳光的激光。但在放电过程中，由于氪气和氖气的气体消除效应不同，氖气的消除速率比氪气高 4 倍，因此在激光器工作过程中氪气和氖气的分压比不断变化，导致激光器输出激光色度不断变化。

对放电管长度为 50 cm，内径为 2.5 mm 的氩-氪离子激光器，输出功率大于100 mW，输出激光谱线有 467.5 nm、488 nm、514.5 nm、647.1 nm、657 nm，对应的输出功率分别为 1.45 mW、10 mW、16 mW、19 mW、8.5 mW。谐振腔镜为宽带反射镜。

4.3.3 氪离子激光器

氪离子激光器是以氪气为工作物质的惰性气体激光器。其结构、工作原理和工作特性与氩离子激光器十分相似。

氪离子激光器的输出激光谱线波长在 400～900 nm 范围，主要有 476.2 nm、520.8 nm、568.2 nm 和 647.1 nm 等四条谱线，与它们对应的阈值电流强度分别为 5.5 A、6.5 A、4.4 A和6.2 A。在适当的工作条件下，四条谱线同时振荡而获得白激光输出。

4.3.4 氦-镉-汞离子激光器

氦-镉-汞离子激光器是以氦气、镉蒸气和汞蒸气组成的混合气体为工作物质的金属蒸气激光器，能同时输出镉离子激光波长 441.6 nm、533.7 nm、537.8 nm 和汞离子激光波长 615.0 nm。通过改变镉蒸气和汞蒸气的分压比，改变放电电流，能够在较大范围内调整各谱线的强度，可以获得接近于自然白光的激光输出。

氦-镉-汞离子激光器的结构、工作原理和工作特性都相似于氦-镉激光器，一般采用空心阴极结构。当镉源加热至 320℃，天然同位素汞加热至 100℃，放电电流在 2～3 A 范围时，镉蒸气气压约13 Pa 汞，汞蒸气气压约 6 Pa，得到激光谱线 441.6 nm 的功率为 9 mW，谱线 533.7 nm 和 537.8 nm 的功率为 7 mW，谱线 615.0 nm 的功率为 9 mW。

4.3.5 氦-铅离子激光器

氦-铅离子激光器是以氦气和铅蒸气组成的混合气体为工作物质的金属蒸气激光器，氦气为缓冲气体。铅原子的核外电子数为 82，铅原子电离能为 7.415 eV，铅离子基态电子组态为～$6s^2 6p^1$。

氦-铅离子激光跃迁发生在铅离子的激发态之间，主要的输出波长 560.9 nm 和 666.0 nm 对应的跃迁分别为

$$6s^2 7p^1(^2P_{3/2}) \rightarrow 6s^2 7s(^2S_{1/2}) \tag{4-17}$$

$$6s^2 7p^1(^2P_{1/2}) \rightarrow 6s^2 7s(^2S_{1/2}) \tag{4-18}$$

铅离子激光上能级的激发是通过潘宁电离激发实现的，反应方程为

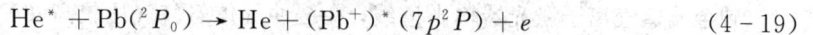

$$He^* + Pb(^2P_0) \rightarrow He + (Pb^+)^*(7p^2P) + e \tag{4-19}$$

释放的慢电子能量约为 3 eV。

练习与思考题

1. 怎样理解氩离子激光器的主要特征？
2. 分析轴向磁场在氩离子激光器中的作用。
3. 怎样解释氩离子激光器输出功率与工作电流的实验关系？
4. 氦-镉激光器依靠哪些过程建立粒子数反转分布，怎样实现白激光输出？
5. 惰性气体离子激光器具有哪些共同特征？

第二篇　固体激光器

固体激光器是以掺杂的晶体、玻璃或透明陶瓷等固态物质为工作物质的激光器。世界上第一台激光器是 1960 年 7 月由美国的梅曼(Maiman)研制的红宝石脉冲固体激光器。红宝石激光器的发明标志着激光技术、光电子技术的诞生,它已经成为 20 世纪人类科学技术四大发明之一。

固体激光器的优点是脉冲能量大(几十万焦耳)、峰值功率高(10^{13} W)、结构紧凑、坚固可靠等;可在连续、脉冲、调 Q 及锁模下运行;工作物质种类众多(达数百种),输出谱线覆盖可见光及近红外波长范围(达数千条)。固体激光器的应用主要集中在科研与开发、加工、医疗和军事等方面。

固体激光器由于体积庞大、能量转换效率低等缺点,曾一度被气体激光器所取代。随着二极管泵浦技术的发展和激光陶瓷的发明,固体激光器又焕发了活力,得到了快速发展。随着固体激光器性能的改进,使其不仅在原有应用领域的竞争力明显增强,而且开辟了一系列新的重要应用领域。

首先,二极管泵浦的固体激光器进入了信息传输领域。随着有线电视(CATV)等活动图像信息传输的迅速增长,作为发射源的半导体激光器已满足不了大功率和低失真的要求,转而部分采用大功率(几十毫瓦至一百多毫瓦)低噪声的二极管泵浦的 Nd:YAG 激光器,其波长为 1.35 μm,被传输的信号采用宽带铌酸锂调制器进行外调制。这种激光器近几年在全球销售呈上升势头,达到每年 5000 多台。

其次,二极管泵浦的固体激光器已进入分色、制版等印刷行业,开始在这新领域中占有一席之地。随着环境监测重要性的日益提高,基于固体激光器的测风雷达、测污雷达等使用的传感器有明显的增长。高峰值功率固体激光器可用于产生调光激光,近年来也有重大进展,调光激光将逐渐广泛地应用于微细加工等领域。

因此,我们有理由相信固体激光器,特别是二极管泵浦的固体激光器,包括大功率的和可调谐的固体激光器将有越来越宽广的应用前景。

第五章 固体激光器的基本特性

固体激光器是最早依据爱因斯坦关于光的吸收和发射的唯象理论，实现受激辐射光放大的激光器。在选用什么样的工作物质、采用什么样的谐振腔、利用什么样的激励手段实现粒子数反转等方面作出了开创性的探索。但是由于固体激光器的能量转换环节比较多，造成器件的结构庞大、效率低下，与其他激光器相比发展较缓慢。随着全固化固体激光器及新型工作物质的发现，固体激光器又获得了快速的发展。

5.1 固体激光器的基本原理

固体激光器首次在三能级系统中实现了可见光的激光振荡，并产生和发展了丰富的激光技术，如选模、调 Q、光放大、锁模、稳频、调制、光倍频和光混频等。

5.1.1 固体激光器的基本结构

典型的灯泵固体激光器结构如图 5.1 所示，其基本结构由工作物质、泵浦光源和谐振腔等三部分组成，另外还有电源、聚光腔、滤光系统、冷却系统等。工作物质是实现反转分布构成激光器的内在因素，泵浦光源是形成粒子数反转分布的外部条件，谐振腔是造成反馈和选模作用的主要条件。

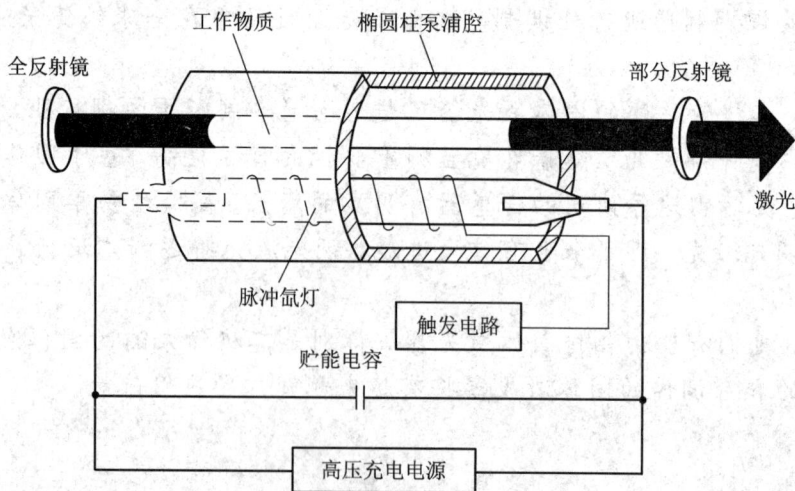

图 5.1 灯泵固体激光器结构示意图

工作物质是掺入杂质离子的单晶、玻璃或激光陶瓷等，是固体激光器的核心，在很大程度上决定了固体器件的性能。

中小型固体激光器采用光泵激励,有连续泵浦和脉冲泵浦两种形式。为改善能量转换效率,加速研究全固化固体激光器,采用的新技术有:

(1) 长寿命泵浦光源,如激光二极管阵列泵浦、太阳能泵浦等。

(2) 采用新型结构,如小型面泵浦薄膜激光器、纵向激励光纤激光器等。

(3) 采用高掺杂浓度的高增益晶体,如激光陶瓷。

(4) 采用新的冷却方式和结构,减小器件的体积和重量。

由全反射镜和部分反射镜构成的开放式谐振腔具有提供正反馈、选模和输出耦合的作用。经过理论研究和工程应用探索,谐振腔已成为制约激光振荡的形成、输出光束质量、激光能量提取效率的决定性因素。

5.1.2 固体激光器的能量转换

固体激光器是通过电源系统使泵浦光源发光,将发出的光能量经聚光系统耦合到工作物质中,被其中的掺杂离子共振吸收而实现粒子数反转,在谐振腔中形成激光振荡。在这个过程中,泵浦光源的发光效率或电光转换效率 η_L 约为 50%,该效率与电源的结构、类型及泵灯的结构性能参数有关;聚光腔的聚光效率 η_c 约为 80%,该效率与聚光腔的类型、内表面反射率、泵灯与工作物质的匹配情况及冷却滤光的能量损失等有关;激活离子的吸收效率 η_{ab} 约为 20%,该效率取决于激活离子的吸收谱带、工作物质的体积、激活离子的浓度;激活离子的荧光量子效率 η_0 是离子吸收光子到发射光子之间的总量子效率,与离子的泵浦能级向激光上能级的碰撞弛豫概率 η_1 及激光上能级通过辐射跃迁至激光下能级的概率 η_2 有关。

激活离子的能级结构决定了激光器的发光特性,通常可分为三能级系统和四能级系统两类,如图 5.2 所示。W 为受激跃迁速率,A 为自发辐射跃迁几率,S 为非辐射跃迁几率。对三能级离子系统有

$$\eta_1 = \frac{S_{32}}{S_{32} + A_{31}} \tag{5-1}$$

对四能级离子系统有

$$\eta_1 = \frac{S_{32}}{S_{32} + A_{30} + A_{31}} \tag{5-2}$$

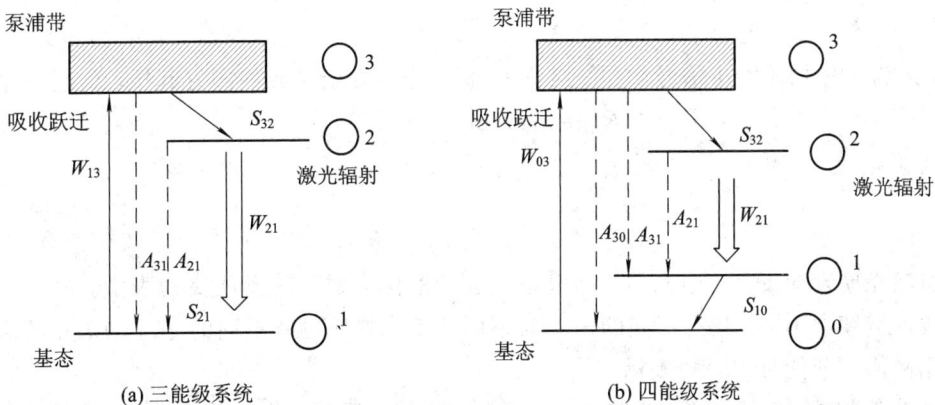

图 5.2 工作物质的简化能级模型

对三、四能级离子系统均有

$$\eta_2 = \frac{A_{21}}{A_{21} + S_{21}} \tag{5-3}$$

对质量优良的红宝石 $\eta_0 = 0.7$，对钕玻璃 $\eta_0 = 0.4$，对掺钕钇铝石榴石（Nd：YAG）$\eta_0 \approx 1$。固体激光器总的能量转换效率是输出激光能量（功率）与电源消耗的电能量（功率）之比值，表示为 $\eta = \eta_L \eta_c \eta_{ab} \eta_0$，一般在 0.5% 以下。

5.2 固体激光器的基本特性

固体激光器的基本特性包括工作特性和输出特性，表现在工作阈值、弛豫振荡、输出光束质量、输出能量（功率）及光谱特性等各个方面。

5.2.1 固体激光器的阈值

由反射率分别为 R_1、R_2 的反射镜组成的谐振腔（腔长为 L）和工作物质等构成的激光振荡器，在工作过程中表现出各种损耗，只有使粒子数反转只有达到足够程度才能建立激光振荡，即达到阈值。其主要参数有阈值增益、阈值粒子数反转等。

激光器的腔内损耗主要有输出损耗、工作物质的非共振吸收、散射、全反射镜的不完全反射、衍射损耗及谐振腔的失调等。

（1）输出镜的透射损耗为

$$T = 1 - R \tag{5-4}$$

式中，R 为输出镜的反射率（设全反射镜的反射率为1）。

（2）工作物质的内部损耗率为

$$\beta = 1 - \exp(-2\alpha L) \tag{5-5}$$

式中，α 为工作物质的损耗系数，它包括工作物质的非共振吸收、散射、衍射损耗及谐振腔的失调等。谐振腔的总损耗为

$$\delta = \frac{I_0 - I'}{I_0} = \frac{I_0 - I_0 \cdot R \cdot \exp(-2\alpha L)}{I_0} \approx T + \beta \tag{5-6}$$

光在谐振腔内往返一次所产生的光强为

$$I = I_0 \cdot R \cdot \exp[2(g^0 - \alpha)L] \tag{5-7}$$

式中，g^0 为工作物质的小信号增益，当 $I = I_0$ 时，则光在谐振腔内刚好起振。阈值条件为

$$R \cdot \exp[2(g^0 - \alpha)L] = 1 \tag{5-8}$$

阈值增益 g_{th} 为

$$g_{th} = \alpha + \frac{1}{2L} \ln \frac{1}{R} \tag{5-9}$$

由激光原理知 $g^0 = \Delta n^0 \cdot \sigma_{21}$，阈值条件也可用粒子数反转密度 Δn_{th} 表示。由于工作物质谱线加宽线型不同，具有不同的 σ_{21}。对不同的工作物质也有不同的 g_{th} 和 Δn_{th}。阈值条件也可用阈值泵浦能量（功率）表示。

影响激光器阈值的主要因素有工作物质种类、损耗系数、荧光谱线线宽、器件中各个能量转换环节的效率、谐振腔参数等。为了降低阈值，要求对器件的各组成部分进行优化设计。

5.2.2 固体激光器的增益饱和和饱和光强

激光振荡的形成是由于腔内某一自发辐射光子在腔内增益介质中引起受激辐射和腔的正反馈,使腔内光强迅速增加,激光器处于非稳定状态。当受激辐射消耗激光上能级粒子数与其他弛豫过程相比拟时,会使增益降低,这种现象称为增益饱和。当增益下降到与腔的损耗平衡时,腔内光强不再增加,激光器达到稳态运转。在稳态下,泵浦使激光上能级粒子数增加和受激辐射使激光上能级粒子数消耗的速率相等,粒子数反转分布 Δn 和腔内 υ 光子数密度 N 达到稳定状态,增益为

$$g(\upsilon, \upsilon_0) = \sigma_{21}(\upsilon, \upsilon_0) \cdot \Delta n \tag{5-10}$$

(1) 均匀加宽红宝石晶体的三能级系统的相对反转粒子数密度和增益分别为

$$\frac{\Delta n}{n} = \frac{W_p \tau_f - \dfrac{g_2}{g_1}}{W_p \tau_f + \upsilon \sigma_{21} N \tau_f + 1} \tag{5-11}$$

$$g = \frac{\sigma_{21}(\upsilon, \upsilon_0) \cdot n \cdot \left(W_p \tau_f - \dfrac{g_2}{g_1}\right)}{W_p \tau_f + \upsilon \sigma_{21}(\upsilon, \upsilon_0) N \tau_f + 1} \tag{5-12}$$

小信号情况下,即 $N=0$,代入得

$$g^0 = \frac{\sigma_{21}(\upsilon, \upsilon_0) \cdot n \cdot \left(W_p \tau_f - \dfrac{g_2}{g_1}\right)}{W_p \tau_f + 1}$$

将 g^0 代入式(5-12)中可得

$$g = g^0 \left(1 + \frac{\upsilon \sigma_{21} N \tau_f}{W_p \tau_f + 1}\right)^{-1} = \frac{g^0}{1 + \dfrac{I}{I_s}} \tag{5-13}$$

其中, $I_s = \dfrac{h\upsilon_0(W_p \tau_f + 1)}{\sigma_{21}\tau_f(1 + g_1^{-1} g_2)}$ 为饱和光强。

可以看出,小信号增益系数 g^0 与激光工作物质参数及泵浦功率的大小有关,大信号增益系数 g 还依赖于腔内的光强 I、饱和光强 I_s 等。

(2) 四能级系统的相对反转粒子数密度为

$$\frac{\Delta n}{n} = \frac{W_p \tau_f}{W_p \tau_f + \upsilon \sigma_{21} N \tau_f + 1} \tag{5-14}$$

按照增益的定义,同样可得到与式(5-12)形式相同的饱和增益表达式。由于四能级系统常有 $W_p \ll \dfrac{1}{\tau_f}$,饱和光强可表示为

$$I_s = \frac{h\upsilon_0(1 + W_p \tau_f)}{\sigma_{21}\tau_f} \approx \frac{h\upsilon_0}{\sigma_{21}\tau_f} \tag{5-15}$$

例如 Nd:YAG 晶体,光子能量为 $h\upsilon_0 = 1.86 \times 10^{-19}$ J,中心频率 υ_0 处的发射截面 σ_{21} 为 8.8×10^{-19} cm^2,荧光寿命 $\tau_f = 230$ μs,代入式(5-15)可得 $I_s = 920$ W·cm^{-2}。

5.2.3 固体激光器的弛豫振荡

无论是脉冲运转还是连续运转的固体激光器,最主要的动态特性是弛豫振荡。对脉冲

激光器，光泵浦持续时间通常小于工作物质的荧光寿命，激光器工作在非稳定状态下，其输出激光波形是时间的不规则函数，是由一连串不规则短脉冲（尖峰）构成的，短脉冲包络取决于泵浦光强。通常短脉冲的持续时间约为 $0.1 \sim 1\ \mu s$，各个短脉冲的间隔约为 $5 \sim 10\ \mu s$，泵浦光强越强，短脉冲间隔越小，短脉冲个数越多，但短脉冲包络的峰值不会增加。这种现象称为弛豫振荡现象。如图 5.3 所示是灯泵钕玻璃脉冲激光器的输出波形和周期为 $50\ \mu s$ 的正弦时标。

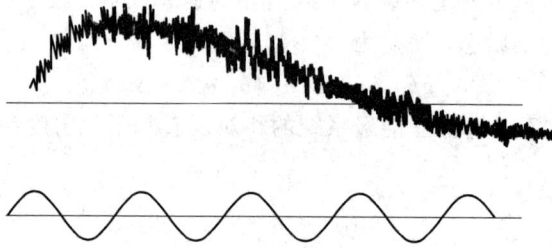

图 5.3　脉冲激光器输出的尖峰结构

现在用图 5.4 来说明不规则短脉冲的形成过程。当泵浦开始时，腔内存在的光子可忽略不计，泵浦使受激粒子数线性增加并达到反转分布；当反转粒子数密度 Δn 超过阈值 Δn_{th} 时，才开始建立激光振荡，腔内光子数很快增加；由于受激辐射会消耗激光上能级的粒子数，使得 Δn 下降，腔内光子数仍继续增加；当反转粒子数密度 Δn 下降至阈值 Δn_{th} 时，激光振荡停止，腔内光子数达到最大值，随后腔内光子数很快下降，便形成第一个激光短脉冲。由于泵浦作用，受激粒子再一次线性增加，继续前一个过程，便形成第二个激光短脉冲。

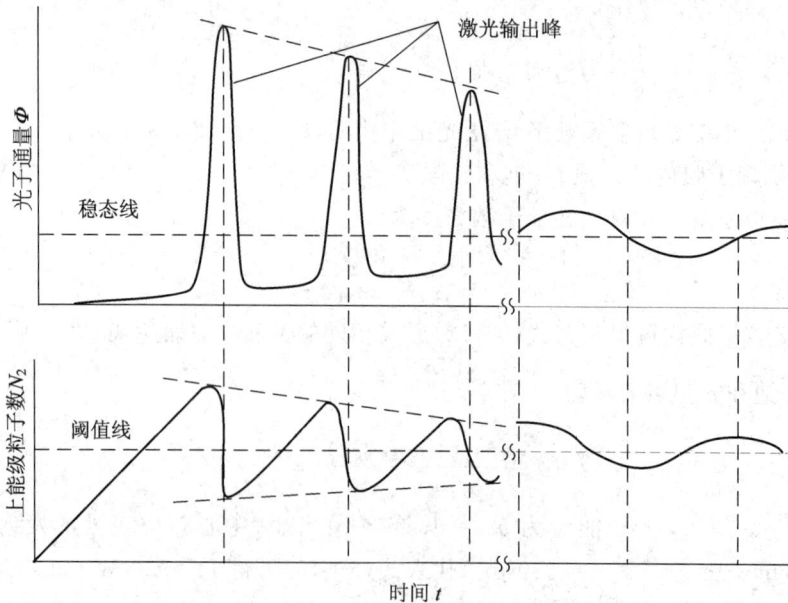

图 5.4　弛豫振荡的峰值特性

现在再使用速率方程，对短脉冲序列的形成过程进行解释。在泵浦光脉冲开始时，腔内光子密度很低，$N=0$。因此可以忽略受激辐射对激光上能级粒子数 n_2 的消耗，粒子数反转速率方程可以写为

$$\frac{\mathrm{d}\Delta n}{\mathrm{d}t} = W_p n \qquad\qquad (5-16)$$

式中 n 为总的粒子数密度，$W_p = \eta_0 W_{13}$，W_{13} 为泵浦速率，η_0 为荧光量子效率。由式(5-16)可见，反转粒子数密度 Δn 随时间线性增加。

随着光子密度增大，受激辐射成为主要因素，但在一个激光短脉冲宽度范围内，泵浦效应可以忽略，因此在实际的激光短脉冲过程中，反转粒子数密度 Δn 和光子数密度 N 的速率方程可以写成：

$$\frac{\mathrm{d}\Delta n}{\mathrm{d}t} = -\gamma \cdot c \cdot \sigma_{21} \cdot N \cdot \Delta n \qquad\qquad (5-17)$$

$$\frac{\mathrm{d}N}{\mathrm{d}t} = c \cdot \sigma_{21} \cdot N \cdot \Delta n \qquad\qquad (5-18)$$

式中忽略了过剩泵浦速率和腔损耗速率，c 为光速，$\gamma = 1 + \dfrac{g_2}{g_1}$，$\sigma_{21}$ 为受激辐射截面。可以看到，光子数密度随时间上升，而反转粒子数密度 Δn 随时间下降。当 Δn 下降到 Δn_{th} 时，光子数密度达到峰值。当 Δn 达到最小值时，获得 $\gamma \cdot \sigma_{21} \cdot N \cdot \Delta n \approx W_p n$，泵浦能够维持现有的小粒子数反转，形成一个激光短脉冲。重复这种循环，就形成另一个激光短脉冲。单个激光短脉冲的宽度约为 $0.1 \sim 1 \, \mu s$。反转粒子数密度 Δn 在 Δn_{th} 附近随时间变化呈锯齿状起伏，且峰值逐渐变小，曲线变成类似于阻尼振荡波形。

在实际的固体激光器中，这种尖峰序列消失得非常缓慢，持续在整个泵浦周期内。此外，激光器中存在的机械和热冲击以及其他的干扰，均会使这种短脉冲序列不断重复，使其成为非阻尼，不会被抑制到稳态。模结构、腔结构及泵浦功率等系统参数的不同，这种短脉冲序列可能是规则的，也可能是极不规则的。

连续运转的激光器工作于稳态中，输出激光功率是一个稳定值，但也有功率的起伏。这是由于自发辐射的量子噪声以及外界干扰，如泵浦源的波动、机械振动、温度变化等均会使激光器产生弛豫振荡、模式变化等，造成输出功率的起伏。

5.2.4　固体激光器的输出光束质量

与其他激光器相比，固体激光器工作物质的热透镜效应会引起输出光束参量随泵浦功率变化，基模高斯光束的光斑尺寸往往远小于工作物质的横向尺寸，会使固体激光器工作于多模状态，造成固体激光器的输出光束质量较差。

可以证明多模激光器输出的各个横模之间是不相干的，输出激光强度为各横模强度之和。在实际中我们往往只对输出光束的总体特性感兴趣，采用 M^2 因子来描述输出激光的质量，衡量实际激光与基模高斯光束的偏离程度。

5.2.5　固体激光器的光谱特性

激光器在工作过程中，参与激光振荡的模式与工作物质的荧光线宽、谐振腔结构、泵

浦水平等因素有关。一般在腔内不采取任何模式选择元件时，固体激光器的振荡模式表现为多横模和多纵模。多模式输出激光不是严格的单色光，光谱线宽大，相干性差，但多模式振荡能够充分消耗反转粒子数，器件的输出能量（功率）大。

由于谐振腔模式的驻波结构，导致反转粒子数空间分布的不均匀，而这种不均匀性的弛豫是很缓慢的（约为 10^{-4} s），从而造成反转粒子数和增益的空间烧孔，使激光器的振荡模式表现为多模式振荡。

固体激光器的增益线宽通常较大，所包含满足阈值的谐振频率很多，如图 5.5 所示为红宝石激光器输出的波长成分。对腔长为 75 cm 的激光器的纵模间隔为 0.03 nm，而半功率线宽为 5 nm，意味着存在约 160 个纵模。钕玻璃激光器比红宝石激光器和Nd：YAG 激光器具有更宽的增益线宽，高两个数量级。

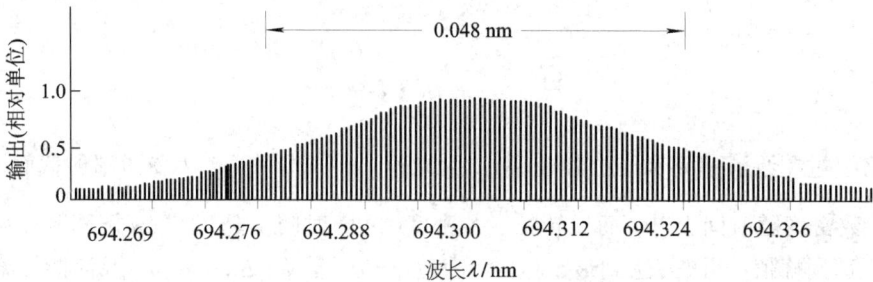

图 5.5　红宝石激光器输出的波长成分

5.2.6　固体激光器的偏振特性

固体激光器输出激光的偏振特性主要取决于工作物质的种类、质量及运行状态。60°、90°红宝石晶体和铝酸钇（YAP）晶体等工作物质属于光学各向异性，产生的激光具有明显的偏振性，而 YAG 晶体和钕玻璃等工作物质属于光学各向同性介质，由于工作物质的内部缺陷和热效应导致的应力双折射，使产生的激光具有部分偏振性。通常通过布儒斯特窗来改善输出激光的偏振性。

练习与思考题

1. 固体激光器的能量转换环节有哪些？怎样改善固体激光器的整机效率？
2. 三能级系统与四能级系统相比较，增益特性有什么不同？
3. 利用速率方程分析固体激光器弛豫振荡的形成过程。

第六章　固体激光器工作物质的性质

固体激光工作物质是掺入杂质离子的晶体、玻璃和激光陶瓷等，是固体激光器的核心。晶体、玻璃和激光陶瓷称为基质材料，掺杂离子称为激活离子。目前固体激光工作物质已达百余种，激光谱线数千条，脉冲能量达到几万焦耳，最高峰值功率达 10^{13} W，与之相关的激光技术得到迅速发展，如调 Q 技术、锁模技术、各种调制器等。最常用的工作物质有红宝石晶体(Cr^{3+}：Al_2O_3)、掺钕钇铝石榴石晶体(Nd^{3+}：YAG 单晶)、钕玻璃、掺钛蓝宝石晶体(Ti^{3+}：Al_2O_3)和 Nd^{3+}：YAG 陶瓷非晶体等。

6.1　固体激光器对工作物质的基本要求

工作物质由基质材料和少量激活离子组成。基质材料决定工作物质的物理性能，如光学、机械、热性能、物理化学稳定性，以及基质粒子的大小、原子价与激活离子相匹配等；激活离子的能级结构决定工作物质的光谱特性，是工作物质的发光中心。固体激光器对工作物质的要求体现在对基质材料和激活离子的要求上。

6.1.1　基质材料

1. 固体激光器对基质材料的要求

(1) 必须具有良好的光学性质，不因泵浦光激发产生色心而导致对光的有害吸收。

(2) 必须具有良好的机械和热性质(在工作热负荷时，不会引起过度应力)。弹性模量大，热导率高，热膨胀系数小；组分、结构及离子价态稳定；对水、溶剂和环境等的化学稳定性好，具有良好的光照稳定性、热光稳定性，热光系数最好接近于零；热光畸变(包括热透镜效应、热应力双折射和退偏效应)要小；硬度高，自破坏阈值高，抗破坏强度大，易于加工研磨。

(3) 必须具有接受掺杂离子的位置，激活离子能够实现高浓度掺杂，且荧光寿命长。

(4) 必须有足够大的尺寸和良好的光学均匀性，能够规模生长，以便有高的光学质量和生产率。

2. 基质材料的种类

用作激光工作物质的基质材料主要有晶体、玻璃和激光陶瓷等。

(1) 基质晶体中的微粒(原子、分子或离子)呈周期性排列，形成晶格点阵。当掺杂离子取代晶格点阵上的部分微粒时，就形成了掺杂的离子型晶体。由于有序的晶格场对各个掺杂离子的影响基本相同，使得离子谱线加宽呈现均匀加宽。激光晶体材料包括氟化物、氧化物、溴化物、硫化物、氧氟化物、氧氯化物和氧硫化物等。常用的基质晶体：氧化物晶体有刚玉晶体(Al_2O_3，白宝石)；混合氧化物晶体主要是各种石榴石晶体，如钇铝石榴石(YAG)、铝酸钇(YAP)；氟化物晶体如单一氟化物晶体氟化钙(CaF_2)、混合氟化物晶体氟化钇锂($YLiF_4$)等。基质晶体的主要特点是晶体的机械强度较高，不易损伤；晶体的热传导较高，不易产生热应力双折射和光学畸变；晶体中的离子谱线加宽线型主要是均匀加宽，荧光线宽较窄，辐射寿命较高(增益较高)，但光学质量和掺杂均匀性较差。

(2) 基质玻璃的微粒是无序排列的，一般认为呈网格结构，并且具有近程有序。所谓近程有序是指它的结构单元是规则排列的，如硅-氧四面体，而远程无序是指它的结构单元之间的排列是不规则的。远程无序决定了激活粒子在配位场的对称性是很低的，一般认为，作为激活剂掺入的三价稀土金属离子(如 Nd^{3+})，处在玻璃中网格外的空隙中，周围网格对各个激活离子的影响不完全一致，而使离子谱线加宽呈现非均匀加宽。激光玻璃主要有氧化物玻璃系统(硅酸盐、硼酸盐、硼硅酸盐、氟磷酸盐、锗酸盐和磷酸盐玻璃等)和非氧化物玻璃系统(卤化物和硫化物玻璃等)，迄今为止只有稀土离子在玻璃基质中实现了激光发射。

基质玻璃的离子谱线加宽线型主要是非均匀加宽，荧光谱线较宽，有利于激活吸收。玻璃掺杂浓度一般比晶体高，容易制成光学质量好的大块材料，玻璃棒的长度达到 1 m，直径超过 10 cm，盘片直径达到 90 cm，厚度为几厘米，适用于大功率、大能量激光器件。

(3) 激光陶瓷是在一定温度和环境条件下将纳米级的粉体烧结，使粉体颗粒凝结变成晶粒结合体，由多孔体变成致密体而形成的。陶瓷中晶粒在几十微米量级，其化学成分更接近于理想的成分组成，而光学性能、机械性能、导热性能等类似于晶体或优于晶体。在激光陶瓷中，激活离子随机分布在晶粒的内部或表面，没有明显的偏聚现象，激活离子受到晶场的作用，能级结构及跃迁等类似于晶体中的情况。

然而陶瓷是晶粒的结合体，在陶瓷中晶粒的晶轴取向是随机的，这就要求晶粒必须具有高对称性的晶体结构，具有光学各向同性。满足这些要求制造激光陶瓷的材料其晶体结构以立方晶系为主。激光陶瓷可以分为氧化物陶瓷、氟化物陶瓷(包括Ⅱ-Ⅵ族化合物陶瓷)和金属氧化物陶瓷等三类，主要集中在 YAG、Y_2O_3、Sc_2O_3、Lu_2O_3 和 YSAG 等立方相体系中。如作为激光工作物质的掺钕的透明氧化钇陶瓷，是在 Y_2O_3 中加入了少量 ThO_2 和微量 Nb_2O_5 而形成的。

氧化物陶瓷类似于晶体，适合掺入稀土离子如镥离子(Lu^{3+})、铥离子(Tm^{3+})，它比激光玻璃材料导热性能好，比单晶激光材料容易制造，便于制成大尺寸，有可能做成中等增益的高平均脉冲功率的激光物质。中科院上海硅酸盐研究所经过 6 年数百次实验，于 2006 年研制出国内第一块"透明陶瓷之王"——激光陶瓷，使我国成为世界上继日本之后(1995 年)第二个掌握激光陶瓷材料制造专利技术的国家。通常，陶瓷都不是透明的，这是因为普通陶瓷中充满着无数微气孔。这些气孔会对光线产生极强的折射和散射，致使几乎所有光线都无法通过陶瓷。如果能把这些气孔赶走，陶瓷就能变得如玻璃般晶莹剔透。

与激光晶体相比，激光陶瓷具有尺寸大、硬度高、机械稳定性好、耐热冲击、易于制造，且掺杂离子分布均匀等优点，因此激光陶瓷材料不但为千瓦级固体激光提供新介质，而且为实现更高功率的固体激光器奠定了基础。

6.1.2 激活离子

1. 固体激光器对激活离子的要求

激活离子的能级结构决定了固体激光器的光谱特性，是工作物质的发光中心。固体激光器对激活离子的要求体现在以下方面：

(1) 具有三能级或四能级结构。从降低阈值和提高效率的角度来衡量能级结构，四能级结构优于三能级结构。

(2) 具有宽的吸收带、大的吸收系数和吸收截面，以利于贮能。

(3) 掺入的激活离子具有有效的发射光谱和大的发射截面。

(4) 在泵浦光的光谱区和振荡波长处高度透明。

(5) 在激光波长范围内的吸收、散射等损耗小，损伤阈值高。

(6) 激活离子能够实现高浓度掺杂，且荧光寿命长。

2. 激活离子的种类

激活离子覆盖了过渡元素、镧系和锕系的一些元素(离子)。

(1) 过渡金属离子包括元素周期表第四周期过渡元素钪、钛、钒、铬、锰、铁、钴、镍。已实现受激辐射光放大的过渡金属掺杂离子有铬离子(Cr^{3+})、钛离子(Ti^{3+})、镍离子(Ni^{2+})、钴离子(Co^{2+})。其中 Cr^{3+} 掺入刚玉晶体(Al_2O_3)形成了著名的红宝石激光晶体，Ti^{3+} 掺入刚玉晶体形成掺钛蓝宝石晶体(Ti^{3+}：Al_2O_3)。在这类激活离子中，未满壳层为最外层壳层，没有外层电子的屏蔽作用，因此激活离子的能级吸收和发光特性受基质晶格场影响比较明显，与非掺杂时的自由金属离子情况差别较大。

(2) 镧系金属离子是指三价稀土金属离子，有镨、钕、钐、镝、钬、铒、铥、镱、镥离子等。由于这类离子的未满壳层为内壳层，受最外壳层电子的屏蔽作用，电子能级及能级间跃迁受到晶格场的影响较小。因此在不同基质中的这类离子的光谱与自由状态的离子光谱大体相似。这类离子的激光能级结构属于四能级系统。其中 Nd^{3+} 被首先用于产生激光并且应用最广，目前至少有 40 种不同的基质材料采用 Nd^{3+} 掺杂获得激光，而且功率较高，室温下已实现 $1.064~\mu m$、$1.35~\mu m$ 和 $0.9~\mu m$ 波长的激光输出；铒离子(Er^{3+})激光振荡的波长在 $1.53\sim1.66~\mu m$ 之间，$1.53~\mu m$ 的激光振荡广泛应用于光纤放大器中，由于 $1.66~\mu m$ 的激光对人眼的透过率很小，不易使视网膜遭受损伤而受到重视。其他镧系金属离子也在光纤放大器中有重要的应用前景。

(3) 锕系金属离子由于锕系金属元素具有放射性，且不易制造，15 种金属元素中只有铀离子用作掺杂离子而获得激光。

虽然半导体激光器也是固体的一种，但人们习惯上所称的固体激光器，其实是把具有能产生受激辐射作用的金属离子掺入晶体或玻璃基质中而人工制成的工作物质。这些掺杂离子的主要特点是具有比较宽的有效吸收光谱带、比较高的荧光效率、比较长的荧光寿命和比较窄的荧光谱线宽，因此易于产生粒子数反转和受激辐射。

在这些离子的电子组态中，未满外壳层的电子和未满内壳层的电子可以处在不同轨道运动状态，形成离子的一系列能级。由于受到外层电子的屏蔽作用，未满内壳层的电子发生能级跃迁不会受到基质势场太大的影响，因而在不同基质中的这类离子光谱与自由状态的离子光谱相似；未满外壳层的电子发生能级跃迁受到基质势场的影响较大，因而在不同基质中的这类离子光谱与自由状态的离子光谱有较大差异。

6.2 红宝石晶体

红宝石晶体由基质材料刚玉晶体和掺杂离子 Cr^{3+} 组成。刚玉晶体具有 α、β、γ 等多种异构体，其中 α-Al_2O_3 晶体的性质十分稳定，因此通常被用作基质晶体。在晶体 α-Al_2O_3 中掺入浓度为 $0.03\%\sim0.07\%$（重量）的 Cr^{3+} 时，晶体呈现淡红色。当重量掺杂比为 0.05% 时，Cr^{3+} 平均密度为 1.58×10^{19} cm^{-3}。Cr^{3+} 在可见光区的激光谱线更具吸引力，相反大多数稀土离子发射的谱线处于近红外区。

6.2.1 红宝石晶体的物理性质

晶体 α-Al_2O_3 晶胞为六面锐角棱面体，如图 6.1 所示。其中晶体有一个对称轴，称为 C 轴，是单位晶胞的主对角线。红宝石晶体是通过熔融的高纯刚玉晶体 Al_2O_3 中加入少量的 Cr_2O_3 形成的，Cr^{3+} 部分地取代了晶体 α-Al_2O_3 点阵上的 Al^{3+}。单晶生长方向可分别取与光轴 C 成 $0°$、$60°$、$90°$，其中 $0°$ 红宝石晶体的发射光无偏振特性，而 $60°$ 和 $90°$ 红宝石晶体由于受激发射优先在垂直于光轴平面的极化发生而发射线偏振光，通常采用 $60°$ 红宝石晶体。

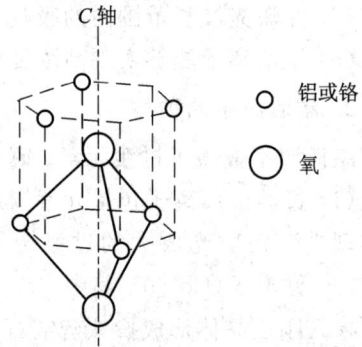

图 6.1 红宝石的晶体结构

红宝石晶体为光学各向异性负单轴晶体，能够产生光学双折射，对红光的寻常光折射率为 $n_0=1.763$，对非常光折射率 $n_e=1.755$。红宝石晶体的化学组分与结构十分稳定，具有机械性能好，质地坚硬，熔点高，热形变小，热导率高，抗激光破坏能力强等优点。其基本物理性质见表 6-1。

表 6-1 红宝石晶体的基本物理性质

物 理 参 数		物 理 参 数	
分子量	101.9	热膨胀系数（$℃^{-1}$）	6.7×10^{-6}（//C 轴） 5.0×10^{-6}（$\perp C$ 轴）
熔点（$℃$）	2050	比热（10^3 $J\cdot g^{-1}\cdot K^{-1}$）	0.7524（293 K） 0.1045（77 K）
密度（$g\cdot cm^{-3}$）	3.98	折射率（700 nm）	$n_0=1.763$（$E\perp C$ 轴） $n_e=1.755$（E//C 轴）
硬度（莫氏）	9	折射率温度系数（$℃^{-1}$，700 nm）	11×10^{-6}
热导率（$W\cdot cm^{-1}\cdot K^{-1}$）	0.42（300 K） 10.0（77 K）	热扩散率（$cm^2\cdot s^{-1}$）	0.13

6.2.2 红宝石晶体的激光性质

红宝石晶体的激光性质主要取决于激活离子 Cr^{3+} 的能级结构,如图 6.2 所示,为典型的三能级系统。Cr 原子基态电子组态为 $1s^2 2s^2 2p^6 3s^2 3p^6 3d^5 4s^1$,掺入刚玉晶体后失去三个电子变成 Cr^{3+},Cr^{3+} 离子基态组态为 $1s^2 2s^2 2p^6 3s^3 3p^6 3d^3$。图中 $^4A_2$ 为 Cr^{3+} 基态(激光下能级),简并度为 $g_1 = 4$;^2E(14 400 cm^{-1})为亚稳态(激光上能级),荧光寿命为 3 ms,荧光量子效率为 50%~70%。简并度为 $g_2 = 2$,由能级差为 29 cm^{-1} 的两个子能级 $2\overline{A}$ 和 $\overline{E}$ 组成;$^4F_1$ 能级(25 000 cm^{-1})和 $^4F_2$ 能级(18 000 cm^{-1})为两个泵浦光吸收能带。

Cr^{3+} 离子未满壳层为最外电子壳层,受晶格场的影响很大,表现在光学吸收谱线与偏振态有关。

Cr^{3+} 离子的吸收光谱曲线如图 6.3 所示,其中两条曲线分别对应于入射光的偏振方向与光轴相垂直($E \perp C$)、平行($E /\!/ C$)两种的吸收情况。由此看出,在可见光有两条强吸收带,峰值波长分别位于 410 nm 和 550 nm 处,对应能级 $^4F_1$ 和 $^4F_2$。前者对应紫蓝色光,称为 U 带,吸收系数分别为 $\alpha_{/\!/} = 2.8$ cm^{-1}、$\alpha_{\perp} = 3.2$ cm^{-1};后者对应黄绿色光,称为 Y 带。U 带和 Y 带的带宽均为 100 nm 左右。

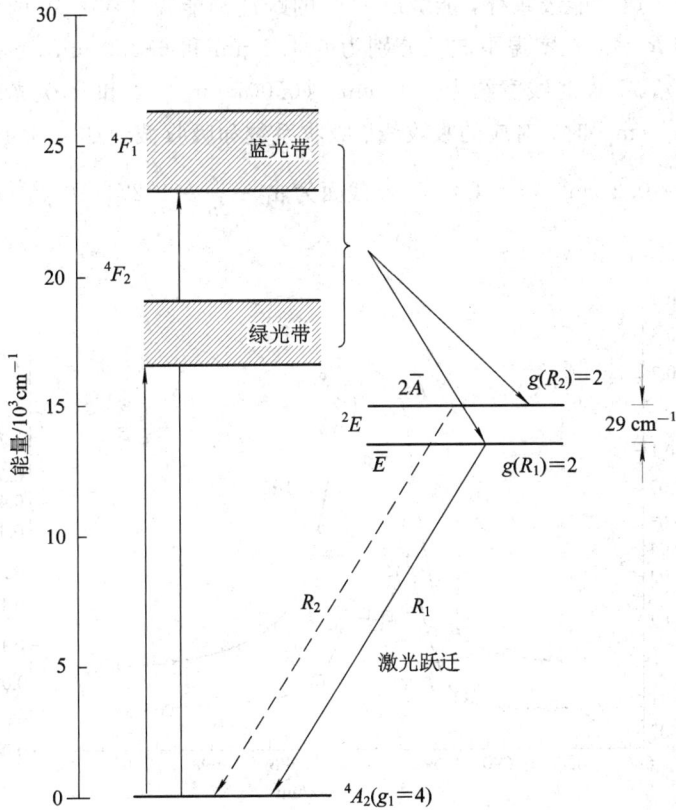

图 6.2 红宝石中 Cr^{3+} 的能级结构

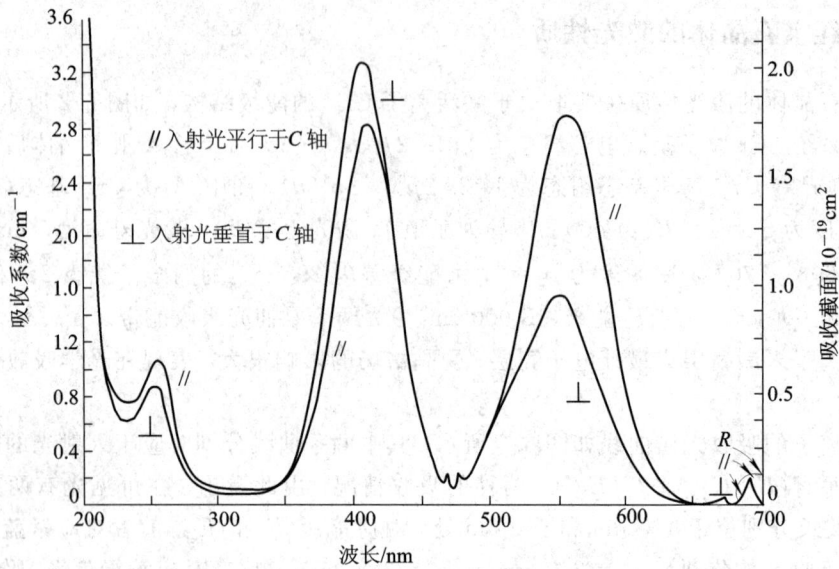

图 6.3　红宝石中 Cr^{3+} 的吸收光谱曲线

掺杂离子 Cr^{3+} 属三能级系统，能级 $\overline{E} \rightarrow {}^4A_2$ 的跃迁和能级 $2\overline{A} \rightarrow {}^4A_2$ 的跃迁分别产生自发辐射谱线 R_1 和 R_2 线，在室温下波长分别为 694.3 nm 和 692.9 nm，室温下荧光线宽为 11 cm^{-1}(0.5 nm)，77 K 时线宽约为 0.15 cm^{-1}(0.007 nm)。R_1 和 R_2 荧光谱线在 Cr^{3+} 离子浓度为 1.56×10^{19} cm^{-3} 时，对应的吸收线、吸收系数和吸收截面如图 6.4 所示，可见，R_1 线的吸收系数 $\alpha_0 = 0.2$ cm^{-1}($E \perp C$)，吸收截面为 $\sigma_{12} = \dfrac{\alpha_0}{n} = 1.27 \times 10^{-20}$ cm^2($E \perp C$)，荧光 R_1 线比 R_2 线强。

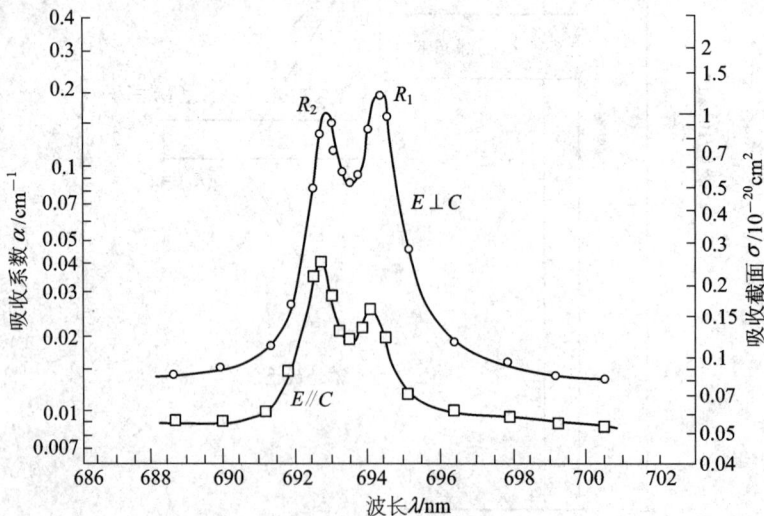

图 6.4　红宝石晶体中 R_1 和 R_2 线的吸收系数和吸收截面与波长的关系

常用脉冲氙灯发出的强可见光对泵浦吸收带 ${}^4F_1$ 和 ${}^4F_2$ 进行泵浦激励，以实现粒子数反转。处于泵浦能带 ${}^4F_1$ 和 ${}^4F_2$ 的 Cr^{3+} 极不稳定，很快通过非辐射跃迁的形式弛豫到较低的亚稳能级^2E上，弛豫时间为10^{-9} s，在^2E能级上，粒子数得到聚集。由于荧光R_1线比R_2线强，所以R_1线容易达到阈值而形成激光振荡。

另外必须指出，一般激光振荡发生在R_1线，R_2线就被抑制。这是由于在室温热平衡下，R_1线比R_2线具有更高的增益和更高的自发辐射跃迁几率。^2E能级上的粒子按玻耳兹曼分布分布于子能级$2\overline{A}$和$\overline{E}$上，能级$2\overline{A}$上约占47%，$\overline{E}$上约占53%（粒子数密度比为0.87）。一旦能级$\overline{E}$的粒子因受激辐射而消耗，能级$2\overline{A}$上的粒子便迅速（约10^{-9} s）转移到$\overline{E}$上，使R_2线被吃掉。故当光泵足够强时，R_1线首先达到阈值而只有R_1线形成激光振荡。室温下红宝石晶体的主要光学性质和激光性质见表$6-2$。

表 6-2　室温下红宝石晶体的主要光学性质和激光性质

物 理 参 数		物 理 参 数	
Cr_2O_3	0.05%（重量百分比）	受激发射截面	2.5×10^{-20} cm^2
Cr^{3+}浓度	1.58×10^{19} cm^{-3}	U带吸收系数	$\alpha_{/\!/}=2.8$ cm^{-1}，$\alpha_{\perp}=3.2$ cm^{-1}
输出波长	694.3 nm$(298$ K$)$	Y带吸收系数	$\alpha_{/\!/}=2.8$ cm^{-1}，$\alpha_{\perp}=1.4$ cm^{-1}
荧光寿命	3.0 ms$(300$ K$)$	布儒斯特窗	$60°37'(694.3$ nm$)$
谱线线宽	11 cm$^{-1}(0.53$ nm$)$	散射损失	0.001 cm^{-1}
光子能量	2.86×10^{-19} J	最大可提取能量	2.35 J·cm^{-3}（完全反转）
量子效率	70%	最大上能级能量密度	4.52 J·cm^{-3}（完全反转）
R_1线的吸收系数	0.2 cm$^{-1}(E\perp C)$	上能级阈值	2.18 J·cm^{-3}
R_1线的吸收截面	1.22×10^{-20} cm$^2(E\perp C)$		

6.3　掺钕钇铝石榴石晶体

由于具有高的增益、良好的热性能和机械性能，掺钕钇铝石榴石晶体（Nd^{3+}：YAG）激光器已经成为工业、科学研究、医学和军事应用中最重要的固体激光器。单根Nd^{3+}：YAG 激光晶体（$\varnothing 10\times152$ mm）能获得 565 W 的连续输出功率，串接的激光器功率高达 1.15 kW。另一方面 Nd^{3+}：YAG 晶体吸收小于 1 mW 的泵浦功率就可达到阈值，特别是激光器泵浦的 Nd^{3+}：YAG 晶体激光器的发展，使固体激光器在小型化、全固化方面取得突破性进展。

6.3.1　掺钕钇铝石榴石晶体的物理性质

钇铝石榴石（YAG）晶体属立方晶系，硬度高，为无色透明，是由 Y_2O_3 和 Al_2O_3 按摩尔比 $3:5$ 化合而成的。掺钕钇铝石榴石晶体的化学式为 Nd^{3+}：$Y_3Al_5O_{12}$，它是在 YAG 单晶中掺入适量三价稀土离子 Nd^{3+} 构成的，简写为 Nd^{3+}：YAG，具有光学各向同性，呈淡粉紫色。掺钕的浓度是有严格限制的，一般约为 1% 原子百分比，这是由于 Nd^{3+} 离子半径（13.23 nm）和 Y^{3+} 离子半径（12.81 nm）并不完全相等，掺 Nd^{3+} 离子容易造成光学缺陷，这就是 YAG 晶体中不能有较高浓度的 Nd^{3+} 离子取得同形置换的重要原因。

YAG 晶体具有优良的热物理性能，熔点高，硬度大。这对连续和高重复率脉冲工作的激光器是非常有利的。掺钕钇铝石榴石晶体具有良好的物理性质，见表 $6-3$。

表 6-3 Nd^{3+} ：YAG 晶体的物理性质

物 理 参 数		物 理 参 数	
Nd%(重量百分比)	0.725	热膨胀系数 （℃$^{-1}$，0~250℃）	8.2×10^{-6}，[100]取向 7.7×10^{-6}，[110]取向 7.8×10^{-6}，[111]取向
Nd%(原子百分比)	1.0	密度	4.56 g·cm^{-3}
Nd 原子密度	1.38×10^{20} cm^{-3}	折射率(1.0 μm)	$n=1.82$
熔点	1970℃	弹性模量	3×10^3 kg·cm^{-2}
莫氏硬度	8.5	热导率(W·m^{-1}·K^{-1})	14(300 K)

6.3.2 掺钕钇铝石榴石晶体的激光性质

Nd 原子的原子序数为 60，基态电子组态为 $\sim 4f^4 5s^2 5p^6 6s^2$，基态谱项为 $^5I_4$。掺钕钇铝石榴石晶体中的激活离子的电子组态为 $\sim 4f^3 5s^2 5p^6$，基态谱项为 $^4I_{9/2}$，未满壳层是内壳层 $4f$。激发态谱项为 $^4I_{11/2}$、$^4I_{13/2}$、$^4I_{15/2}$、$^4F_{3/2}$、$^4F_{5/2}+^2H_{9/2}$、$^4F_{7/2}+^4S_{3/2}$、$^4G_{5/2}+^2G_{7/2}$ 等，其中 $^4F_{3/2}$ 态为亚稳态，寿命约为 200 μs，如图 6.5 所示。亚稳态 $^4F_{3/2}$ 的量子效率很高，一般大于 99.5%。对应不同波长的荧光辐射，$^4I_{9/2}$、$^4I_{11/2}$、$^4I_{13/2}$ 态都可以作为终态能级。$^4F_{3/2} \rightarrow ^4I_{11/2}$ 的跃迁产生谱带 1.05~1.12 μm 的辐射（中心波长为 1.06 μm），$^4F_{3/2} \rightarrow ^4I_{9/2}$ 的跃迁产生谱带 0.87~0.95 μm 的辐射（中心波长为 0.914 μm），$^4F_{3/2} \rightarrow ^4I_{13/2}$ 的跃迁产生 1.35 μm 附近谱带的辐射（中心波长为 1.35 μm），其中 1.06 μm 谱线最强，1.35 μm 谱线最弱，这三种辐射的强度比大约为 0.6：0.25：0.14。能级 $^4F_{3/2}$ 以上的能级为泵浦能级，最强谱线 1.06 μm 的能级结构属四能级系统。

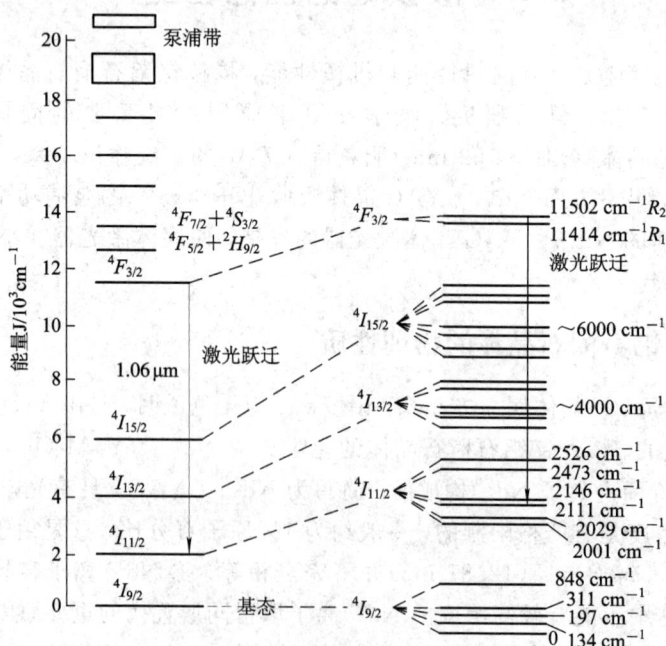

图 6.5 Nd^{3+} ：YAG 晶体的能级结构

Nd³⁺：YAG 晶体在温度为 300 K 时的吸收光谱结构如图 6.6 所示。可以看出，在 500～900 nm 波长范围内，主要有五个吸收光谱带，中心波长分别在 525 nm、585 nm、750 nm、810 nm、870 nm，每个带宽约为 30 nm，其中 750 nm 和 810 nm 附近的两个吸收带最为重要。

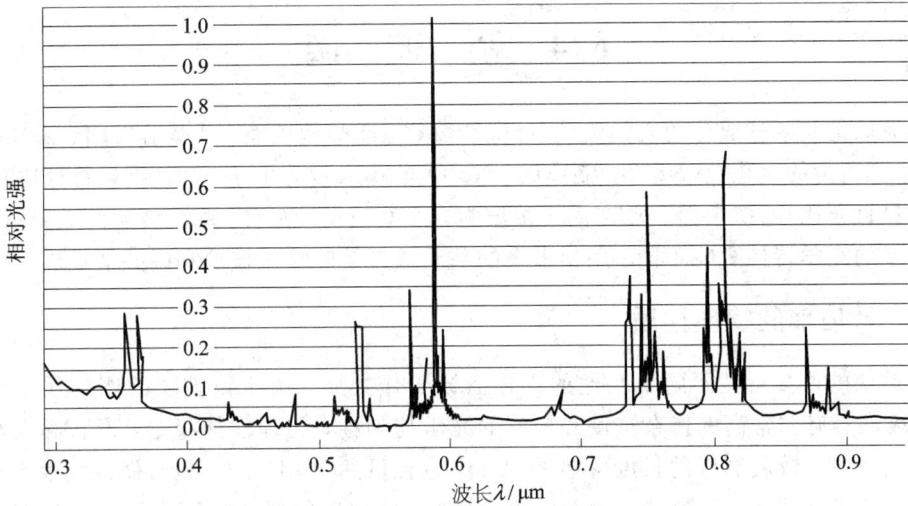

图 6.6　Nd³⁺：YAG 晶体在 300 K 的吸收光谱结构

由于能级 $^4I_{11/2}$ 和 $^4I_{13/2}$ 距基态较远，能级差分别为 1950 cm⁻¹、3900 cm⁻¹。在室温热平衡状态下，能级 $^4I_{11/2}$ 和 $^4I_{13/2}$ 上的离子数很少（$n_1 \approx 0$），所以只要能级 $^4F_{3/2}$ 上有少量的激活离子（$n_2 > 0$），就能实现粒子数反转分布。由于 1.06 μm 的荧光强度较 1.35 μm 的荧光强度强约四倍，1.06 μm 的谱线将首先起振，并抑制了 1.35 μm 谱线起振，因此通常只观察到 1.06 μm 的激光。只有采取选频措施后才有可能实现 1.35 μm 的激光振荡。采取选频措施后可以产生 20 条以上的激光谱线。由于 Nd³⁺ 受基质晶格场的影响，能级产生斯塔克分裂，在温度为 300 K 时 1.06 μm 附近的荧光光谱和能级精细结构如图 6.7 所示。

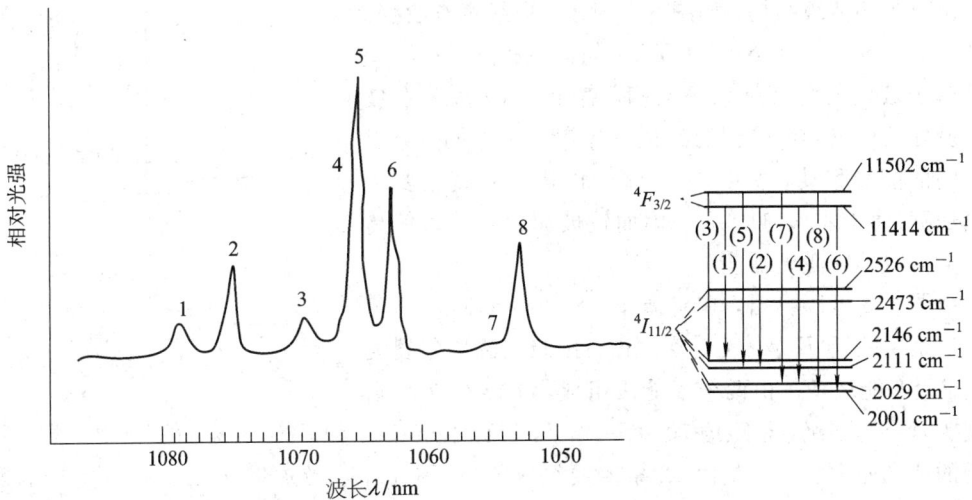

图 6.7　Nd³⁺：YAG 晶体在 1.06 μm 附近的荧光光谱

在光泵浦激励下，处于 Nd^{3+} 基态的大量离子吸收与吸收带能量相应的能量，跃迁到亚稳态 $^4F_{3/2}$ 以上的激发态。由于这些激发态能级不稳定，会很快弛豫到亚稳态 $^4F_{3/2}$，使能级 $^4F_{3/2}$ 上的离子得以积累，实现 $^4F_{3/2} \rightarrow {}^4I_{11/2}$ 能级之间的受激辐射光放大，产生 $1.06\ \mu m$ 附近的激光输出。室温下由于晶格热振动引起的谱线加宽为均匀加宽。

6.4 钕 玻 璃

钕玻璃是在某种成分的光学玻璃(硅酸盐玻璃、硼酸盐玻璃、磷酸盐玻璃、氟酸盐玻璃等)中掺入适量的氧化钕(Nd_2O_3)制成的。Nd_2O_3 的掺入量为 $1\% \sim 5\%$(重量百分比)，对于 3%(重量百分比)的掺杂量，Nd^{3+} 离子浓度为 $3 \times 10^{20}\ cm^{-3}$ 左右。基质玻璃的成分不同，对激活离子的光学特性影响不同。用得最多的基质材料是硅酸盐玻璃和磷酸盐玻璃。

6.4.1 钕玻璃的物理性质

钕玻璃的许多特性不同于其他的固体激光工作物质。由于钕玻璃的网格属于无序结构，钕玻璃具有非常高的掺杂浓度和极好的光学均匀性，物理性能稳定，形状和大小具有较大的自由度。钕玻璃棒的长度可达 $1 \sim 2\ m$，直径可达 $3 \sim 10\ cm$，也可做成厚度 $5\ cm$、直径 $90\ cm$ 的盘片状，易于制成特大功率的激光器。钕玻璃的尺寸也可小到直径近似到几个微米的玻璃纤维，用于集成光路的光放大或光振荡。但钕玻璃的热性能和机械性能较差，它的热导率比 YAG 晶体约低一个数量级，因而冷却性能较差；热膨胀系数又比较大，热畸变比晶体严重。因而钕玻璃不适于连续或高重复率运转的激光器。

6.4.2 钕玻璃的激光性质

由于掺入三价钕离子的未满电子壳层是内壳层，被外层电子所屏蔽，所以玻璃中的配位场对它的影响较小，钕玻璃中 Nd^{3+} 的能级结构与晶体中的基本相似，接近自由离子的能级结构，如图 6.8 所示，但线宽有改变，增加约 $250\ cm^{-1}$，比 Nd^{3+}：YAG 晶体宽得多。这种差异是由于玻璃的网格是无序结构，各个 Nd^{3+} 离子在玻璃中所处的位置和所受到的配位场作用各不相同，会引起不同的能级移动，所以 Nd^{3+} 离子的谱线加宽主要是缺陷加宽(属于非均匀加宽)，因而钕玻璃激光器阈值高于 Nd^{3+}：YAG 激光器。

由图 6.8 可以看出，在室温下，$1.06\ \mu m$ 附近的荧光光谱是由跃迁 $^4F_{3/2} \rightarrow {}^4I_{11/2}$ 产生的。按照配位场分裂规则，亚稳态能级 $^4F_{3/2}$ 由两个子能级组成，下能级 $^4I_{11/2}$ 则分裂为六个子能级，相距约 $70 \sim 90\ cm^{-1}$，因此 $1.06\ \mu m$ 附近的荧光光谱实际上是由 12 条谱线组成的(见图 6.5)。钕玻璃在 $1.06\ \mu m$ 附近的荧光寿命和量子效率，因基质成分的不同而有一定的差异，荧光寿命较长约为 $0.6 \sim 0.9\ ms$，易于积累粒子，荧光量子效率约为 $0.3 \sim 0.7$，荧光线宽对温度的变化不太灵敏，从室温到

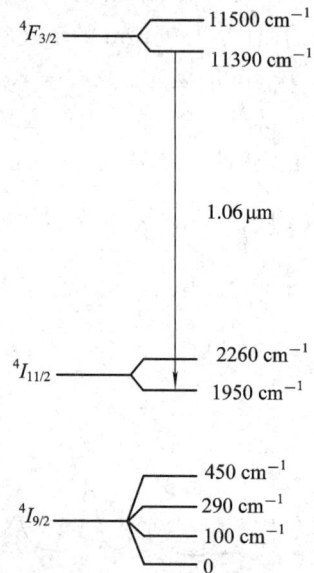

图 6.8 钕离子在玻璃中的能级结构

能级结构图（右侧）：
- $^4F_{3/2}$ ： $11500\ cm^{-1}$，$11390\ cm^{-1}$
- $1.06\ \mu m$
- $^4I_{11/2}$ ： $2260\ cm^{-1}$，$1950\ cm^{-1}$
- $^4I_{9/2}$ ： $450\ cm^{-1}$，$290\ cm^{-1}$，$100\ cm^{-1}$，0

液氮温度只降低了 10%。

钕玻璃在 $1.06~\mu m$ 附近的激光运转具有典型的四能级结构。在光泵浦激励下，处在 Nd^{3+} 基态的大量离子吸收与吸收带能量相应的能量，跃迁到亚稳态 $^4F_{3/2}$ 以上的激发态。由于这些激发态能级不稳定，便会很快弛豫到亚稳态 $^4F_{3/2}$（约为 $0.5\sim2.5~\mu s$），使能级 $^4F_{3/2}$ 上的离子得以积累。而下能级 $^4I_{11/2}$ 在基态以上约 $1950~cm^{-1}$ 处，故在室温下由热运动造成的粒子数分布可忽略，由于辐射跃迁而到达下能级的粒子数能迅速地（约为 $2\sim15~ns$）通过非辐射声子跃迁返回到基态，因此有利于维持受激辐射光放大，产生 $1.06~\mu m$ 的连续激光输出。

钕离子 Nd^{3+} 在玻璃中的吸收光谱如图 6.9 所示。比较图 6.6 可以看到，吸收峰值的位置大致相同，但钕玻璃的吸收峰值带宽宽得多。钕玻璃的物理性质和光学性质见表 6-4。

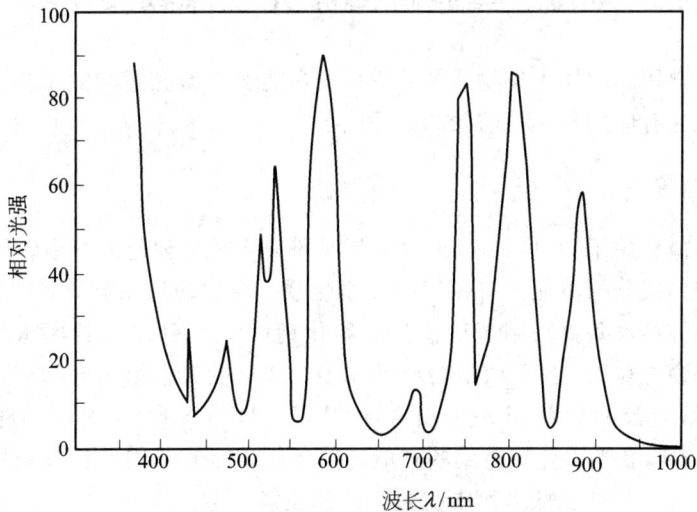

图 6.9　钕离子在玻璃中的吸收光谱

表 6-4　国产钕玻璃的物理性质和光学性质

玻 璃 型 号	$N_{.312}$	N_{0712}	N_{0812}	N_{1024}
Nd%（重量百分比）	1.2	1.2	1.2	2.4
玻璃密度/($g \cdot cm^{-3}$)	2.51	2.52	2.50	2.52
显微硬度/($kg \cdot cm^{-2}$)	606	557	533	585
抗折强度/($kg \cdot cm^{-2}$)	11.8	9.1	10.2	8.9
弹性模量/($10^2~kg \cdot cm^{-2}$)	759	647	687	750
玻璃软化温度/℃	660	560	680	585
线膨胀系数/($10^{-7} \cdot ℃^{-1}$，15℃~200℃)	80	87	87	89
折射率温度系数/($10^{-7} \cdot ℃^{-1}$)	16.2	0.2	1.2	8.0
折射率/$n_{1.06}$	1.5122	1.4955	1.5075	1.5068
折射率/n_C	1.5197	1.5029	1.5150	1.5146
折射率/n_D	1.4224	1.5054	1.5176	1.5171

玻 璃 型 号	N₃₁₂	N₀₇₁₂	N₀₈₁₂	N₁₀₂₄
折射率	1.5284	1.5113	1.5236	1.5234
热光系数/($10^{-7}W \cdot ℃^{-1}$，波长 632.8 nm 处)	58	45	46	54
波长 1.06 μm 处的损耗系数(%cm^{-1})	0.10	0.12	0.10	0.22
激光效率/%	4.0	3.5	3.8	3.5
荧光寿命/μs	590	890	750	510
荧光半线宽/nm	29.0	24.0	24.0	28.0

6.5 其他固体激光工作物质

除上述三种常用的固体工作物质外，还有很多能实现激光运转的工作物质。本节将介绍几种目前被认为有应用和开发前景的工作物质。

6.5.1 激光陶瓷

激光陶瓷的研究始于 20 世纪 60 年代，当时研究人员从理论上推测各向同性的高纯多晶陶瓷有可能与同成分的单晶具有相当的光学性质。在此理论指导下，1964 年 Carnall 等人采用热压真空烧结设备首次制造出掺镝的氟化钙(Dy^{2+}：CaF_2)透明激光陶瓷，并在液氮温度下实现了激光振荡，振荡阈值与单晶相似，这是世界上第一台陶瓷激光器，并从此为陶瓷材料开辟了新的应用领域。相继出现了 NDY(Nd^{3+}：Y_2O_3)透明激光陶瓷，ϕ8×110 mm 的透明激光陶瓷棒得到的阈值和斜率效率可与当时的钕玻璃相媲美。但这一时期的激光陶瓷因光学性能低劣而未引起人们的注意。

1995 年，日本的 Ikesue 等人采用氧化物高温固相反应法，将高纯度的 Al_2O_2、Y_2O_3 和 Nd_2O_3 直接混合，采用真空烧结工艺首次制造出高度透明、高质量的 Nd^{3+}：YAG 陶瓷，光的散射率降至 0.009 cm^{-1}，并依此在世界上率先研制出第一台与 Nd^{3+}：YAG 单晶相媲美的 Nd^{3+}：YAG 陶瓷激光器，采用输出功率 600 mW、输出波长 808 nm 的半导体激光器作为泵浦光源，得到 Nd^{3+}：YAG 陶瓷激光器输出功率为 70 mW。2006 年，美国利弗莫尔国家实验室研究人员(Livemore Nation Lab)利用日本 Konoshima 化学公司生产的 Nd^{3+}：YAG 陶瓷(100 mm×100 mm×20 mm)研制出高功率全固态热容激光器，并突破性地实现最大输出功率67 kW，这是到目前为止已报道的陶瓷激光器的最大输出功率。Nd^{3+}：YAG 陶瓷与 Nd^{3+}：YAG 单晶相比具有一系列优点：容易制作，制作费用低，尺寸大(最大单晶尺寸为 23 cm，Nd^{3+}：YAG 陶瓷已达单晶的两倍)，多功能性，大批量生产。

掺杂浓度 0.1%(原子百分比)的 Nd^{3+}：YAG 陶瓷与掺杂浓度 0.9%(原子百分比)的 Nd^{3+}：YAG 单晶在室温下的吸收光谱如图 6.10 所示。可以看出两者的吸收光谱几乎一致。由于掺杂浓度的不同，两者的吸收系数约有 15%的差别；吸收峰均在 808.6 nm，吸收系数随着掺杂浓度的增加而线性增加，掺杂浓度为 0.1%、0.6%、1%、2%、4%(原子百分比)的陶瓷样品的峰值吸收系数分别为 0.96 cm^{-1}、6.6 cm^{-1}、11 cm^{-1}、20.6 cm^{-1}、39.7 cm^{-1}。

(a)

(b)

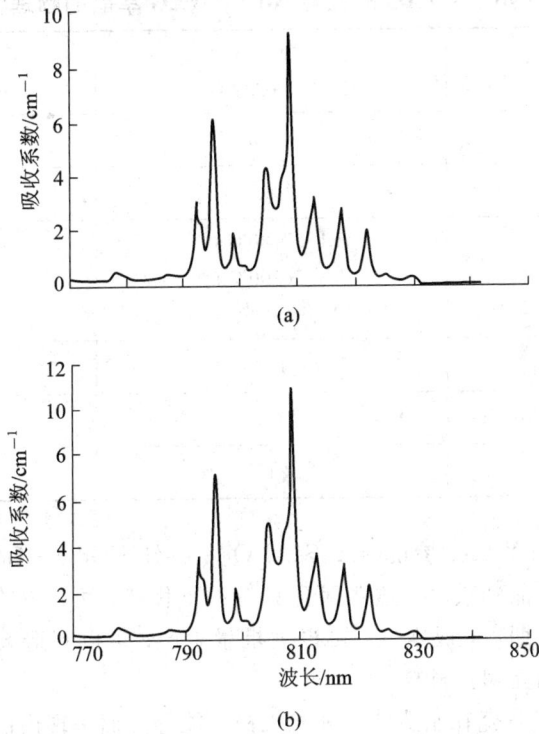

图 6.10　Nd³⁺ ∶ YAG 陶瓷与 Nd³⁺ ∶ YAG 的吸收光谱

如图 6.11 所示是掺杂浓度 1%(原子百分比)的 Nd³⁺ ∶ YAG 陶瓷与掺杂浓度 0.9%(原子百分比)的 Nd³⁺ ∶ YAG 单晶在室温下 $^4F_{3/2} \rightarrow {}^4I_{11/2}$ 跃迁产生的荧光光谱。为便于比较，两者的荧光光谱都经过归一化处理，并且放在一张图中，可以看出两者的荧光光谱几乎一致，主要发射峰分别在 1064.18 nm，半高全宽为 0.78 nm。随着掺杂浓度的增加荧光光谱有一点红移。掺杂浓度为 0.1%、0.6%、1%、2%、4%(原子百分比)的陶瓷样品的室温发射峰分别在 1064.10 nm、1064.15 nm、1064.18 nm、1064.24 nm、1064.30 nm。由于荧光淬灭效应，随着掺杂浓度的增加荧光线宽也有所增加，分别为 0.77 nm、0.78 nm、0.78 nm、0.81 nm、0.85 nm。随着掺杂浓度的增加，荧光寿命有所减小。

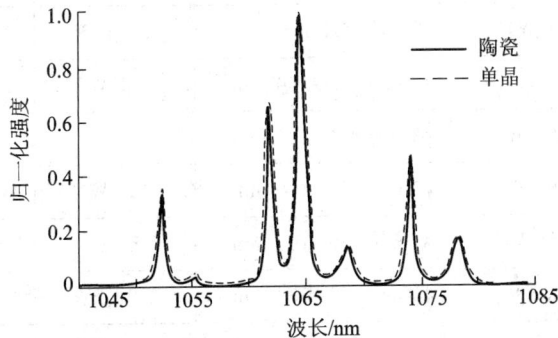

图 6.11　Nd³⁺ ∶ YAG 陶瓷与 Nd³⁺ ∶ YAG 的荧光光谱

Nd^{3+}：YAG 陶瓷与 Nd^{3+}：YAG 单晶的物理性能比较见表 6-5。

表 6-5 Nd^{3+}：YAG 陶瓷与 Nd^{3+}：YAG 单晶的物理性能比较

物理性能参数	1.1%（原子百分比）Nd^{3+}：YAG 单晶	0.9%（原子百分比）Nd^{3+}：YAG 陶瓷
体密度$(g \cdot cm^{-3})$	4.55	4.55
显微硬度/GPa	14.5	15.5
热导率/$(W \cdot mK^{-1})$	10.7(20℃) 6.7(200℃) 4.6(600℃)	10.4(20℃) 6.8(200℃) 4.6(600℃)
脆性/$MPa \cdot m^{1/2}$	1.8	8.8
在 590 nm 处的折射率	1.810	1.808
自发辐射寿命/μs	217	210

此后出现了掺镱的 YAG、掺钪的 $Y_3ScAl_4O_{12}$、掺钇 $YGdO_3$-Lu_2O_3、掺铬的 ZnSe 透明激光陶瓷。相对于单晶和玻璃，透明陶瓷具有以下优势：可以掺杂高浓度的激活离子，而且掺杂均匀；制造周期短，成本低，可以大批量生产；可以制造大尺寸、形状复杂的材料；可以制造多层多功能陶瓷材料。

正是由于透明激光陶瓷在制造技术和光机械性能等方面呈现出的特殊优势，因此制造高透明、高掺杂浓度、大尺寸的透明激光陶瓷成为近年来备受国内外研究学者关注的热点问题。Nd^{3+}：YAG 透明陶瓷激光器的相关参数见表 6-6，各类透明陶瓷激光器的相关参数见表 6-7。

表 6-6 Nd^{3+}：YAG 透明陶瓷激光器的相关参数

Nd% 重量百分比	泵浦波长 （最大泵浦功率）	样品尺寸（厚度 T、 直径 ϕ、长度 L）	最大输出功率	斜率效率 （光光转换效率）	年份
1.1	808 nm(600 mW)	$T=2$ mm	70 mW	28%	1995
2.4	808 nm(600 mW)		78 mW	40%	1996
1.0	808 nm(1 W)	$T=4.8$ mm	350 mW	53%(47.6%)	2000
2.0	808 nm(1 W)	$T=2.5$ mm	465 mW	55.4%(52.7%)	2000
1.0	807 nm(214.5 W)	$\phi 3$ mm, $L=100$ mm	31 W	18.8%(14.5%)	2000
1.0	808 nm(290 W)	$\phi 3$ mm, $L=104$ mm	72 W	(24.8%)	2001
1.0	807 nm(290 W)	$\phi 3$ mm, $L=100$ mm	84 W	36.3%(29%)	2001
0.6	807 nm(280 W)	$\phi 4$ mm, $L=105$ mm	88 W	(30%)	202
	（~3.5 kW）	$\phi 8$ mm, $L=203$ mm	1.46 kW	50%(42%)	2002
		100 mm×100 mm×20 mm	67 kW		2006

表 6 - 7　各类透明陶瓷激光器的相关参数

陶瓷基质	掺杂离子	输出波长/nm	最大输出功率(输入功率)	年份	其　　他
CaF_2	Dy^{2+}	2360		1964	第一台
$Y_2O_3-ThO_2$	Nd^{3+}	1074		1973	第一台氧化物陶瓷激光器
$Y_3Al_5O_{12}$	Nd^{3+}	1064	70 mW(600 mW)	1995	第一台千瓦级陶瓷激光器
$Y_3Al_5O_{12}$	Nd^{3+}	1064	1460 W(3500 W)	2001	
$Y_3ScAl_4O_{12}$	Nd^{3+}	1061	490 mW(2 W)	2003	斜率效率 30%
Y_2O_3	Nd^{3+}	1074, 1078	160 mW(742 mW)	2002	斜率效率 32%
Lu_2O_3	Nd^{3+}	1075, 1080	10 mW(1 W)	2002	
Y_2O_3	Yb^{3+}	1078	0.75 W(11 W)	2003	泵浦波长 937 nm
Y_2O_3	Yb^{3+}	1078	1.5 W(12.4 W)	2003	泵浦波长 940 nm
$YGdO_3$	Nd^{3+}			2003	
Sc_2O_3	Yb^{3+}	1093~1096	420 mW(8.8 W)	2003	光光转换效率 29%
$ZnSe$	Cr^{3+}	2200~2620	0.15 mJ(0.53 mJ)	2002	$Co:MgF_2$ 激光器泵浦
$ZnSe$	Cr^{3+}	2470	200 mW(1 W)	2003	$Co:MgF_2$ 激光器泵浦(1.77 μm)
$ZnSe$	Cr^{3+}		150 mW(—)	2003	$Co:MgF_2$ 激光器泵浦

6.5.2　掺铒钇铝石榴石晶体

1975年前苏联最早发现了掺铒 YAG 晶体(Er^{3+}:YAG)。高掺杂浓度的 Er^{3+}:YAG 晶体(铒的浓度为 50%)具有激光作用,发射波长为 2.94 μm,它可用于激光医学和作为红外光源而受到重视。掺铒磷酸盐玻璃产生激光输出波长为 1.54 μm。这两个波长可被水吸收且 1.54 μm 谱线对人眼很安全。但由于 Er^{3+} 的能级结构属三能级系统,如图 6.12 所示,故泵浦效率不高。

在 Er^{3+}:YAG 中,波长为 2.94 μm 的激光,对应 Er^{3+} 的能级跃迁为 $^4I_{11/2} \rightarrow {}^4I_{13/2}$;激光下能级 $^4I_{13/2}$ 的寿命为 2 ms,远比上能级寿命 0.1 ms 长。

6.5.3　掺钬钇铝石榴石晶体

以钇铝石榴石晶体为基质材料,掺入适量的三价稀土钬离子(Ho^{3+}),就构成了掺钬钇铝

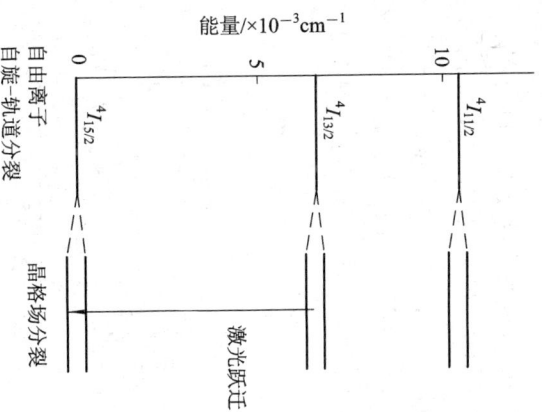

图 6.12　Er^{3+} 的能级结构

铝石榴石晶体（Ho³⁺：YAG），输出波长为2.1 μm 的激光，对应 Ho³⁺ 的能级跃迁为 $^5I_7 \rightarrow {}^5I_3$，荧光寿命约为 7 ms，激光下能级在基态能级之上约 400～500 cm⁻¹。

由于 YAG 晶体中 Ho³⁺ 对泵浦光吸收较弱，实际中常常同时掺入其他敏化剂离子，如 Er³⁺，Yb³⁺，Tm³⁺，Cr³⁺ 等，这些敏化剂离子可加强对泵浦光的吸收，然后利用共振激发能量转移激发 Ho³⁺，可显著提高器件的输出功率和效率。

在只有 Ho³⁺ 单独掺杂的情况下，其主要吸收峰在 0.64 μm（强）和 1.15 μm（弱）处，如果采用卤钨灯泵浦，只能吸收 11% 左右的泵浦能量。在加入敏化剂离子 Yb³⁺ 后，由于 Yb³⁺ 在 0.8～1 μm 光谱带内有强的吸收，因此可提高对泵浦能量的吸收。如果同时掺入敏化剂离子 Er³⁺，Yb³⁺ 和 Tm³⁺，则可吸收卤钨灯发射范围内的大部分泵浦能量。在这种掺入敏化剂的 Ho³⁺：YAG 激光器中，室温下以卤钨灯泵浦连续运转，当卤钨灯输入能量 300 W 时，可得到 15 W 的激光功率，器件总体效率可达 5%，明显高于 Nd³⁺：YAG 晶体。在液氮低温下，在只有 Ho³⁺ 单独掺杂的情况下，Ho³⁺：YAG 激光器的总体效率也能达到 5%。

由于掺钬铝石榴石晶体的激光波长为 2.1 μm，正好处于大气传输窗口内，因此有一定的应用和研究价值。又由于 2.1 μm 激光比掺钕激光更好地被机体吸收，所以切割能力大大提高，机械性能好，尤其对敏感组织，如肝、胃、结肠等软组织的烧蚀和切割具有良好的效果，它将取代 Nd³⁺：YAG 单晶激光而应用于医学。

6.5.4　掺钕铝酸钇晶体

掺钕铝酸钇晶体是 Nd³⁺ 掺入铝酸钇晶体而形成的，化学式为 Nd³⁺：YAlO₃，代号为 Nd³⁺：YAP，基质晶体 YAP 和 YAG 都是 Y₂O₃ 和 Al₂O₃ 的二元复合晶体，其中 Y₂O₃ 和 Al₂O₃ 的克分子比，对 YAP 晶体是 1：1，而对 YAG 晶体是 3：5。Nd³⁺：YAP 晶体在物理化学、机械性能等方面可以与 Nd³⁺：YAG 晶体相媲美，且能掺入较高浓度的 Nd³⁺ 或其他稀土离子，贮能性较大、转换效率高，生长速度也较快，同时 Nd³⁺：YAP 晶体具有各向异性的特点，能获得线偏振激光和高功率激光输出。

Nd³⁺：YAP 晶体在室温下的非偏振吸收光谱如图 6.13 所示，Nd³⁺ 含量为 0.96%。它的非偏振吸收强度随不同的结晶方向而改变。

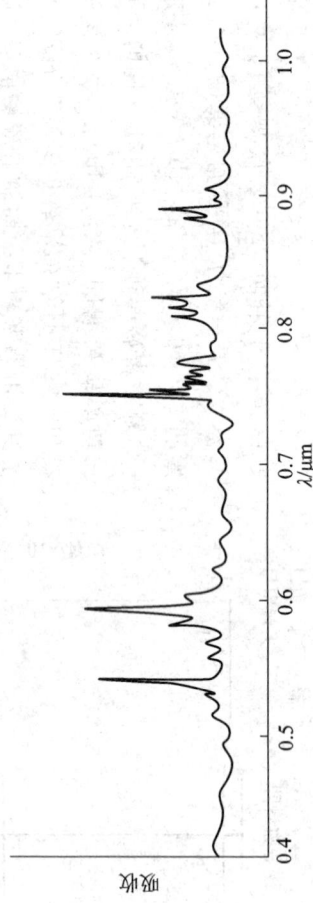

图 6.13　YAP 晶体在室温下的非偏振吸收光谱

Nd³⁺：YAP 晶体为光学负双轴晶体，属斜方晶系。两光轴 A_1 和 A_2 在晶轴 a 和 c 构成

的平面上互成 $70°$ 角，而 c 轴为该锐角平分线，按棒轴相对于晶轴的取向不同有 c 轴棒和 b 轴棒，如图 6.14 所示。当采用 b 轴棒晶体时，输出线偏振激光的电场强度矢量平行于光轴 A_1，波长为 $1.079~\mu m$ 的谱线增益最大，适合于连续运转激光器。其阈值和效率可与 Nd^{3+}：YAG 晶体激光谱线 $1.064~\mu m$ 的激光振荡相比拟，器件总体效率可高达 $1.8\% \sim 2\%$。当采用 c 轴棒晶体时，Nd^{3+}：YAP 晶体棒轴沿晶轴 c，输出线偏振激光的电场强度矢量平行于晶轴 a，波长为 $1.064~\mu m$ 的谱线增益最大，但仅为 Nd^{3+}：YAG 晶体激光谱线 $1.064~\mu m$ 的一半，故具有低增益、高贮能的特点，因此适合于脉冲调 Q 运转激光器，输出能量和效率比 Nd^{3+}：YAG 晶体激光器要高。然而 Nd^{3+}：YAP 晶体具有较低的破坏阈值（实验测得为 $330~MW \cdot cm^{-2}$）以及由晶体热学的各向异性导致其热畸变比较严重。

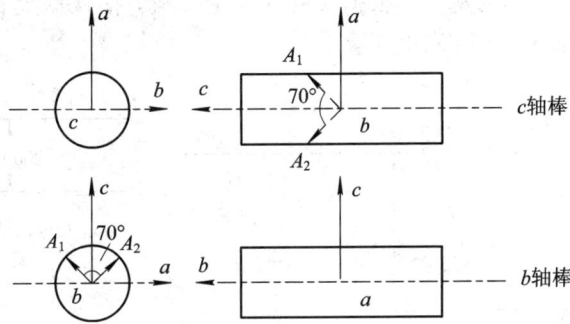

图 6.14 YAP 晶体的光轴方向

6.5.5 掺钛蓝宝石晶体

以 Al_2O_3 晶体为基质材料，掺入适量的三价钛离子 Ti^{3+} 取代部分 Al^{3+} 而形成掺钛蓝宝石晶体，其化学式为 Ti^{3+}：Al_2O_3，Ti^{3+} 的掺杂浓度约为 0.1%（重量百分比）。蓝宝石晶体的基质材料与红宝石相同，热导率高、硬度高，其主要的激光特性见表 6-8。

表 6-8 钛宝石的激光特性

性质参数	数值单位	性质参数	数值单位
折射率	1.76	受激辐射截面（$//c$ 轴，795 nm）	$2.8 \times 10^{-19}~cm^2$
荧光寿命	$3.2~\mu s$	吸收系数（$//c$ 轴，795 nm）	$0.15~cm^{-1}$
荧光线宽	122 nm	吸收系数（$\perp c$ 轴，795 nm）	$0.10~cm^{-1}$
峰值发射波长	735 nm	受激辐射截面峰值（$//c$ 轴）	$4.1 \times 10^{-19}~cm^2$
量子效率（泵浦光 530 nm）	≈ 1	受激辐射截面峰值（$\perp c$ 轴）	$2.0 \times 10^{-19}~cm^2$
饱和光强（795 nm）	$0.91~J \cdot cm^{-2}$		

Ti 原子具有 22 个电子，其电子组态为 $1s^2 2s^2 2p^6 3s^2 3p^6 3d^2 4s^2$，$Ti^{3+}$ 的电子组态为 $1s^2 2s^2 2p^6 3s^2 3p^6 3d^1$，是一个闭合壳层加一个 $3d$ 电子。当 Ti^{3+} 离子取代 $\alpha - Al_2O_3$ 晶体中部分 Al^{3+} 后，Ti^{3+} 离子周围将有 6 个氧原子，从而形成八面体结构，如图 6.15 所示。Ti^{3+} 离子处于晶格场的影响之下。

晶格场对 Ti^{3+} 离子的影响可以分解为两个因素：一个是正交四方对称场，起主要作

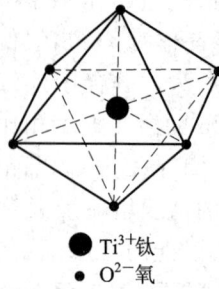

Ti^{3+}钛

O^{2-}氧

图 6.15　钛宝石晶体结构

用;另一个是取斜线的三角对称场。根据实验和理论分析,掺钛蓝宝石晶体中 Ti^{3+} 离子与激光作用有关的能级结构如图 6.16 所示。

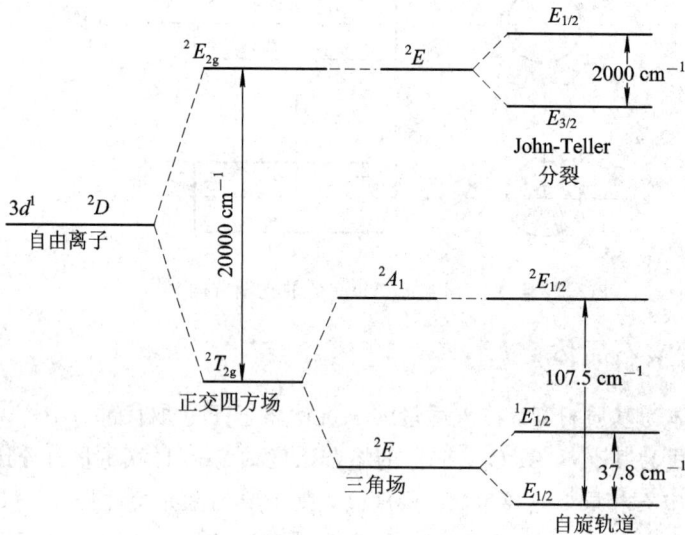

图 6.16　钛宝石晶体中 Ti^{3+} 的能级结构

　　自由 Ti^{3+} 离子的基态是一个简并度为 10 的能级,在正交四方对称场的作用下,使自由 Ti^{3+} 离子的基态分裂成一个三重简并的基态 $^2T_{2g}$(简并度为 6)和一个双重简并的激发态 $^2E_{2g}$(简并度为 4),两个能级 $^2T_{2g}$ 和 $^2E_{2g}$ 的间隔为 2000 cm^{-1}(500 nm)。在三角对称场的作用下,基态 $^2T_{2g}$ 进一步分裂为一对能级 $^2A_1$ 和 ^2E,两者的能级差为 107.2 cm^{-1},在常温下,基本被叠加其上的振动能级所淹没。

　　由于电子自旋和轨道角动量的耦合,使能级 ^2E 进一步分裂为一对能级 $^1E_{1/2}$ 和 $E_{1/2}$,两者的能级差为 37.8 cm^{-1}。激发态 $^2E_{2g}$ 由于 Jonh - Teller 分裂而成为一对能级 $E_{1/2}$ 和 $E_{3/2}$,两者的能级差为 2000 cm^{-1}。Ti:Al$_2$O$_3$ 晶体的激光能级结构具有四能级系统的特性。

　　Ti:Al$_2$O$_3$ 晶体中的吸收光谱和荧光光谱如图 6.17 所示。由于 Ti^{3+} 离子与基质晶格的耦合作用,使得吸收谱带和荧光光谱带分得较开,吸收光谱带处于 400~600 nm 的蓝光范围。当处于基态 $^2T_{2g}$ 的 Ti^{3+} 离子吸收蓝光后,被激发到激发态 $^2E_{2g}$,Ti:Al$_2$O$_3$ 晶体将发射近红外波段的荧光而返回基态 $^2T_{2g}$。由于热声子的作用,形成近红外荧光谱谱带非常宽(680~1070 nm),这正是宽带可调谐掺钛蓝宝石激光器工作的关键。Ti:Al$_2$O$_3$ 激光器宽阔的调谐范围(峰值波长为 790 nm)使其成为目前最有应用价值的激光器。

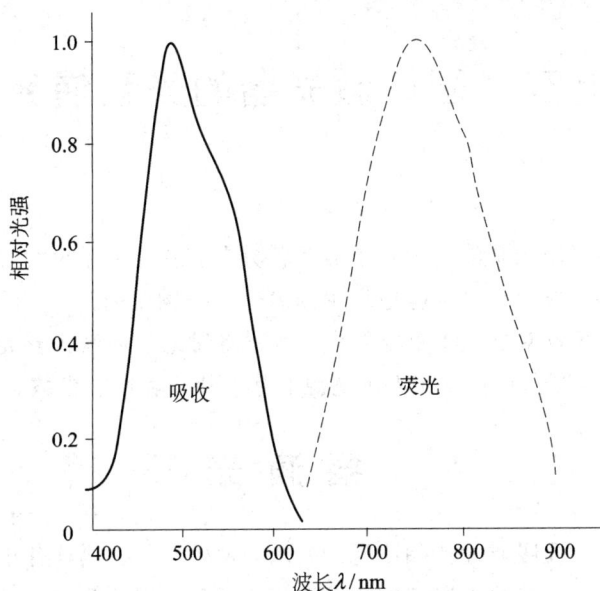

图 6.17　钛宝石晶体中 Ti^{3+} 的吸收和荧光光谱

练习与思考题

1. 固体激光器的基质材料有晶体、玻璃和激光陶瓷等,比较它们的性能及各自的优缺点。

2. 到目前为止,实现受激辐射放大的固体激光器的激活离子共有哪些? 应用最多的激活离子有哪些?

3. 由 Nd^{3+}：YAG 晶体的吸收光谱结构,如何选用泵浦光源?

4. 分析 Nd^{3+}：YAG 陶瓷大幅提高固体激光器输出功率的原因。

第七章　固体激光器的光泵浦系统

固体激光器大多采用光泵浦实现粒子数反转分布。泵浦光源的发射光谱必须与激光工作物质的吸收光谱相匹配，并尽可能地集中到激光工作物质内部。实际采用的大多数泵浦光源是电光源，其发光效率是一个重要要求。本章将讨论固体激光器光泵浦系统的三个组成部分，即泵浦光源、聚光腔和泵浦光源电源的基本特征和性能参数。

7.1　泵 浦 光 源

按照与激光工作物质吸收光谱相匹配的要求，泵浦光源必须具有相应的发射光谱和发光效率，也就是要具有一定的光谱亮度或亮温度。通常采用的泵浦光源可分为惰性气体放电灯、金属蒸气放电灯、白炽灯、激光二极管、激光和太阳能等种类。泵浦光源的选取依据是激光工作物质的吸收光谱、激光器输出功率、工作方式（脉冲或连续）、重复率等因素，通常采用最多的是惰性气体放电灯（脉冲氙灯和连续氪弧光灯）和白炽灯。

7.1.1　惰性气体放电灯

惰性气体放电灯在石英管内充有惰性气体氙气和氪气等，是常规固体激光器最常用的泵浦光源。按工作方式大致可分为脉冲氙灯和连续氪弧光灯两大类。

1. 脉冲氙灯

脉冲氙灯是一种亮度较高的非相干辐射源，工作于弧光放电状态，具有较高的电-光转换效率（70%）和从紫外到近红外宽的辐射光谱范围（波长 $200 \sim 1800$ nm），亮温度高达 $5000 \sim 15\,000$ K。脉冲氙灯可单次闪光，也可重复闪光（一般低于 100 s^{-1}）持续工作，闪光寿命达 $10^6 \sim 10^7$ 次以上。

图 7.1 给出了直管氙灯和螺旋管氙灯的结构。其中图（a）为焊料封装的直管氙灯，图（b）为焊料封装的直管氙灯的阳极接头剖视图，图（c）为用过渡玻璃封装的直管氙灯，图（d）为焊料封装的螺旋管氙灯。

标准的直管氙灯的尺寸与激光工作物质棒相当。一般直径为 $\phi 5 \sim 10$ mm，长度（电极间距）为 $50 \sim 150$ mm，石英管壁厚度为 $1 \sim 1.5$ mm。脉冲氙灯的发光效率随充气气压的升高而增大，但气压太高使触发困难、灯管易破裂、制作工艺复杂，因此它用于低重复率激光器的小型脉冲氙灯，充气气压一般在 $(0.6665 \sim 1.9995) \times 10^5$ Pa 范围内。

脉冲氙灯的发光光谱由线状谱和连续谱组成，主要由放电电流密度、灯管管径和充气气压决定。线状谱是由气体原子或离子的分立束缚能级间的跃迁产生的，而连续谱则是由气体离子与电子的复合以及电子的韧致辐射等过程产生的。低电流密度（37 A·cm^{-2}）、较

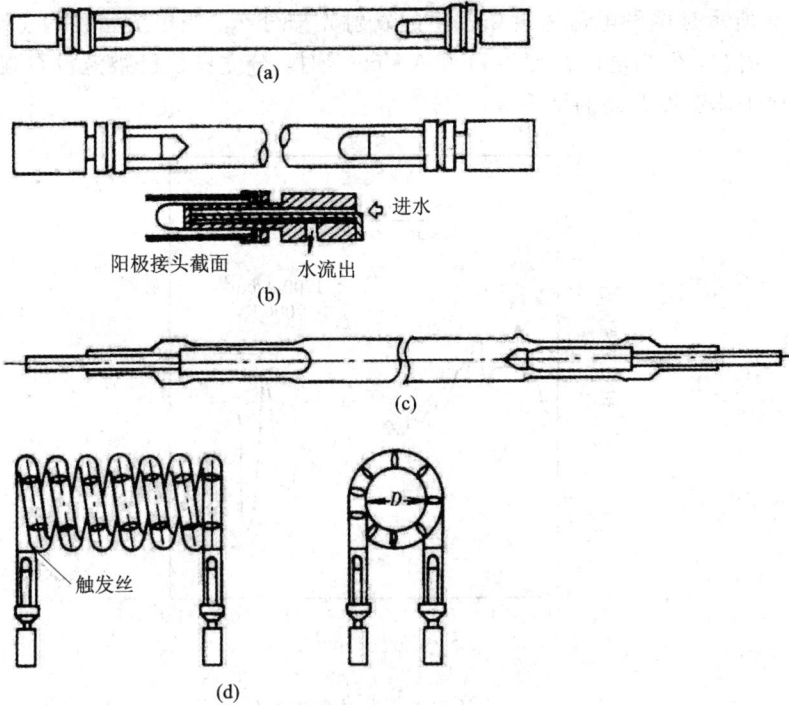

图 7.1 直管和螺旋管惰性气体放电灯的结构

高充气气压(1.75×10^5 Pa)下脉冲氙灯的发光光谱如图 7.2 所示。

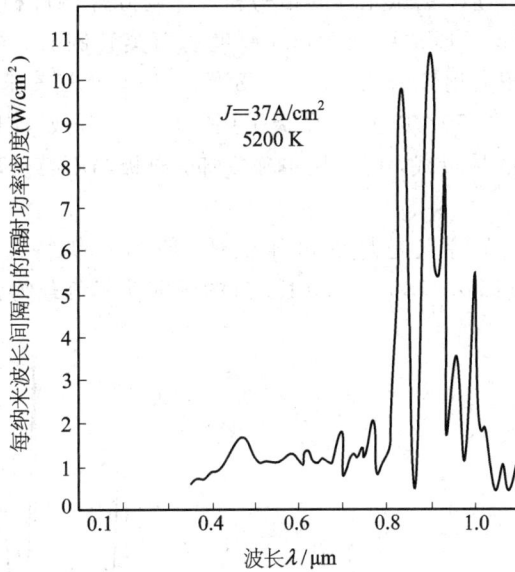

图 7.2 低电流密度下脉冲氙灯的发光光谱

由图 7.2 可见，在红外波段有很强的线状光谱。发射峰值波长分别在 840 nm、900 nm、1000 nm 附近，发射波长范围在 500～900 nm 内的光能约占总发射光能的 50%～60% 左右。在高电流密度、较低充气气压（0.41×10^5 Pa）下复合发光加强，且短波部分增长快，光谱重心向短波移动，导致脉冲氙灯发光光谱的线状光谱被淹没在强的连续光谱中。

如图 7.3 所示是两种电流密度条件下的发射光谱分布。当电流密度为 1700 A·cm^{-2} 时，可见分立谱线，但当电流密度为 5300 A·cm^{-2} 时，分立谱线已被淹没在强的连续光谱中，这是等离子体温度升高的结果。

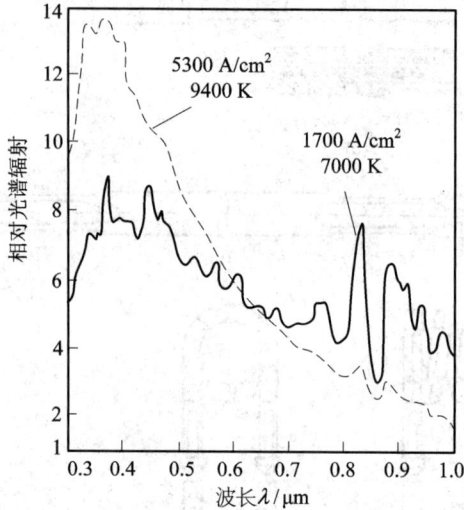

图 7.3　高电流密度下脉冲氙灯的发光光谱

2. 连续氪弧光灯

连续氪弧光灯是目前用于泵浦 Nd^{3+}：YAG 激光器的最有效、输入功率水平最高、亮度较高的非相干辐射源。连续氪弧光灯的结构和尺寸与脉冲氙灯相似，只是石英管壁的厚度要薄一些，不超过 1 mm，通常用 0.5 mm 厚度的石英管制成。对于小型灯充气气压为 $3 \times 10^5 \sim 4 \times 10^5$ Pa，对于大型灯为 $2.5 \times 10^5 \sim 3 \times 10^5$ Pa，充气气压比脉冲氙灯高；具有较高的电-光转换效率（40%～50% 以上），阴极采用铈钨材料制成，阳极采用纯钨材料制成，考虑到阳极要承载较大的热负载，可采用单独冷却，电极与石英玻璃管壁的密封采用钼箔封接。

连续氪弧光灯的工作特点是灯的电压低（一般为百伏特左右）、电流大（一般为 20～50 A 左右），亮温度高达 4500～5500 K。灯的管壁功率负载约为 100～200 W·cm^{-2}。

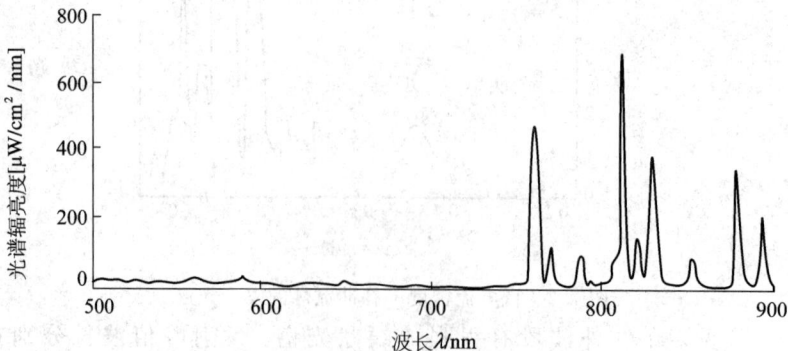

图 7.4　连续氪弧光灯的发光光谱

可获得稳定的具有明显的线状谱的光辐射。如图 7.4 所示是灯管内径为 6 mm、长为 50 mm、充气气压为 4.05×10^5 Pa、输入功率为 1.3 kW 的连续氪弧光灯的发光光谱。纵坐标为光谱辐亮度(单位发光面积、单位立体角、单位波长间隔的相对光辐射功率)。由图可见与脉冲氪灯不同,线状谱贡献很突出。由于连续谱的相对单色亮度低于线状谱(半宽度约 0.2 nm),因此连续谱的贡献在图中作为基底。光谱辐亮度在 750～900 nm 范围有较集中的强谱线分布,与 Nd^{3+}：YAG 晶体的 750 nm、810 nm 处的吸收带有较好的光谱匹配,因此连续氪弧光灯已成为连续工作高功率 Nd^{3+}：YAG 激光器常用的泵浦光源。

7.1.2 卤钨灯

卤钨灯是一种热辐射连续光源,是通过电加热钨丝产生连续谱的高温热辐射,亮温度高达 2400～3400 K,灯内充有少量的卤素元素碘或溴,可以防止钨丝的氧化,以提高灯的寿命和亮度。

卤钨灯的辐射是宽带连续谱,用它激励 Nd^{3+}：YAG 晶体,最大效率约为 1‰～2‰。卤钨灯的主要优点是制作和使用方便,缺点是亮温度的提高受到钨丝熔点(3400 K)的限制,只适用于小功率的 Nd^{3+}：YAG 连续激光器。

7.1.3 激光二极管

随着金属有机化学气相沉积(MOCVD)工艺和量子阱器件结构的出现,高功率、高效率半导体激光器的迅速发展,使激光二极管泵浦固体激光器技术获得快速发展。与灯泵浦技术相比,激光二极管泵浦技术容易获得与固体激光工作物质吸收谱相匹配、有效模匹配和泵浦密度高的泵浦光源。

激光二极管泵浦采用的半导体激光器有 GaAs 激光二极管、AlGaAs/GaAs 激光二极管阵列和高功率二维 AlGaAs 激光二极管阵列等。它们的发射波长在 806～807 nm 之间,恰好在 Nd^{3+}：YAG 晶体的吸收带(吸收峰在 807.7 nm)805～810 nm 处。

激光二极管泵浦固体激光器有两种结构:纵向泵浦和横向泵浦。纵向泵浦也称端面泵浦,泵浦光通过耦合光学元件聚焦到晶体的一个端面,光斑直径约为 100～200 μm。由于具有较长的模式匹配吸收长度,这种结构具有较高的光-光转换效率(8% 左右)。但是泵浦功率受到耦合聚焦到晶体端面的光功率的限制,只适用于低功率(≤350 mW)的商用激光器。如图 7.5 所示是二极管阵列通过耦合光学系统的端面泵浦。如图 7.6 所示是光纤耦合端面泵浦。如图 7.7 所示是两个端面泵浦。

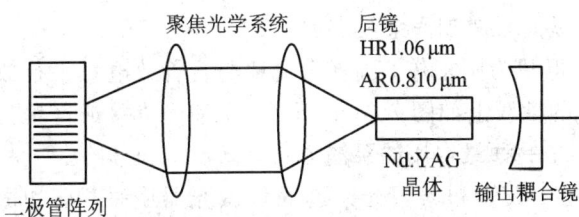

图 7.5　二极管阵列端面泵浦

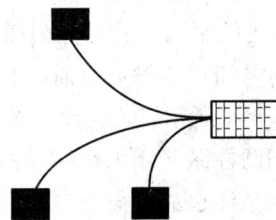

图 7.6　光纤耦合端面泵浦

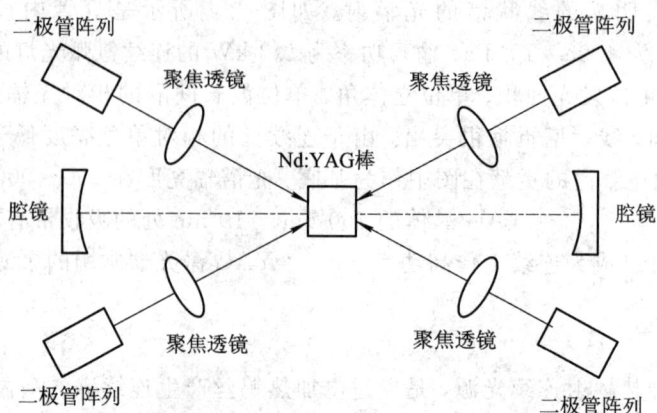

图 7.7 二极管阵列两端面泵浦

横向泵浦也称侧面泵浦，泵浦光垂直于激光棒轴入射，耦合面积大，不需要耦合光学元件，不受泵浦光的模结构和相位的影响，但转换效率低、容易受环境影响而使激光器输出波长起伏。

7.1.4 太阳光

太阳光泵浦技术为卫星激光技术和空间站激光技术提供了应用。太阳光泵浦具有更长的寿命，太阳光的亮温度为 5800 K。利用一直径在 $60\sim120$ cm 范围的卡塞格伦望远镜收集太阳光，通过耦合光学元件聚焦到晶体的一个端面，进行端面泵浦。为空间通信系统研制的太阳光泵浦的 Nd^{3+}：YAG 激光器可以产生 5 W 的连续输出。当卫星上的激光器得不到太阳光照射时，可以采用碱金属灯泵浦。

7.2 聚 光 腔

为了提高惰性气体放电灯泵浦的固体激光器的整体效率，需要将泵浦光源发射的光能有效地耦合到激光工作物质内部，与激活离子产生共振作用。聚光腔的作用是来完成这一功能的。此外聚光腔还决定工作物质内部的泵浦光能密度的分布，从而影响激光器输出光束的均匀性、发散角和光学热畸变等。

7.2.1 泵浦方式与聚光腔结构

根据激光工作物质的形状、泵浦光源类型和泵浦方式的不同，在固体激光器的发展过程中，采用的泵浦方式可分为横向泵浦、纵向泵浦和面泵浦三种。

横向泵浦也称侧面泵浦，工作物质的形状为圆柱体，圆柱激光棒与直管放电灯平行放置，如图 5.1 所示，或放置在螺旋放电灯的轴线上如图 7.1(d) 所示。泵浦光直接或经聚光腔耦合到圆柱激光棒工作物质的内部。这是一种最常用的泵浦方式。

纵向泵浦也称端面泵浦，只是在激光二极管和太阳光泵浦固体激光器中采用，如图 7.5、图 7.6、图 7.7 所示。泵浦光通过耦合光学元件聚焦到工作物质圆柱激光棒的一个端面，沿圆柱激光棒的轴向传播，从圆柱激光棒的另一端输出激光。

面泵浦方式中，泵浦光通过圆盘薄片状工作物质的圆盘表面，以布儒斯特角进入内部实现泵浦。如图 7.8 所示是面泵浦大型钕玻璃圆盘激光器。其优点是泵浦光均匀性好、散热效果好，因而热畸变小，适用于泵浦大功率激光器。

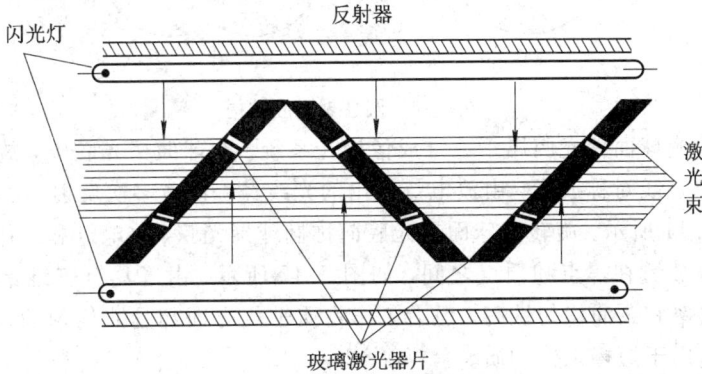

图 7.8　面泵浦钕玻璃圆盘激光器结构

对横向泵浦最常用的聚光腔结构有椭圆柱聚光腔、圆柱聚光腔、椭球聚光腔、球面聚光腔、旋转椭球面聚光腔和紧包式聚光腔等。不同形式的聚光腔具有不同特点。

椭圆柱聚光腔中，泵浦光源直管放电灯和圆柱激光棒工作物质放置在椭圆柱的两个焦线上，如图 7.9 所示。可以构成双椭圆柱聚光腔(b)和四椭圆柱聚光腔(c)等。椭圆柱聚光腔具有较高的传输效率，适用于工作物质较长(一般大于 5～10 cm)的情况，通常用在小型激光器中。由于泵浦光源具有一定的横截面，焦点外的各点的成像将会因像差而产生弥散，这种"焦上泵浦"的聚光效率较低。为了克服这些不利因素，椭圆柱常用较大的横向尺寸，常用"焦外泵浦"，即将泵浦灯和激光棒放置在椭圆柱的焦点外，利用光在椭圆柱反射面上的多次反射，使工作物质吸收到较高的泵浦能量。因此椭圆柱反射面的反射率对聚光系统的效率影响很大。只有在高反射时才能得到高的传输效率，采用"焦外泵浦"可使聚光腔结构更紧凑。

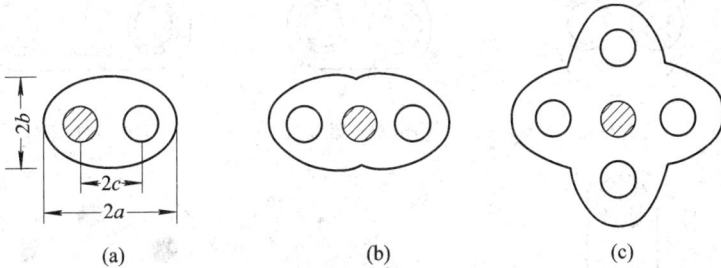

图 7.9　椭圆柱聚光腔结构

圆柱聚光腔是椭圆柱聚光腔的特例，焦距和偏心率为零。根据物像关系，只有处于圆心的物发射的光线经圆柱面反射成像还在圆心。因而要求直管放电灯和圆柱激光棒工作物质在圆柱的中心轴线两侧紧靠中心轴线对称放置，如图 7.10 所示。为了提高聚光效率，要求放电灯的尺寸不能大于工作物质，同时聚光腔的尺寸要明显大于放电灯和工作物质的尺寸。放放灯和工作物质偏离中心轴线会造成照明不均匀，造成泵浦不均匀。

(a)   (b)

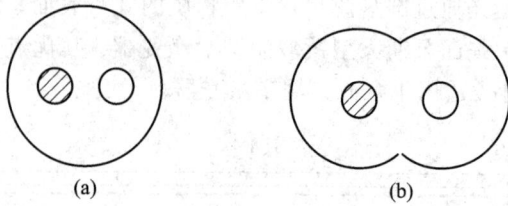

图 7.10 圆柱聚光腔结构

    球面和旋转椭球面聚光腔属于三维成像聚光系统。在球面聚光腔中，放电灯和工作物质紧靠球面的中心线对称放置，由放电灯发出的光线经一次或多次反射后将被会聚到工作物质上，如图 7.11 所示。旋转椭球面聚光腔简称椭球聚光腔，放电灯和工作物质沿旋转轴（椭圆长轴）对称放置在焦点和顶点之间，如图 7.12 所示，由于具有三维聚焦和旋转对称性，因而传输效率和泵浦均匀性高，但沿工作物质轴线方向却是非均匀的，靠近焦点的泵浦密度高，仅适用于短棒工作物质。

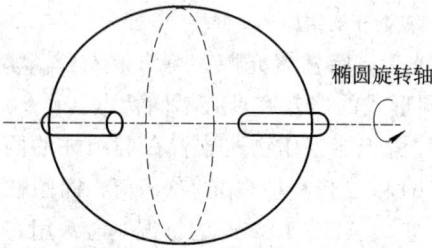

图 7.11 球面形聚光腔结构   图 7.12 旋转椭球面聚光腔结构

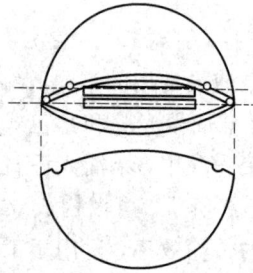

    紧包式聚光腔的聚光作用不是靠成像，而是靠放电灯的直接照射和聚光腔内的高光能密度来实现的，如图 7.13 所示。其结构形式可以是圆柱的、椭圆柱的和其他不同形式。显然工作物质上的泵浦能量密度分布是不均匀的。但结构简单紧凑、制作容易、加工精度低。

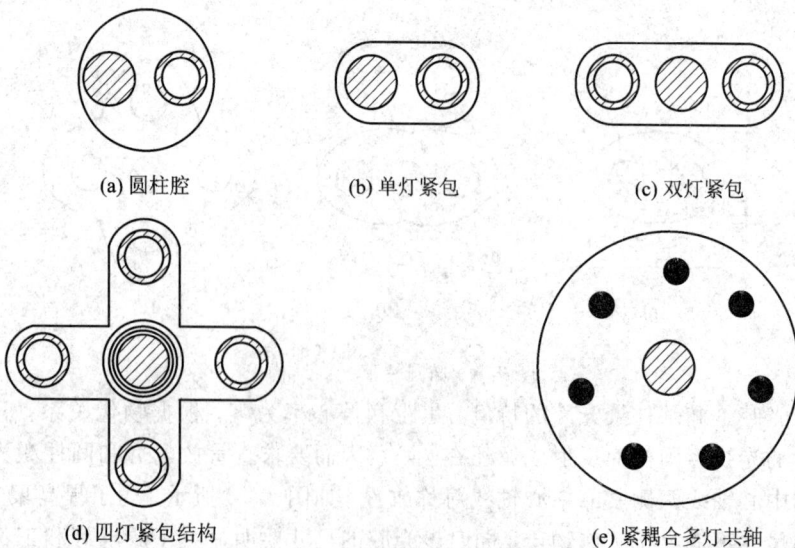

(a) 圆柱腔   (b) 单灯紧包   (c) 双灯紧包

(d) 四灯紧包结构   (e) 紧耦合多灯共轴

图 7.13 紧包式聚光腔结构

7.2.2 聚光腔的能量传输特性

聚光腔的能量传输特性可用聚光效率 η_c 来度量。聚光效率 η_c 定义为工作物质上得到的泵浦光能和放电灯发出的光能之比。可近似为

$$\eta_c = \eta_{ge} \cdot \eta_{op} \tag{7-1}$$

式中 η_{ge} 为聚光腔的几何传输系数，取决于照射到工作物质上的光能与由聚光腔壁反射的光能之比。η_{op} 为聚光腔的光学效率，取决于聚光腔壁反射的光能与光源发射的光能之比，与聚光腔的反射、散射、吸收等光学损耗有关，可表示为

$$\eta_{op} = R \cdot (1 - R_r) \cdot (1 - \alpha) \cdot (1 - f) \tag{7-2}$$

式中 R 为聚光腔壁的反射率，R_r 为工作物质表面的反射损耗，α 为放电灯和工作物质之间的介质（如冷却液）吸收损耗，f 为聚光腔的非反射表面面积与总的内表面面积之比。

聚光腔的几何传输系数 η_{ge} 主要与放电灯和工作物质的尺寸有关。当放电灯和工作物质的匹配关系为直径近似相等，或放电灯的直径略微小于工作物质的直径时，具有较高的 η_{ge}。计算表明，直径相同的放电灯和工作物质，采用单椭圆柱聚光腔可以得到最大的 η_{ge}。然而要获得高功率激光输出，采用多个椭圆柱聚光腔以增加泵浦光能，是以牺牲一部分 η_{ge} 为代价的。

7.3 泵浦光源的供电系统

在诸多泵浦光源中，惰性气体放电灯是常规固体激光器最常用的泵浦光源。惰性气体放电灯启动的重要参数是着火电压和触发电压，着火电压是指在正常触发情况下，构成弧光放电需加在灯管电极上的最低电压，着火电压与灯的结构、充气气压、气体纯度、电极材料和电极间距等因素有关。对一个确定的惰性气体放电灯，着火电压还与触发电压的大小有关，适当提高触发电压，着火电压就可以降低，但有一个最低值，低于这个最低着火电压时，无论触发电压多高，气体放电灯也不会启动闪光。

自闪电压是指没有外界触发时，气体放电灯能够启动闪光的电压。为了使灯能稳定地工作，工作电压应该选在着火电压和自闪电压之间的中心段上。实验发现，着火电压 V_c 与气压的平方根成正比，与电极间距 L 成正比，即 $V_c \propto L \sqrt{P}$。对于低气压放电灯容易着火，而高气压放电灯难以启动，细长的放电灯比粗短的难以触发。

7.3.1 脉冲氙灯的供电系统

单次脉冲或多次重复脉冲情况下工作的脉冲氙灯的供电系统如图 7.14 所示。当电压为 V_0 的直流电源通过限流电阻 R 给贮能电容 C 充电，使电容 C 两端电压达到 $V_c = V_0$ 时，此时灯管外缠绕的触发丝上有数万伏的触发脉冲电压，使灯管内的惰性气体预电离击穿，形成狭窄的放电通道，电容器中的能量开始向放电通道内释放，放电灯内的带电粒子在轴向电场的作用下，形成放电的雪崩过程。当输入能量足够大时，整个放电灯管成为放电通道，同时放电灯的电导和电流急剧增大。

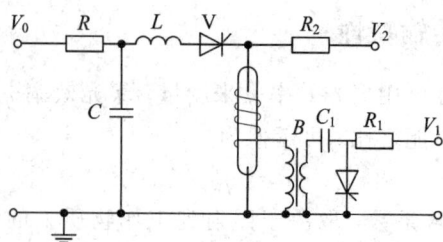

图 7.14　脉冲放电灯的供电系统

当放电达到一定程度后，电容对放电灯释放的功率与放电灯向周围空间辐射的功率趋于平衡，放电等离子体的温度不再增高，脉冲放电便进入类稳放电阶段，此时放电灯的电阻维持在一个基本恒定的最小值上。

随着电容贮能的释放接近终了，电容向放电灯释放的功率逐渐减小，当输入放电灯的功率不足以补偿放电灯向周围空间辐射的功率和其他损失时，放电等离子体的温度逐渐降低，直至放电灯熄灭。这就是脉冲放电发生、发展和终止的过程。

可以看出，脉冲氙灯的供电系统由小电流、高电压、充电时间较长的充电回路和大电流、高电压、放电时间短暂的放电回路组成。在高重复率工作时，供电系统则从满载到空载周期性地运转，电路必须经得起反复充电和放电的冲击，同时还要满足泵浦效率等多方面的要求。一个完整的多次重复脉冲工作的脉冲氙灯的供电系统通常由整流回路、贮能电容的充电回路、放电回路、触发电路、控制和调节电路等组成。现在主要介绍充电回路、放电回路和触发电路。

1. 贮能电容的充电回路

充电回路必须在一定时间内使贮能电容达到选定的充电电压，这个时间取决于激光器的重复频率。充电回路通常包括接在变压器次级的整流电桥电路、接在变压器初级的开关元件、限流元件、电压检测器以及控制电路。

变压器和整流电桥为充电回路提供贮能电容所需的直流高压。开关元件使直流高压能够改变，以满足激光器输出能量的变化，通常采用半导体三端双向可控硅开关或一对反向并联可控硅整流器。限流元件是为了防止充电初期产生的瞬时大电流对电网的冲击以及对充电回路带来的不利影响，理想的方法是采用恒流充电，即在充电期间充电电流 I 恒定，充电电流为

$$I = \frac{CV}{t} \tag{7-3}$$

式中 C 为贮能电容，V 为充电电压，t 为充电时间。弧光放电之后，脉冲氙灯需经 $3 \sim 15$ ms 才能消除电离而恢复阻断状态。如果在消除电离之前就开始对电容再次充电，放电灯则会在低电压、小电流下维持理想放电，称为"连通"。连通现象严重时会造成氙灯炸裂、电源损坏。为保证氙灯有足够的消除电离时间，充电时间必须小于重复周期 $T = 1/f$，因此充电电流有

$$I \geqslant CVf \tag{7-4}$$

在非恒流充电的充电回路中，为了保护整流回路不受充电初期产生的瞬时大电流的损害，常常采用如图 7.15 所示的限流方法。

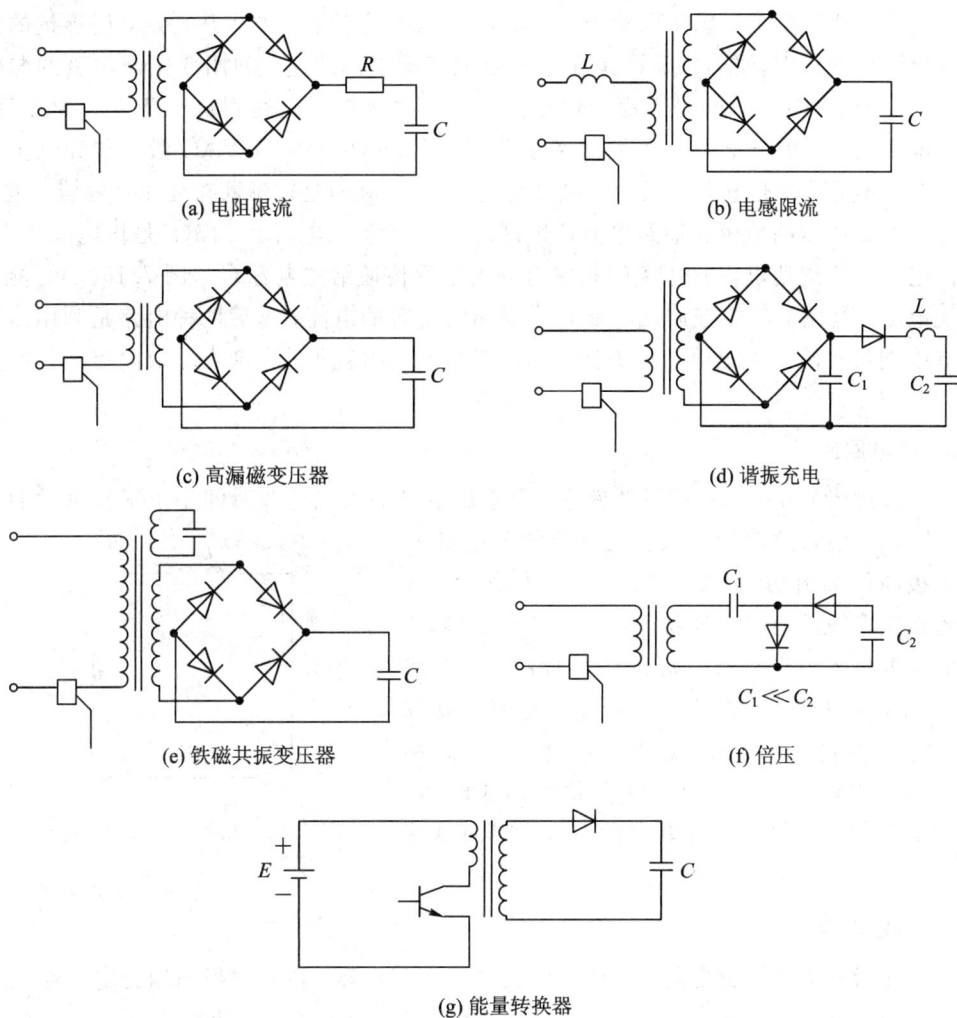

(a) 电阻限流

(b) 电感限流

(c) 高漏磁变压器

(d) 谐振充电

(e) 铁磁共振变压器

(f) 倍压

(g) 能量转换器

图 7.15　脉冲放电灯的充电电路限流方法

图 7.15(a)是在充电回路中串联一个限流电阻 R，贮能电容的充电电压将按指数规律上升，当充电时间 $t \geqslant 3RC$ 时，电容电压接近电源电压 V_0。故充电回路工作的最高重复频率为

$$f \leqslant \frac{1}{3RC} \qquad (7-5)$$

可见减小限流电阻 R 有利于提高重复率，但 R 的减小会受到"连通"现象的限制。综合考虑，R 应满足

$$\frac{V_0 - V_{\min}}{I_0} < R \leqslant \frac{T}{5C} \qquad (7-6)$$

式中 $V_{\min}$ 为放电灯维持辉光放电的最小电压，I_0 为维持辉光放电的电流。对中小型氙灯，

限流电阻 $R > 1\ \text{k}\Omega$。这种充电回路仅适用于低重复率、小功率系统。

图 7.15(b) 是在变压器初级交流回路中串联一个限流电感。在充电初期的瞬间，变压器的次级被电容短路，次级阻抗反射到变压器初级，全部交流电压都加在电感上，由于感抗使充电电流得以限制。感抗限流与阻抗限流相比的优点是不产生热耗散，但感抗的体积和重量比阻抗大得多。图 7.15(c) 是在感抗限流基础上的改进。利用变压器初级的漏感来限制充电电流。图 7.15(d) 是谐振充电电路。重复率通常可以达到每秒几十次到几百次，且回路电阻很小（约 $1 \sim 2\ \Omega$），回路效率接近 100%。对于 Nd^{3+}：YAG 激光器和红宝石激光器，通常采用谐振充电电路对脉冲氙灯充电。图 7.15(e) 是铁磁共振变压器限流电路。利用铁磁共振变压器的恒压和短路电流特性进行近似恒流充电。图 7.15(f) 是倍压限流电路。在交流电的一个周期里，小电容 C_1 把它有限的电荷传递给主电容 C_2。图 7.15(g) 是能量转换限流电路。利用晶体管控制磁贮能转换成初级电容的电能，这后两种电路是利用传递少量的有限能量来限制充电电流的方法，其优点是能量损耗很小，缺点是对限流元件的要求较高。

2. 放电回路

在脉冲激光器中，为提高泵浦效率，要求放电灯的闪光持续时间小于工作物质的荧光寿命，从而减小自发辐射损失。但过窄的放电脉冲会造成极高的峰值功率，影响放电灯的寿命。通常采用近似矩形波放电波形来获得较大的负载能量。

脉冲的放电波形与放电灯的伏安特性、放电回路的形式及参数有关。如图 7.16 所示的电容电感放电回路是常用的放电回路，是由一组电容、电感和脉冲放电灯串联组成，称为单网孔脉冲形成网络。当电感加入后，限制了放电电流的上升，因而脉冲氙灯能承受较大的输入能量。

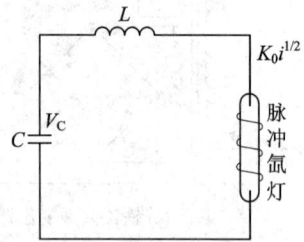

图 7.16 脉冲放电灯的放电回路

3. 触发电路

一个正常运转的脉冲氙灯，工作电压均小于自闪电压。因此，当利用充电回路给贮能电容充电时，氙灯不会自行放电和闪光，基本上处于开路状态。要使氙灯受控放电和闪光，就必须配置一套触发系统，即在氙灯主放电和闪光前，由一个高压触发脉冲预电离，从而导致氙灯主放电的发生。

脉冲氙灯的触发方式有内触发、外触发和预燃触发。内触发是将触发脉冲直接加在放电灯电极上使放电灯内气体电离。由于触发电压与贮能电容电压串联，也称为串联触发。内触发电路如图 7.17 所示。它是利用脉冲变压器产生的脉冲高压触发氙灯的，其中 V_1 一般为几百伏，C_1 为 $1 \sim 10\ \mu\text{F}$。当电容 C_1 充电到 V_1 后，给出控制信号使可控硅导通，C_1 的电荷通过脉冲变压器的初级进行放电，变压器次级便感应出上万伏的高压脉冲，使放电灯内气体电离构成通道，此时已被充电到 V_0 的贮能电容随即以巨大的脉冲电流通过放电灯和变压器次级进行放电。内触发的优点是触发比较可靠，特别是在高重复率情况下，缺点是由于巨大的放电电流通过变压器次级，使变压器体积庞大。

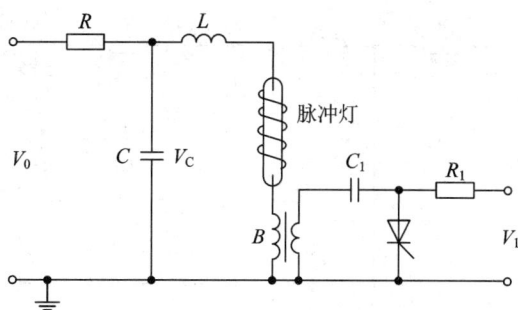

图 7.17　脉冲放电灯的内触发电路

外触发是触发脉冲不直接加在放电灯电极上，通常是加在缠绕在放电灯管外壁的镍铬丝上或其他电位参考面上，称为外触发，也称为并联触发。触发电压一般在 $5\sim10$ kV 之间，触发电压的作用使放电灯内的电离过程是从灯两端向中间发展，一般用负极性触发脉冲可以获得更稳定的激光输出。外触发电路如图 7.18 所示，它是利用绕在放电灯管外壁的触发丝的一端与变压器次级相连接。外触发的优点是结构简单、触发功率消耗极小。但触发丝会遮挡光线，还会造成腔内污染，在重复率较高的情况下，其触发可靠性较低。

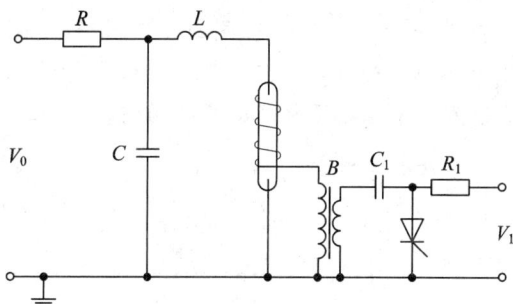

图 7.18　脉冲放电灯的外触发电路

内触发和外触发方式存在共同的缺点：触发脉冲频繁造成电极溅射，大大缩短放电灯的寿命；触发脉冲电压非常高，对电子线路产生强的干扰；击穿电压和电离通道受放电电流微小变化和放电灯的不均匀冷却的影响，使放电脉冲的幅度和宽度产生明显的抖动。为了克服这些不足，在重复工作条件下采用预燃触发。

预燃触发是在脉冲放电间隙保持低电流放电，采用与主电源并联的低电流直流电源，便可实现这种预电离，触发电路如图 7.19 所示。放电灯经一次触发后，电极有一个几百伏的辅助电压 V_2，以维持放电灯的小电流（一般为几十毫安）辉光放电通道。这样，在重复工作时无需再行触发，只需打开主放电开关即可。采用预燃触发可使供电系统性能大大改进，可以提高脉冲氙灯寿命；减少电磁干扰和射频干扰；可以提高电-光转换效率和泵浦稳定性；可以控制放电灯的状态，还可以消除来自高压点火的紫外辐射对激光晶体的影响。

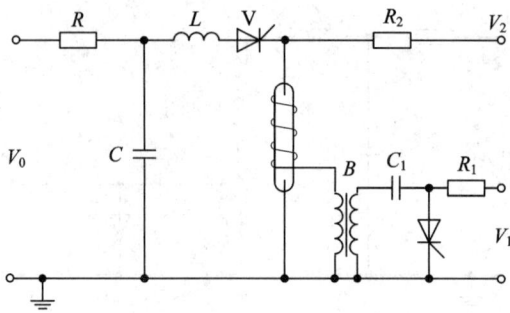

图 7.19　脉冲放电灯的预燃触发电路

7.3.2　连续氪弧光灯的供电系统

Nd^{3+}：YAG 连续激光器常常采用连续氪弧光灯或碘钨灯激励。连续弧光灯的电源除一般的控制系统之外，还需附近触发电路和升压电路。触发电路的作用是提供一个小电流高压脉冲，以启动连续弧光灯。升压电路用于充气气压较高的弧光灯的点燃。连续氪弧光灯的电源工作电路如图 7.20 所示。其输入端采用三相隔离变压器，功率为 6 kVA，变压器三个次级绕组的每一端分别与三对串接可控硅中心相连，另一端连接在一起。可以看出，这是通常的可控硅整流元件的三相桥式整流电路。由电流取样电阻获得的模拟信号与参考电压比较，产生相控脉冲而导通可控硅，通过控制可控硅的导通时间来改变电源电压。为了消除直流电压的波动，整流器输出端采用 LC 滤波网络。

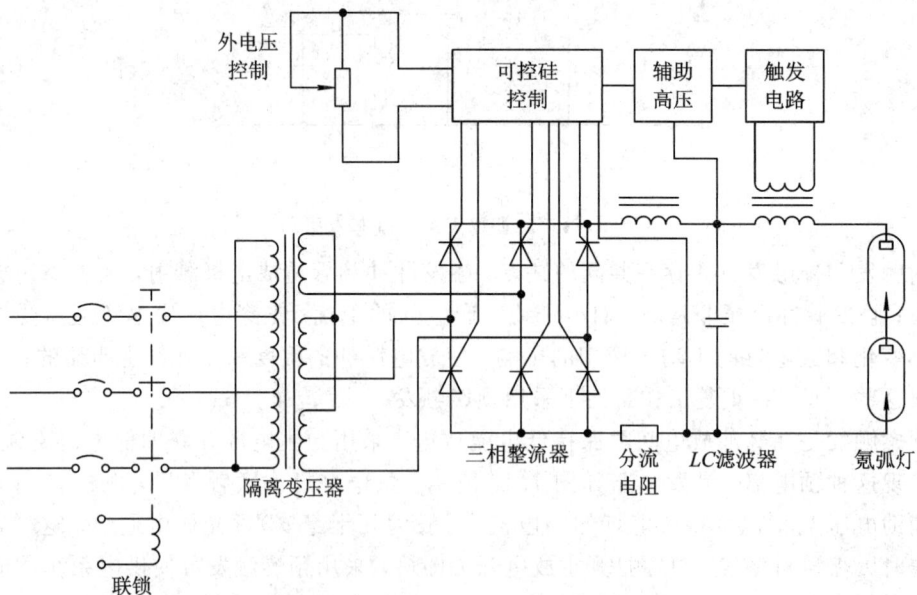

图 7.20　连续氪弧光灯的供电系统

触发器发出的高压脉冲通过触发变压器的初级和可控硅的放电使放电弧光灯得到触发，触发变压器输出电压脉冲为 30 kV 以上，能成功地点燃 20 kW 的连续弧光灯。为了保证弧光灯可靠地启动，在触发相位控制期间，主回路的电压必须升高到 0.6～1 kV 左右。

通常采用低电流、高电压电源将滤波电容充电到这一电压来实现。

练习与思考题

1. 固体激光器选用泵浦光源的一般原则是什么？通常采用的泵浦光源有哪些？
2. 设计惰性气体放电灯电源应考虑哪些因素？脉冲氙灯的供电系统具有哪些特征？
3. 影响聚光腔性能的参数有哪些？

第八章　固体激光器的热效应及补偿

影响固体激光器的整机效率的环节主要包括泵浦灯的发光效率、聚光腔的效率、工作物质吸收率及谐振腔的损耗等。进入工作物质的泵浦光能量只有少部分转换为激光能量，其余部分泵浦能将转变为热能，这样会严重影响激光器的工作效率和正常运行。激光二极管泵浦固体激光器的整机效率较高，可以达到10％左右。可见固体激光器中存在比较严重的无功热损耗。灯泵固体激光器工作物质内部产生热能的主要因素有：

(1) 除与工作物质吸收谱带相匹配的波段以外的泵浦光能，尤其是紫外和红外波段的光能被基质吸收转化为热能。

(2) 激光材料泵浦带与激光上能级(亚稳能级)间的能量差，将以非辐射跃迁形式转移给基质材料，转变成热能。

(3) 工作物质内部损耗产生热量。损耗使总量子效率小于1及受激辐射的一部分被基质吸收转变为热能。

无功热使工作物质温度升高，形成不均匀的温度分布，将直接影响工作物质的光学性能。如温度升高导致荧光谱线加宽、自发辐射寿命缩短，使能量转换效率降低，阈值升高，严重时甚至产生"温度猝灭"现象。温度分布不均匀，会引起热应力双折射、热透镜效应等。以上无功热损耗产生的影响统称为工作物质的热效应。

因此在固体激光器工作过程中，如何保持温度恒定及分布均匀，就成为很重要的研究课题，本章主要介绍固体激光工作物质的热效应及补偿措施。

8.1　固体激光工作物质的热效应

研究固体激光工作物质的热效应的基本方法是固体热传导理论。热效应与器件的工作方式密切相关。对于连续工作方式，当加热与冷却达到平衡后，工作物质表面具有恒定温度，而内部沿径向产生一定的温度梯度分布，导致热应力沿径向变化。对于脉冲工作方式，主要研究泵浦脉冲时间内的热效应。理论和实践表明，在泵浦脉冲持续时间内(0.2～0.5 ms)，器件中的热传导可忽略不计。因此，单次脉冲器件工作物质的光学畸变主要由泵浦光场的不均匀分布与工作物质的不均匀吸收所致，而重复脉冲器件的热效应主要是由泵浦光场的不均匀分布与冷却而形成的温度梯度的综合影响所致，究竟何种因素起主导作用，则取决于脉冲间隔与工作物质的热弛豫时间常数之比。本节主要介绍连续器件及单次脉冲器件的热效应。

8.1.1　连续固体激光器的热效应

在连续器件工作过程中，通常采用液体或气体对工作物质进行冷却。当加热和冷却达到平衡时，工作物质表面具有恒定的温度，但工作物质内部却形成了一定的温度梯度分布。工作物质中的温度分布用稳态热传导方程来描述。

1. 棒状物质的热传导方程和温度分布

假设工作物质被均匀泵浦（即内部均匀受热），侧表面均匀散热、均匀冷却，则可以认为工作物质内部的热流是沿径向的热传导。在加热和冷却达到平衡的稳定情况下，可用热传导方程求解工作物质内部沿径向的温度分布 $T(r)$。热传导方程为

$$\frac{d^2 T}{dr^2} + \frac{dT}{r\,dr} + \frac{Q}{K} = 0 \tag{8-1}$$

式中 K 为工作物质的热导率（瓦/厘米·度），r 为径向任一点离棒轴的距离，Q 为单位时间内单位体积工作物质中产生的热量，与工作物质产生的总热功率 P_a 成正比，即

$$Q = \frac{P_a}{\pi r_0^2 l} \tag{8-2}$$

当 $r = r_0$（激光棒的半径）时，激光棒表面的温度为常数，记为 $T(r_0)$。方程(8-1)的解为

$$T(r) = T(r_0) + \frac{Q}{4K}(r_0^2 - r^2) \tag{8-3}$$

式(8-3)表明，工作物质内温度沿径向的变化为一抛物线型。中心 $r=0$ 处温度最高，表面 $r=r_0$ 温度最低，同一 r 的柱面上温度相等，等温面为同轴柱面，垂直棒轴的截面内等温线为一组同心圆，沿径向的温度梯度为

$$\frac{dT(r)}{dr} = \frac{-Qr}{2K} \tag{8-4}$$

可见温度梯度与 $T(r_0)$ 无关，温度梯度随 r 增加而增大。将 Q 代入式(8-3)可得

$$T(r) = T(r_0) + \frac{P_a}{4\pi r_0^2 lK}(r_0^2 - r^2) \tag{8-5}$$

可以看出，棒中心与棒表面的温差为

$$T(0) - T(r_0) = \frac{P_a}{4\pi Kl} \tag{8-6}$$

在稳态条件下，工作物质内部产生的热功率必然等于冷却介质从表面带走的热功率，即

$$P_a = 2\pi r_0 lh\left[T(r_0) - T_F\right] \tag{8-7}$$

式中 T_F 为冷却介质的温度，h 为工作物质表面的传热系数，l 为工作物质的长度。则棒中心的温度 $T(0)$ 为

$$T(0) = T_F + \frac{P_a}{4\pi Kl} + \frac{P_a}{2\pi r_0 lh} \tag{8-8}$$

若已知工作物质的几何参数 r_0、l，器件系统参数 T_F、K、P_a、h，则可以计算出 $T(0)$。

对 Nd：YAG 激光晶体棒中径向温度分布，如

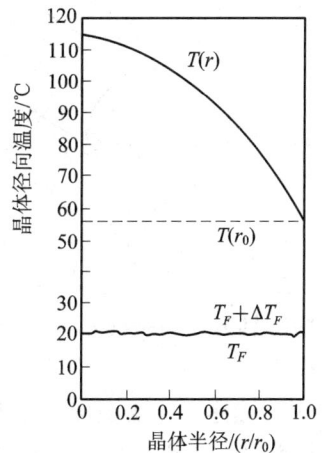

图 8.1　Nd：YAG 晶体的径向温度分布

图 8.1 所示。对应工作参数：泵浦功率为 12 kW，激光输出功率为 200～250 W，激光棒长 $l = 7.5$ cm，晶体棒半径 $r_0 = 0.32$ cm，冷却液套内半径 $r_F = 0.7$ cm，Nd：YAG 耗散功率

$P_a = 600$ W，冷却介质流量为 143 g $\cdot$ s^{-1}，冷却介质温度 $T_F = 20$℃，则由图可知，$T(0) = 114$℃，$T(0) - T(r_0) = 57$℃。表明 Nd：YAG 晶体棒中存在着温度分布不均匀现象，这将产生较大的热应力。

2. 热应力双折射

由温度较高的内层材料和温度较低的外层材料相互制约产生的机械应力，称为热应力。由式(8-4)可知，激光晶体棒中存在着温度梯度，因此存在着热应力。这种热应力将引起热应变，使工作物质的折射率产生不均匀变化，原来的各向同性介质变成各向异性介质，产生热应力双折射，或原来的各向异性介质的各向异性发生改变。当温度梯度很大时，致使热应力超过材料的机械强度极限，使激光工作物质发生裂纹或碎裂。

光学晶体的折射率特性通常用折射率椭球描述，其方程为

$$\sum_{i,j=1}^{3} \left(\frac{1}{n^2}\right)_{ij} x_i x_j = 1 \qquad (8-9)$$

当取折射率直角坐标系的坐标轴为晶体主轴方向时，方程式(8-9)可改写为

$$\frac{x^2}{n_x^2} + \frac{y^2}{n_y^2} + \frac{z^2}{z_z^2} = 1 \qquad (8-10)$$

式中 n_x、n_y、n_z 为晶体主轴方向的折射率。对双轴晶体有 $n_x \neq n_y \neq n_z$，对单轴(光轴沿 z 轴)晶体有 $n_x = n_y = n_o$，$n_z = n_e$，对各向同性介质有 $n_x = n_y = n_z = n_o$。

对于立方晶系的 Nd：YAG 晶体，通常多采取沿[111]方向生长，即棒轴沿[111]方向，激光也沿此方向传播，如图8.2所示。无内部应力的情况下，Nd：YAG 晶体具有光学各向同性，折射率椭球为圆球

$$x^2 + y^2 + z^2 = n_o^2 \qquad (8-11)$$

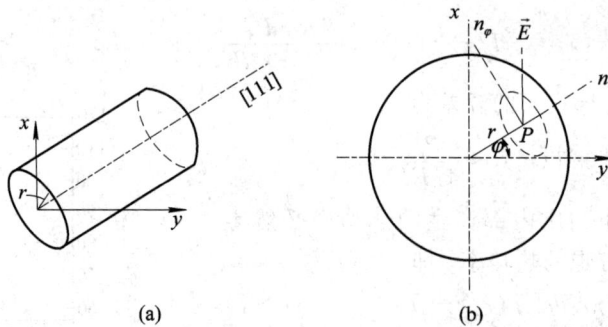

图 8.2　Nd：YAG 晶体棒轴及垂直于棒轴的平面内的折射率球取向

当光沿 z 轴方向传播时，在 xy 平面上折射球的截面为圆

$$x_r^2 + x_\varphi^2 = n_o^2 \qquad (8-12)$$

式中 r、φ 表示平面极坐标。由于热应力，Nd：YAG 晶体将表现出光学各向异性，在 xy 平面上折射球的截面为椭圆

$$\frac{x_r^2}{n_r^2} + \frac{x_\varphi^2}{n_\varphi^2} = 1 \qquad (8-13)$$

其中 $n_r = n_o + \Delta n_r$，$n_\varphi = n_o + \Delta n_\varphi$ 分别为 r、φ 方向的折射率。由热应力引起的径向和切向折射率的变化量 Δn_r、Δn_φ 分别为

$$\Delta n_r = -\frac{n_o^3 \alpha Q C_r r^2}{2K} \tag{8-14}$$

$$\Delta n_\varphi = -\frac{n_o^3 \alpha Q C_\varphi r^2}{2K} \tag{8-15}$$

式中 C_r、C_φ 为与光弹性有关的系数。$\Delta n_r - \Delta n_\varphi$ 描述了 Nd：YAG 晶体在热应力作用下的双折射，表示为

$$\Delta n_r - \Delta n_\varphi = \frac{n_o^3 \alpha Q C_B r^2}{K} \tag{8-16}$$

对 Nd：YAG 晶体，$C_r = 0.017$，$C_\varphi = -0.0025$，$C_B = -0.0097$，代入式(8-16)得

$$\Delta n_r = -2.8 \times 10^{-6} Q r^2 \tag{8-17}$$

$$\Delta n_\varphi = 0.4 \times 10^{-6} Q r^2 \tag{8-18}$$

$$\Delta n_r - \Delta n_\varphi = -3.2 \times 10^{-6} Q r^2 \tag{8-19}$$

可以看出，热应力双折射与 Q 成正比，即与泵浦功率成正比；热应力双折射与 r^2 成正比，当 $r=0$ 时，$\Delta n_r - \Delta n_\varphi = 0$，无热应力双折射。

3. 热透镜效应

由于温度梯度引起的折射率不均匀分布，使激光棒对传输激光具有透镜会聚或发散的作用，称之为热透镜效应。设棒内沿径向的折射率分布为

$$n(r) = n_o + \Delta n(r)_T + \Delta n(r)_E \tag{8-20}$$

其中 n_o 为棒中心处的折射率，$\Delta n(r)_T$ 为温度梯度引起的折射率增量，$\Delta n(r)_E$ 为热应力引起的折射率增量，二者分别表示为

$$\Delta n(r)_T = [T(r) - T(0)]\frac{dn}{dT} = \frac{-Qr^2}{4K}\frac{dn}{dT} \tag{8-21}$$

$$\Delta n(r)_E = -\frac{n_o^3 \alpha Q}{2K} C_{r,\varphi} r^2 \tag{8-22}$$

其中 $\frac{dn}{dT}$ 为折射率温度系数，$C_{r,\varphi}$ 为 C_r、C_φ 其中之一。代入式(8-20)得

$$n(r) = n_o - \frac{Qr^2}{4K}\frac{dn}{dT} - \frac{n_o^3 \alpha Q}{2K} C_{r,\varphi} r^2 = n_o\left[1 - \frac{n_2}{2n_o}r^2\right] \tag{8-23}$$

其中 $n_2 = \frac{Q}{2K}\left(\frac{dn}{dT} + 2n_o^3 \alpha C_{r,\varphi}\right)$，称为热透镜效应系数。式(8-23)表明，折射率沿径向呈抛物线分布，使一与轴线有夹角的光线沿曲线传播，相当于光线经过一个透镜，其等效焦距 f 为

$$f = \frac{1}{n_2 l} = \frac{2K}{Ql}\left(\frac{dn}{dT} + 2n_o^3 \alpha C_{r,\varphi}\right)^{-1} \tag{8-24}$$

式(8-24)说明，在一级近似下，灯泵固体激光器的激光棒可等效于一个焦距为 f 的热透镜。热焦距 f 与光的偏振态有关，沿径向和切向的偏振光具有不同的焦距，因此又称之为双焦距效应。热焦距 f 可正也可负，对应于会聚和发散透镜，一般还随时间变化。泵浦功率越大和激光棒越细，热透镜效应越严重。热焦距 f 与棒长度无关。对 Nd：YAG 晶体棒，f_φ / f_r 的实验值为 1.35～1.5 范围。以上这些结论均为理论预言，并已为实验所证实。

除温度梯度、热应力双折射引起的热透镜效应外，还应考虑端面效应对热焦距的贡献。所谓端面效应，是指工作物质端面平面的畸变，三者比较温度梯度对热焦距的贡献最

大，端面效应最小。热应力双折射还会产生退偏现象，线偏振光入射到有热应力双折射的激光工作物质后，将分解为振动方向互相垂直的两束线偏振光，由于折射率不同，经激光工作物质传输后两束线偏振光将产生相位差，合成后成为椭圆偏振光。

8.1.2 单脉冲固体激光器的热效应

对脉冲工作的固体激光器，其泵浦功率随时间改变，工作物质中温度分布 $T(t, r)$ 是时间 t 和空间 r 的函数，需要求解瞬态热传导方程得出 $T(t, r)$。

单脉冲固体激光器的热效应可以定性地理解为：在单次脉冲泵浦下，激光棒受热形成的温度分布是一个随时间变化的瞬态过程。由于泵浦脉冲宽度很短（毫秒或微秒），使得温度上升比冷却降温快，在泵浦期间，温度很快上升到最大值，泵浦结束后，温度缓慢地恢复到热平衡状态。假设激光棒对泵浦光均匀吸收，单次脉冲泵浦下激光圆柱棒内温度沿径向分布随时间的变化，如图 8.3 所示。在泵浦加热阶段，棒内温度均匀升高。在泵浦结束后的冷却阶段，棒边缘温度下降比中心快，出现抛物线温度分布，并以一定的时间常数（热弛豫时间 τ）衰减。

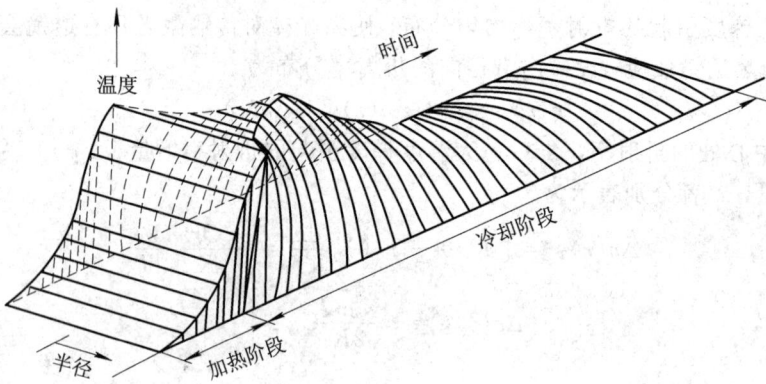

图 8.3　单次脉冲泵浦下激光圆柱棒内温度沿径向分布随时间的变化

单脉冲泵浦下，热焦距随泵浦能量增加而减少，且有反比关系；当泵浦能量增加时，在泵浦期间，热焦距与脉冲宽度成正比。

8.1.3 重复率脉冲固体激光器的热效应

在重复频率周期性光脉冲泵浦下，激光棒内的温度分布主要取决于输入脉冲间隔 t_p 与激光棒热弛豫时间 τ（激光棒中心温度从最大值降低到最大值的 $1/e$ 时所需时间）的比值。当 $t_p \gg \tau$ 时，由于在下一个泵浦脉冲作用于激光棒之前，棒内的温度分布已恢复到环境温度，每一个泵浦脉冲的热效应与单脉冲泵浦相类似。当 $t_p = \tau$ 时，由于前一脉冲的剩余温度分布并未完全消失，泵浦引起的初始温度分布将呈现类似抛物线的分布，如图 8.4 所示。

随着泵浦脉冲频率的提高，当 $t_p \ll \tau$ 时，泵浦脉冲引起的温度分布还未恢复到初始状态，后继泵浦脉冲又已到来，在前一泵浦脉冲的剩余温度分布基础上叠加上新的温度分布，使温升不断积累，当泵浦脉冲数足够大时，热效应接近连续泵浦的稳态情况，如图 8.5 所示。

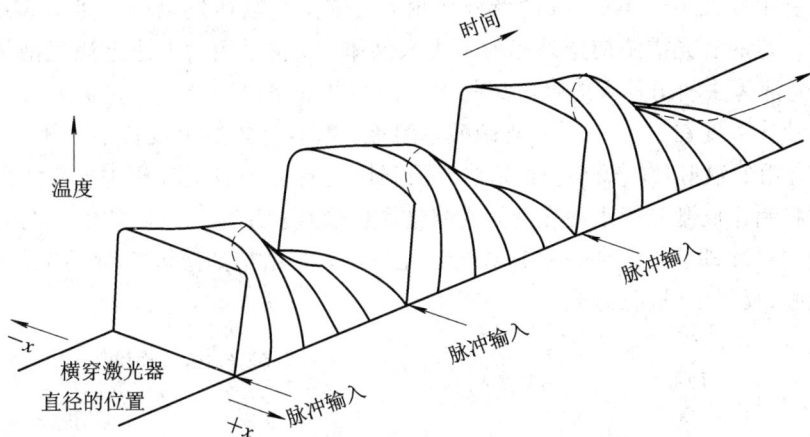

图 8.4　脉冲间隔与热弛豫时间接近时激光圆柱棒内的热弛豫

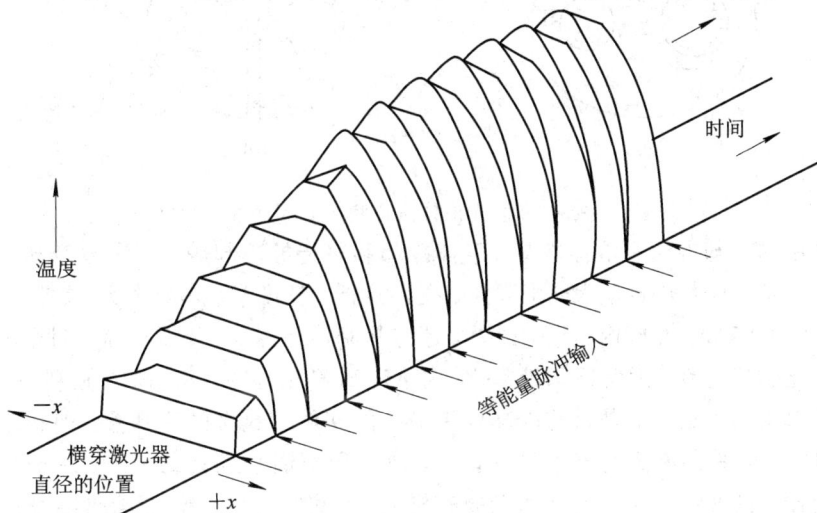

图 8.5　脉冲间隔小于热弛豫时间时激光圆柱棒内的热弛豫

8.2　固体激光器的散热

　　固体激光工作物质的热效应严重地妨碍了器件输出功率(能量)的进一步提高,同时也影响了光束质量。因此在器件的运转过程中,必须采取一定的措施来抵消或减少热效应。在灯泵固体激光器中常采用的补偿措施有冷却技术、光学补偿法和采用非圆柱形工作介质等。

8.2.1　冷却技术

　　无功热损耗的产生,主要是无功泵浦光能(与工作物质吸收谱带相匹配的波段以外的泵浦光能)、工作物质泵浦能级与激光上能级间的能量差及工作物质量子效率小于 1 的内部损耗。对无功泵浦光能进行过滤,减少使有用波段辐射进入工作物质,可以达到减小热效应。同时采取冷却技术可以保证激光器正常工作。

泵浦光能中波长小于 400 nm 的紫外辐射，会使激光晶体发热或产生有害的色心，因此需要采取一定的滤光措施使紫外辐射不进入晶体。通常采用的方法有滤光液体法和滤光玻璃法。滤光液体法利用具有能吸收紫外辐射的某些盐类水溶液，如浓度在 0.3%～1% 的重铬酸钾溶液或浓度在 1%～2% 的亚硝酸钠溶液，基本上能滤掉波长小于 400 nm 的紫外辐射，而对有用的辐射吸收较小。滤光玻璃法利用具有能吸收紫外辐射，又能透过有用辐射的玻璃材料制作成激光棒水冷套管，或制作成玻璃片置于聚光腔内放电灯与激光棒之间而仍用纯净水做冷却液，这是一种有效的滤光方法，其结构如图 8.6 所示。除此之外，也可选择聚光腔（反射壁）进行滤光。

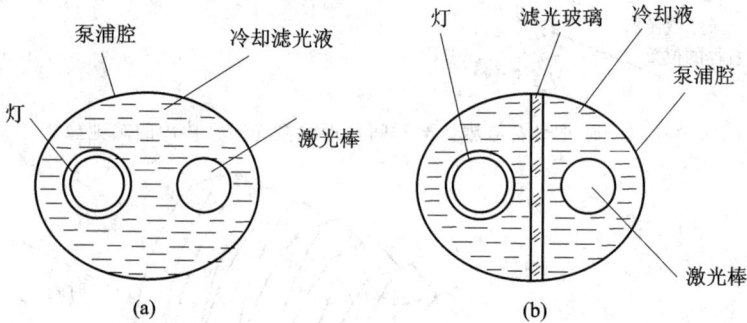

图 8.6　滤光液体法全腔冷却示意图

通常采用的冷却方法有液体冷却、气体冷却和热传导冷却等，而液体冷却方式最为常用。液体冷却剂应具有热容量大、密度大、凝固点低、粘度小、热导率大、膨胀系数小等特点，且在 500～900 nm 波段内透明，此外，还应具有不易爆炸、不易燃烧、对金属无腐蚀作用及良好的化学稳定性。通常冷却液有水、甲醇、碳氟化合物、乙二醇、氟利昂等。

从单纯热交换考虑，水是目前冷却效果最好的和应用最多的冷却液，但普通自来水一般含有矿物质，容易污染激光器和阻塞管道，故常用蒸馏水或去离子水。考虑到低温条件下使用激光器，也可将水与其他低冰点的有机液（如甲醇或乙二醇）混合做冷却液。

液体冷却方式有全腔冷却和分别冷却两种。如图 8.6 所示全腔冷却具有结构简单、紧凑、冷却效果好等优点，但放电灯和激光棒易受冷却液的污染而导致输出激光功率下降，需要定期清洗。分别冷却对放电灯、激光棒和聚光腔分别通冷却液，如图 8.7 所示。其优点是冷却能力强，不同部分冷却液流量可以调整，但结构较为复杂。

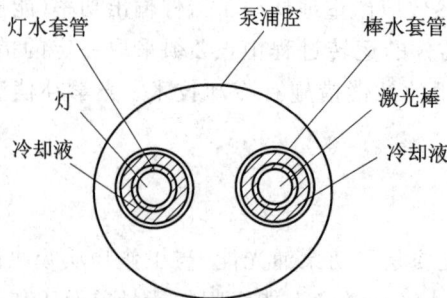

图 8.7　滤光液体法分别冷却示意图

8.2.2　光学补偿方法

采用冷却技术可以带走器件中的部分无功热，但无法消除工作物质内部的温度、热应力双折射效应和热透镜效应等热效应。利用光学补偿法可以抵消热效应对光束质量产生的不利影响。

1. 热透镜效应的补偿

补偿热透镜效应的简单方法是修磨端面，如对呈现正透镜效应的工作物质，将其端面磨成曲率半径相匹配的负透镜效应的凹面，但受到使用条件的限制。为了实现对热透镜效应的动态补偿，可采用基模动态热稳定腔，在一定泵浦功率范围内，输出光束远场发散角等参数不随泵浦参数变化，或变化很小。

2. 热应力双折射和退偏效应的补偿

补偿热应力双折射和退偏效应的根据是，沿激光棒的径向和切向偏振的光通过一定长度的介质后，将会有相应的相位延迟，可以用偏振旋转的方法来实现补偿。例如在一个激光振荡器中，两根性能相同的激光棒串接，两根棒中间放置一个 $90°$ 石英旋光片，对第一根激光棒输出的激光经过石英旋光片后，光电场的两个分量都旋转 $90°$，进入第二根激光棒将会对光在第一根激光棒中引起的相位延迟进行抵消。对单棒激光振荡器，在全反射镜端放置一个 $\lambda/8$ 波片，也可获得 $90°$ 的偏振旋转。

8.2.3　采用非圆柱形工作物质

在冷却技术中，增大冷却表面面积会使冷却效果更好，而圆柱形的激光棒的表面面积是最小的，因此可以采用非圆柱工作物质来增大冷却表面面积。同时径向温度梯度的存在是由于沿径向的热流造成的，采用非圆柱工作物质后可以改变热流方向，改善径向温度梯度分布，降低温度梯度对光束质量的影响。通常采用非圆柱工作物质的激光器有板条激光器、管状激光器、片状激光器。

1. 板条激光器

图 8.8 所示的板条状固体激光工作物质是利用其几何对称性和之字形光路补偿热效应制成的，并实现均匀泵浦和均匀冷却，如图 8.9 所示。当板条的宽度厚度比 $(a:b)$ 大于 2

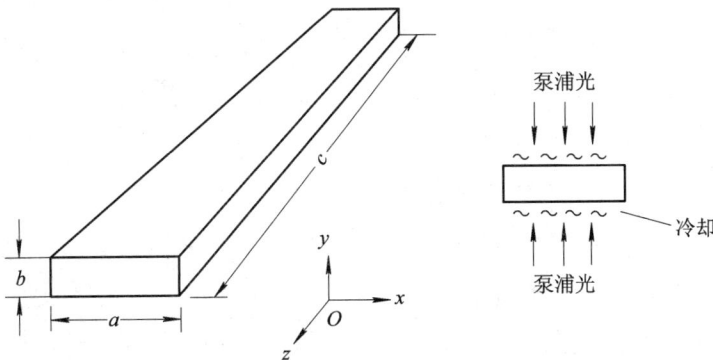

图 8.8　板条状结构固体激光工作物质

和对宽度方向边界绝热时，板条的热性能比棒为优。将端面磨成布儒斯特角，使板条内的激光以之字形光路全反射传输，光束的不同部分在厚度方向上以同样方式经历温度分布的各个区域，而在宽度方向由于绝热边界温度分布是均匀的。这样厚度方向非均匀温度分布的热效应得到消除，板条激光器能在材料应力断裂极限所限制的高功率水平运转。

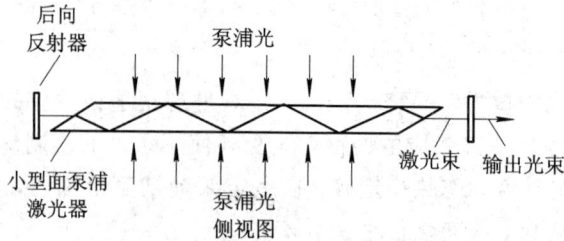

图 8.9　之字形光路补偿热效应

2. 管状激光器

将激光棒内部挖空成为管状而构成管状激光器。通常其管壁厚度比直径小很多，内表面也成为冷却表面而使热效应减小。同时放电灯可以放置在管内使泵浦能量充分利用，以提高效率并获得高功率激光。

3. 片状激光器

工作物质的形状为圆盘片、矩形片或椭圆形片的激光器为片状激光器。片状工作物质的放置方式可以与腔轴垂直，或与腔轴成布儒斯特角，如图 7.8 所示钕玻璃圆盘激光器的结构。采用片状工作物质，有利于增大冷却表面面积，使热流方向沿光轴传播，从而可以避免或大大减弱热效应。片状布儒斯特角激光器主要用于钕玻璃激光放大器，以达到非常高的峰值功率和相对低的平均功率，目前片状激光器的孔径已达到 74 cm。

练习与思考题

1. 固体激光器工作物质内部产生无功热损耗的因素有哪些？
2. 连续固体激光器的热效应会产生怎样的温度分布？对腔内激光将产生怎样的影响？
3. 为什么采用非圆柱工作物质可以补偿热效应？通常采用的非圆柱工作物质有几种？

第九章　固体激光器谐振腔

开放式光学谐振腔(Fabry‐Perot)的构思,是 Schawlow 和 Townes 于 1958 年提出的,对激光器的发明起了重要作用。迄今,在常规激光器件中,谐振腔仍然是实现正反馈、选模和输出耦合作用的部件。在固体激光器的研究中,谐振腔受到广泛重视的原因有:

(1) 激光器的能量(功率)提取效率主要由光腔决定。选择合适的几何结构和优化设计的光腔可以提高输出能量(功率),从而提高器件的总效率。

(2) 输出光束质量也与光腔有关,但与输出功率对光腔参数的要求又常常相矛盾。针对不同的输出功率要求,选择合适的光腔,可获得满足应用要求的高质量光束输出。

(3) 在实际应用中,要求激光器对机械振动,热扰动等引起光腔的失调不敏感,需研究对失调不敏感的光腔。

(4) 光泵浦引起的热效应是一个必须认真考虑的问题。为此需研究含有热透镜的谐振腔的动态工作特性,以及热应力双折射和退偏效应的补偿问题。

基于以上因素,在固体激光谐振腔的研究中发展了多种技术以满足应用要求。腔镜有球面镜、柱面镜、棱镜、非均匀反射镜和梯度相位反射镜等。光阑有硬边光阑和软边光阑等。光腔有稳定腔、非稳腔、临界腔、非轴对称像散腔、环形腔、折叠腔、离轴腔、多元件腔、多棒串接腔等。工作物质的几何形状有棒状、板条、管状、片状、光纤等。改进技术有基模动态稳定腔(热稳腔的基础上)、多棒串联接腔、热应变双折射补偿腔、相位共轭可调望远镜腔、自适应镜动态稳定腔等。

本章以 q 参数变换的 $ABCD$ 公式为基础,研究类透镜介质对光束的变换规律以及基模动态稳定腔、基模动态望远镜稳定腔的设计。

9.1　光学谐振腔的模参数

9.1.1　谐振腔的变换矩阵

由激光原理知,腔与模具有一定的对应关系。基横模(TEM$_{00}$模)的参数取决于腔的结构参数,通常将腔的结构参数称为模参数。

设腔镜 M_1、M_2 的曲率半径分别为 R_1、R_2,如图 9.1 所示。腔内包含工作物质在内的介质对光束的单程传播矩阵可表示为

$$\begin{bmatrix} a & b \\ c & d \end{bmatrix} \qquad (9-1)$$

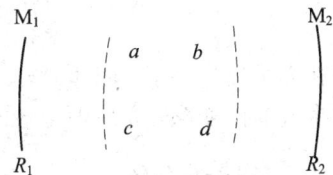

$$\begin{array}{ccc} M_1 & & M_2 \\ \begin{pmatrix} & \vdots & a & b & \vdots \\ & & & & \\ & \vdots & c & d & \vdots \end{pmatrix} \\ R_1 & & R_2 \end{array}$$

图 9.1　激光器谐振腔

则谐振腔的往返矩阵可写为(从 M_1 出发)

$$\begin{bmatrix} A & B \\ C & D \end{bmatrix} = \begin{bmatrix} 1 & 0 \\ -\dfrac{2}{R_2} & 1 \end{bmatrix} \begin{bmatrix} d & b \\ c & a \end{bmatrix} \begin{bmatrix} 1 & 0 \\ -\dfrac{2}{R_1} & 1 \end{bmatrix} \begin{bmatrix} a & b \\ c & d \end{bmatrix} \qquad (9-2)$$

由此可计算出矩阵元 A、B、C、D。

9.1.2 谐振腔的稳定性条件

高斯模的 q 参数 $ABCD$ 公式为

$$q_2 = \frac{Aq_1 + B}{Cq_1 + D} \qquad (9-3)$$

由于高斯模在谐振腔内往返一次应满足自再现条件(自洽条件) $q_2 = q_1$，即

$$q_1 = \frac{Aq_1 + B}{Cq_1 + D} \qquad (9-4)$$

由式(9-4)解出 q_1 得

$$\frac{1}{q_1} = \frac{D-A}{2B} \pm \mathrm{i} \sqrt{\frac{4-(A+D)^2}{4B^2}} \qquad (9-5)$$

由 $\dfrac{1}{q(z)} = \dfrac{1}{R(z)} - \mathrm{i} \dfrac{\lambda}{\pi \omega^2(z)}$ 可得腔镜 M_1 表面上的等相位面曲率半径和光斑半径分别为

$$\begin{cases} R_1 = \dfrac{2B}{D-A} \\[3mm] \omega_1^2 = \dfrac{2B\lambda_0}{n\pi \sqrt{4-(A+D)^2}} \end{cases} \qquad (9-6)$$

并且满足 $\left| \dfrac{A+D}{2} \right| < 1$，即稳定性条件。将 A、D 代入稳定性条件中可得

$$0 < \left(a - \frac{b}{R_1} \right) \left(d - \frac{b}{R_2} \right) < 1 \qquad (9-7)$$

令 $G_1 = a - \dfrac{b}{R_1}$，$G_2 = d - \dfrac{b}{R_2}$，式(9-7)变为

$$0 < G_1 G_2 < 1 \qquad (9-8)$$

可以看出式(9-8)与无源腔的稳定性条件在形式上一样。通过 q 参数的变换规律，可求出腔内任一部位的模参数。

9.2 类透镜介质对激光束的变换

在光泵浦作用下，固体激光工作物质可等效为一个焦距为 f 的热透镜，并且焦距随泵浦功率改变而变化，介质中传播的激光束模参数将发生变化。

9.2.1 类透镜介质

介质折射率在垂直于光的传播方向上与空间坐标成平方关系的介质，称为类透镜介

质，其折射率 $n(r)$ 表示为

$$n(r) = n_0 \left(1 - \frac{n_2 r^2}{2n_0} \right) \tag{9-9}$$

其中 n_0 为介质内的最大或最小折射率，r 为垂直于光的传播方向的平面内的距离，原点选在折射率为 n_0 的点处，n_2 称为类透镜系数，可取正也可取负，表现为双焦距 $f = \frac{1}{n_2 l}$，l 为工作物质长度。通常将工作物质的热透镜效应等效为透镜，这只是一种近似处理，实际上，光波在工作物质内的传播规律与在透镜介质的传播规律是不同的。只有在 n_2 较小时，工作物质对光波的会聚或发散作用才与透镜类似，故称为类透镜介质。

9.2.2 类透镜介质对激光束的变换矩阵

光波在类透镜介质内的传播规律遵守电磁场的波动方程。类透镜介质的性质也可用光波波矢 $k(r)$ 来表征，对类透镜介质，由 $k(r) = \frac{2\pi n(r)}{\lambda_0}$ 可得

$$k(r) = k(0) \left[1 - \frac{k_2 r^2}{2k(0)} \right] \tag{9-10}$$

其中 k_2 为类透镜系数。取腰斑中心为坐标原点，相应的复参数 $q(z)$ 为

$$\frac{1}{q(z)} = \frac{1}{R(z)} - \mathrm{i} \frac{\lambda_0}{n_0 \pi \omega^2(z)} \tag{9-11}$$

厚度为 l 的类透镜介质对光波的传播矩阵为

$$\begin{bmatrix} A' & B' \\ C' & D' \end{bmatrix} = \begin{bmatrix} \cos\left(\sqrt{\frac{k_2}{k(r)}} z \right) & \sqrt{\frac{k(r)}{k_2}} \sin\left(\sqrt{\frac{k_2}{k(r)}} z \right) \\ -\sqrt{\frac{k_2}{k(r)}} \sin\left(\sqrt{\frac{k_2}{k(r)}} z \right) & \cos\left(\sqrt{\frac{k_2}{k(r)}} z \right) \end{bmatrix} \tag{9-12}$$

则参数 z 处的 $q(z)$ 参数为

$$q(z) = \frac{A' q_0 + B'}{C' q_0 + D'} \tag{9-13}$$

相应地有 $R(z)$、$\omega(z)$ 分别为

$$R(z) = \frac{\sqrt{\frac{k(r)}{k_2}}}{1 - \frac{k_2 q_0^2}{k(r)}} \tan\left(\sqrt{\frac{k_2}{k(r)}} z \right) \left[1 + \frac{q_0^2}{\frac{k(r)}{k_2} \tan^2\left(\sqrt{\frac{k_2}{k(r)}} z \right)} \right] \tag{9-14}$$

$$\omega^2(z) = \omega_0^2 \left\{ 1 + \left[\frac{k(r)}{k_2 q_0^2} - 1 \right] \sin^2\left(\sqrt{\frac{k_2}{k(r)}} z \right) \right\} \tag{9-15}$$

由式(9-14)、式(9-15)可以得出，类透镜介质内的激光束形状与类透镜系数 k_2 和腰斑半径 ω_0 密切相关，如图 9.2 所示。可以看出：

(1) 当 k_2、q_0 较大，使 $\dfrac{k_2 q_0^2}{k(r)} > 1$ 时，则在 $|z| < \sqrt{\dfrac{k(r)}{k_2}} \cdot \dfrac{\pi}{2}$ 范围内光斑半径 $\omega(z)$、等相位曲率半径 $R(z)$ 随 $|z|$ 增加而减小（$R(z) < 0$），且在 $|z| = \sqrt{\dfrac{k(r)}{k_2}} \arctan \sqrt{\dfrac{k_2}{k(r)}} q_0$ 处，$R(z)$ 为极小值，在 $z' = \sqrt{\dfrac{k(r)}{k_2}} \cdot \dfrac{\pi}{2}$ 处，$R \to \infty$，$\omega(z') = \sqrt{\dfrac{k(r)}{k_2}} \cdot \dfrac{\omega_0}{q_0}$，如图 9.2(a) 所示。

(2) 当 $\dfrac{k_2 q_0^2}{k(r)} < 1$ 时，情况如图 9.2(b) 所示。其结果可以理解为图 9.2(a) 中当 $\sqrt{\dfrac{k(r)}{k_2}} \cdot \dfrac{\pi}{2} < z < \sqrt{\dfrac{k(r)}{k_2}} \cdot \pi$ 的变化规律。

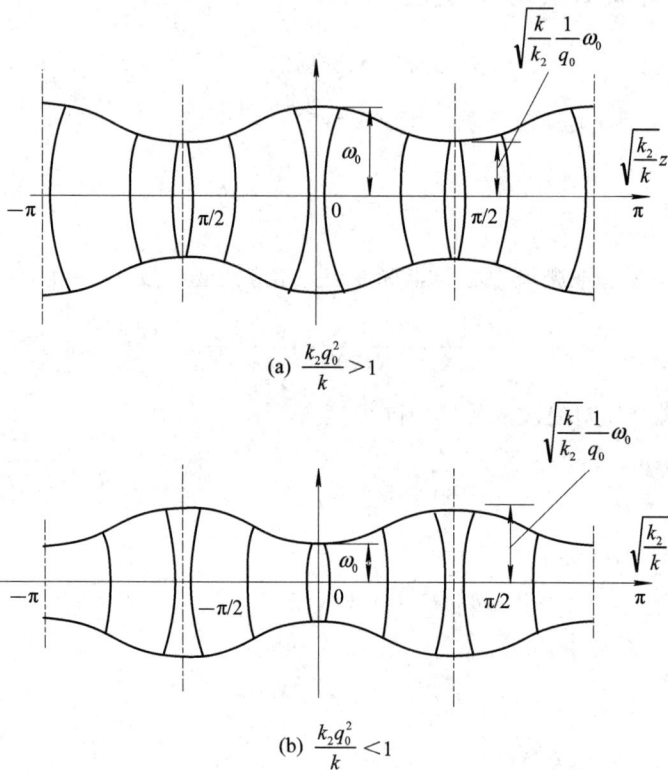

(a) $\dfrac{k_2 q_0^2}{k} > 1$

(b) $\dfrac{k_2 q_0^2}{k} < 1$

图 9.2　激光束在类透镜介质内的传播

(3) 与无源腔不同，$\omega(z)$、$R(z)$ 均与 $k(r)$ 有关，与双焦距 $f = \dfrac{1}{n_2 l}$ 有关。

一般来说，若类透镜介质较长，激光束的参数将以 $\sqrt{\dfrac{k(r)}{k_2}} \cdot 2\pi$ 为周期在介质内周期性地变化。在类透镜光纤介质内激光束的传播就是这种情况。大多数激光工作物质，类透镜系数 k_2 都很小，约为 $10^{-5} \sim 10^{-4}$ cm^{-3}，且长度有限，激光束参数甚至不可能完成一个周期的变化。对厚度 l 有限的激光工作物质，必须考虑介质端面情况时，将端面对光束的变换用相应矩阵来表示，激光工作物质对激光束参数的变换如图 9.3 所示。其中图 9.3(a) 对应 $k_2 < 0$，具有发散透镜的性质，图 9.3(b) 对应 $k_2 > 0$，具有会聚透镜的性质。

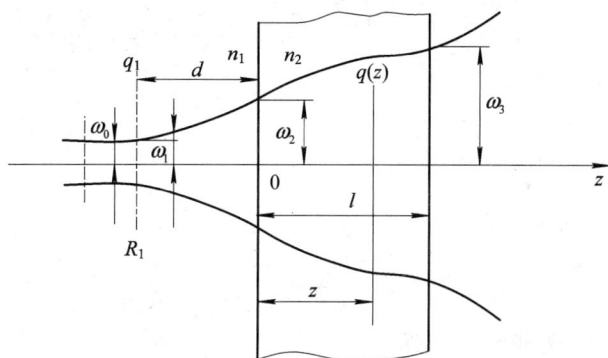

(a) $n = n_0 \left(1 - \dfrac{k_2}{2k} r^2 \right)$，$k_2$ 为负具有发散透镜性质

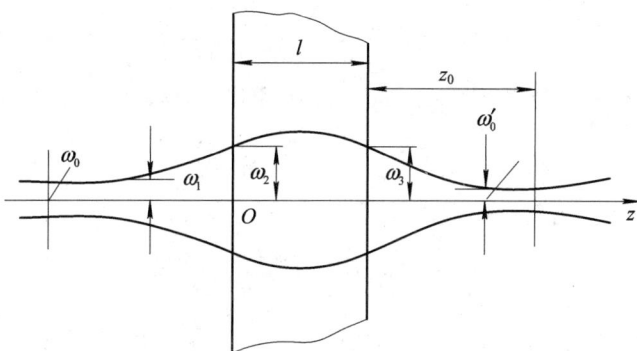

(b) $n = n_0 \left(1 - \dfrac{k_2}{2k} r^2 \right)$，$k_2$ 为正具有会聚透镜性质

图 9.3　类透镜介质对激光束参数的变换

9.3　热　稳　腔

由于 $k(r)$ 随介质热焦距的变化而改变，引起 $\omega(z)$、$R(z)$ 参数的变化，造成光束的发散角及模体积不稳定，影响器件的正常工作。为抑制热效应，在设计谐振腔时，应选择热效应不灵敏的谐振腔。

9.3.1　热稳条件

固体激光器在一定温度范围内，谐振腔的模参数将保持不变，这样的谐振腔称为热稳腔。运用 g 参数等价腔分析法推导腔镜 M_1、M_2 表面上的光斑半径 ω_1、ω_2，给出稳定的条件。

在光泵浦作用下，固体激光工作物质可等效为一个焦距为 f 随泵浦功率变化的热透镜，如图 9.4 所示，热透镜主面与 M_1、M_2 表面的有效距离分别为 d_1、d_2（确定 f 主面的位置），含有类透镜介质的谐振腔的单程传播矩阵为

$$\begin{bmatrix} a & b \\ c & d \end{bmatrix} = \begin{bmatrix} 1 & d_2 \\ 0 & 1 \end{bmatrix} \begin{bmatrix} 1 & 0 \\ -\dfrac{1}{f} & 1 \end{bmatrix} \begin{bmatrix} 1 & d_1 \\ 0 & 1 \end{bmatrix} = \begin{bmatrix} 1 - \dfrac{d_2}{f} & d_1 + d_2 - \dfrac{d_1 d_2}{f} \\ -\dfrac{1}{f} & 1 - \dfrac{d_1}{f} \end{bmatrix} \quad (9-16)$$

由往返矩阵可得相应的 G 参数分别为

$$G_1 = a - \frac{b}{R_1} = 1 - \frac{d_2}{f} - \frac{b}{R_1}$$

$$G_2 = d - \frac{b}{R_2} = 1 - \frac{d_1}{f} - \frac{b}{R_2} \quad (9-17)$$

腔镜 M_1、M_2 表面上的光斑半径分别为

$$\omega_1^2 = \frac{\lambda_0 b}{\pi} \sqrt{\frac{G_2}{G_1(1 - G_1 G_2)}} \quad (9-18)$$

$$\omega_2^2 = \frac{\lambda_0 b}{\pi} \sqrt{\frac{G_1}{G_2(1 - G_1 G_2)}} \quad (9-19)$$

当温度变化使 f 变化时，光斑半径 ω_1、ω_2 不随 f 变化，即满足

$$\frac{\mathrm{d}\omega_1}{\mathrm{d}f'} = 0 \quad \left(\frac{\mathrm{d}\omega_2}{\mathrm{d}f} = 0 \right) \quad (9-20)$$

而 ω_1 是 f 的复合函数，由复合函数求导可得

$$\frac{1}{G_1} = 2G_2 + \frac{1}{G_2}\left(\frac{d_1}{d_2}\right)^2 + \frac{2d_1}{d_2} \quad (9-21)$$

式(9-21)称为热稳条件。由式(9-21)可知，当 $d_1 = 0$ 时，热稳条件为 $G_1 G_2 = \dfrac{1}{2}$，相应的谐振腔称为深度热不灵敏腔。此时 M_1、M_2 表面上的光斑半径分别为 $\omega_1^2 = \dfrac{\lambda_0 b}{\pi G_1}$、$\omega_2^2 = \dfrac{\lambda_0 b}{\pi G_2}$。

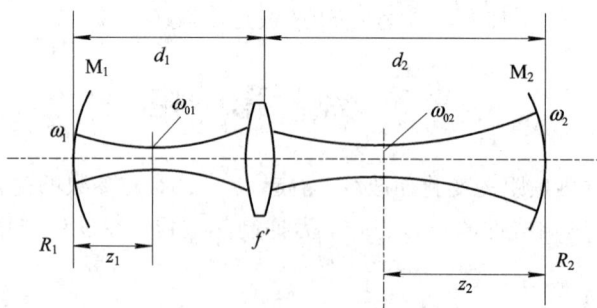

图 9.4　含有透镜的激光器谐振腔

当 $d_1 \neq 0$，但 $\dfrac{d_1}{d_2}$ 很小（激光棒尽可能靠近输出反射镜）时，有 $G_1 G_2 \approx \dfrac{1}{2}$。这样的谐振腔作为工程近似计算是可行的，虽然不能完全实现热稳条件，但对热扰动的敏感程度大大降低，激光器可以得到比较稳定的激光输出。可见 $G_1 G_2 = \dfrac{1}{2}$ 是构成热稳腔的重要依据。

腔长 L 的变化、腔镜曲率半径 R_1、R_2 的变化对模参数也将产生一定的影响。由

$$\frac{f'}{\omega_1} \frac{\mathrm{d}\omega_1}{\mathrm{d}f'} = \frac{d_2^2}{4f^2 b} \cdot \frac{2G_2 - \dfrac{1}{G_1} + \dfrac{1}{G_2}\left(\dfrac{d_1}{d_2}\right)^2 + \dfrac{2d_1}{d_2}}{1 - G_1 G_2} \quad (9-22)$$

知，当 $d_1=0$，$b=d_2=L$，代入式(9-22)得

$$\frac{f'}{\omega_1}\frac{\mathrm{d}\omega_1}{\mathrm{d}f'} = \frac{d_2(2G_1G_2-1)}{4f'G_1(1-G_1G_2)} \tag{9-23}$$

可见热焦距 f 的变化对 ω_1 的影响将正比于腔长而反比于热焦距 f。

9.3.2 几种典型的热稳腔

按照热稳条件 $G_1G_2=\dfrac{1}{2}$ 构成的谐振腔，对固体激光器的基模(TEM$_{00}$模)工作提供了很大的优越性。与其他腔型比较，利用热稳腔能够获得较高的效率，对热扰动的灵敏度小，并且结构紧凑。但按热稳条件设计的谐振腔，只对某种特殊的热效应的补偿是有效的。为了获得更大的基模体积和更好的稳定性以抵御热透镜效应的影响，可利用腔内插入望远镜做到。

1. 高重复率 Nd^{3+}：YAG 晶体激光器热稳腔

图 9.5 所示为凹凸谐振腔，Nd^{3+}：YAG 晶体棒直径为 5 mm、腔长为 800 mm，在某一特定泵浦功率下的热焦距为 $f=6$ m。

根据经验及结构，需要取凹面镜上的光斑半径 ω_1 为棒直径的 $1/4$，即 $\omega_1=1.25$ mm，取 $d_1=100$ mm、$d_2=700$ mm，棒尽可能靠近输出镜 M_1，按照热稳条件进行计算。

由 $\omega_1^2=\dfrac{\lambda_0 b}{\pi G_1}\approx\dfrac{\lambda_0}{\pi G_1}(d_1+d_2)$ 可得 $G_1=0.16$，由 $G_1G_2=\dfrac{1}{2}$ 可得 $G_2=3.12$，由 $\omega_2^2=\dfrac{\lambda_0 b}{\pi G_2}$ 可得 $\omega_2=0.28$ mm。于是由式(9-17)可得 $R_1=1.1$ m、$R_2=0.36$ m。为了满足热稳条件 $G_1G_2=\dfrac{1}{2}$，使 $d_1=0$，可将 R_1 直接修磨在 Nd^{3+}：YAG 晶体棒的端面，修磨的曲率半径应为 nR_1(n 为 Nd^{3+}：YAG 晶体棒的折射率)，使反射镜 M_1 和端面组合在一起。

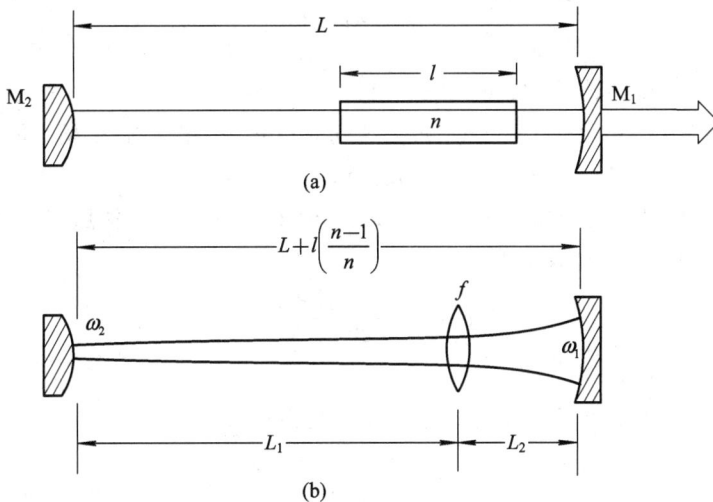

图 9.5　激光器凹凸谐振腔

2. 倍频 Nd^{3+}：YAG 晶体激光器热稳腔

图 9.6 所示为倍频 Nd^{3+}：YAG 晶体激光器的光学谐振腔，Nd^{3+}：YAG 晶体棒尺寸

为 $\phi 4.8 \times 100$ mm，在某一特定泵浦功率下的热焦距为 $f = 1$ m。

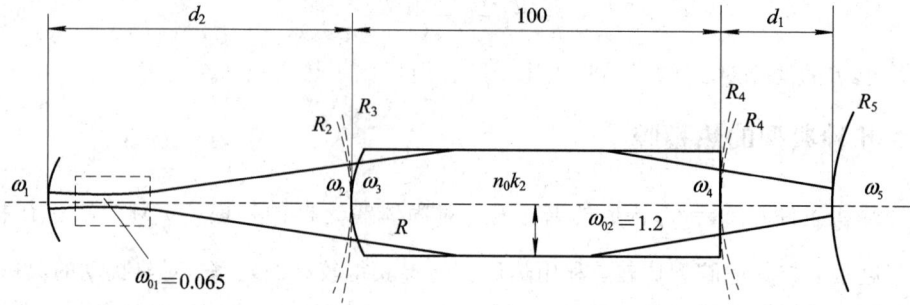

图 9.6　倍频 Nd^{3+}：YAG 晶体激光器热稳腔

根据经验及结构，需要取倍频晶体内的最小光斑半径为 $\omega_{01} = 0.065$ mm、$\dfrac{2\pi\omega_{01}^2}{\lambda_0} = 26$ mm。为实现孔径自选模，要求棒内最大光斑半径 ω_{02} 为棒直径的 1/4，即 $\omega_{02} = 1.2$ mm，此时棒内模体积最大。

对激光棒，$n_0 = 1.82$，由 $f = \dfrac{1}{n_2 l}$ 可得 $n_2 = 10^{-5}$ mm^{-2}。由式（9-9）、式（9-10）可得 $\dfrac{k_2}{k(0)} = \dfrac{n_2}{n_0} = 6 \times 10^{-6}$ mm^{-2}。由 $q_{02} = \dfrac{\pi\omega_{02}^2 n_0}{\lambda_0}$ 得 $q_{02} = 8122$ mm。由式（9-14）、式（9-15）可得 $R_3 = R_4 = -3600$ mm，$\omega_3 = \omega_4 = 1.19$ mm。

按照热稳条件进行计算 R_1、R_2。假设 $\omega_2 = \omega_3$，在腔内无类透镜介质时按照无源腔有

$$\omega_2^2 = \frac{\lambda_0 d_2}{\pi g_2} \tag{9-24}$$

其中 g_2 为无源腔参数。无源腔腰斑半径为

$$\omega_{01} = \frac{\lambda_0 d_2 g_2}{\pi(2g_2^2 - 2g_2 - 1)} \tag{9-25}$$

式（9-24）、式（9-25）联立可得 g_2 和 d_2，代入 $\omega_{01} = 0.065$ mm、$\omega_2 = \omega_3$ 计算得出 $g_2 = -0.052$、$g_1 = -9.62$、$R_1 = 20.5$ mm、$R_2 = 206.6$ mm。曲率半径为 R_1、R_2 的等相位面到腰斑的距离分别为 $z_1 \approx 11.2$ mm、$z_2 = 206.1$ mm。

为使 $d_1 = 0$，修磨激光棒端面曲率半径 R。按照模匹配原则，使反射镜 M$_2$ 和端面组合在一起，要求 $\omega_2 = \omega_3$，同时 R 满足

$$R = \frac{(n_0 - 1)R_2 R_3}{n_0 R_2 - R_3} \tag{9-26}$$

代入数据得 $R = 189$ mm。

确定反射镜 M$_5$ 曲率半径 R_5、光斑半径 ω_5。可以推导出

$$R_5 = \frac{d_1^2 + \left(1 + \dfrac{d_1}{R_4'}\right)^2 \left(\dfrac{\pi\omega_4^2}{\lambda_0}\right)^2}{d_1 + \dfrac{1}{R_4'}\left(1 + \dfrac{d_1}{R_4'}\right)\left(\dfrac{\pi\omega_4^2}{\lambda_0}\right)} \tag{9-27}$$

$$\omega_5 = \omega_4 \sqrt{1 + \frac{d_1}{R_4'} + d_1^2 \left(\frac{\lambda_0}{\pi\omega_4^2}\right)^2} \tag{9-28}$$

其中 $d_1=100$ mm、$R_4^{'}=-\dfrac{R_4}{n_0}=-1981.3$ mm，$\omega_4=1.19$ mm，代入式（9-27）、式（9-28）中得 $R_5=-1880$ mm、$\omega_5=1.13$ mm。其中 R_5 取负值有利于减小总腔长。

3. 基模动态望远镜稳定腔

为了获得更大的基模体积和更好的稳定性以抵御热透镜效应的影响，按照热稳条件 $G_1G_2=\dfrac{1}{2}$ 可利用腔内插入望远镜构成热稳腔，如图 9.7 所示。将适当的望远镜插入重复率 Q 开关 Nd^{3+}：YAG 晶体激光器谐振腔，能够获得基模（TEM_{00} 模）动态可靠工作的大模体积，以更好的稳定性抵御热透镜效应（允许大的光斑尺寸）的影响。

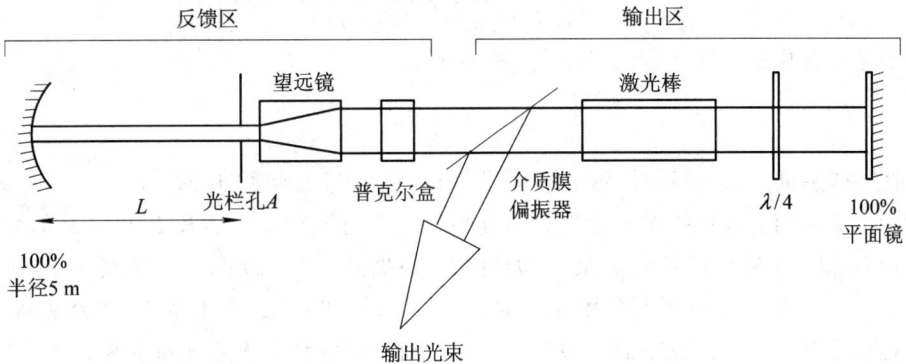

图 9.7　含有望远镜的谐振腔

图 9.7 中望远镜实现了两种独立的功能。第一减小了反射镜上的光斑尺寸，增加了单位长度的衍射。望远镜输入端的光束直径总是与棒直径 D 相同，衍射只依赖于望远镜的放大率 M，光束在望远镜输出端的直径为 D/M。第二，望远镜焦距可以调节，并且在谐振腔内任意位置上调节望远镜，都能使谐振腔保持稳定性。当激光器输出激光功率下降时，意味着高阶模与低阶模的衍射损耗比增加，可以通过调节望远镜焦距使某阶模以上的高阶模达不到阈值而熄灭，维持和增强低阶模的振荡。利用望远镜的放大率 M 或焦距的控制，都可达到选模的目的。

但是，太高的放大率可导致反馈光束中有非常高的激光功率密度，可能超过光学元件的破坏阈值。另一方面，望远镜插入谐振腔容易引入非共轴安装误差，导致激光器阈值非常高。

望远镜腔的基本结构如图 9.8 所示。其中 f_1、f_2 为望远镜的焦距，它们构成了具有适当离焦量 δ 的望远镜系统，放大率为 $M=\dfrac{-f_2}{f_1}$，望远镜光学筒长为 $f_1+f_2+\delta$。由于可方便地通过对离焦量 δ 的调节以实现谐振腔稳定状态的选择，故一般采用平行平面腔，即 $R_1=R_2=\infty$。f_R 为 Nd^{3+}：YAG 晶体棒的热焦距。f_M 为腔镜的等效焦距。

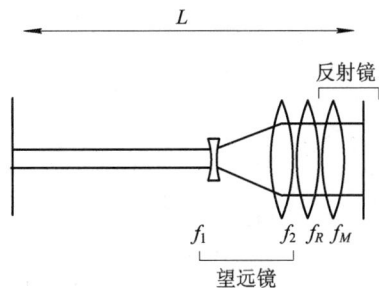

图 9.8　含有望远镜的谐振腔等效光路

为简便起见，望远镜放置在接近于用热焦距 f_R 描述的激光棒以及具有等效焦距 f_M 的一个腔镜处，如图 9.8 所示。通过望远镜的小离焦量 δ 改变光斑尺寸和等相位区半径，当离焦量 δ 满足

$$-\frac{1}{f_T} = \frac{1}{f_R} + \frac{1}{f_M} \qquad (9-29)$$

$$\frac{1}{f_T} = \frac{\delta}{f_2} \qquad (9-30)$$

时，可以补偿激光棒热焦距 f_R。其中 f_T 为望远镜离焦时的焦距。设计时必须选择望远镜的放大率，使热焦距 f_R 变化时光斑尺寸最不灵敏。利用

$$\frac{1}{2M^2L} = \frac{1}{f_T} + \frac{1}{f_R} + \frac{1}{f_M} \qquad (9-31)$$

可以得到激光棒中的光斑半径 ω_1 为

$$\omega_1 = M\sqrt{\frac{2L\lambda}{\pi}} \qquad (9-32)$$

可见，通过离焦量 δ 的选择维持激光棒中模体积不变，腔长将减小 M^2 倍。

设计谐振腔时，选择的主要参数是激光棒中的光斑半径 ω_1、腔长 L 和放大率 M。通常光斑半径 ω_1 和一个腔镜的等效焦距 f_M 为已知，根据式(9-32)折中选择腔长 L 和放大率 M，根据式(9-31)决定望远镜焦距 f_T，最后由式(9-30)得到离焦量 δ。当然为确保基模(TEM$_{00}$模)运转，必须在腔中插入限模光阑，光阑孔径应是插入点光斑直径的 1.5 倍。

练习与思考题

1. 有源腔的稳定性条件与无源腔有何不同？
2. 类透镜介质的性质及其对激光的变换规律。
3. 热稳腔的设计依据是什么？
4. 基模动态望远镜稳定腔是怎样实现热稳的？

第三篇 半导体激光器

半导体激光器(LD)是指以半导体材料为工作物质的一类激光器。从工作物质形态看,似乎应归类为固体激光器,但从受激辐射的粒子数反转分布条件及建立机制,半导体激光器与固体激光器不同。通常意义上的固体激光器的工作物质,是指把具有能产生受激辐射作用的金属离子掺入基质材料而人工制成。而半导体激光器的工作物质是采用直接带隙半导体材料构成的结形器件,受激辐射是由电子-空穴的复合而产生的。

1953 年 9 月,美国的冯纽曼(John. Von. Neumann)在他的一篇未发表的论文手稿中第一个论述了在半导体中产生受激辐射的可能性。1961 年,伯纳德与杜拉福格利用准费米能级的概念推导出在半导体有源介质中实现粒子数反转的条件。这一条件对次年 LD 的发明起到了重要的理论指导作用。

同质结 GaAs 半导体激光器只能在液氮温度下脉冲工作。高尔特(Golt)科学地预测,室温下连续工作的 LD 将在未来的光通信上发挥重要作用。1967年,一反过去采用扩散法形成同质 PN 结的惯例,而采用液相外延法制成单异质结,从而实现了室温下脉冲工作的 LD。1970 年,贝尔实验室实现了双异质结 LD 室温下连续运转。1978 年在美国亚特兰大,LD 开始用于世界上第一条商用光通信线路。

红宝石固体激光器标志着激光技术、光电子技术的诞生,而推动光电子技术蓬勃发展,特别是光纤通信事业发展的激光器是 LD。LD 飞速发展的动力主要是来自实际应用需求的促进。

LD 得到惊人的发展,是由于它具有一系列独特的特点:

(1) 体积小,重量轻。激活面积约 0.5 mm×0.5 mm。

(2) 效率高。能量转换效率大于 30%,外微分量子效率大于 50%,内量子效率接近 100%。

(3) 辐射波长范围大。波长在 0.325~34 μm 之间,从蓝绿光、红光到红外。

(4) 使用寿命长。在百万小时以上,即使在 60℃ 环境温度下,其寿命也达20 万小时以上。

LD 自诞生以来,已被广泛应用于光纤通信、激光打印、激光焊接、激光医学、泵浦固体激光器、军事、科研及光信息处理等方面。

第十章 半导体激光器的工作原理

半导体激光器(LD)的基本原理是基于光子和半导体中的载流子的相互作用。与光子和原子中的电子相互作用类似,光子与半导体中的载流子的相互作用亦有三种基本过程,即自发辐射、受激辐射和受激吸收。但是在半导体中发生的这三种电子跃迁过程不是在离散能级之间,而是在表征电子能量状态的能带之间。因此,跃迁辐射的可能性及特性就与半导体能带结构以及能带中载流子的分布(导带中的电子和价带中的空穴)有关,能带中载流子的分布又与半导体掺杂和激发情况有关。本章在讨论半导体能带结构、载流子统计分布和 PN 结的能带结构的基础上,介绍 LD 的工作原理。

10.1 半导体物理基础

半导体是由大量的一种或几种原子周期性规则排列而形成的晶体材料。根据掺杂类型的不同可以区分为本征型半导体(i 型)、N 型半导体和 P 型半导体,由于半导体独特的导电性能,可以构成性能多样的光电子器件。

10.1.1 半导体的能带结构

半导体晶体中的电子状态不同于独立原子中的电子状态,但两者之间必然存在着联系。独立原子中的电子处于不同的能量本征态中,如果将大量的独立原子看做一个系统,那么每一个电子能级都是简并的。如果将这些原子逐渐靠近,各原子的外层电子的波函数将首先发生重叠,原来的能级简并就要解除,其结果是这些电子在各原子相应状态中发生不同程度的公有化运动。由于受泡利不相容原理的限制,原子的电子能级在晶体中将分裂成许多能量间隔很小的能级,这些能量间隔很小的能级形成允许电子存在的能带,这个能带称为允许带。由价电子所占据的允许带称为价带。在绝对零度下,价带中所有能级被电子占据,故又称为满带。在绝对零度下,价带之上的允许带不存在电子而全为空态,故称为空带。空带与满带之间的状态不允许电子存在,故称为禁带,禁带宽度常用 E_g 表示,它是决定半导体性质的一个很重要的参量。一般来说,$E_g > 2$ eV 的晶体呈现绝缘体性质,$E_g \approx 0$ 的晶体呈现金属导体性质,$0 < E_g < 2$ eV 的晶体呈现半导体性质。

在绝对零度下,半导体也是绝缘体。但在一定温度下,总有一定数量的电子从价带激发到空带(本征激发),在价带中留下一定数量的电子空位(空穴),而空带中出现相应数量的电子,这些电子、空穴称为载流子。这些载流子在电场的作用下将发生漂移运动而形成传导电流。因而价带之上的第一允许带也称为导带。

在几何空间中半导体的能带表示如图 10.1 所示。在 K(动量)空间中,或者说在能量(E)与动量(K)的坐标系中,半导体的能带表示如图 10.2 所示。在表征晶格周期性特点的布里渊区内，能带特别是导带呈现多极值性质。如果导带底与价带顶对应同一 K 值，由量子力学可以证明：在光子的作用下，电子在这两个极值之间的跃迁过程中，其动量与能量是自持平衡的，无需其他粒子的参与，故称为直接带隙跃迁，将这种半导体称为直接带隙半导体，如图 10.2(a)所示。电子在这种只有光子参与的所谓一级微扰跃迁过程中有最大的跃迁几率。相反，若导带底与价带顶不对应同一 K

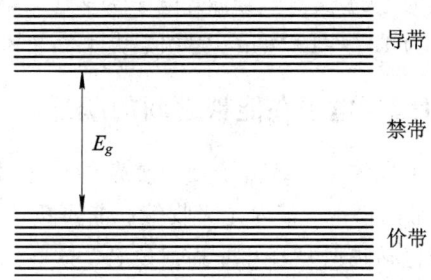

图 10.1　几何空间中半导体能带示意图

值，在光子的作用下，电子在这两个极值之间的跃迁过程中，必须有声子参与才能保持跃迁过程的动量与能量守恒，故称为间接带隙跃迁，将这种半导体称为间接带隙半导体，如图 10.2(b)所示，在这种有光子和声子参与的所谓二级微扰跃迁过程中，电子的跃迁几率也是很小的。这就是半导体激光器、半导体发光二极管、半导体光放大器等均选用直接带隙半导体作为有源区材料和光敏材料的原因。

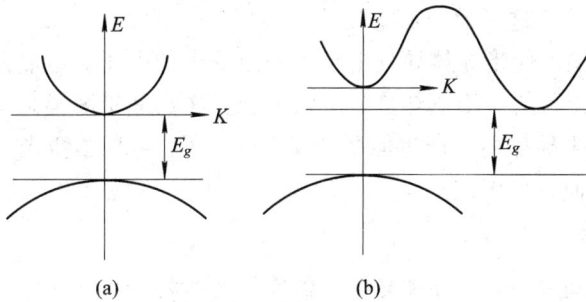

图 10.2　E-K 空间中半导体能带示意图

常用的直接带隙半导体材料有 GaAs、InP、AlAs 等Ⅲ-Ⅴ族二元化合物以及由它们按一定组分组成的三元化合物 GaAlAs、四元化合物 InGaAsP 等，而半导体硅、锗却是间接带隙半导体。

在半导体光电子器件中，为了获得所需的器件性能，往往是由掺有不同杂质类型的多层半导体薄膜组成。但多数只涉及到电子在导带和价带之间的跃迁。掺杂的目的是改变半导体的导电类型和载流子浓度。例如纯净的、不含杂质的本征半导体，或称为 i 型半导体中，导带电子和价带空穴数目相等，并且由于本征热激发产生的载流子数量较少，如单晶 Si、Ge、GaAs，在室温(300 K)下的本征载流子浓度分别为 2.4×10^{13} cm^{-3}、1.5×10^{10} cm^{-3}、1.1×10^{7} cm^{-3}。

在本征半导体中掺入施主杂质后，如单晶 Si、Ge 中掺入Ⅴ族元素杂质磷，GaAs 单晶中掺入Ⅵ族元素杂质锑，由于施主杂质电离，使导带电子增加。半导体表现出以导带电子为主，称为电子型半导体或 N 型半导体。本征半导体中掺入受主杂质后，如单晶 Si、Ge 中掺入Ⅲ族元素杂质硼，GaAs 单晶中掺入Ⅱ族元素杂质锌，由于受主杂质电离，使价带空穴增加。半导体表现出以价带空穴为主，称为空穴型半导体或 P 型半导体。

掺杂使半导体的导电能力大大提高，掺入百万分之一的杂质，导电能力就能提高百万倍。对表现出以空穴导电为主的 P 型半导体，空穴为多子，电子为少子。对表现出以电子导电为主的 N 型半导体，电子为多子，空穴为少子。通常情况下，掺杂半导体中载流子的浓度为 $10^{18} \sim 10^{19}$ cm^{-3} 量级，大大高于本征载流子浓度。

10.1.2 电子在能带之间的跃迁

半导体中的载流子处于复杂的动态过程，主要包括带间跃迁、能带与杂质能级之间跃迁、带内松弛、带内光吸收等。带间跃迁可分为直接带隙跃迁和间接带隙跃迁，直接带隙跃迁包括辐射复合和非辐射复合。这些过程对半导体光电子器件将产生有益的效应和有害的影响。

1. 带间跃迁产生的几种效应

(1) 在光子作用下，且光子能量 $h\upsilon \geqslant E_g$ 时，价带电子由于吸收光子而跃迁到导带，分别在导带和价带中产生电子和空穴，这一过程称为受激吸收。这种光生载流子能在外电路中形成光电流。各种光探测器就是基于这一效应。

(2) 如果通过电注入使半导体导带中积累一定浓度的电子，它们将自发地与价带空穴复合，以光子的形式释放出等或大于禁带宽度的能量，这一过程称为自发辐射复合。半导体发光二极管就是基于这一效应而工作的。

(3) 如果通过电注入使半导体导带中积累一定浓度的电子，导带电子不是自发的与价带空穴复合，而是在光子的作用下与价带空穴复合，这就是受激辐射复合。激励光子可以是外来光子也可以是半导体内部产生但受到反馈的光子。半导体激光放大器和半导体激光器就是基于这一效应而工作的。

2. 带间跃迁几率

上述三种跃迁的速率，对半导体光电子器件的性能将产生非常重要的影响。跃迁速率取决于下列因素：

(1) 跃迁初态为电子占据的几率，终态为电子空缺的几率。电子属于费米子，服从费米-狄拉克统计分布，即在温度为 T 热平衡状态下，某一能量为 E 的能态为电子占据的几率 $f(E)$ 为

$$f(E) = \frac{1}{1 + \exp\left(\dfrac{E - E_F}{kT}\right)} \tag{10-1}$$

式中 k 为玻耳兹曼常数。显然能态 E 未被电子占据的几率为

$$1 - f(E) = \frac{1}{1 + \exp\left(\dfrac{E_F - E}{kT}\right)} \tag{10-2}$$

式中 E_F 为量子系统的费米能级，它是衡量系统平衡状况和载流子统计分布的一个重要参量。当系统处于热平衡状态时，同一半导体的导带和价带之间，或处于同一系统的不同半导体之间具有统一的费米能级。相反，当有外部载流子注入等因素使这种平衡状态被破坏时，虽无统一的费米能级，但系统内各局部的电子和空穴仍可认为处在平衡状态，因而可用准费米能级的概念来表示这种局部平衡，例如电注入 PN 结，可以用准费米能级 E_{FC} 和 E_{FV} 分别描述 N 型和 P 型半导体中载流子的分布状况。

(2) 电子态密度。电子在某一能带中的态密度取决于电子在该能带的有效质量和在能

带中的能量（能级）。导带和价带中的电子态密度分别为

$$\rho_C = \frac{m_C [2m_C (E - E_C)]^{\frac{1}{2}}}{\pi^2 h^3} \qquad (10-3)$$

$$\rho_V = \frac{m_V [2m_V (E_V - E)]^{\frac{1}{2}}}{\pi^2 h^3} \qquad (10-4)$$

式中 h 为普朗克常数，E_C 和 E_V 分别是导带底和价带顶的能量，m_C 和 m_V 分别是导带电子和价带空穴的有效质量。这里需注意，空穴是电子的空缺，因此价带的态密度仍可合理地称为电子态密度。电子与空穴的有效质量（不同于自由电子质量 m_0）取决于所在能带极值处的曲率。在一般情况下，导带电子的有效质量比价带空穴小一个数量级，例如对 GaAs，$m_C = 0.4m_0$、$m_V = 0.067m_0$。通过能带工程（例如应变超晶格）来增大价带顶的曲率使 m_V 明显减少，从而改善半导体激光器的性能。

（3）光子数密度。半导体激光器是基于光子与电子的相互作用，直接将电能转换成光能的器件。显然，这种相互作用强度与单位体积、单位频率间隔内的光子能量密度 $P(v)$ 有关，其表达式为

$$P(v) = \frac{8\pi h n^3 v^3}{c^3} \cdot \frac{1 + \frac{v}{n} \cdot \frac{\mathrm{d}n}{\mathrm{d}v}}{\exp\left(\frac{hv}{kT}\right) - 1} \qquad (10-5)$$

式中 hv 为光子能量，n 为材料折射率，c 为光速。

（4）跃迁几率。由量子力学可以推导出电子在导带与价带之间的受激吸收跃迁几率 B_{12} 和受激辐射跃迁几率 B_{21}，并由爱因斯坦关系得到自发辐射跃迁几率 A_{21}，即

$$B_{21} = B_{12} = \frac{\pi h e^2}{m_0^2 \varepsilon_0 n^2 hv} \cdot |M|^2 \qquad (10-6)$$

$$A_{21} = \frac{8\pi h n^3 v^3}{c^3} \cdot B_{21} \qquad (10-7)$$

式中 M 为跃迁矩阵元，与量子系统中光子-电子相互作用哈密顿量、跃迁初态和终态电子波函数有关。

10.1.3 辐射复合与非辐射复合

当电子与空穴相遇时，将会产生电子-空穴对的消失，称这种现象为载流子的复合。半导体中载流子的复合过程可以分为直接复合和间接复合，也可以分为辐射复合和非辐射复合，还可以分为体内复合和表面复合。在复合过程中，载流子将以三种形式释放能量：辐射跃迁、发射声子热跃迁和载流子相互之间能量交换。

1. 辐射复合

半导体中注入的非平衡载流子（电子、空穴）复合以辐射跃迁形式释放能量，称为辐射复合。对于直接带隙半导体，直接辐射复合放出的光子能量近似于禁带宽度 E_g，间接辐射复合放出的光子能量小于 E_g。其中主要是主能带之间的受激辐射复合与具有随机性质的自发辐射复合，并分别形成半导体激光器和半导体发光二极管的工作原理。

表征辐射复合过程的特征参数是辐射复合寿命或辐射复合速率。为理解方便起见，将电子在能带之间的辐射跃迁设想为一个四能级系统，如图 10.3 所示。处在导带底 E_c 的电

子与价带顶能级 E_V 上的空穴复合产生光子，复合所需时间称为自发发射（或自发复合）寿命，用 τ_s 表示（约 10^{-9} s）。而导带内处于能级 E_n 上的电子经过很短的时间 τ_c（约 10^{-13} s）松弛到导带底来补充因复合而消耗的电子。同样价带内处于 E_m 的空穴也经过很短的时间 τ_v 松弛到价带顶，补充因复合而消耗的空穴。总的带内松弛时间 τ_{in} 为

$$\frac{1}{\tau_{in}} = \frac{1}{2} \cdot \left(\frac{1}{\tau_c} + \frac{1}{\tau_v}\right) + \frac{1}{\tau_s} \tag{10-8}$$

其中 τ_s 一般为纳秒量级（约 2 ns），故有

$$\frac{1}{\tau_{in}} \approx \frac{1}{2} \cdot \left(\frac{1}{\tau_c} + \frac{1}{\tau_v}\right) \tag{10-9}$$

图 10.3 半导体能带中电子的四能级近似

半导体激光器在阈值以下注入的电子主要是支持自发辐射复合和少量的非辐射复合，因而电子密度 N 随时间变化的速率方程为

$$\frac{\mathrm{d}N}{\mathrm{d}t} = \frac{I}{eV_a} - \frac{N}{\tau_s} \tag{10-10}$$

式中 I 为注入电流强度，在稳态条件下有 $I = \dfrac{eV_a N}{\tau_s}$，$V_a$ 为正向偏压，e 为电子电量。且有

$$\frac{1}{\tau_s} \approx \frac{1}{2} \cdot \left(\frac{1}{\tau_r} + \frac{1}{\tau_{nr}}\right) \tag{10-11}$$

式中 τ_r 和 τ_{nr} 分别为辐射复合和非辐射复合寿命。在正常情况下，自发辐射复合与受激辐射复合密切相关，受激辐射源于自发辐射。在谐振腔中，自发辐射对谐振腔起到"种子"作用，自发辐射速率即为在一个光子存在时的受激辐射速率。自发辐射进入一个模的几率 $T_{sp}(\omega)$ 为

$$T_{sp}(\omega) = \frac{\omega}{n_r^2 \varepsilon_0} \cdot \int_{E_g}^{\infty} \frac{<R_{nm}^2> \rho_{cv} f_c(1-f_v)h}{\tau_{in}\left[(E_{nm} - h\upsilon)^2 + \left(\dfrac{h}{\tau_{in}}\right)^2\right]} \mathrm{d}E_{nm} \tag{10-12}$$

式中 n_r 为增益介质的相对折射率，ε_0 为真空中介电常数，ρ_{cv} 是严格 K 选择（即电子和空穴的复合必须使它们所在能级的波数 K 值一一对应）下的联合态密度，即单位跃迁能量下电子-空穴对的密度，可表示为

$$\frac{1}{\rho_{cv}} = \frac{1}{2}\left(\frac{1}{\rho_c} + \frac{1}{\rho_v}\right) \tag{10-13}$$

辐射复合寿命 τ_r 可以由 $T_{sp}(\omega)$ 得到

$$\tau_r = \frac{N}{\displaystyle\int_0^{\infty} T_{sp}(\omega) D(\omega)\ \mathrm{d}\omega} \tag{10-14}$$

式中 $D(\omega)$ 为模密度，$D(\omega) = \dfrac{n_r^3}{c^3 \pi^2} \omega^2$。对 GaAs 所计算的 τ_r 与载流子密度 N 的关系如图 10.4 所示。可以看出，τ_r 随着 N 和温度的增加而减少，并且近似为

$$\tau_r \approx \frac{1}{B_r N} \tag{10-15}$$

式中 B_r 为辐射复合系数。

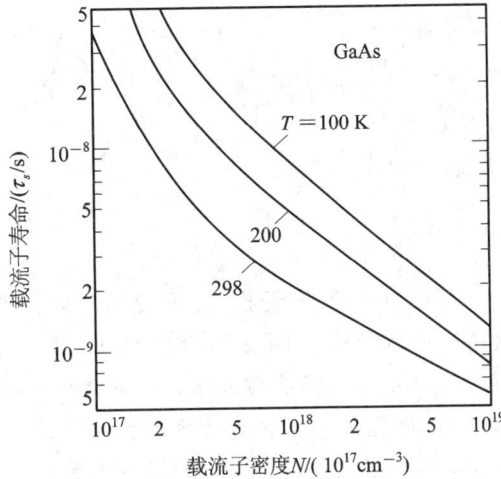

图 10.4 τ_r 与载流子密度和温度的关系

2. 非辐射复合

非辐射复合是载流子复合时以放出声子的形式来释放能量。在 Si、Ge 单晶等间接带隙半导体中，非辐射复合几率比辐射复合几率要大好几个数量级。在半导体激光器中非辐射复合主要来自俄歇复合、载流子越过异质结势垒的漏泄，以及载流子与非辐射复合中心的复合等。

由于复合中心（包括纯度有限晶体中的杂质和缺陷、异质结界面态、晶体表面态等）引起的载流子非辐射复合，可以通过严格晶体生长工艺来减少。载流子的漏泄来自有源区中高能电子越过异质结势垒所为，这些高能电子可以是载流子统计分布中处于高能态的电子，也可以是由于俄歇复合所产生的（俄歇漏泄）。漏泄电子的多少取决于势垒高度，过高的势垒意味着会产生由于晶格失配所致的界面态，使载流子与界面态产生非辐射复合。

在以上这些非辐射复合过程中，俄歇复合被认为是影响最大的，特别是对长波长半导体激光器，可使半导体激光器阈值电流增加、量子效率降低、温度稳定性变差等。

俄歇复合是一种很难避免的带间非辐射复合，它是高能电子（能量大于 $1.5 E_g$）碰撞电离的逆过程。有两种重要的带间俄歇复合，即 CCHC 和 CHHS，如图 10.5 所示。CCHC 是导带的一个电子（C）与重空穴带上一个空穴（H）复合，将它们复合所产生的能量和动量转移到导带的另一个电子（C），使其进入导带中更高的电子态（C），如图 10.5（a）所示。图 10.5（b）所表示的 CHHS 俄歇复合是导带中一个电子（C）与重空穴带上一个空穴（H）复合，将它们复合所产生的能量转移到另一个重空穴（H）上，并使其激发到重空穴带下面的一个所谓自旋-轨道裂矩带（S），即等效于导带电子与重空穴的复合所放出的能量，使自旋-轨道裂矩带上的电子激发到重空穴带中。这两种俄歇复合过程都涉及到三个载流子，故称为三体复合。

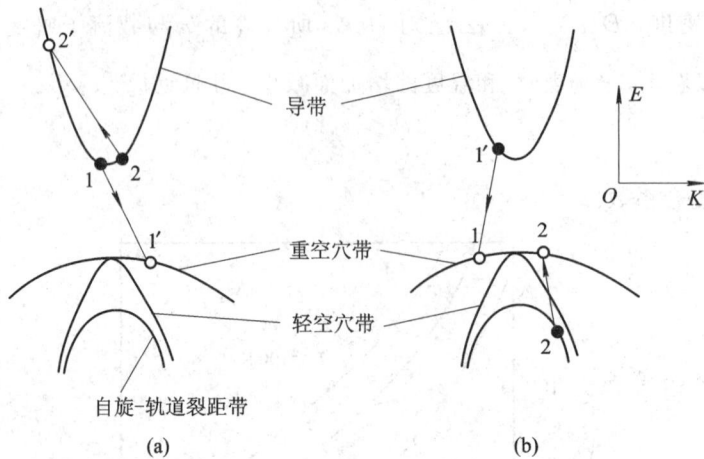

图 10.5 带间俄歇复合

俄歇复合速率的大小与禁带宽度 E_g 密切相关。E_g 越小，则俄歇复合速率越大，俄歇复合的阈值能量越低，俄歇复合将越严重，并且产生的 CHHS 俄歇复合会比 CCHC 更严重。减小俄歇复合的有效途径是减小重空穴的有效质量，从而降低半导体激光器的阈值载流子浓度和使自旋-轨道裂矩带尽量靠近重空穴带，以减小价带中的自旋-轨道裂矩带的裂矩。这些只能靠能带工程来解决，应变超晶格能有效降低价带态密度和相应降低阈值载流子浓度，从而能有效地减少俄歇复合的影响。

10.1.4 PN 结的能带结构

当 P 型半导体和 N 型半导体相互接触时，在其交接面处便形成 PN 结。PN 结可以是同质结，也可以是异质结。PN 结的能带结构及其性质决定了 PN 结在半导体光电子器件领域占有重要的地位。

1. 同质 PN 结的能带结构

在一块半导体晶体中掺入施主杂质，形成 N 型半导体。把 N 型半导体按一定晶面方向切片，经磨平、抛光、化学腐蚀等工序，与受主杂质一起在高真空中加热，使受主杂质通过扩散法、外延法（液相外延法、气相外延法和分子束外延法）等方法掺入 N 型半导体晶片中而形成同质 PN 结。在平衡状态下，由于载流子浓度梯度存在，P 区和 N 区费米能级最终达到相同的水平，形成平衡状态的同质 PN 结能带结构，如图 10.6 所示。图 10.6(a)为加零偏压的平衡 PN 结的能带结构，图 10.6(b)为加正向偏压 V_a 的 PN 结的能带结构。

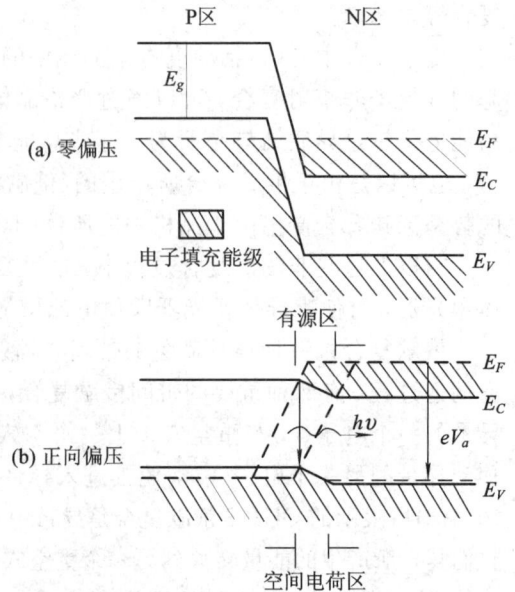

图 10.6 同质 PN 结能带结构

— 198 —

2. 异质结的能带结构

半导体异质结是指由两种基本物理参数不同的半导体单晶材料构成的晶体界面。不同的物理参数包括：禁带宽度(E_g)、功函数(W)、电子亲和势(χ)、介电常数(ε)等。由于异质结具有同质结所不具备的独特性质，如窗口效应、高注入比、超注入现象、对载流子的限制和对光子的约束作用(介质波导效应)等，加之薄层单晶外延生长技术不断完善，可获得结晶学特性和电学特性优良的、可重复的半导体异质结，使得它在半导体光电子器件领域占有特殊的地位。

异质结按结界面两侧掺杂半导体材料类型，可以构成异型异质结(PN 结、NP 结)和同型异质结(PP 结、NN 结)；按结界面附近空间电荷分布及厚度可以分为突变异质结和缓变异质结，突变异质结的空间电荷区厚度仅为几个晶格常数大小，而缓变异质结可达几个载流子扩散长度。

1）突变异型异质结的能带结构

异质结的能带结构是分析许多物理现象的基础。P-GaAs 和 N-AlGaAs 的独立能带和平衡 PN 结的能带结构如图 10.7 所示，其中以真空能级为参考能级。P-GaAs 和 N-AlGaAs 的费米能级 E_{F1}、E_{F2} 分别为

$$E_{F1} = E_{V1} + \delta_1 \qquad (10-16)$$

$$E_{F2} = E_{C2} - \delta_2 \qquad (10-17)$$

式中 E_{V1} 为 P-GaAs 材料的价带顶能级，E_{C2} 为 N-AlGaAs 材料的导带底能级。两种材料形成 PN 异质结后处于平衡状态，具有相同的费米能级 E_F，真空能级必须连续并且平行于能带边缘，如图 10.7(b)所示为突变 PN 异质结的能带结构。这时界面两侧形成空间电荷区和内建电场，该电场在空间电荷区内产生附加电势差，使 N 区一侧的能带向上弯曲，P 区一侧的能带向下弯曲。由于两种材料的介电常数 ε 不同，所以内建电场强度在界面处是不连续的，造成界面处能带不连续，导带出现"峰"和"谷"，形成 ΔE_C 的阶跃，价带出现断

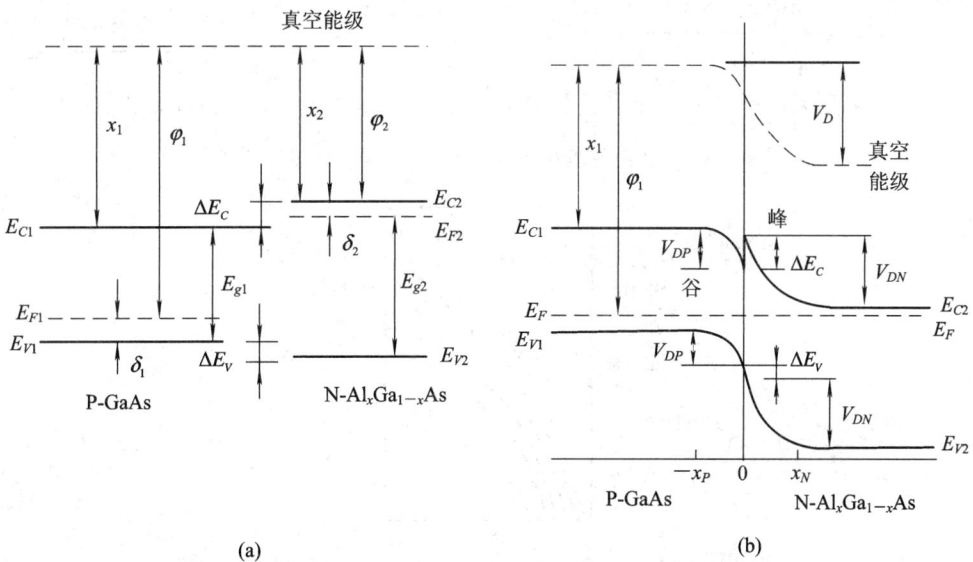

(a)　　　　　　　　　　(b)

图 10.7　P-GaAs/N-AlGaAs 异质结能带结构

续的 ΔE_V 的跳变，空间电荷区以外的区域内，保持各自原有的功函数和电子亲和势不变。这时 ΔE_C、ΔE_V 分别为

$$\Delta E_C = \chi_1 - \chi_2 = \Delta\chi \tag{10-18}$$

$$\Delta E_V = E_{V2} - E_{V1} = E_{g2} + \chi_2 - (E_{g1} + \chi_1) = \Delta E_g - \Delta\chi \tag{10-19}$$

由此可得 $\Delta E_C + \Delta E_V = \Delta E_g$。表明异质结两种材料的 E_g 差异造成了导带底和价带顶的不连续突变，而 ΔE_C、ΔE_V 在 ΔE_g 中所占比例与电子亲和势之差有关。ΔE_C、ΔE_V 是异质结中两个十分重要的参量。选用不同配比的化合物半导体组成的异质结，可以获得不同的 ΔE_C、ΔE_V 值，例如对于 $P-GaAs$ 和 $N-Al_xGa_{1-x}As$ 构成的异质结，在 $x \leqslant 0.45$ 的组分范围内，$\Delta E_C = 0.65\Delta E_g$、$\Delta E_V = 0.35\Delta E_g$。

$P-GaAs/N-AlGaAs$ 异质结在正向偏压和反向偏压下的能带结构，如图 10.8 所示。N 区一侧的导带尖峰超过 P 区一侧的导带底，PN 结中电子势垒比空穴势垒低，来自宽带隙 N 型半导体的电子流起支配作用。外加电压 V_A 为零时，由 N→P 越过势垒 eV_{DN} 的电子流与反方向由 P→N 越过势垒 $\Delta E_C - eV_{DP}$ 的电子流相等。加正向偏压 V_A 后，如图 10.8(a) 所示，两个方向的电子流不相等，净电子流密度与 V_A 呈现指数关系，如图 10.9 所示。当正向偏压较小时，总电流主要是隧穿电流的贡献。当正向偏压较大时，大量电子到达势垒尖区，总电流主要是热电子发射电流的贡献。

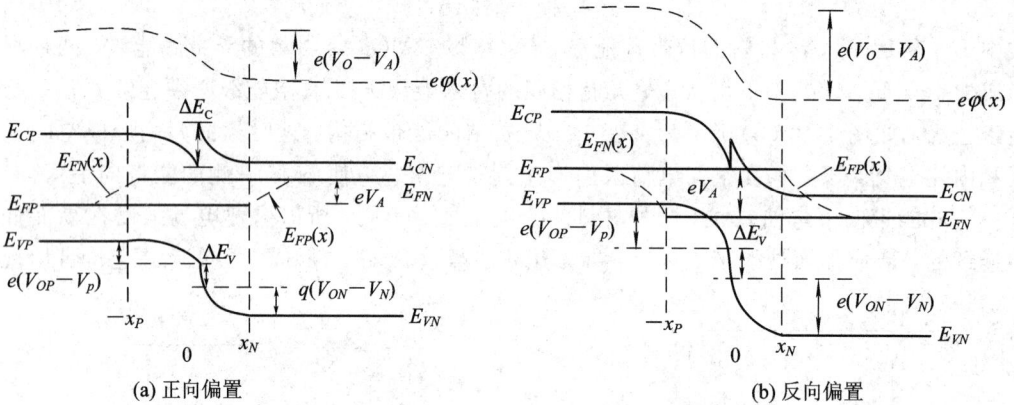

图 10.8　正向偏压和反向偏压下 PN 异质结能带结构

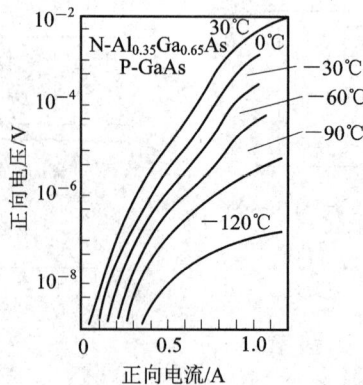

图 10.9　PN 异质结的伏安特性

加反向偏压 V_A 后，如图 10.8(b)所示，当反向偏压较小，没有使 P 区的导带底升高到超过势垒尖时，反向电流的增长与电压呈指数关系。但一旦超过势垒尖后，反向电流就由 P 区的少子浓度决定，因此在反向偏压足够大时，反向电流是趋于饱和的。

2) 突变同型异质结的能带结构

和异型异质结不同，NN 结和 PP 结的性质是由多数载流子决定的。以 NN 结为例，如图 10.10 所示为突变 N-GaAs/N-AlGaAs 结的能带图，其中 $\chi_1 > \chi_2$、$\chi_1 + E_{g1} < \chi_2 + E_{g2}$、$\varphi_1 > \varphi_2$，对应材料的费米能级 $E_{F2} > E_{F1}$。当形成 NN 结后，由于电子由 N-AlGaAs 一侧流向 N-GaAs 一侧，使两侧的费米能级相等 E_F，处于平衡状态。这时在 N-GaAs 一侧形成电子积累层，在 N-AlGaAs 一侧形成耗尽层，构成了空间电荷区。在平衡状态下，同型异质结的能带结构参数关系类似于异型异质结。

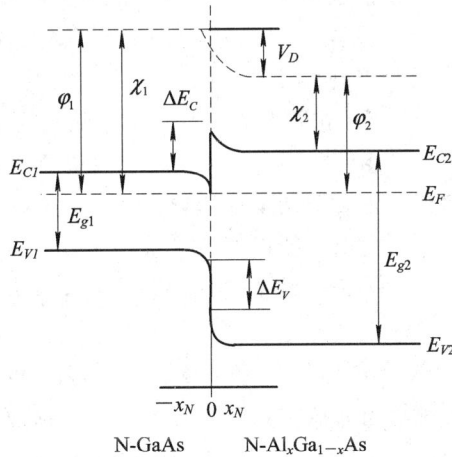

图 10.10　突变 N-GaAs/N-AlGaAs 结的能带图

由于电子积累层的厚度小于另一侧耗尽层的厚度，所以外加电压主要降落在耗尽层上。因而可以取宽带隙半导体作基准来考虑同型异质结的正向和反向电流-电压特性。

必须指出，实际上采用液相外延法生长的异质结不是突变异质结而是缓变异质结，结两边的空间电荷密度及两侧导带与价带能量分布有一个渐变，它会影响到界面附近的能带形状(即"峰"、"谷"特征)。不过缓变异质结加上正向偏压后，其势垒与突变异质结接近，前面的分析模型仍可以适用。另外构成异质结的材料须满足以下的要求：禁带宽度相差较大，以获得高的势垒。室温下 GaAs 半导体材料，$E_g = 1.43$ eV；GaAlAs 半导体材料，$E_g = 1.86$ eV。晶格常数 a 尽可能相等，以尽量减少表面态，一般应小于 1%。晶格常数相差 4% 就会产生 10^{14} 个表面态。室温下 GaAlAs 与 GaAs 的 a 分别为 0.565 nm 和 0.566 nm，相差 0.7%。采用直接带隙半导体，以获得较高的发光效率。

10.2　半导体激光器的工作原理

就基本原理而论，半导体激光器与其他类型的激光器没有根本区别，都是基于受激辐射光放大，必须实现粒子数反转分布条件和满足阈值条件。

10.2.1 半导体激光器的粒子数反转分布条件

半导体中的电子依照由费米分布函数表示的统计规律而分布在价带和导带之间的不同能态上,这是电子的正常分布。其特点是,依电子优先占据能量较低状态的所谓"能量最小原理",从低能量到高能量状态分布。当 $E < E_F$ 时,$f(E) > 0.5$,如果 $E_F - E \ll kT$,则该能级基本上为电子占据;当 $E = E_F$ 时,电子占据低能级的几率为 $f(E_F) = 0.5$;当 $E > E_F$ 时,$f(E) < 0.5$,如果 $E - E_F \gg kT$,则该能级基本上未被电子占据。特别当 $E - E_F \gg kT$ 时,电子在不同能态上服从玻耳兹曼分布。

在具有能带结构的半导体有源介质中,如果沿用气体、固体激光器的粒子数反转条件是令人费解的。因为价带空穴的有效质量比导带电子的高一个数量级,因而价带电子态密度也要比导带高得多,也就是说很难用某种方法使导带电子数多于价带的电子数。这就是为什么早在 20 世纪 50 年代就有人预言能在半导体中产生受激辐射,但 LD 却是在红宝石固体激光器和氦氖气体激光器等出现后才问世的。

1961 年,伯纳德(Bernard)与杜拉福格(Duraffourg)从电子在半导体能带之间的跃迁速率出发,利用准费米能级的概念,推导出在半导体有源介质中实现粒子数反转条件。这一条件为次年 LD 的发明起到非常重要的理论指导作用。

为了方便起见,我们不去考虑电子跃迁的动量选择定则,而独立地考虑导带电子态密度 ρ_c 和价带电子态密度 ρ_v,由此来推导粒子数反转条件。这与考虑电子跃迁的动量选择定则所得出的结论是一致的。

半导体有源区中的导带电子向价带受激辐射跃迁的同时,也存在价带电子受激吸收而跃迁至导带。因此要产生受激辐射光放大,必须满足受激辐射速率大于受激吸收速率,即净受激辐射必须大于零。

设半导体有源区辐射场单色能量密度为 $\rho(v)$,在 $\rho(v)$ 的作用下,价带电子在光子 hv 的作用下由价带向导带跃迁电子受激吸收跃迁速率为

$$r_{12} = B_{12} f_v \rho_v \rho_c (1 - f_c) \rho(v) \tag{10-20}$$

其中 B_{12} 为受激吸收跃迁几率,f_v、f_c 分别是电子占据价带、导带能级的几率。而电子从导带向价带的受激辐射跃迁速率为

$$r_{21} = B_{21} f_c \rho_v \rho_c (1 - f_v) \rho(v) \tag{10-21}$$

其中 B_{21} 为受激辐射跃迁几率。同时电子从导带至价带的自发辐射速率为

$$r_{sp} = A_{21} f_c \rho_v \rho_c (1 - f_v) \tag{10-22}$$

由爱因斯坦关系有 $B_{21} = B_{12}$,如果忽略 LD 中本来很小的 r_{sp},则要得到净的受激辐射必须有

$$r = r_{21} - r_{12} > 0 \tag{10-23}$$

代入 r_{21}、r_{12},则有

$$f_c > f_v \tag{10-24}$$

即要产生净的受激辐射,必须使电子在导带的占据几率大于在价带的占据几率。代入费米分布函数,并考虑到 $E_C - E_V = hv$,则有

$$E_{CF} - E_{VF} > hv = E_g \tag{10-25}$$

称之为半导体激光器的粒子数反转条件。式(10-25)说明,若要在半导体有源介质中实现

所谓粒子数反转,需使导带和价带的准费米能级之差大于或等于禁带宽度。这一条件称为伯纳德-杜拉福格条件。如图 10.11 所示。这就意味着同质 PN 结激光器中,要通过重掺杂来使 E_{CF} 进入导带,或使 E_{CF} 和 E_{VF} 分别进入其导带和价带。对 N 型半导体掺入施主杂质浓度需在 10^{18} cm^{-3} 以上,P 型半导体需在 10^{17} cm^{-3} 以上。这一指导性结论使同质结 LD 于 1962 年分别在美国的几个实验室同时获得成功。后面将看到,由于双异质结 LD 可以利用异质结势垒很好地将注入的载流子限制在有源区中而得到高的非平衡电子浓度,无须重掺杂就可以满足伯纳德-杜拉福格条件。

由图 10.11 还可看到,由于重空穴价带的有效质量大,态密度高,价带内参与受激辐射的能级很少为空穴占据,表现在衡量空穴分布的准费米能级处于价带顶上。为满足伯纳德-杜拉福格条件,势必要提高注入载流子浓度,这样会使 LD 的阈值电流增大。PN 结正向偏压需满足

$$E_{CF} - E_{VF} = eV > E_g \qquad (10-26)$$

正向偏压必须满足 $V > \dfrac{E_g}{e}$。

如果依照能带工程设计出如图 10.12 所示的能带结构,使价带的有效质量与导带的相近,则可以使阈值载流子浓度减少一半以上。这不但可降低激光器的阈值电流,而且可以使俄歇复合显著减少,提高激光器的温度稳定性。理论与实践表明,采用应变超晶格可以实现这种能带结构的改变。

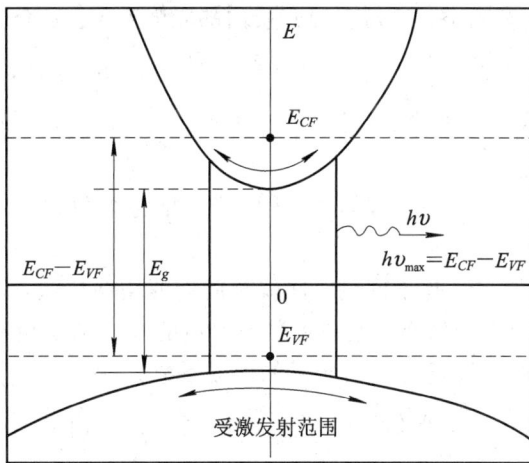

图 10.11　伯纳德-杜拉福格条件图示　　图 10.12　满足粒子数反转条件的理想能带

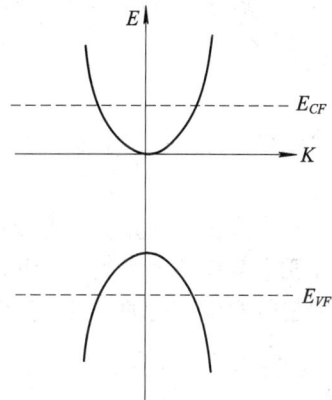

10.2.2　半导体激光器有源介质的增益系数

由粒子数反转条件可知,一旦在半导体介质中实现了粒子数反转条件,该介质就具有正增益,即具有对内部和外部的光子进行谐振放大的能力。有源介质的增益系数可表示为

$$g(\upsilon) = \frac{\Gamma n}{c} r = \frac{\Gamma n}{c} B_{21} \rho_\upsilon \rho_c (f_c - f_\upsilon) \rho(\upsilon) \qquad (10-27)$$

其中 n 为介质的折射率,Γ 为模场限制因子。式中已包含了粒子数反转条件。如果 $f_c < f_\upsilon$,

即未到达粒子数反转，增益系数为负值，有源介质处于损耗状态；如果 $f_c = f_v$，介质的损耗与增益刚好持平，此时注入的载流子浓度称为透明载流子浓度 N_0。只有当 $f_c > f_v$，增益才为正值，因此增益系数并非有源介质本身的属性，而与 LD 的注入电流密度或注入载流子浓度相关。增益系数 g_p 可表示为

$$g_p = a(N - N_0) \qquad (10-28)$$

或

$$g_p = A(J - J_0) \qquad (10-29)$$

其中 N 为载流子浓度，a 为 g_p-N 曲线的梯度常数，A 为增益常数，代表 g_p-J 关系曲线的斜率（微分增益），其值依材料不同而异。对 GaAs，在室温下 $A = 0.045 (A^{-1} \cdot cm)$，它随温度 T 近似按 $1/T$ 的关系变化；J_0 为透明电流密度，它对应增益系数曲线在电流密度坐标上的截距，如图 10.13 所示，与 N_0 的物理意义一致。

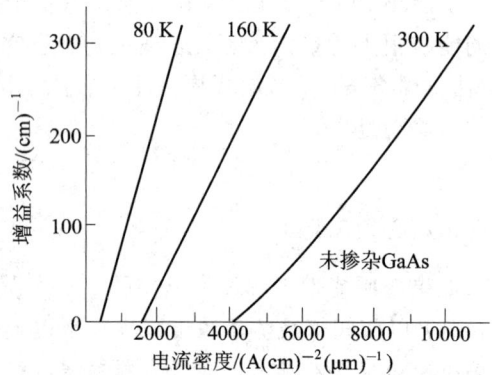

图 10.13　GaAs 增益系数与电流密度的关系

由于电流注入效率并不为 1，注入激光器的电流不可能完全进入有源区来产生增益，因而式(10-28)和式(10-29)中的梯度常数 a 和 A 不完全一致，一般取 $a = 10^{16} \, cm^2$。式(10-28)表示的增益系数不是饱和增益，还与有源介质内的光强有关。若介质内的平均光强为 I_{av}，饱和光强为 I_S，则有源介质的增益系数 g_m 应表示为

$$g_m = \frac{g_p}{1 + \dfrac{I_{av}}{I_S}} \qquad (10-30)$$

显然式(10-28)表示的是峰值增益系数。当 $I_{av} = I_S$ 时，g_m 达到峰值增益系数的一半（3 dB）。

不同频率或波长的光在有源介质中获得的增益是不同的，这就是所谓的增益色散，因而有源介质本身有一个增益谱。由式(10-28)表示的峰值增益系数所对应的波长 λ_p 是由有源介质的禁带宽度决定的。在峰值增益波长两侧波长为 λ_q 的光子的增益系数 g_q 为

$$g_q = g_p - \left[\frac{q(\lambda_p - \lambda_q)}{G_0}\right]^2 \qquad (10-31)$$

式中 $q = 0, \pm 1, \pm 2, \cdots$，$G_0$ 是抛物线增益曲线拟合因子。λ_q 可以是半导体激光器振荡模的波长（纵模），也可以是待放大的外部信号光波长。无论哪种情况，只有等于增益谱峰值波长 λ_p 的光子才能在有源介质中获得最大的增益。

对增益系数除考虑上述线性增益外，还需考虑与三阶非线性增益相关的增益抑制。线性增益决定了激光器的阈值条件。在满足激光振荡相位条件的诸多模式中，只有增益达到阈值的模式才能起振。设只有主模（零阶模）在振荡，则其他模指数为 $q = \pm 1, \pm 2, \cdots$ 的模只是腔内放大的自发辐射，其结果是能抑制主模的增益。考虑到增益抑制后的增益系数为

$$g_p = a(N - N_0) - \left[\frac{q(\lambda_p - \lambda_q)}{G_0}\right]^2 - \sum_q B_{0q} S_q \qquad (10-32)$$

式中 S_q 为 q 阶模的光子密度，B_{0q} 为增益抑制系数。增益抑制深度正比于带内松弛时间 τ_{in} 的平方，而抑制宽度反比于 τ_{in}。当 τ_{in} 相对较大（$\tau_{in} > 10^{-13}$ s）时，则这种抑制被局限于主模附近而出现所谓"烧孔"效应。在一般情况下可以不计增益抑制，但以数十吉赫兹的信号直接调制半导体激光器而出现频率啁啾（chirp）时，就不能忽略这种效应。

10.2.3　阈值增益

如果激光器要产生激光振荡，必须使增益系数达到一定程度，即由激光器损耗决定的阈值增益 g_{th} 表示为

$$g_{th} = \alpha_i + \alpha_0 \tag{10-33}$$

其中 α_i 为增益介质的内部损耗（主要为主要介质的受激吸收和散射损耗），α_0 为 LD 的输出损耗。除阈值增益外，激光器在阈值点所对应的其他参数如注入电流、注入载流子浓度等，均可称为阈值。由于电流易被测量，故阈值电流 I_{th} 是表征 LD 质量优劣的一个重要参数。

注入电流超过阈值后进一步增加，粒子数反转程度受到抑制，增益系数也相应地被"钳制"在阈值增益以上，如图 10.14 所示。图中虚线表示光子处于非振荡状态（如行波半导体光放大器）的情况。对于处于振荡状态的半导体激光器，超过阈值后注入的载流子用来增加所需的输出功率。因此将式（10-33）中的 α_0 理解为在腔内建立稳定振荡所引起的输出损耗（不包括激光器阈值后的输出），它只与腔长、腔镜反射率有关。对此可用激光器的单纵模速率方程达到进一步理解。注入载流子密度 N 的速率方程为

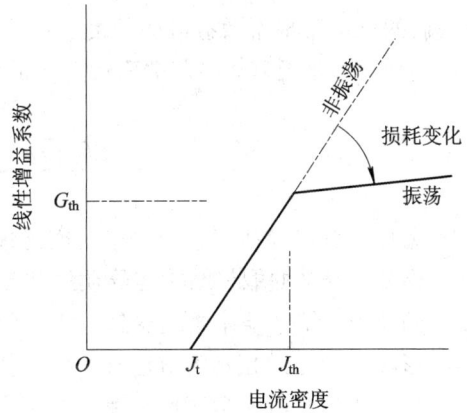

图 10.14　LD 增益系数与电流密度的关系

$$\frac{dN}{dt} = \frac{J}{ed} - \frac{N}{\tau_s} - \frac{cgS}{n} \tag{10-34}$$

式中 J 为注入电流密度，d 为激光器有源区厚度，τ_s 为电子自发辐射寿命，g 为增益系数，S 为光子数密度。在阈值点以前，式（10-34）右边第三项表示的受激辐射速率很小，第二项表示的自发辐射速率也可忽略，因而有

$$J_{th} = ed\left(\frac{dN}{dt}\right)_{th} \tag{10-35}$$

在阈值点以后，式（10-34）右边第二项表示的自发辐射速率仍然很小，第一项表示的注入载流子主要用来产生受激辐射，即增加输出功率。

10.2.4　光子反馈方式

为了实现粒子数反转与阈值条件，使激光器产生相干输出，除了需要直接带隙半导体有源介质外，光子反馈谐振是实现上述条件的保证。这是 LD 与发光二极管的区别所在。正是由于光子受到反馈，才使起源于载流子自发辐射复合所产生的"种子"引发不断增强的

受激辐射复合。

实现这种反馈谐振的机构是光学谐振腔。按其结构可以分为内腔和外腔，按光子反馈的位置可分为集中反馈与分布反馈。按不同波长的反射情况可分为均匀反馈和选择反馈。所谓集中反馈是光波在有确定反射率和位置的谐振腔面上反射，而分布反馈则是在光波传播过程中连续地被反馈，如分布反馈半导体激光器(DFB)和分布布拉格反射激光器(DBR)就是这样，它们是对特定的布拉格波长进行选择反馈，因而可以获得窄线宽的单纵模运行。所谓选择反馈是反射面对不同波长有不同的反射率，如用闪耀光栅作外腔反馈就是如此。通常利用半导体自然解理面所构成的平行平面腔是集中的、对各波长均匀反馈的内腔结构，它的功率反射率 R 由有源介质的折射率 n 决定：

$$R = \left(\frac{n-1}{n+1}\right)^2 \tag{10-36}$$

对通常的 Ⅲ-Ⅴ 族化合物半导体，其折射率为 3.5 左右，故 R 为 0.31 左右。这种腔结构简单，但反射率不是最佳的。理想的反馈应该是 LD 的后端面的反射率为 1，而前端面(输出端)的反射率根据增益区的长度、内量子效率等因素选择最佳反射率，可以通过在解理面后端面上镀增反膜，在前端面镀适当的增透膜来实现。

练习与思考题

1. 怎样理解半导体能带中电子的四能级近似？
2. 同质 PN 结的能带结构与异质结相比较，各有哪些优缺点？
3. 同质 PN 结半导体激光器怎样实现伯纳德-杜拉福格条件？
4. 影响半导体激光器阈值增益的因素主要有哪些？
5. 半导体激光器光学谐振腔怎样实现光子反馈？光子反馈方式有哪些？

第十一章　半导体激光器的基本构型

从激光原理可知，激光器的工作原理是必须实现粒子数反转分布和阈值条件。这些条件是依靠激光器的结构来实现的。激光器的基本结构包括激光工作物质、光学谐振腔和激励源三部分。对半导体激光器来说，激光工作物质是具有直接带隙跃迁的Ⅱ-Ⅵ族或Ⅲ-Ⅴ族化合物半导体材料，其禁带宽度 E_g 决定的发射光波长 λ 为

$$\lambda = \frac{1.24}{E_g} \tag{11-1}$$

式中 E_g 的单位为 eV，λ 的单位为 μm。光学谐振腔是由半导体晶体本身的自然解理面所构成的平行平面腔，腔面的反射率是根据半导体材料的折射率决定的。激励源为低电压直流电源。

半导体激光器的有源区的基本结构单元是 PN 结。与普通的二极管不同，1962 年发明的 GaAs 同质结半导体激光器，辐射复合发生在 P 区的一个电子扩散长度 L_- 内和 N 区的一个空穴扩散长度 L_+ 内，L_- 约为 4 μm，L_+ 约小于 0.2 μm，由于 $L_- \gg L_+$，故同质结有源区的厚度几乎等于 L_-。要在如此"厚"的有源区内积累到阈值所需的非平衡载流子浓度，其阈值电流密度 J_{th} 需达到 $10^4 \sim 10^5$ A/cm^2 量级。

更重要的问题是，辐射复合产生的光场也会向有源区两边渗透，减少了半导体激光器的输出激光功率。由此得到启发，为使阈值电流密度降低和有效地工作，必须将注入有源区的载流子限制在更小的区域内，以提高注入载流子浓度，并将光子限制在有源区内。同时实现这两个目的的有效途径是采用异质结，利用异质结两边带隙差将载流子限制在有源区内，又利用其折射率差形成光波导将光子也限制在有源区内。这种理论在 1967 年单异质结激光器实践中初见成效，实现了室温下脉冲工作，其阈值电流密度 J_{th} 比同质结半导体激光器下降一个数量级。在 1970 年的双异质结半导体激光器实践中，异质结得到了更好的利用，一举实现了室温下连续工作，J_{th} 又下降一个数量级。在半导体激光器结构的发展史中，双异质结结构的应用是一个非常重要的里程碑。双异质结结构的成功，是由于它同时提供了对载流子和光子模式的限制，使人们认识到对载流子和光子进行合理的限制是发展大功率激光器的正确方向。至此，双异质结结构逐渐成为各类半导体激光器最常用、最成熟的结构，也促进了量子阱激光器的诞生。

11.1　异质结激光器

围绕着不断提高半导体激光器的性能以满足日益增长的应用需求，现已发展了许多半导体激光器的结构。这些结构所要解决的中心问题是如何将电子和光子有效地限制在有源区内，如何改变光的反馈机构来实现动态单纵模运转等。半导体激光器的基本结构只有几

种，如双异质结、条形、量子阱和分布反馈等，某些性能优良的激光器是这些基本结构的优化组合。

11.1.1 异质结的构型和主要性质

半导体异质结是指由两种基本物理参数不同的半导体单晶材料构成的晶体界面。由于异质结具有同质结所不具备的独特性质，加之薄层单晶外延生长技术不断完善，可获得结晶学特性和电学特性优良的、可重复的半导体异质结，在半导体光电子器件领域占有重要的地位。

1. 异质结的结构

异质结按结界面两侧掺杂半导体材料类型，可以构成异型异质结(PN 结、NP 结)和同型异质结(PP 结、NN 结)；按结界面附近空间电荷分布及厚度可以分为突变异质结和缓变异质结，突变异质结的空间电荷区厚度仅为几个晶格常数大小，而缓变异质结可达几个载流子扩散长度。不同掺杂类型半导体材料构成的异型异质结(PN 结、NP 结)有利于载流子注入，相同掺杂类型半导体材料构成的同型异质结(PP 结、NN 结)将形成限制载流子扩散的势垒。而一举两得的是窄带隙半导体材料具有高的折射率，宽带隙半导体材料具有低的折射率，因而利用异质结两边带隙差将载流子限制在有源区内，又利用其折射率差形成光波导将光子也限制在有源区内。

构成激光器件的异质结有单异质结、双异质结等。如图 11.1 所示，图(a)为同质结，图(b)为单异质结，其中包括一个同质结；图(c)为双异质结，GaAs 为有源层，GaAlAs 为限制层。

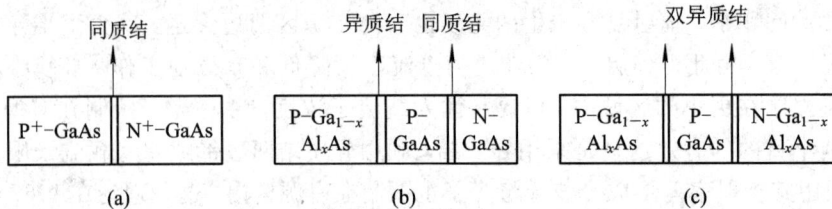

图 11.1 同质结与异质结的构成

构成异质结的材料有两种材料体系：

1) GaAlAs/GaAs 体系

GaAlAs/GaAs 材料体系是目前研究最深入，而且得到最广泛应用的一种半导体激光材料体系。该材料体系得到应用的主要原因是因为 GaAlAs 与 GaAs 间的晶格失配度仅为 1.6×10^{-3}，能够比较容易地获得高质量的激光器结构而不必精确控制材料的组分。其得到应用的另外一个原因是 GaAlAs/GaAs 材料制造过程中 As(砷)组分的控制比 P(磷)组分更容易些，P(磷)在蒸气气压较高条件下会发生自燃。目前无论是采用 MBE 或是 MOCVD 方法均可获得高质量的 GaAlAs 外延材料，非掺 GaAs 的背景杂质浓度可低至 10^{14} cm^{-3} 以下。碳 C 和氧 O 是 GaAlAs 材料生长过程引入的主要杂质，采用适当的 V/Ⅲ 比及较高的生长温度，GaAlAs 材料的背景掺杂浓度可低至 10^{16} cm^{-3} 量级。根据不同的量子阱结构参数及波导要求，目前，GaAlAs/GaAs 激光材料的阈值电流密度已经低至400 A·cm^{-2}，其至 100 A·cm^{-2} 以下，可以满足多数高功率半导体激光器制造材料要求。目前采用 GaAlAs 材料制造波长为 810 nm 的激光器的最大连续功率输出达 120 W。

2）GaInP/InGaAsP 体系

随着需求越来越大，常规 GaAlAs/GaAs 材料体系的激光器受到自身缺陷的限制，在大功率器件方面的不足越来越明显，无铝的 GaInP/InGaAsP 材料越来越受到人们的重视。

GaInP/InGaAsP 材料是 20 世纪 90 年代以来特别是近几年受到重视的一种半导体激光材料体系，由于此类材料的有源区不含 Al（铝）组分及材料中 In（铟）组分对缺陷迁移的抑制，使得此类激光材料特别适合器件的高功率密度和高可靠工作。

2. 异质结的主要性质

构成异质结的两种半导体材料的禁带宽度相差较大，在晶格常数良好匹配的前提下，对它的禁带宽度 E_g、电子亲和势 χ、功函数 W、介电常数 ε 进行适当的选择就可以使半导体异质结具有一系列重要性质，如高注入比、超注入现象、窗口效应、对载流子和光场的限制作用等，这些性质是新型电子器件重要的物理基础。

1）高注入比

注入比 r 是指 PN 结加正向偏压时 N 区向 P 区注入的电子流密度 J_N 与 P 区向 N 区注入的空穴流密度 J_P 之比，即

$$r = \frac{J_N}{J_P} \tag{11-2}$$

对 P-GaAs 和 N-GaAlAs 异型异质结，它们的 ΔE_g 使 r 高达 7.4×10^5。这是异质结激光器可以提高注入效率、降低阈值电流密度、提高量子效率的重要原因之一。

2）超注入现象

如图 11.2 所示是 P-GaAs 和 N-GaAlAs 异型异质结正向偏压较大时的能带图。正向偏压下，由于 N 区中的电子处在势能比 P 区导带底高的 N 区导带内，在漂移场和扩散场的驱使下，很容易使注入到 P 区的电子（少子）浓度大于 N 区的电子（多子）浓度，在界面 P 区一侧附近造成载流子（电子）的堆积，甚至可以达到简并化程度，这种现象称为超注入现象。

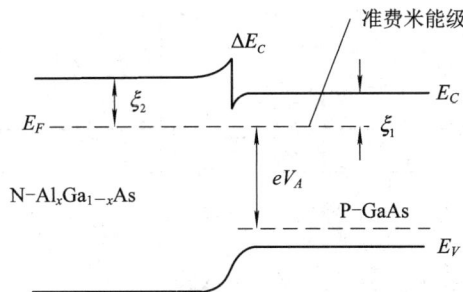

图 11.2　正向偏压下异质结的能带图

由半导体物理学可知，在稳态准平衡情况下，窄带和宽带材料中的电子数密度 N_1 和 N_2 分别为

$$N_1 = N_{c1} \exp\left(-\frac{\xi_1}{kT}\right) \tag{11-3}$$

$$N_2 = N_{c2} \exp\left(-\frac{\xi_2}{kT}\right) \qquad (11-4)$$

式中 N_{c1}、N_{c2} 分别为窄带和宽带材料中导带底附近的等效态密度。只要外加电压的大小接近或大于禁带宽度 E_g，则 $\xi_2 > \xi_1$ 总是成立的，所以 $N_1 > N_2$。由于 N_1 是窄带材料中的少子，它是在准平衡状态下由宽带注入进来的，而它的密度数可以超过宽带材料中的多子 N_2，这就是超注入现象。由式(11-3)、式(11-4)可见，超注入程度与导带跳变 ΔE_C 关系很大。

3) 对载流子的限制作用

载流子的泄露与温度密切相关，主要是有源区电子向 P 型限制层导带的扩散，有源区空穴向 N 型限制层的扩散。由于异质结界面存在 ΔE_C、ΔE_V，所以能够在一定程度上限制电子和空穴从有源区泄出，阻碍电子和空穴的扩散，进一步降低阈值电流密度。从图 11.3 所示 N-GaAlAs/P-GaAs/P-GaAlAs 双异质结的能带(图(a))、折射率分布(图(b))和光场分布(图(c))，可以看出从 N-GaAlAs 限制层注入 P-GaAs 有源区的电子将受到 P-P 异质结势垒的限制，大大提高了注入电子的利用率，同时也将大大减小电子的热运动弥散。如果有源区的厚度小于扩散长度，则注入到有源区势阱中的电子是均匀分布的。这样在同样电流密度下得到的过剩载流子浓度将大大增加。有源区与 N 区界面处的价带势垒又阻碍空穴的扩散，使阈值电流密度进一步降低。这是双异质结半导体激光器实现室温连续激射的重要前提。

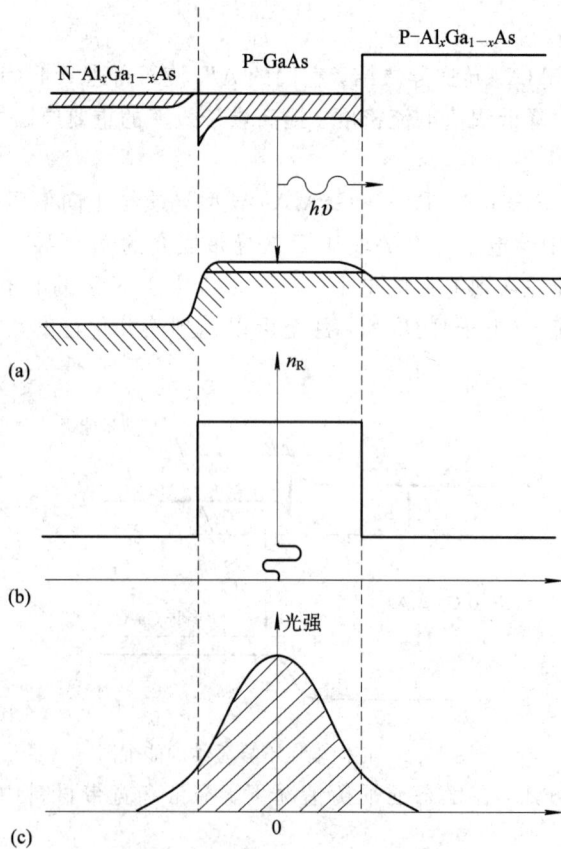

图 11.3　双异质结的能带、折射率分布及光场分布

4) 对光场的约束作用和布拉格衍射效应

双异质结 LD 有源区和包层之间的相对折射率差可达 5％ 左右，因而当光波沿一方向射入光密介质层并传播时，将被限制在光密介质层内，这是由于光从光密媒质入射时将发生全反射的原因。由于仍有一部分光会渗入包层之中，由此引入一个新的物理量——模场限制因子 Γ，定义为

$$\Gamma = \frac{\int_{-\frac{d}{2}}^{\frac{d}{2}} \varphi^2(y, x) \, \mathrm{d}x}{\int_{-\infty}^{\infty} \varphi^2(y, x) \, \mathrm{d}x} \tag{11-5}$$

式中 d 为有源区宽度，$\varphi(y, x)$ 为光模场分布函数。实际上它是图 11.3 中光场分布图（图(c)）中阴影部分的面积与曲线所包围的总面积之比，显然 $\Gamma < 1$。异质结对光场的约束限制作用也是双异质结半导体激光器能够实现室温下连续工作的重要因素之一。

如果把异质结形成的折射率周期变化的概念扩展成极薄的多层周期性结构，则可以形成一个折射率周期性变化的光栅，如图 11.4 所示，沿周期性结构方向（z 轴）传播的光波将受到每一个异质结界面的反射（或散射）。如果传播的光波长 λ_b 与折射率变化周期 Λ 满足布拉格条件，即

$$\Lambda = \frac{\lambda_b}{2n_k} \tag{11-6}$$

式中 n_k 为等效折射率，则这些反射光波是同相位的，将产生相长干涉。如图 11.4(b) 所示可以利用沿水平方向折射率周期性变化的结构来构成布拉格反射半导体激光器（DBR-LD），利用光栅的频率选择性来获得激光器的单纵模工作。沿垂直方向折射率周期性变化的镜面具有很高的反射率，可达到 98％ 以上，它可以用作垂直腔面发射激光器（VCSEL）的谐振腔镜。

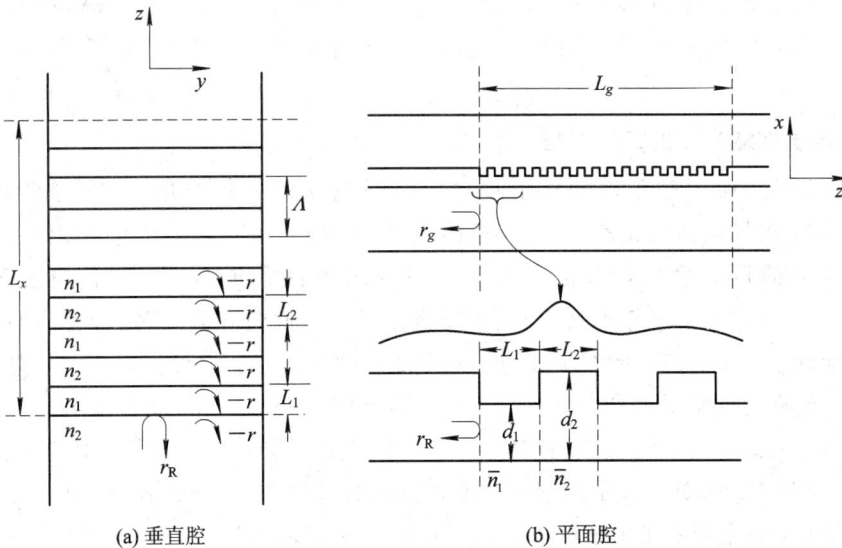

(a) 垂直腔　　　　　　　(b) 平面腔

图 11.4　周期光栅用作波长选择器

5）窗口效应

两种禁带宽度 E_g 不同的材料组成异质结后，从对入射光的光谱特性来看，宽带隙半导体就成了窄带隙半导体的"输入窗口"。这一概念首先是由普利斯顿于 1950 年提出的。

如图 11.5 所示的异质结由带隙分别为 E_{g1} 和 E_{g2} 的材料组成，且 $E_{g1} > E_{g2}$。当入射光的光子能量 $h\upsilon$ 满足 $h\upsilon < E_{g2} < E_{g1}$ 时，则材料 1、2 均为透明介质，光线通过介质 1、2 射出（令吸收系数为零）；当入射光子能量满足 $E_{g1} > h\upsilon > E_{g2}$ 时，入射光透过材料 1 而被材料 2 吸收；当 $h\upsilon > E_{g1}$ 时，材料 1 吸收入射光波而材料 2 不能吸收，不能形成有效的光电输出，从材料 2 的角度来看，宽带材料 1 就是它的光"窗口"。

利用这种效应可以在 LD 的腔长方向靠近输出端面的一段生长一个透明区，以隔离激光器工作端面与空气的直接接触，减少表面态（对器件稳定性、可靠性的不利影响），提高输出腔面的破坏阈值，减少来自于器件与空气界面的反射损失从而增加输出功率。这种窗口效

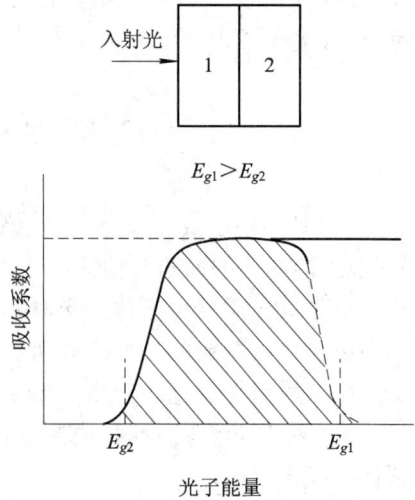

图 11.5　异质结对光吸收的窗口效应

应在其他光电子器件中应用，可以制作具有带通型灵敏特性的光电检测器，用在异质结太阳能电池中可以提高转换效率，改善输出特性。

11.1.2　单异质结激光器

单异质结激光器在 1969 年研制成功。它是用液相外延法，在 N‐GaAs 衬底外延生长一层 P‐GaAs，再在 GaAs PN 结 P‐GaAs 一侧上外延生长一层 P‐GaAlAs 半导体的三层结构。

1. 单异质结激光器的工作原理

如图 11.6(a) 所示是正向偏压下单异质结激光器的工作原理。与同质结激光器图 11.6(b) 相比，单异质结激光器的优点是阈值电流密度低、效率高。其主要原因有两个，一是同质结的有源区宽度大，满足阈值条件所要求的注入电流大，阈值电流密度高达 $10^4\ \mathrm{A \cdot cm^{-2}}$。有源区宽度基本等于电子的扩散长度，并偏向 P 区一侧。二是有源区内自由载流子浓度低于邻近区域，使有源区的折射率高于邻近区域，这种折射率差别越大，光反馈越有效，有源区光泄露损耗就越小。但同质结的波导折射率的差别很小，典型值仅为 0.1% ～ 1%，泄露损耗很大。因此同质结半导体激光器只能在低温条件下脉冲工作。

GaAlAs 比 GaAs 具有较宽的禁带宽度和较低的折射率。一方面在 P‐P 异质结处出现了较高的势垒，势垒限制了电子的扩散，使从 N‐GaAs 注入到 P‐GaAs 的电子在 P‐P 结处受到阻碍，不能扩散到 P‐GaAlAs 中去，和同质结相比，减小了有源区的宽度，使 P‐GaAs 区的电子浓度增大，提高了增益；另一方面 P‐P 结对来自 P‐GaAs 的光场吸收损耗小，介质波导效应（折射率突变可达 5%）限制了光子进入 P‐GaAlAs 区，使光受反射

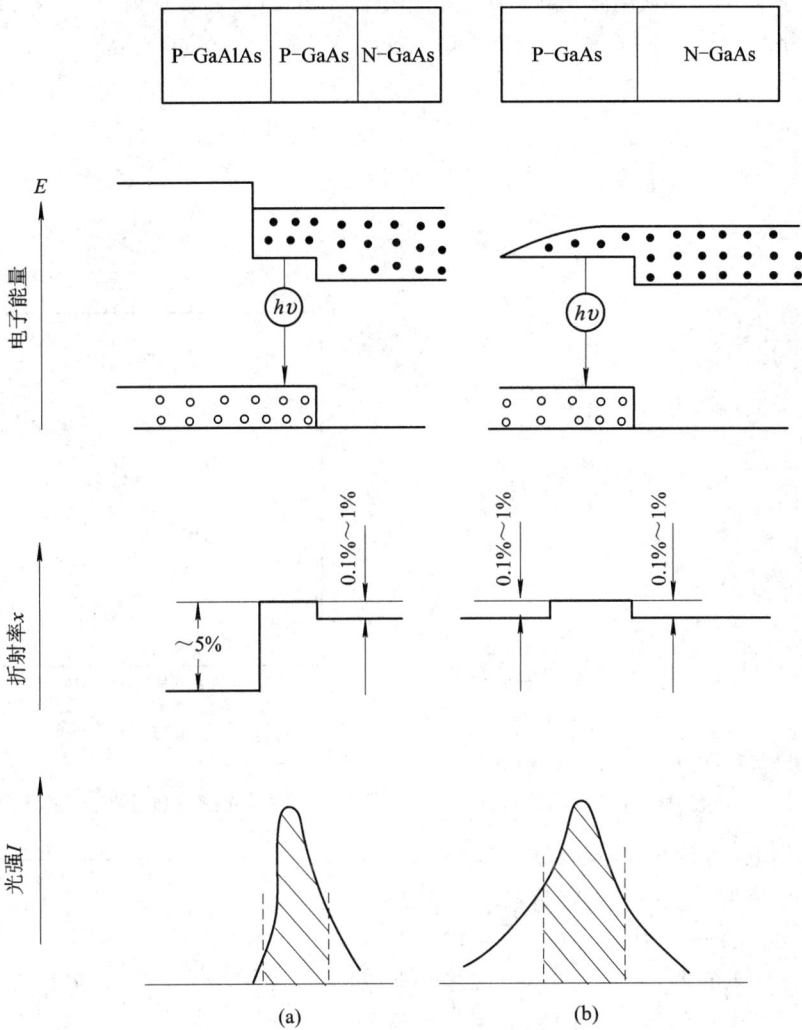

图 11.6　单异质结激光器的工作原理

而局限在 P‑GaAs 中，降低了光波导的漏泄。单异质结激光器实现了室温条件下脉冲工作，其阈值电流密度比 GaAs 同质结激光器低一个数量级。

2. 阈值条件

室温下单异质结激光器的阈值电流密度 J_{th} 与有源区宽度 d 的关系如图 11.7 所示，表明有源区宽度存在一个最佳值，当 $d \approx 2~\mu m$ 时，J_{th} 最低。其原因可定性地解释为，若有源区宽度过大，则异质结对载流子的限制作用减弱；若有源区宽度过小，则在非对称波导内光传输损耗增大。对单异质结激光器有源区宽度 d 的取值范围为 $2 \sim 2.5~\mu m$。

实验表明，单异质结激光器的阈值工作电流密度 J_{th} 与腔的损耗、腔长、腔镜反射率及工作条件等因素有关，与同质结激光器有相同的表达式：

$$J_{th} = \frac{1}{\beta}\left(\alpha + \frac{1}{2L}\ln\frac{1}{R_1 R_2}\right) \tag{11-7}$$

图 11.8 所示为单异质结激光器的阈值工作电流密度 J_{th} 与腔镜反射率 R 的关系，图中上、下两条斜线分别对应 $\alpha=33\ cm^{-1}$、$\beta=38\times10^{-3}\ cm\cdot A^{-1}$ 和 $\alpha=24\ cm^{-1}$、$\beta=39\times10^{-3}\ cm\cdot A^{-1}$。

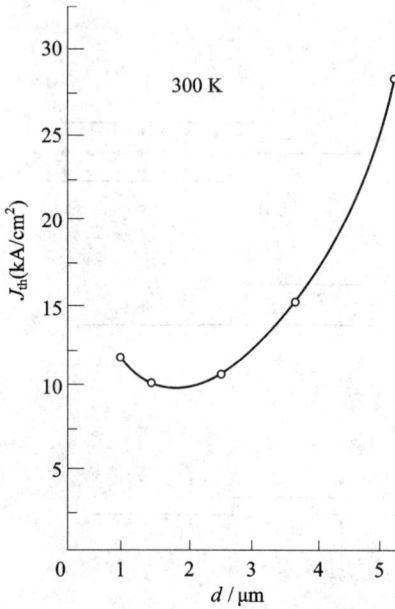

图 11.7　阈值电流密度 J_{th} 与
有源区宽度 d 的关系

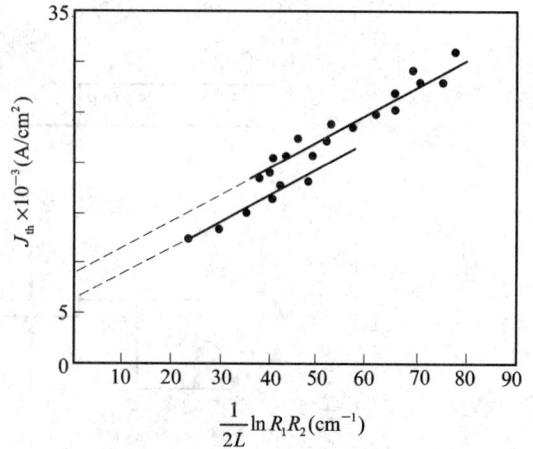

图 11.8　阈值电流密度 J_{th} 与腔镜反射率 R 的关系

阈值工作电流密度 J_{th} 还与温度有关。温度 T 在 77～300 K 之间变化时，异质结器件的 J_{th} 的增加为 6～10 倍，而同质结器件的 J_{th} 的增加却为 40～60 倍。图 11.9 所示为同样采用液相外延法制造的异质结、同质结激光器的阈值工作电流密度 J_{th} 与温度 T 的关系曲线。

11.1.3　双异质结激光器

这种激光器为四层结构，即 N - GaAs 衬底和三层外延生长层。在 N - GaAs 衬底上外延生长 N - $Ga_{1-x}Al_xAs$ 层，其 x 取值范围为 0.1～0.5，在 N - $Ga_{1-x}Al_xAs$ 层上外延生长 P - GaAs 层（也可以是 N - GaAs），在 P - GaAs 层上外延生长 P - $Ga_{1-x}Al_xAs$ 层，如图 11.10 所示，有源层夹在具有宽带隙和低折射率的限制层之间，以便在垂直于结平面的方向上有效地限制载流子和光子。采用这一结构于 1970 年第一次制成 GaAlAs/GaAs 双异质结激光器，在波长为 890 nm 的室温条件下连续运转。

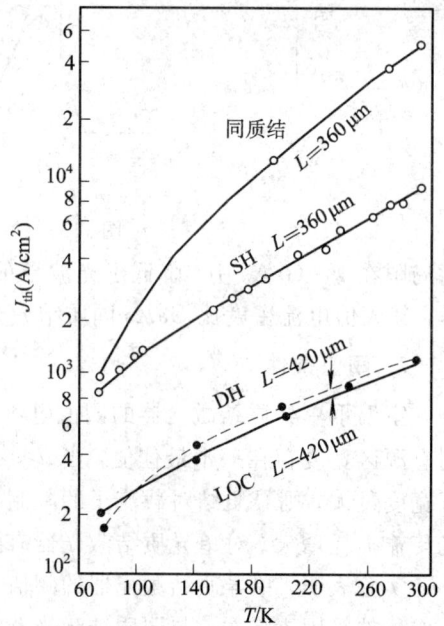

图 11.9　阈值电流密度 J_{th} 与温度 T 的关系

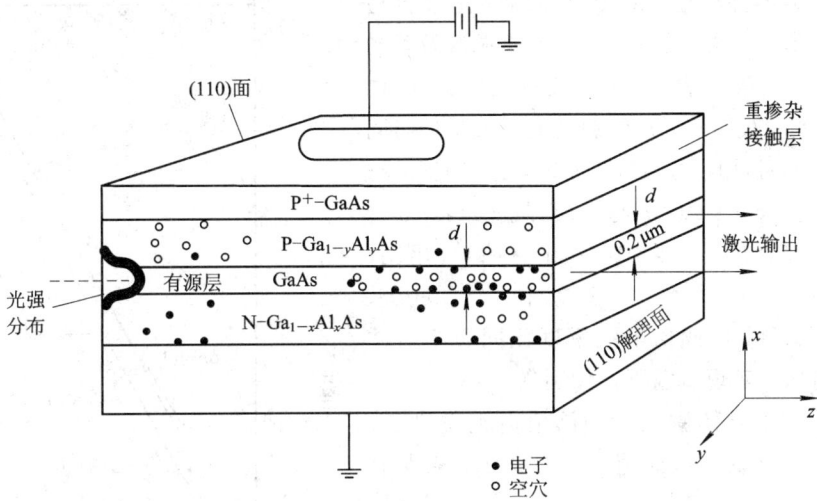

图 11.10 双异质结激光器的结构

双异质结激光器的工作原理如图 11.11(a)所示。在正向偏压情况下，电子和空穴分别从宽带隙的 N 区和 P 区注入有源区，注入的电子和空穴的扩散又分别受到 PP 异质结和 NN 异质结的限制，从而在有源层内积累起产生粒子数反转所需的非平衡载流子浓度。同时，窄带隙层的折射率较大，宽带隙层的折射率较小，窄带隙有源层构成了一个限制光子在有源区内的介质光波导。图 11.11(b)为单异质结能带结构。

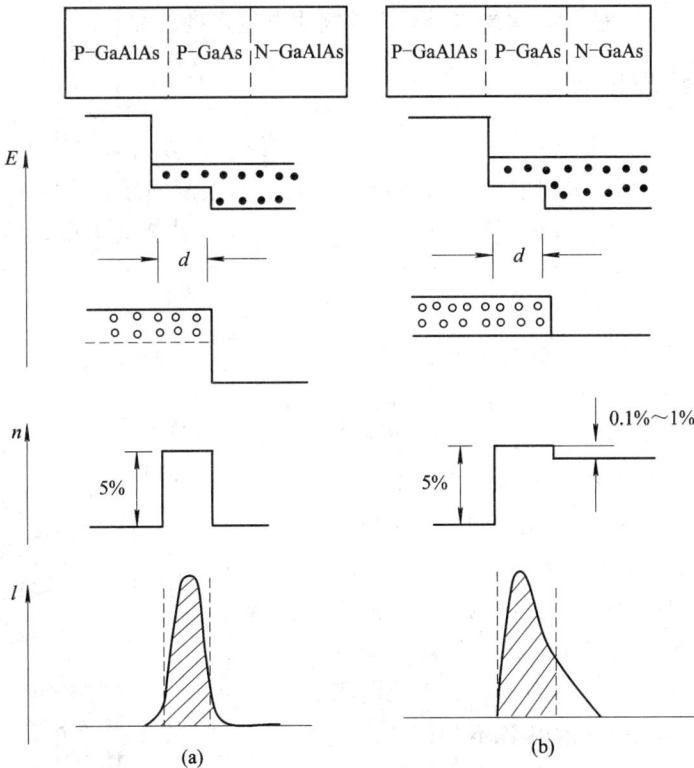

图 11.11 双异质结激光器的工作原理

与同质结器件相比，由于双异质结比较容易获得很高的非平衡载流子浓度，因此有源区及限制层都不一定需要重掺杂，就可以实现伯纳德-杜拉福格条件。实验表明双异质结激光器阈值条件与同质结激光器有相同的表达式(11-7)、$\alpha=15$ cm^{-1}、$\beta=2.1\times10^{-2}$ cm·A^{-1}，与同质结激光器($\alpha=60\sim200$ cm^{-1}，$\beta=2\sim4\times10^{-3}$ cm·A^{-1})相比，DHL 的 α 降低一个数量级，β 提高一个数量级，所以室温下 DHL 的阈值电流密度比同质结器件低两个数量级，实现室温下连续运转。

双异质结半导体激光器的阈值电流密度 J_{th} 与有源层厚度 d 的关系如图 11.12 所示，表明有源区宽度存在一个最佳值，当 $d\approx0.15$ μm 时，J_{th} 最低。当 d 超过此值后，J_{th} 随 d 的增大而线性增加。这是因为随着有源区厚度增大，载流子的扩散减少了在同样注入电流条件下注入有源区的载流子浓度或电流密度，等效于减弱了异质结势垒对载流子的限制能力。有源区厚度 d 过小，会因为光场渗透逸散致使异质结光波导限制光子的有效性削弱，使光子耗散于有源层以外，造成阈值电流密度增加。

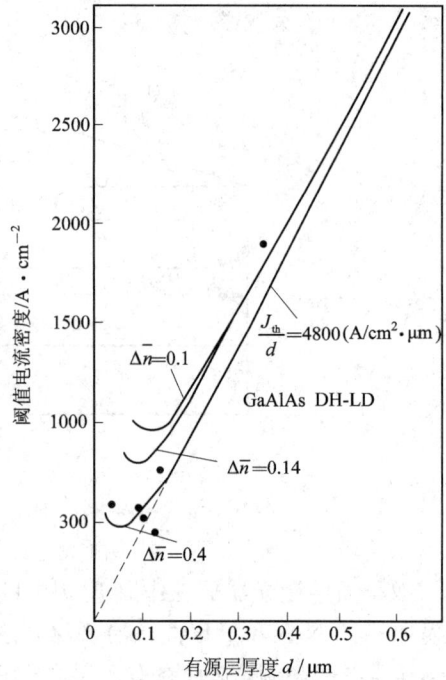

图 11.12 双异质结激光器阈值电流密度 J_{th} 与有源层厚度 d 的关系

11.1.4 条形结激光器

双异质结半导体激光器成功地解决了在垂直于结平面方向对载流子和光子的限制问题。针对平行于结平面方向(侧向)上对载流子和光子的限制问题，采用了条形结构，这是半导体激光器发展史上的一重要里程碑。条形结构使半导体激光器的阈值电流大幅下降，输出近场与远场特性得到改善，器件的可靠性得到提高。

在平行于结平面方向(侧向)上对载流子和光子的限制，从原理上讲，若令有源区(侧向)的复介电常数 $\varepsilon_H(y)=\varepsilon_r(y)+i\varepsilon_i(y)$，则它的实部 $\varepsilon_r(y)$ 在空间上的变化可以实现折射率导引机制，或它的虚部 $\varepsilon_i(y)$ 在空间上的变化可以得到增益导引作用。侧向的限制能起到三个作用：能将注入电流限制在条形有源区内；能限制载流子在有源区向侧向的扩散；将辐射场限制在谐振腔的更小区域内。十分明显，对不同的条形结构，其限制能力和有效性各不相同。这一类有源区具有限制机构的激光器统称为条形激光器，结构示意图如图 11.13 所示。

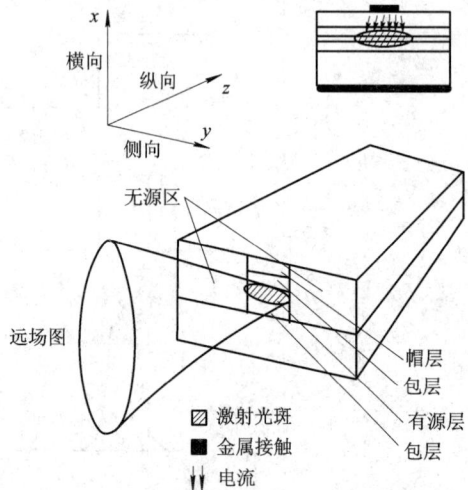

图 11.13 条形激光器的典型结构

由图可见，在垂直于结平面的 x 方向上，有源层被低折射率的上下限制层限制，在平行于结平面的 y 方向上，有源层两侧被无源层限制。条形结激光器充分体现了条形结构的优越性，已经成为半导体激光器的基本结构形式。这种激光器已广泛应用于 CD 唱机、激光打印和光纤通信等系统中。

11.2 量子阱激光器

单异质结激光器和双异质结激光器的共同特点，是有源材料在 K 空间的能带结构相同，即导带和价带态密度与能量呈现抛物线关系，价带中重空穴带和轻空穴带在 K 空间原点（即 Γ 点）是简并的，导带和价带之间存在着严重的不对称性，而重空穴的有效质量比导带电子高一个数量级，处于非简并状态，即价带顶部能级为空穴所占据的几率相对较小，使参与激光跃迁的能态减少。另一方面，双异质结激光器的有源区厚度（有源区最佳厚度为 $0.15~\mu m$）太大，不能使异质结势垒有效发挥对注入载流子的限制能力（载流子仍具有三个自由度），因而还有进一步改善激光器性能的潜力。

从改善对注入载流子和光子的限制能力来说，希望异质结势垒越高越好，异质结两边折射率差越大越好，即要求结两边的带隙差大。但这样一来会受到结两边晶格匹配的限制，晶格失配将严重影响激光器的量子效率和可靠性（除非晶格失配度小于 10^{-3}）。采用超薄层外延生长技术生长的晶体厚度达到半导体中电子的德布罗意波长（10 nm）或电子平均自由程（50 nm）量级时，其中电子的行为与块状晶体中完全不同，即出现了量子尺寸效应。量子尺寸效应最实际的应用是量子阱以及用量子阱得到的各种器件。

11.2.1 量子阱

在通常块状（常称为体材料）有源层内（厚度在 $0.1\sim0.15~\mu m$ 之间），对于注入的载流子来说，其散射时间太短，宛如在无限大的晶体材料中，因此导带和价带仍是连续的，其态密度仍是如图 11.14(a) 所示的抛物线。其特点是：由于重空穴带与轻空穴带在能量最小处简并，TE 模和 TM 模的增益表现出较大的非对称性；导带底和价带顶的态密度较小，处于这些能态上的载流子对受激辐射贡献小，而在导带和价带较高能态之间产生受激辐射之前又必先填充这些低能态，这必然会使激光器阈值增高。

由量子尺寸效应所产生的量子阱结构由于其阱层（有源层）厚度仅在电子平均自由程范围，所以量子阱壁能起到有效的限制作用。结果是量子阱中的载流子只在平行于阱壁的平面内有两个自由度，故常称该量子系统为二维电子气。与块状有源层相比，电子失去了垂直于阱壁的自由度。在这个方向上的量子限制作用，使导带和价带的能级分裂为子带，态密度呈现阶梯状分布，子带带边陡直，同一子带内态密度为常数。也正是由于这种量子力学限制作用，使重空穴带与轻空穴带分裂（或解除简并），反而加剧了 TE 模和 TM 模的非对称性，如图 11.14(b) 所示。

量子阱是窄带隙超薄层被夹在两个宽带隙势垒薄层之间形成的区域，如图 11.15(a) 所示为单量子阱能带。窄带隙与宽带隙超薄层交替生长就能构成多量子阱（MQW），如图 11.15(b) 所示。在 MQW 中，如果各阱之间的电子波函数发生一定程度的交叠或耦合，则这样的 MQW 也就是超晶格，宛如晶体中原子周期性有序排列一样。

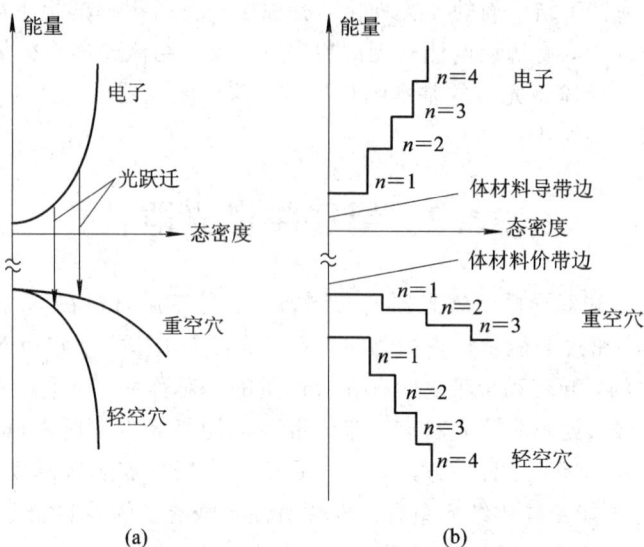

图 11.14　体材料、量子阱中的电子能量与态密度的关系

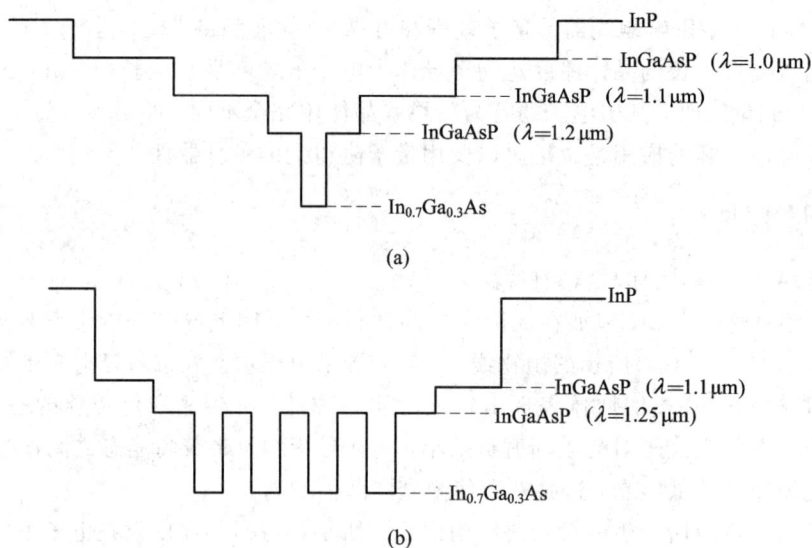

图 11.15　量子阱结构

　　量子阱结构已经成为当代大多数高性能半导体光电子器件的典型结构,量子阱半导体激光器的阈值电流达亚毫安,调制带宽达数十吉赫兹。它也使垂直腔表面发射激光器成为现实。

11.2.2　量子阱激光器

　　随着异质结激光器的研究发展,人们自然会想起,如果将有源区做得十分薄,以至于能够产生量子效应,会有什么结果呢? 由于量子阱中的电子在平行于异质结平面内是自由的,只是在垂直于异质结方向受限而使能量量子化,故电子的总能量可表示为

$$\varepsilon_{cn} = \frac{h^2 k_{c//}^2}{2m_{c//}} + E_{cn} \qquad\qquad (11-8)$$

式中 $k_{c//}$ 和 $m_{c//}$ 分别是平行于结平面方向的波数和有效质量。其中第一项为电子抛物线能量分布。第二项为量子化能量，它在阱底为零，辐射复合发生在导带与价带具有相同量子数 $n(n=0, 1, 2, \cdots)$ 的子带之间（跃迁选择定则），如图 11.16 所示。相应的光跃迁波长与块状材料由 E_g 决定，为

$$\lambda = \frac{1.24}{E_g + E_{cn} + E_{vn}} \qquad (11-9)$$

式中 E_{cn}、E_{vn} 分别为导带、价带的量子化子带能级，并有

$$E_{cn} = \frac{h^2 n^2}{8L_z^2 m_{cn}} \qquad (11-10)$$

式中 L_z 为量子阱宽度。对 E_{vn} 亦有类似的表达式。

图 11.16　单量子阱的能带结构

不像块状晶体抛物线能带中载流子必须从接近带底处开始填充那样，量子阱的阶梯状能带允许注入的载流子依子带逐级填充。因此，注入载流子能量的量子化提高了注入有源层内载流子的利用率，明显提高了微分增益。微分增益的提高，降低了激光器的阈值电流，提高了激光器的调制带宽（可接近 30 GHz），提高了斜率效率，减小了频率啁啾。

由于有源区太薄，因此光场限制因子 Γ 很小，对非平衡载流子的收集能力很弱。为改善单量子阱激光器性能，办法是采用如图 11.17 所示的分别限制单量子阱（SCH-SQW）结构或采取图 11.15(b) 所示的多量子阱结构。采用多个量子阱组成有源层时光限制因子明显提高。图 11.17(a) 为漏斗型，图 11.17(b) 为阶梯型。SCH-SQW 是在阱层两侧配备低折射率的光限制层，阱层的折射率分布可以是渐变的，也可以是突变的。

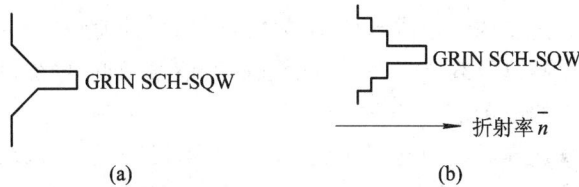

图 11.17　分别限制单量子阱结构

1978 年 10 月实现了单量子阱（SQW）和多量子阱（MQW）激光器的室温连续激射，$J_{th}=1600 \text{ A} \cdot \text{cm}^{-2}$，$\eta_D=85\%$。1981 年曾焕添提出优化量子阱势垒高度和厚度，以便使载流子能够有效克服阱间势垒的作用而注入阱中，他给出的 4 个 12 nm 量子阱，腔长 380 μm 的激光器，其 $J_{th}=160 \text{ A} \cdot \text{cm}^{-2}$，通常把势垒的结构称为"单量子阱"（SQW）。实际上，我们可以认为，如果双异质结构中，中间夹层（有源层）的窄带隙材料厚度薄到可以与电子的平均自由程（或德布罗意波长）相比拟时，则这种结构就是单量子阱。

单量子阱激光器的结构基本上就是把普通双异质激光器的有源层厚度做成数十纳米的激光器。典型结构参数：腔长为 120 μm，有源区厚度为 20 nm，阈值电流为 0.55 mA。多

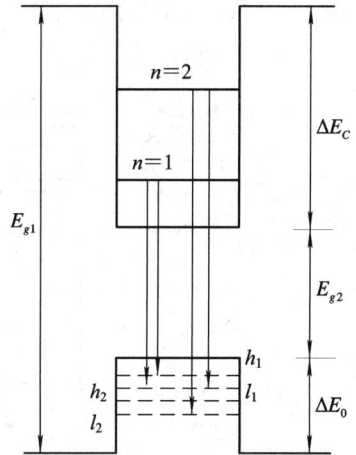

量子阱(MQW)激光器结构如图 11.18 所示。目前国内研制的条形结构 GaAlAs/GaAs 已达到室温下连续工作，阈值电流密度为 980 A·cm^{-2}，宽度为 8 μm，阱宽为 10 nm，发射波长为 852 nm，输出功率大于 15 mW。

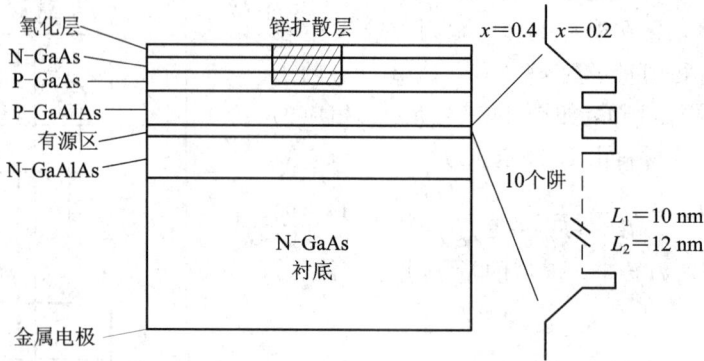

图 11.18 多量子阱激光器结构

量子阱激光器具有以下突出优点：

(1) 通过改变量子阱厚度可以在很宽的光谱范围改变激光器激射波长。例如 GaAlAs/GaAs 激光器可以用来制作波长为 650～800 nm 范围的可见光激光器，用于掺铒光纤放大器泵浦源的 980 nm 和 1.48 μm 量子阱激光器也是利用这一性质制作的。

(2) 注入载流子能提供更高的增益，这就使阈值电流密度 J_{th} 降低，而且 J_{th} 随温度变化小，温度稳定性好。

(3) 注入载流子利用效率高，有利于产生更大的输出功率，适合于制作大功率激光器阵列。

(4) 增益变化引起的折射率改变小，所以光谱线宽窄，频率啁啾小。

(5) 价带的轻、重空穴带量子化能级分离，因此具有 TE、TM 模的选择控制功能。

(6) 微分增益系数高，能在更高的调制速率下工作，动态特性好。

载流子减少一个自由度的量子阱已使半导体激光器受益匪浅，再减少一个自由度的所谓量子线(一维量子结构)以及载流子在三维受限的所谓量子点(零维量子结构)将使半导体激光器的性能得到更大的改善。

量子阱激光器与普通异质结激光器相比，其性能不仅表现在参数方面的提高，从原理上看，它反映出质的变化，它是能带工程的体现并预示着新的发展。

11.2.3 应变量子阱激光器

在异质结和量子阱激光器研究初期，人们都是以寻求晶格常数匹配的材料及完善工艺为目标，这样才能减少晶格失配引起的应变和位错，减少表面态密度(复合中心)。目前采用的三元、四元化合物半导体，形成晶格常数梯度渐变，以释放失配应力。但晶格匹配的要求限制了激射波长的拓展，尤其是应用需要的很多波长，如 980 nm 的激光器的制作，如果选择禁带宽度合适的 InGaAs 作有源材料，就找不到与之匹配的衬底材料，如果采用 InGaAs/GaAs 异质结，其晶格常数失配率达 3%。而量子阱已成为高性能半导体激光器的基本结构形式，要实现如图 10.12 所示的理想的能带结构，还需对能带进行进一步的合理的设计。以具有一定失配率的应变量子阱为代表的能带工程从根本上改变了能带的结构，又将半导体光电子学推向一个新的里程碑。

在此以前，无论涉及几何空间还是 K 空间的能带工程，都是以组成异质结材料之间的晶格常数匹配为基础的。如晶格失配大于 0.1%，会造成内应力而产生悬挂键，成为产生非辐射复合的界面态，使器件性能受到损害。由于晶格失配造成的内应力与生长层厚度线性相关，因此只要将超薄层的厚度控制在某一临界厚度以内，这种存在于超薄层内的应变能将通过弹性形变来释放而不产生失配位错。相反，超薄层之间一定量的晶格常数失配所造成的失配应力可以使能带结构发生有利的变化。

引入适当的应变将会改变材料的重要性质，如晶格常数、能带结构、垂直输运的有效质量和态密度等。以 $In_xGa_{1-x}As/InP$ 为例，在一定的临界厚度下，在不同应变状态下，在 K 空间的能带结构如图 11.19 所示。

在图 11.19 中，当 $x=0.53$ 时，$a(0.53)=a_s$，$In_{0.53}Ga_{0.47}As$ 与 InP 晶格匹配很好，不产生应变。当 $x>0.53$ 时，$a(x)>a_s$，则弹性形变将使超薄层 $In_xGa_{1-x}As$ 承受压应变，量子阱材料导带向上漂移一个 δE_C；而价带向下漂移，然后重空穴再向上漂移，轻空穴再向下漂移，使两者分开。当 $x<0.53$ 时，$a(x)<a_s$，则弹性形变将使超薄层 $In_xGa_{1-x}As$ 承受张应变，张应变量子阱材料导带漂移方向与压应变材料相反。在张应变情况下，为了使两种材料具有不产生失配位错的弹性键合，具有良好的光学性质，要求生长层厚度与层内应变的乘积在某一临界值以下。对 $In_xGa_{1-x}As$，若厚度为 20 nm，则允许应变量为 $1\%\sim2\%$。

由应变量子阱所代表的能带工程实际上是价带工程。由于应变打破了立方晶体的对称性，轻、重空穴带在 K 空间原点处分离的程度正比于应变量（每 1% 的应变将在 Γ 点处产生 75 meV 的能量间隔）。在压应变情况下，重空穴带仍在轻空穴带之上，但带顶处的曲率半径明显减小，有效质量减至 $0.08m_e$，这样明显地增加了与导带的对称性；在张应变情况下，轻空穴带却可能位于重空穴带之上，并使其曲率减少，这样就增加了 TE 模与 TM 模的对称性。这些都有利于阈值电流的进一步减小，使阈值电流密度达到 10 A·cm^{-2} 量级，阈值电流达到亚毫安。

由图 11.19 还可以看出，应变的类型与应变量的大小都可以调节带隙的大小，从而可以调节激射波长。例如用来泵浦掺铒光纤放大器的波长为 980 nm 的半导体激光器就是依靠应变量子阱来实现的。利用张应变情况下 TE 模与 TM 模的对称性的改善，为实现与偏振无关的半导体光放大器提供了良好的技术保证。在实空间沿生长方向 z 的能带结构如图 11.20 所示。图(a)为压应变量子阱图，图(b)为无应变量子阱图，图(c)为张应变量子阱情况。

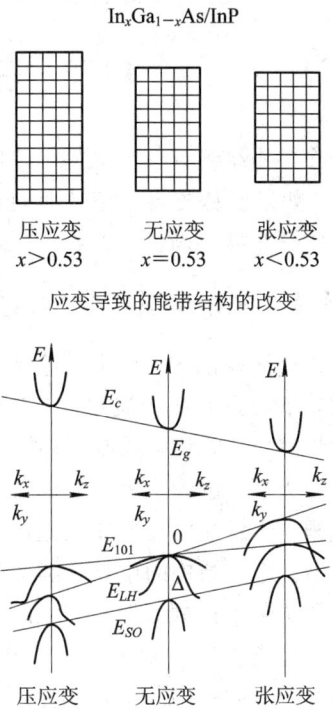

$In_xGa_{1-x}As/InP$

| 压应变 | 无应变 | 张应变 |
| $x>0.53$ | $x=0.53$ | $x<0.53$ |

应变导致的能带结构的改变

图 11.19　在不同应变下应变量子阱在 K 空间的能带结构

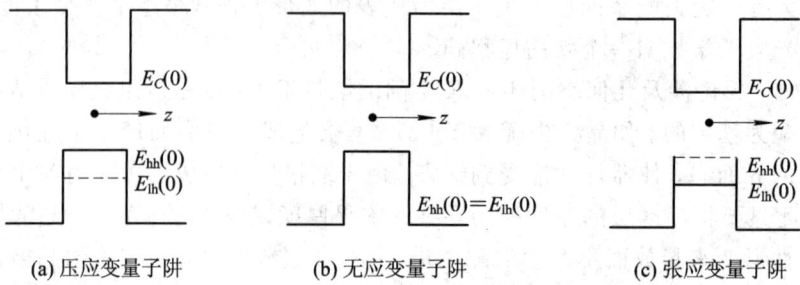

(a) 压应变量子阱　　　　　(b) 无应变量子阱　　　　　(c) 张应变量子阱

图 11.20　在不同应变下应变量子阱在实空间的能带结构

11.3　其他结构的半导体激光器

除异质结半导体激光器、条形激光器、量子阱激光器外还有一些其他结构的半导体激光器，如采取从垂直于结平面的表面发射的结构、分布反馈、分布布拉格谐振腔以及微腔半导体激光器等新型激光器。

11.3.1　分布反馈和分布布拉格反射半导体激光器

普通结构的 F-P 腔半导体激光器，能够在直流状态下实现单纵模工作，但在高速调制状态下会发生光谱展宽。具有光谱展宽的光纤通信系统光源，会由于光纤色散而使光纤传输带宽减小，从而限制了传输速率。光纤通信系统所需的光源称为动态单模(DSM)半导体激光器。设计这种光源的最有效的方法之一，就是在半导体激光器内部建立一个布拉格光栅，依靠光栅实现纵模选择，形成了分布反馈半导体激光器和分布布拉格反射半导体激光器。这种结构的半导体激光器还能够在更宽的工作温度和工作电流范围内，抑制普通激光器中常见的模式跳变，从而可以大大改善噪声特性。

分布反馈(Distributed Feedback，DFB)与分布布拉格反射(Distributed Bragg Reflector，DBR)半导体激光器，都是由内含布拉格光栅来实现光的反馈的。此处的分布还有一个含义，是与利用两个端面对光进行集中反馈的 F-P 腔半导体激光器相比而言的。如图 11.21 所示为 DFB-LD 的结构示意图，即折射率耦合型；图 11.22 所示为 DBR-LD 结构示意

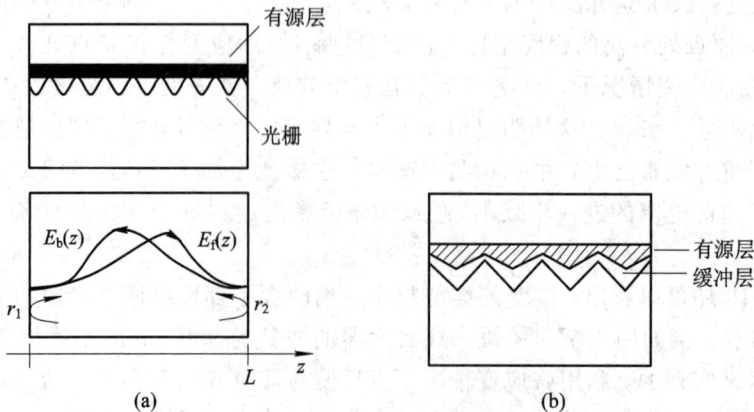

图 11.21　DFB-LD 结构示意图

图，即增益耦合型。由图可见，在 DBR - LD 中，光栅区仅在有源层的两侧或一侧，增益区内没有光栅；而在 DFB - LD 中，光栅分布在整个谐振腔中，所以称之为分布反馈。因为采用了内藏布拉格光栅来选择波长，所以 DFB - LD 和 DBR - LD 的谐振腔损耗就有明显的波长依赖性，这一点决定了它们在单色性和稳定性方面优于一般的 F - P - LD。利用耦合波理论可以分析 DFB - LD 和 DBR - LD 的纵模行为。

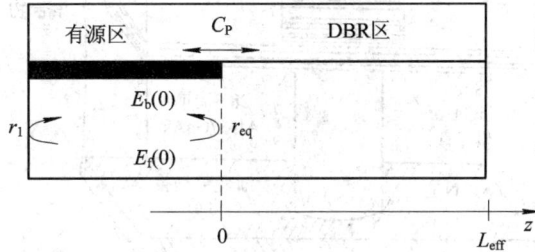

图 11.22　DBR - LD 结构示意图

增益耦合 DFB - LD 属于纯增益耦合，用补偿缓冲层上的折射率光栅的方法来实现增益耦合，这是第一个实现室温连续激射的 AlGaAs/GaAs 增益耦合 DFB - LD（波长为 880 nm、腔长为 200 μm、阈值电流为 20 mA，腔面不镀膜）。

分布布拉格反射半导体激光器（DBR - LD）的谐振腔与 F - P 腔有类似之处，前者的光栅仅仅起了一个反射器的作用，相当于 F - P 腔的端面反射镜，不同之处在于光栅反射器的反射率有强烈的波长依赖性。

11.3.2　垂直腔表面发射激光器

相对于一般的端面发射半导体激光器而言，光从垂直于结平面的表面发射的半导体激光器是另一种基本结构。这种结构便于制成二维阵列，容易得到有利于与光纤高效耦合度圆对称的远场特性。所谓垂直腔是指激光腔的方向（光子振荡方向）垂直于半导体芯片的衬底，有源层的厚度即为腔长。由于有源层很薄，由式(10 - 33)、式(10 - 35)、式(10 - 36)可知，要在如此短的腔长内实现低阈值激光振荡，除要求有高增益的有源介质外，还需有高的腔面反射率。1988 年实现了 VCSEL 室温下脉冲和连续工作。与边发射半导体激光器相比，VCSEL 具有一系列很明显的特点，能够满足并行光通信、大容量光存贮、光计算与光互联等信息技术的需要。

VCSEL 的结构示意图如图 11.23 所示，它是由高、低折射率介质材料交替生长成的布拉格反射器（DBR）之间连续生长单个或多个量子阱有源区所构成的。在顶部还镀有金属反射层以加强上部 DBR 的光反馈作用，激光束可以从透明的衬底输出。

VCSEL 的结构有不同的形式，对 VCSEL 的设计集中在高反射率、低损耗的 DBR 和有源区在腔内的位置。可以实现高密度的二维集成，可在 1 cm^2 的芯片上集成百万个这样的激光器。对于 5 μm 直径的这种激光器，阈值电流可达亚毫安，其发射波长范围可达 0.7～1.5 μm，且其光谱线宽约为 0.001 nm，这是非常好的单纵模，其相干长度达到 1 m 左右。这些性质使其广泛地应用于泵浦板条固体激光器、光信息并行处理。与单模光纤耦合实现二维图像传输也是光互联网的理想光源。

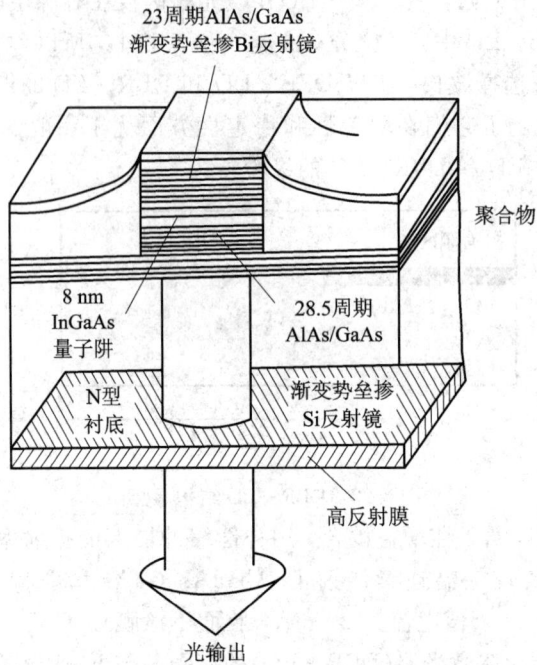

图 11.23　VCSEL 的结构示意图

11.3.3　微碟半导体激光器

半导体微腔激光器是 20 世纪 90 年代初出现的一种新型结构的半导体激光器。微碟半导体激光器是形状如碟形的微腔激光器。微腔激光器是运用现代超精细加工技术和超薄材料制作的,具有高集成度、低阈值、低功耗、低噪声、极高的响应、可动态模工作等优点,其低功耗特点尤为显著,100 万个激光器同时工作,功耗只有 5 W,在光通信、光互连、光信息处理等方面有广阔的应用前景,可应用于大规模光子器件集成,并可以与光纤通信网络和大规模、超大规模集成电路匹配组成光电子信息集成网络,是当代信息高速公路技术中最理想的光源,也可以与其他的光电子器件实现单元集成,应用于逻辑运算等。因此,微碟半导体激光器的研制成功,对推进光电子信息技术的发展具有重要意义,是半导体激光器的又一次变革。

所谓微腔,是指半导体激光器的谐振腔的尺寸小到光在半导体介质中的波长量级。在如此小的空间中,光场已出现量子效应,不能用麦克斯韦的经典理论来处理,而必须用量子电动力学的方法来分析腔模,这就是所谓微腔效应。

爱因斯坦提出的受激原子的自发辐射理论认为,自发辐射是受激原子的本征性质,只有借助这种不可逆转的自发辐射,才能使原子和真空电磁场(光子为零的场)之间实现热平衡。事实上自发辐射并非是受激原子的本征属性,受激原子之所以不可逆转地要自发辐射,是由于真空电磁场包容了几乎无限多个连续模式,它可以接纳受激原子辐射出来的任何光子。如果用谐振腔来改变真空电磁场的模式结构,就会发现,受激原子的自发辐射性质有很大改变,有些模式被加强,有些模式被抑制,具体取决于半波长与腔长的相对大小。微腔就是利用这一原理,改变腔内的自发辐射的特性,使自发辐射由无限多个连续模式变成量子化的少数几个模式，自发辐射光子之间的相干性明显加强。这少数几个模式与介质的增益相耦合，其中某个模式直接由自发辐射转变为激射模式，使得自发辐射耦合系数 β 提高 4~5 个数量级。一般尺寸谐振腔的 β 为 10^{-5} 数量级，而微腔激光器有希望把 β 提高到 1，即全部自发辐射光子都进入一个激射模式。这样就大大降低了激光器的阈值，使激光相变的界限逐渐消失，因此微腔激光器被认为是无阈值激光器。

微腔激光器利用金属有机化学气相淀积（MOCVD）生长技术，在 InP 衬底上生长 InGaAs/InGaAsP 多量子阱结构，由于微腔激光器是光抽运激光器，所以各外延层都不掺杂。在半绝缘 InP 衬底上生长 100~200 nm 厚的 InGaAs 腐蚀停止层，用来避免腐蚀进入 InP 衬底，然后生长 0.5 μm 厚的 InP 柱层，在腐蚀工艺中该层形成支撑微碟的小圆柱。在该层上继续生长由上下两个 21 nm 厚的 InGaAsP 包层包覆的 6 个 8 nm 厚的 InGaAs 量子阱和 5 个 5 nm 厚的 InGaAsP 势垒层，整个厚度为 115 nm 左右，接近量子阱激射的半波长，这一厚度可以使大部分的自发辐射进入最低阶平面波导内。在生长完外延层后，用标准光刻技术在外延片上制成直径为 10 μm 的圆形，采用反应离子刻蚀法（RIE）将圆形图刻蚀成圆柱形。图 11.24 为制造出的微碟半导体激光器的扫描电镜（SEM）照片。

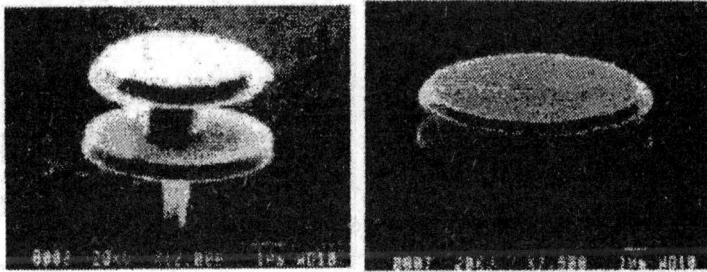

图 11.24　微碟半导体激光器的结构照片

该激光器的最大优点是无需刻面，可通过带隙设计调谐，并只有与碟平行的偏振光激射，这对光通信十分有利。这种激光器可以获得超低阈值电流，约为 0.2 mA，发光部分为碟形状，波长为 1.55 μm。可以利用脉冲室温电抽运、连续室温电抽运和连续室温光抽运等不同工作方式实现激射。

练习与思考题

1. 半导体激光器的基本构型有哪些？
2. 从半导体激光器的发展看，双异质结激光器怎样实现对载流子和光子的限制？
3. 半导体量子阱中，载流子受到阱壁的限制将会怎样运动？
4. 应变量子阱激光器怎样拓展了半导体激光器的激射波长？
5. 从新型半导体激光器的发展看，在哪些性能方面得到了明显的改善？

第十二章 半导体激光器的输出特性

自 1962 年同质结 GaAs-LD 发明以来，已出现了许多不同结构形式和不同性能的半导体激光器。就结构来说，沿着垂直于和平行于 PN 结平面方向，分别出现了各种各样的结构，相应地出现了描述其性能的各种参数，并产生了很大的改进。

由于 LD 体积小、结构简单和性能可靠，在集成光路和光纤信号传输应用中是一种极好的光源，因而 LD 有比其他激光器多得多的性能参数。本章对其中与输出特性相关的参数进行分析，主要涉及输出功率和转换效率、光谱特性、光学模式和发散角、线宽、动态特性和噪声特性等参数。

12.1　半导体激光器的转换效率

半导体激光器是一种高效率的电子-光子转换器件。小功率 LD 的连续输出功率在几毫瓦到几十毫瓦，大功率 LD 的连续或准连续输出功率达到几百瓦或千瓦水平。标志激光器优良输出特性的一个重要参数是转换效率，与气体、固体激光器相比，半导体激光器的转换效率很高。通常用功率效率和量子效率来度量 LD 的工作效率。

12.1.1　功率效率

功率效率 η_p 是表征激光器将输入的电能（或电功率）转换为输出激光能量（或光功率）的效率，也称总效率，定义为

$$\eta_p = \frac{P_{ex}}{IU + I^2 r_s} = \frac{P_{ex}}{\dfrac{IE_g}{e} + I^2 r_s} \tag{12-1}$$

式中 P_{ex} 为激光器输出的光功率，I 为激光器工作电流，U 为正向压降，r_s 为串联电阻（包括半导体材料的体电阻与电极的欧姆接触电阻）。对一般半导体激光器来说，并不测量这一效率，但可以从半导体激光器产品的 P_{ex}-I 特性曲线分析激光器的质量，如图 12.1 所示。对理想的 LD，在正向偏压 U_b 下的正向电流可表示为

$$I = I_0(T)\left[\exp\left(\frac{eU_b}{nkT}\right) - 1\right] \tag{12-2}$$

式中 n 为反映电流特点的一个常数，对电流主要是复合电流的半导体激光器，取 $n=2$。正向

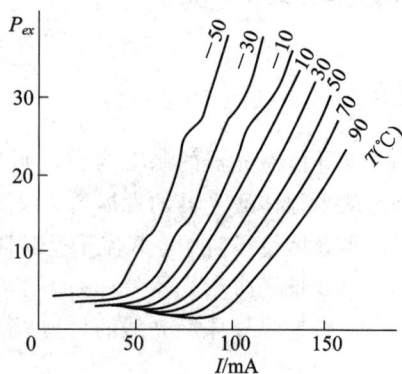

图 12.1　不同温度下激光器的 P_{ex}-I 曲线

偏压 U_b 为串联电阻 r_s 上的压降和 PN 结上的压降之和,可表示为

$$U_b = U + Ir_s \qquad (12-3)$$

在阈值以上,结电压 U 应保持不变 $(U = E_g/e)$。由此可见,降低 r_s,特别是制造良好的低电阻率的欧姆接触是提高功率效率的关键。功率效率随温度的上升而下降,改善管芯散热环境,降低工作温度有利于功率效率的提高。若输入电流给定,输出光功率将随温度的上升而下降。

12.1.2　量子效率

由于有源区存在各种损耗,主要包括非辐射复合、腔内散射、衍射、吸收等因素,使注入有源区的电子-空穴对不能全部转换为输出光子,描述转换效率的量子效率主要有内量子效率、外量子效率、外微分量子效率等。

针对非辐射复合损耗,表征激光器有源区注入的电子-空穴对数转换为有源区内辐射的光子数的效率,称为内量子效率 η_i,定义式为

$$\eta_i = \frac{\text{有源区内每秒辐射的光子数}}{\text{有源区内每秒注入的电子-空穴对数}} \qquad (12-4)$$

由于有源区内存在杂质缺陷和异质结界面态的非辐射复合和长波长激光器中的俄歇复合等因素,使得注入有源区的电子-空穴对不能全部产生辐射复合,即 $\eta_i < 1$,但 η_i 一般也有 70% 左右,甚至可以达到 100%,是内量子效率很高的器件。

针对腔内损耗,有源区输出的光子数少于有源区辐射的光子数。表征激光器有源区注入电子-空穴对数转换为输出光子数的效率,称为外量子效率 η_{ex},定义式为

$$\eta_{ex} = \frac{\text{有源区每秒输出的光子数}}{\text{有源区每秒注入的电子-空穴对数}} = \frac{P_{ex}/h\upsilon}{I/e} \qquad (12-5)$$

由于 $h\upsilon = eU = E_g$,代入有

$$\eta_{ex} = \frac{P_{ex}}{IU} \qquad (12-6)$$

由定义可知,η_{ex} 是考虑到腔内光子会遭受散射、衍射、吸收以及腔镜端面损耗等,有源区内产生的光子并不能全部发射出去,η_{ex} 与 I 有关。由于阈值特性,所以当 $I < I_{th}$ 时,η_{ex} 很小。

由图 12.1 可以看出,当 $I < I_{th}$ 时,$P_{ex} = 0$;在阈值以上 $(I > I_{th})$ 时,P_{ex}-I 特性曲线上升陡直。由曲线的线性部分的斜率可确定另一个参量——外微分量子效率 η_D,定义为输出光子数随阈值以上注入电子数增加的比率,则有

$$\eta_D = \frac{e(P_{ex} - P_{th})}{h\upsilon(I - I_{th})} \approx \frac{P_{ex}}{(I - I_{th})U} \qquad (12-7)$$

式中 P_{th} 是对应阈值电流 I_{th} 的输出光功率。因 $P_{th} \ll P_{ex}$,故上式可近似为

$$\eta_D = \frac{(P_{ex} - P_{th})/h\upsilon}{(I - I_{th})/e} = \frac{P_{ex}e}{(I - I_{th})E_g} \qquad (12-8)$$

实际上 η_D 是 P_{ex}-I 关系曲线阈值以上的线性部分的斜率,故亦称做斜率效率,与电流无关,仅是温度的函数。η_D 可直观地比较不同激光器之间性能的优劣。η_D 与 η_i 的关系为

$$\eta_D = \frac{\eta_i}{1 - \dfrac{\alpha_i L}{\ln \sqrt{R_1 R_2}}} \qquad (12-9)$$

可见，要提高外微分量子效率，首先要提高内量子效率，即尽量减少载流子的非辐射损耗，同时降低阈值电流强度（密度）也有利于提高 η_D。一般 η_D 可达 50% 左右。但 η_D 不是越高越好，η_D 太高，P_{ex} 随注入电流 I 变化灵敏度太高，器件极易损坏。

12.2　半导体激光器的空间模式

LD 的模式可分为空间模和纵模。纵模表示频谱分布，反映发射光功率在不同波长上的分布，而空间模描述围绕输出光束轴线的光强分布，或是空间几何位置上的光强分布。二者都可能是单模或多个模式。

采用边发射的 LD 具有非圆对称的波导结构，而且在垂直于结平面方向（称横向）和平行于结平面方向（称侧向）有不同的波导结构和光场限制情况，横向是折射率波导，侧向可以是折射率波导，也可以是增益波导。因而 LD 的空间模式有横模和侧模（垂直横模、水平横模）之分，如图 12.2 所示。在横向上，由于有源层厚度（约为 0.15 μm）很小，能保证单横模工作；而在侧向，由于宽度相对较宽，可能出现多侧模。如果在这两个方向都可能以单模（基模）工作，则为理想的 TEM_{00} 模，这种光束的发散角最小，亮度最高，能与光纤有效地耦合。相反，若有源区宽度较宽，则发光面上的光场分布在侧向表现出多模现象（近

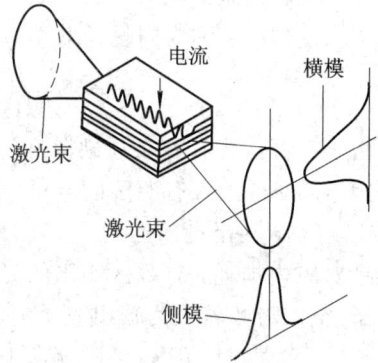

图 12.2　激光束的空间特性

场、远场）。辐射场的空间分布分别用平行于结平面方向的发散角——水平方向发散角 $\theta_{/\!/}$ 和垂直于结平面的发散角——垂直方向发散角 $\theta_{\perp}$ 来描述这种空间分布。

12.2.1　垂直方向发散角

将光强下降为光斑中心的 $\dfrac{1}{e^2}$（13.5%）处定义为高斯光束的光斑半径。对腰斑半径为 ω_0 的高斯光束，发散角（全角）为

$$\theta_0 = \frac{4\lambda}{\pi\omega_0} = \frac{1.27\lambda}{\omega_0} \tag{12-10}$$

然而 LD 的远场并非严格的高斯分布，有较大的且在横向和侧向不对称的光束发散角。由于 LD 有源层厚度 d 较小，因而在横向有较大的发散角 $\theta_{\perp}$。$\text{Al}_x\text{Ga}_{1-x}\text{As}/\text{GaAs}$ 半导体激光器的 $\theta_{\perp}$ 与 d 的关系如图 12.3 所示。在 $d \leqslant 0.1$ μm 时，$\theta_{\perp}$ 的近似公式为

$$\theta_{\perp} = \frac{\dfrac{4.05(n_2^2 - n_1^2)d}{\lambda}}{1 + \dfrac{4.05(n_2^2 - n_1^2)}{1.2} \cdot \left(\dfrac{d}{\lambda}\right)^2} \tag{12-11}$$

其中 n_1 为限制层的折射率，n_2、d 分别为有源层的折射率和厚度，$A = 4.05(n_2^2 - n_1^2)$ 为 LD

的有效数值孔径。显然，由式(12-11)可见，当 d 很小时，有 $\theta_\perp = \dfrac{Ad}{\lambda}$，说明 $\theta_\perp$ 随 d 的增加而增加，相当于图 12.3 曲线的前半段，似乎与衍射理论相反。可解释为，随着 d 的减小，光场向有源层两侧进行扩展，等效于加厚了有源层，而使 $\theta_\perp$ 减小。这种结构的半导体激光器称为泄露异质结激光器。

当 d 与 λ 相比拟，但仍工作在基横模时，由式(12-11)可见，可以忽略分母中的因子 1，$\theta_\perp$ 近似为

$$\theta_\perp = \frac{1.2\lambda}{d} \tag{12-12}$$

可见其与 θ_0 一致。说明在一定的有源层厚度范围内，$\theta_\perp$ 随 d 的增加而减小，横向光场具有较好的高斯光束特性，可以用衍射理论解释。图 12.3 所示曲线的虚线部分对应可能出现高阶模时的有源层厚度。在量子阱半导体激光器中，由于有高的微分增益，因此允许模场适当的扩展。

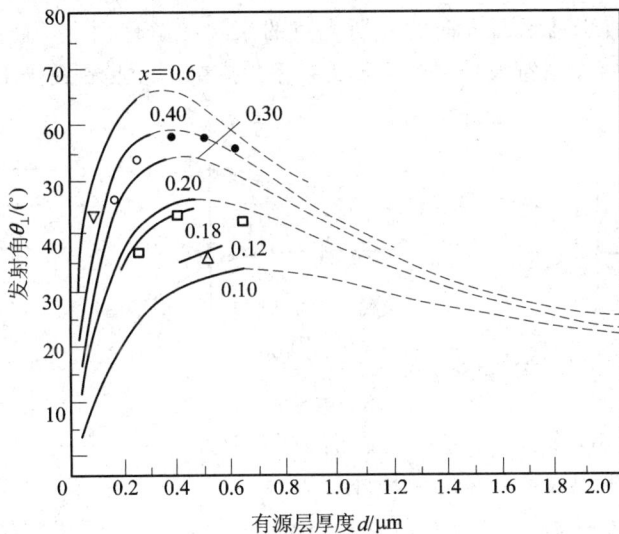

图 12.3　半导体激光器 $\theta_\perp$ 与 d 的关系

12.2.2　平行方向发散角

由于 LD 在侧向具有较大的有源层宽度 W，其侧向发散角 $\theta_\parallel$ 较小，可表示为

$$\theta_\parallel \approx \frac{\lambda}{W} \tag{12-13}$$

例如当 $W=1~\mu\text{m}$、$\lambda=0.8~\mu\text{m}$ 时，$\theta_\parallel = 0.8~\text{rad}$。由于沿宽度方向传播模式的数目随有源区厚度 d 和两个侧面腔壁折射率(n_1、n_2)突变的增大而增多，也随宽度 W 增大而增多，因此，器件在宽度方向往往出现高阶模式振荡，此时仍用基模发散角计算公式，结果会出现很大的误差，所以一般借助实验测量。

侧向折射率波导比增益波导有较小的 $\theta_\parallel$，如图 12.4 所示。图(a)为增益波导的远场分布，图(b)为折射率波导的远场分布。

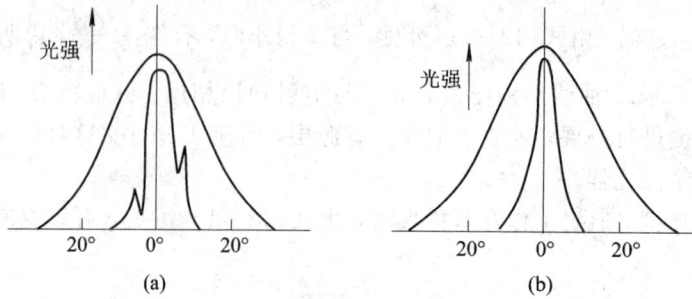

图 12.4　不同波导结构的远场分布

12.2.3　半导体激光器的像散

当用光学系统对半导体激光器解理面近场成像时，就会发现由于像散的存在，会在焦线上出现两个像点。半导体激光器在横向都是利用有源层两边折射率差形成的光波导效应对有源区光子进行限制的，而在侧向有增益波导与折射率波导两种光限制类型。折射率波导型输出波前在垂直于结平面方向的高斯光束的束腰在解理面上，且在束腰处为平面波前，如图 12.5(a)所示。增益波导型由于复折射率的虚数部分起主要作用，故输出波前是非

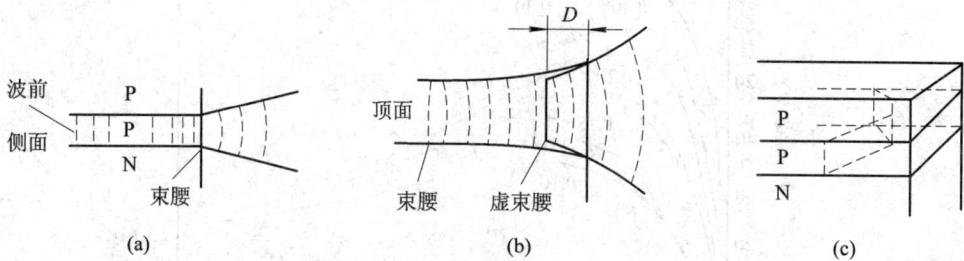

图 12.5　增益波导激光器的波前

平面的，如图 12.5(b)所示。在腔内距腔面为 D（称像散量）的地方出现虚束腰，这也是外部观察所能看到的最小近场宽度，真正的束腰在腔中心。因此从传播方向看两个方向的合成波前呈圆柱面，如图 12.5(c)所示。这种输出光是像散的，其影响是使远场分布出现"兔耳"状，如图 12.6 所示，同时像散的存在还会使侧向模式增多，光谱线宽加宽，给应用带来很大困难，尤其是会降低激光器与单模光纤的耦合效率。即使是侧向有折射率波导限制，由于载流子侧向分布的影响，也很难使表征像散大小的 D 值为零，一般 D 在 $2\ \mu m$ 以上。

侧向增益波导的像散影响到激光束的空间相干性，最重要的是要防止横模的不稳定性，而侧向折射率波导的激光器一般有源区厚度较窄（$1.5\sim4\ \mu m$），但有较好的横模稳定性。

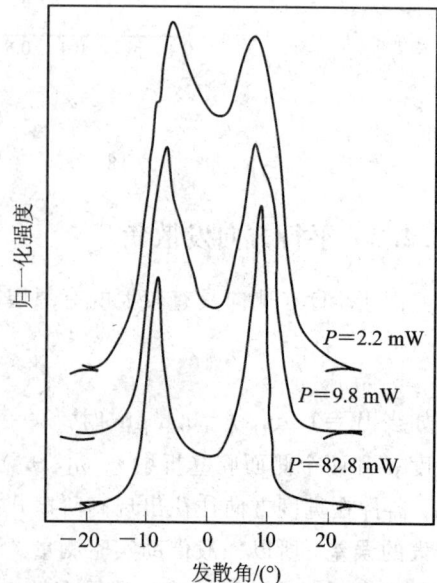

图 12.6　条形激光器的远场分布

12.3　半导体激光器的纵模

由式(11-1)可知，半导体激光器的谐振波长是由禁带宽度决定的，然而这一波长还必须满足谐振腔的驻波条件 $2nL = q\lambda(q=1, 2, \cdots)$。由它们决定的波长有可能在有源介质的增益带宽内获得足够的增益而振荡，因而形成一系列的纵模，如图 12.7 所示。这些纵模之间的间隔 $\Delta\lambda$ 为

$$\Delta\lambda = \frac{\lambda^2}{2nL} \tag{12-14}$$

式中 n 为有源材料的折射率。一般半导体激光器的 $\Delta\lambda$ 为 0.5～1 nm，而激光介质的增益带宽为数十纳米，因而有可能出现多纵模振荡。通常传输速率高(如大于 622 Mb/s)的光纤通信系统，都要求半导体激光器是单纵模的，主要是为了避免模分配噪声和减小光纤色散的影响。

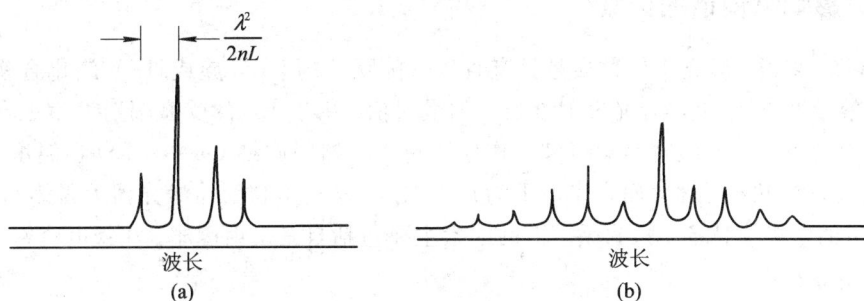

图 12.7　激光器的纵模谱

即使激光器是单纵模的，但在高速调制下由于载流子的瞬态效应，主模两旁的边模也能达到阈值而振荡，因此必须考虑纵模的控制。

12.3.1　纵模模谱

注入电流在半导体激光器内部所引起的一些物理过程如图 12.8 所示。注入电流使半导体材料形成有源区，非平衡载流子的复合将形成自发发射和受激发射，在有源区中形成一定的光子数密度。相应的多模速率方程为

$$\frac{\mathrm{d}N}{\mathrm{d}t} = \frac{J}{ed} - \frac{N}{\tau_s} - \frac{c}{n} \cdot \sum_q g_q S_q \tag{12-15}$$

$$\frac{\mathrm{d}S}{\mathrm{d}t} = \frac{\gamma\Gamma N}{\tau_s} + \frac{c}{n} \cdot \sum_q [\Gamma g_q - \alpha_c] S_q \tag{12-16}$$

式中：N 为注入载流子浓度；J 为注入电流密度；g_q 为 q 阶模增益；S_q 为 q 阶模的光子数密

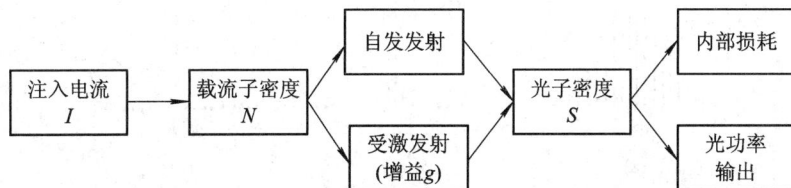

图 12.8　注入电流在激光器内引起的一些物理过程

度；α_c 为腔损耗；τ_s 为自发辐射寿命；γ 为自发发射因子（表示一个谐振模的光能量与总的自发辐射光能量之比）；Γ 为模场限制因子。在抛物线增益谱近似中 g_q 为

$$g_q = g_p - \left(\frac{\lambda_p - \lambda_q}{G_0} \right)^2 \tag{12-17}$$

g_p 是由式(10-29)决定的增益系数。由单模光子数方程可得 S_q 为

$$S_q = \frac{\gamma N}{\dfrac{c\tau_s}{n} \left(\dfrac{\alpha_c}{\Gamma} - g_q \right)} \tag{12-18}$$

从半导体激光器输出端面输出的 q 阶模的光功率为

$$P_q = \frac{1-R}{2\sqrt{R}} \cdot \frac{WdcES_q}{n\Gamma} \tag{12-19}$$

式中：W 为有源区条宽；R 为解理面的反射率；E 为光子能量(焦耳)。

12.3.2 影响纵模谱的因素

对于 LD 来说，激光工作物质是具有直接带隙跃迁的 Ⅱ-Ⅵ族或Ⅲ-Ⅴ族化合物半导体晶体，其禁带宽度 E_g 决定着光发射波长 λ 的最大值。由于 LD 的受激辐射发生在导带和价带的子能级之间，增益线宽与温度和工作电流有关，如同质结 GaAs-LD 在温度 77 K 下发射光谱线宽为几个纳米，而在室温下为几十纳米（较气体和固体激光器大得多），表现出 LD 的输出的多纵模特征。影响纵模谱的因素主要包括自发发射因子、注入电流密度、器件结构、温度等。

1. 自发发射因子 γ 的影响

γ 定义为一个谐振模式的光能量与总的自发辐射光能量之比，表示为

$$\gamma = \frac{\lambda^4 K}{8\pi^2 n^2 n_g U_{eff} \Delta\lambda} \tag{12-20}$$

式中：n 为有源层平均折射率；U_{eff} 为正向偏压；n_g 为有源层群折射率；K 为像散因子；$\Delta\lambda$ 为用洛伦兹线型近似的自发发射谱的半宽。自发发射对半导体激光器的主要影响包括使 P_{ex}-I 特性曲线"变软"，稳态振荡模的噪声谱和光谱加宽，阈值以上的边模抑制比下降，直接调制下张弛振荡频率降低等。一般来说，半导体激光器有比气体和固体激光器高约 5 个数量级的自发发射因子。不同 γ 值，纵模谱变化很大，如图 12.9 所示。当 $\gamma = 10^{-5}$ 时，几乎所有的激光功率集中在一个模式内，即单纵模工作；当 $\gamma = 10^{-4}$ 时，只有约 80% 的光功率集中在主模上，而其余的由旁模所分配；当 $\gamma = 10^{-3}$ 时，则有更多的纵模参与功率分配。另一方面，若 $\gamma \to 1$（如微腔激光器中），则出现量变到质变的情况，此时每一个自发发射光

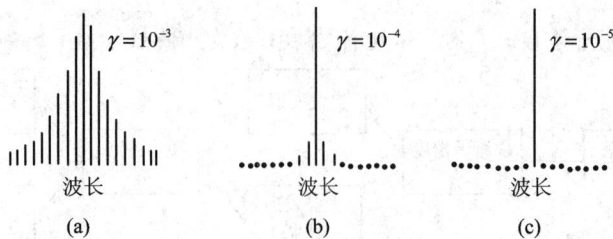

图 12.9　腔长 250 μm、输出功率 2 mW 的激光器的模谱

子引发出一个受激发射光子，却能得到很好的单纵模。

2. 纵模谱与电流密度的关系

当半导体激光器具有标准腔长 $250~\mu m$ 和典型的 $\gamma = 10^{-4}$ 时，不同工作电流 I_{op} 情况下的纵模谱如图 12.10 所示。实验发现在小于阈值的低注入电流时，模谱的包络宛如自发发射谱；当电流增加到阈值以上时，模谱包络变窄，各纵模开始竞争，对应于增益谱中心的主模（$q = 0$）的增长速率比邻近纵模快；随着电流继续增加，激光能量向主模转移，而且峰值波长发生红移现象。对不同结构的半导体激光器，这种红移量约为 $0.1~nm/mA$。

3. 器件结构对模谱的影响

侧向折射率波导激光器比增益波导结构激光器具有更好的纵模特性。图 12.11 表示的是波长为 780 nm 的两种侧向波导结构的纵模谱，图（a）为增益波导纵模谱，图（b）为折射率波导纵模谱。这说明侧向折射率波导激光器对有源区内载流子限制能力强，腔内微分增益高，不但横模（包括侧模）特性得到改善，而且纵模特性同样向单纵模方向转化。

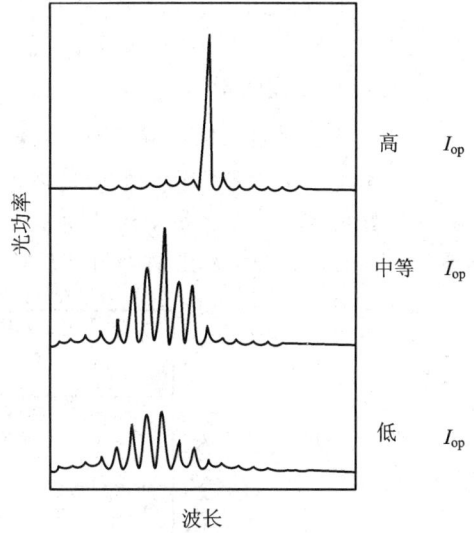

图 12.10　半导体激光器在不同工作电流下的模谱

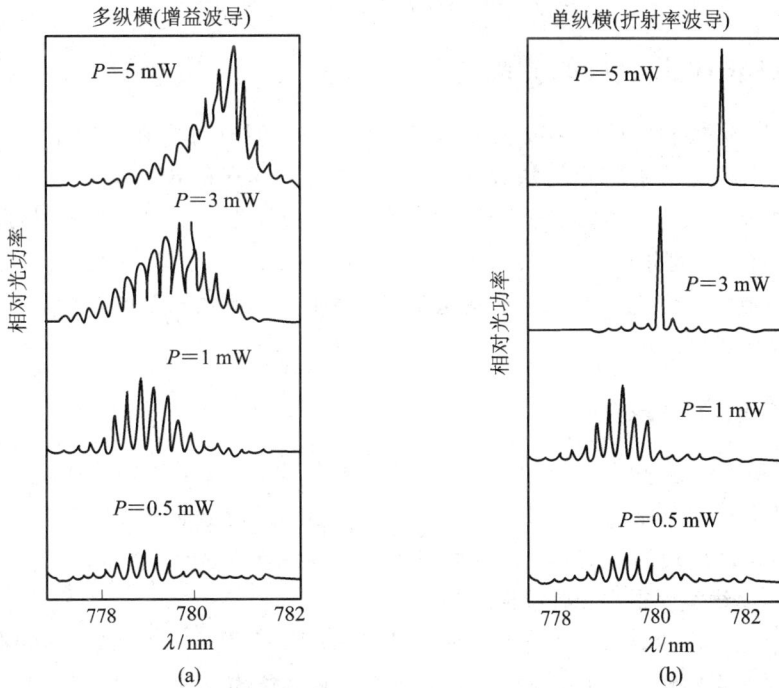

图 12.11　折射率波导同增益波导纵模谱的比较

在一般的 F-P 腔中，各个纵模分量在腔内得到的反馈是相同的，在分布反馈(DFB)、分布布拉格发射(DBR)和外部有光栅谐振腔的结构中，可对某一波长选择反馈，因而有好的纵模特性。

4. 温度对模谱的影响

由于有源层材料的禁带宽度随温度增加而变窄，使激射波长发生红移，其红移量约为 $0.2 \sim 0.3$ nm/℃，与器件结构和有源区材料有关。借此特性，可以用适当的温度变化来微调激光的峰值波长，以满足对波长要求严格的一些应用，也可利用温度来稳定激光器的工作波长。图 12.12 表示温度对峰值波长的影响。

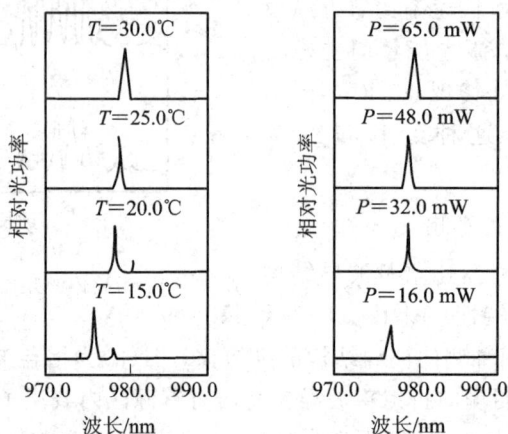

图 12.12　温度和功率引起波长红移

12.3.3　纵模与横模之间的关系

如前所述，纵模和横模的形成机理不同，但它们之间有着内在的联系和相互的影响，稳定的单纵模振荡必须有稳定的基横模工作。要得到基横模和单纵模都需要对有源区内电子和光子有很好的限制，例如量子阱结构。理论分析也表明，半导体激光器输出光束具有厄米-高斯函数的强度分布。

在高速调制下连续工作的单纵模激光器，会由于频率啁啾而使增益线宽加宽出现多模振荡、松弛振荡或自脉冲等。

12.3.4　LD 的光谱线宽

LD 时间相干性通常用它的光谱线宽来定量地表示，定义为光谱曲线半峰值处的全宽(FWHM)。LD 在阈值以下的谱宽达 60 nm 左右，而阈值以上的谱线压缩至 $2 \sim 3$ nm 甚至更小，因而在 LD 出现的初期，光谱宽度曾用来作为测定激光器阈值的一种手段。因为阈值以上的激光谱线宽度很小，故常称之为线宽。

由于高速光纤通信要求 LD 在动态单纵模工作，因而用 -3 dB 谱宽达不到要求，而需用 -20 dB 的谱线来衡量其在高速下抗光纤色散影响的能力。目前，量子阱 DFB 激光器的线宽可优于 0.3 nm。

LD 的线宽比其他气体或固体激光器宽得多，究其原因主要有两个：

（1）由于腔长短，腔面反射率低，因而其品质因数 Q 值低。

（2）由于有源区内载流子浓度的变化引起的折射率变化，增加了激光输出中相位的随机起伏（或相位噪声）。

LD 线宽 Δv 与输出功率 P_{ex} 的关系为

$$\Delta v = \frac{v^2 h v g n_{sp} \alpha_m (1 + \alpha^2)}{8 \pi P_{ex}} \qquad (12-21)$$

式中：$\alpha_m = \frac{1}{L} \cdot \ln \frac{1}{R}$ 为输出损耗；v 为群速度；g 为增益，可用阈值 g_t 表示；n_{sp} 为反应不完全的粒子数反转的自发发射因子，表示为

$$n_{sp} = \frac{1}{1 - \exp\left(\dfrac{h v - \Delta E_F}{kT}\right)} \qquad (12-22)$$

一般室温下，$n_{sp} = 2.5 \sim 3$；ΔE_F 为有源材料的准费米能级之差；α 为 LD 所特有的线宽提高因子，对不同材料，α 的取值在 $2 \sim 5$ 之间。由式（12-21）可知，Δv 与 P_{ex} 成反比，而二者都是评价 LD 的主要性能参数，故用 $P_{ex} \Delta v$ 来对激光器进行综合评价。F－P 激光器和 DFB 激光器的 $P_{ex} \Delta v$ 为 $20 \sim 200$ mW·MHz。图 12.13 表示 1.3 μm AlGaAs/GaAs DFB 激光器在三个温度下光谱线宽 Δv 与 P_{ex} 的关系。

在长距离、高数据率传输系统应用中，要求半导体激光器的 Δv 很窄。通信系统的容量（传输距离与传输速率之积）与光源线宽成反比。当传输数据率为 10 Gb/s 时，要求线宽为 100 kHz。由式（12-21）可见，要减小 Δv，降低

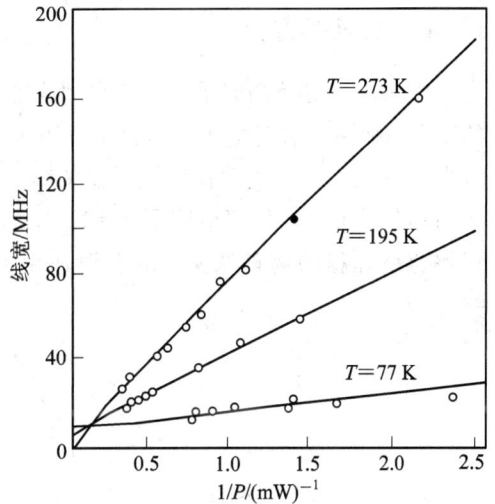

图 12.13　温度对激光器光谱线宽的影响

α 很重要，可以通过提高 $\dfrac{\mathrm{d}g}{\mathrm{d}N}$ 来降低 α，采用量子阱结构将电子约束在量子阱中，改善固有的弛豫振荡频率可以增强 $\dfrac{\mathrm{d}g}{\mathrm{d}N}$。

对某些输出功率很大的激光器，表现出与功率无关的线宽 Δv_0。因此在式（12-21）中应考虑 Δv_0 的影响。Δv_0 的大小取决于总的模谱，随激光振荡模式的增加而增大。因而对宽谱多纵模激光器，Δv_0 不能忽略，而对单纵模激光器，Δv_0 近似为零。分析表明 Δv_0 来源于有源区中载流子浓度的统计起伏或导带、价带中载流子占据态的热起伏，调频噪声谱中的 $1/f$ 噪声，多模激光器中由模式竞争引起的交叉耦合或拍频等因素。温度增加，加剧了产生线宽的各个因素的作用，因而随着半导体激光器工作温度的增加，其线宽增大，如图 12.13 所示。

Δv 与 P_{ex}^{-1} 的线性关系与 P_{ex}-I 特性关系有着内在的联系，特别是当出现增益饱和或增益谱"烧孔"时，主模将受到抑制而支持边模振荡，从而使线宽增加。

12.4 半导体激光器的动态特性

由于半导体激光器是电子和光子直接进行能量转换的器件，因此它具有直接进行信号调制的能力。这也是半导体激光器有别于其他激光器的最重要特点之一，这在信息技术领域中颇具重要意义。目前在光纤通信系统中，半导体激光器已经能够完成 20 Gb/s 信号的直接调制。在调制过程中，要求半导体激光器不产生调制畸变，即对数字信息不产生误码，对图像信息不造成失真，不因调制使光谱线宽明显加宽，不产生因调制而出现的有害效应。然而与工作在直流状况下的半导体激光器不同，在高速直接调制情况下也会出现一些有害的效应，影响半导体激光器调制带宽，如弛豫振荡等。这些有害的效应与有源区内电子的自发辐射寿命 τ_r 和光子寿命 τ_s 密切相关，可以借助速率方程来分析描述。

12.4.1 速率方程

在讨论半导体激光器的动态特性与器件参数的关系时，用速率方程来描述是一种统一的手段。速率方程建立了有源区光子与载流子之间的相互联系。为了简化分析，对半导体激光器有源区作一些简化假设，如忽略载流子的侧向扩散，载流子、光子、粒子数反转在腔内均匀分布，自发辐射因子 $\gamma=1$，光场限制因子 $\Gamma=1$ 等。给出这些假设是为了更容易理解速率方程的物理意义，由多模速率方程组式（12-15）、式（12-16）得单模速率方程组为

$$\frac{\mathrm{d}N}{\mathrm{d}t} = \frac{J}{ed} - \frac{N}{\tau_r} - R_{st}S \tag{12-23}$$

$$\frac{\mathrm{d}S}{\mathrm{d}t} = R_{st}S + \frac{N}{\tau_r} - \frac{S}{\tau_p} \tag{12-24}$$

式中：J 为注入电流密度；d 为有源区厚度；τ_r 为载流子复合寿命；R_{st} 为受激发射速率，它是增益系数和光的群速之积。式（12-23）右边第一项表示有源区电子浓度随注入电流增加而增加，第二项表示自发辐射复合和非辐射复合引起的有源区电子浓度的降低，第三项表示受激辐射复合引起的有源区电子浓度的降低。式（12-24）表示光子密度的增加是由于受激辐射产生光子，自发辐射产生光子和腔内损耗引起的光子减少。速率方程组是腔内载流子和光子的供给、产生和消失关系的简单描述。

在电子浓度 N 和单个模内光子密度 S 达到稳定值 N_0 和 S_0 时，由速率方程左端为零可得

$$\frac{J}{ed} - \frac{N_0}{\tau_r} - R_{st}S_0 = 0 \tag{12-25}$$

$$R_{st}S_0 + \frac{N_0}{\tau_r} - \frac{S_0}{\tau_p} = 0 \tag{12-26}$$

由式（12-25）、式（12-26）可以看出：

（1）当 $J < J_{th}$ 时，$S_0 \approx 0$，由式（12-25）有 $J = \frac{edN_0}{\tau_r}$。将 τ_r 代入自发发射速率 R_{sp} 可得

$$R_{sp} = \frac{\eta N_0}{\tau_r} = \frac{\eta J}{ed} \tag{12-27}$$

这实际上就是发光二极管的稳态解。

(2) 当 $J = J_{th}$ 时，$N_0 = N_{th}$，由式(12-25)有 $J_{th} = \dfrac{edN_{th}}{\tau_r}$。这时激光器开始产生受激辐射。

(3) 当 $J > J_{th}$ 时，$N_0 = N_{th}$，由于增益饱和 $g = g_{th}$，如果忽略自发辐射对振荡模的贡献，可求出

$$g_{th} = \frac{n}{c\tau_p} \tag{12-28}$$

$$J - J_{th} = \frac{edS_0}{\tau_p} \tag{12-29}$$

式(12-29)表明，在阈值以上注入电流将用来增加腔内光子数密度，且两者呈线性关系。但实际上内量子效率并不能等于1，这就表明应该存在一个过程，使辐射和非辐射过程的"分配比"在阈值以上维持恒定。

需要指出的是，在上述讨论中，我们忽略了强光场对增益系数的影响。在阈值以上，随着光子密度的增加，粒子数反转程度要下降，增益系数也要线性减小。因此为保持 $g = g_{th}$，必须有一个满足以下条件的电子浓度的增量

$$\frac{\partial g}{\partial N}\Delta N_0 + \frac{\partial g}{\partial S}S_0 = 0 \tag{12-30}$$

从电子与光子的饱和关系出发，式(12-29)可改写为

$$J - J_{th} = \frac{edS_0}{\tau_p} = \frac{ed(N - N_{th})}{\tau_r'} \tag{12-31}$$

$\tau_r' \ll \tau_r$，是在阈值以上由受激发射复合决定的电子寿命。

12.4.2 接通延迟和弛豫振荡

当半导体激光器加上电脉冲后，产生的光脉冲相对于电脉冲会有延迟和瞬态振荡。为了解释这些现象，必须考虑有源区内载流子浓度 $N(t)$ 和光子密度 $S(t)$ 随时间的瞬态变化。可以用速率方程以数值法计算激光器加上台阶电脉冲后的响应曲线，得到 $N(t)$、$S(t)$ 在瞬态过程中的变化，计算结果如图12.14所示。

由图可见，最初当光子密度极低时载流子浓度增加很快。在 t_d 时刻，载流子浓度达到激射阈值 N_{th}。随着受激辐射增强，腔内光子密度急剧增加，同时增强的受激辐射使载流子浓度增加减缓。到达 $t_d + t_n$ 时刻后，光子密度达到 S_{st} 时，载流子浓度就开始下降。由于载流子浓度仍保持高于 N_{th}，所以光子密度继续增加，直到 $t_d + t_n + t_N$ 时刻，即载流子浓度降低到 N_{th}，光子密度达到极大值。载流子浓度进一步降低使受激辐射停止，光子密度下降直到载流子浓度重新开始增加，如此重复形成图中的弛豫振荡，振荡频率在吉

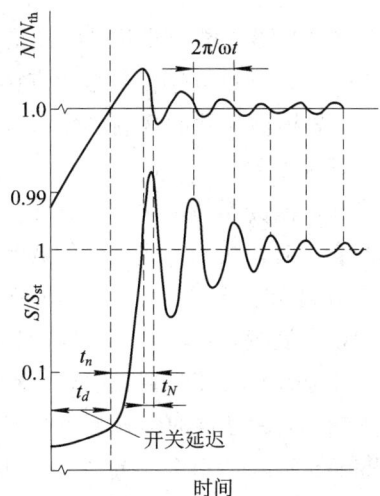

图12.14 结形半导体激光器中的瞬态过程

— 237 —

赫兹范围，也称之为张弛振荡。在振荡过程中，系统存贮的能量在电子群和光子群之间来回转换。

由于 t_d 比 t_n 和 t_N 大得多，t_d 近似等于载流子的复合时间 τ_r（约 2～3 ns），所以激射脉冲的延迟可取为有源区载流子的初始积累时间 t_d。在低于阈值下求解式(12-23)，即忽略受激辐射、电流扩展和载流子扩散，可以得到对高掺杂有源区内载流子速率方程为

$$\frac{\mathrm{d}N}{\mathrm{d}t} = \frac{J}{ed} - \frac{N}{\tau_r} \tag{12-32}$$

设注入电流为理想的阶跃函数，且 $N(0)=0$，则式(12-32)的解为

$$N(t) = \frac{J\tau_r}{ed}\left[1 - \exp\left(\frac{t}{\tau_r}\right)\right] \tag{12-33}$$

定义 $t=t_d$ 时，有 $N=N_{\mathrm{th}}$，代入式(12-33)得延迟时间 t_d 为

$$t_d = \tau_r \ln\left(\frac{J}{J - J_{\mathrm{th}}}\right) \tag{12-34}$$

可见延迟时间 t_d 与 $\dfrac{J}{J-J_{\mathrm{th}}}$ 近似呈线性关系，直线斜率由 τ_r 决定。

必须指出，分析中没有考虑正向偏置结空间电容对阶跃函数注入电流的充电效应的影响。对氧化物隔离条形激光器，结空间电容的典型值约为 200 pF，则实际延迟时间将超过上述公式计算值的两倍，特别在工作电流小时，这个影响更明显。结构越复杂的器件其响应的延迟越长。电光延迟时间 t_d 的存在，不仅会使光脉冲变窄，而且当脉冲电流宽度与 t_d 相当时，会产生脉冲调制畸变，甚至调制失败。

弛豫振荡的频率随工作电流的增大而增大。当调制频率接近弛豫振荡频率时，弛豫振荡的影响就很突出。对于强度调制其状态就会发生畸变，这就决定了模拟调制的上限频率。弛豫振荡的状况还与器件结构、载流子在有源区内的侧向扩散有关。

12.4.3　调制特性

至今，半导体激光器几乎已经是光纤通信系统中唯一的光源。其主要优点之一是通过改变工作电流就可以进行信号的直接调制，也使激光器与调制用电子电路有可能实现单片集成。半导体激光器的调制特性与器件结构有密切的关系，调制带宽受制于器件弛豫振荡和电学寄生参数。

半导体激光器的调制方式有强度调制(IM)、频率调制(FM)、相位调制(PM)之分。强度调制会同时造成频率或相位的调制，它们之间相互联系的机制在于有源区内载流子浓度变化会引起光增益的变化，从而使有效折射率变化。强度调制和频率调制的相关性导致了谱线的动态展宽，通常用 FM 与 IM 的比值或调制功率比的啁啾(Chirp to the Modulation Power Ratio, CMPR)来描述这一特性。也就是说在半导体激光器进行强度调制的每一个调制周期中，激光器的模式频率会产生周期性移动，人们把这种频率移动现象叫做频率啁啾(Chip)，所以 CMPR 表示在所给的功率调制 ΔP_M 水平下产生多大的频率移动（啁啾），或者说对应于给定的频率改变（频率调制下）将产生多大的功率变化。频率啁啾的存在是半导体激光器用于光纤通信系统的受制约因素。但另一方面又可以把这一物理现象用于直接调频，在相干光通信系统中有望获得应用。

12.4.4 噪声特性

通常认为，当半导体激光器达到稳定状态后，输出功率和频率就保持恒定。实际上由于自发辐射的偶然性使光场的相位产生起伏并造成输出激光有一定的谱线宽度，同时还不断地改变着光场的强度和相位。激光器输出强度的起伏就表现为强度调制噪声，而相位起伏就表现为频率调制噪声，它们都来源于激射过程本身的量子特性。

1. 强度调制噪声

强度调制噪声产生于自发发射涨落。分析表明，总的强度调制噪声功率反比于正常的偏置水平，即工作偏置电流越高，强度调制噪声功率越低，噪声谱则更宽。除量子噪声外，载流子浓度的涨落也能产生噪声。载流子涨落产生的噪声比内在的量子噪声大，所以通常测量出来的是前者强度噪声的功率谱密度，该功率谱密度分布有一个谐振峰值，如图12.15所示。峰值对应的频率为弛豫振荡频率，频率范围从几吉赫兹到几十吉赫兹变化，该变化范围与载流子寿命 τ_r、光子寿命 τ_p（约1 ps）和注入电流有关。

此外，电流源的电流涨落、激光器的自加热作用或环境温度引起的涨落、量子效率的涨落都会引起强度噪声，低于 1 MHz 的噪声大都起源于此。载流子迁移率的涨落是产生 $1/f$ 噪声(Flicker Noise)的主要原因。

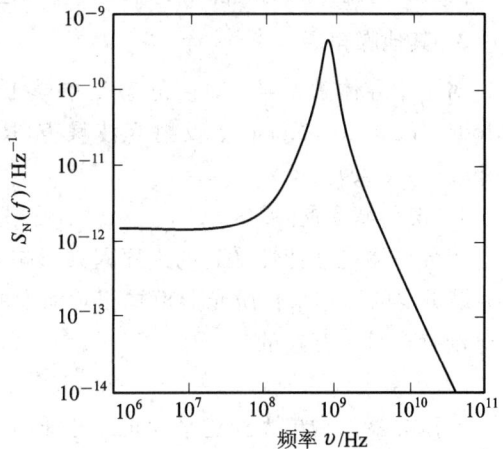

图 12.15　单纵模激光器强度调制噪声的功率谱密度

2. 频率调制噪声

频率调制噪声的成分及产生原因从图 12.16 表示的频率调制噪声功率密度谱就可以看

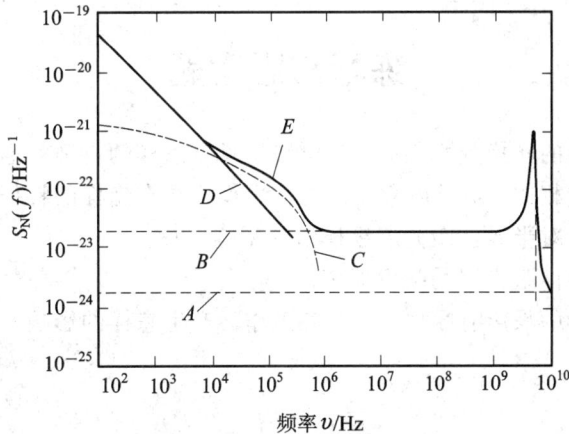

图 12.16　单纵模激光器频率调制噪声的功率谱密度

出。图中曲线 A 表示由于自发辐射涨落引起的白噪声(广谱,与频率无关)。曲线 B 表示由载流子涨落引起的噪声,表明强度调制噪声与频率调制噪声是互相有关的,载流子浓度涨落会引起折射率涨落,进一步又引起某个纵模频率的涨落。由载流子涨落引起的噪声功率谱密度与自发辐射涨落引起的功率谱密度之比为 α^2,α 为线宽提高因子,定义为有源区复介电常数的实部变化与虚部变化之比,即 $\alpha=\dfrac{\Delta\epsilon_r}{\Delta\epsilon_i}$,反映了有源区折射率变化与增益变化之比,该因子大小与有源区材料、波导结构有关。曲线 B 在高频段也表现出一个谐振峰。

曲线 C 对应于电流变化引起的载流子浓度变化。低频段曲线 D 对应 $1/f$ 噪声,产生的原因类似于强度调制噪声中的 $1/f$ 噪声,也是由于载流子迁移率的涨落引起的。

另外,电流源的电流涨落、环境温度引起的涨落都能产生频率调制噪声。

3. 其他噪声源

对于半导体激光器,即使静态是单模工作的,也还存在其他噪声源——模分配噪声(Mode-Partition Noise)、反射光波噪声(Reflected Lightwave Noise)及跳模噪声(Mode Hopping Noise)。

1) 模分配噪声

半导体激光器特性受到的无序因素影响,除了自发发射复合涨落和载流子浓度的起伏外,最重要的影响来自激光器模式相对强度的起伏。尽管辐射总功率可以保持不变,但模式分配噪声总是存在的。

2) 反射光波噪声

当激光器的输出光经过平面镜、光纤端面、光栅等以后,又有反射光进入光腔。如果反射光波是经过短距离后反馈的,则由于发射光与反射光之间的相位漂移的无序变化就会产生噪声;如果反射光波是经过长距离后反馈的,则噪声的产生与外光的注入状态有关,它导致由锁定状态和非锁定状态的交替变换而发生频率变化。

3) 跳模噪声

由于半导体激光器的增益谱宽比纵模间隔要大 100 倍,因此自发辐射的起伏和有源区温度变化会引起"跳模",并伴随着产生噪声。这在光盘应用中是十分不利的,会使图像质量变坏。

练习与思考题

1. 半导体激光器的转换效率很高,光电转换具有怎样的特征?通常采用哪种效率?
2. 与其他激光器相比,半导体激光器的输出模式具有怎样的特征?
3. 分析工作温度对半导体激光器纵模谱的影响。
4. 分析结型半导体激光器的弛豫振荡。
5. 半导体激光器的噪声有哪些?对动态工作会产生怎样的影响?

第四篇 其他激光器

气体激光器、固体激光器和半导体激光器已经成为激光器技术的主流器件。除此之外，由于在激光工作物质、泵浦方式和工作方式等方面的拓展，形成了一系列其他形式的激光器件，如液体激光器、化学激光器、自由电子激光器、光纤激光器、X射线激光器、受激喇曼散射激光器、终端声子激光器、原子激光器等。在获得输出波长调谐宽范围、输出光束质量优良、输出能量（功率）巨大及揭示激光现象本质等方面，已取得了可喜的进展，开拓了新的、独特的应用前景。本篇将简要介绍液体激光器、化学激光器、自由电子激光器、光纤激光器等的工作原理和工作特性。

第十三章　液体激光器

液体激光器是以液态物质为工作物质的激光器。液态工作物质主要有有机染料液体和无机化合物液体，并据此形成了有机染料激光器和无机液体激光器。液体激光器具有输出波长调谐范围宽和输出光束质量优良等优点，获得广泛的应用。本章将重点讨论染料激光器的激光机理、工作特性以及激光器的结构形式。

13.1　有机染料分子的光吸收和光发射

染料激光器是以有机染料溶解于某种溶剂中作为工作物质的液体激光器。1966 年 Sorokin 和 Lankard 用红宝石激光泵浦有机化合物染料（氯铝酞化青染料），首次获得波长为 755.5 nm 的脉冲激光辐射。此后染料激光器获得迅速的发展，1967 年 Soffer 和 M. C. Farland 采用光栅谐振腔，获得了 45 nm 的连续可调谐范围，使波长可调谐激光器得到了进一步发展。由于染料分子三重态积累损耗，染料激光器在发展初期只能以脉冲形式运转。利用氧猝灭可以使染料分子三重态粒子数减少，1970 年 Peterson 等人用氩离子激光泵浦若丹明 6G（并加入猝灭剂），实现了染料激光器的连续运转。染料激光器的主要优点是输出的波长连续调谐范围宽（321～1200 nm），输出谱线宽度很窄（10～50 MHz），若采用特殊的稳频措施后，激光谱线宽度还可以进一步压缩到几兆赫兹；输出超短光脉冲的宽度已压缩到几纳秒，若利用锁模技术还可以获得从皮秒（10^{-12} s）到飞秒（10^{-15} s）量级的激光脉冲；输出激光脉冲能量可达数十焦耳量级，峰值功率可达几百兆瓦，转换效率高达 50%。另外还具有结构简单、成本低等优点。但是染料激光器也存在稳定性比较差的缺点。染料激光器已在光化学、光生物学、光谱学、全息照相、光通信、同位素分离激光医学、大气和电离层光化学等方面获得日益广泛的应用。

13.1.1　染料分子的能级结构

染料激光器的工作物质是有机染料溶解于某种溶剂中形成的有机染料溶液，有机染料分子为激活离子，溶剂为基质。

1. 有机染料分子的结构和种类

有机染料分子是一种含有共轭双键的复杂大分子系统，通常由数十个原子组成。若丹明 6G 和香豆素 2 的分子结构式如图 13.1 所示。图中的六角形中角顶未标元素符号者均为碳原子 C。

迄今为止，已发现的有实用价值的激光染料有上百种，其受激辐射波长已覆盖由紫外到近红外的范围（321～1200 nm）。表 13 - 1 给出了各种常用染料及其产生的激光波长范围。

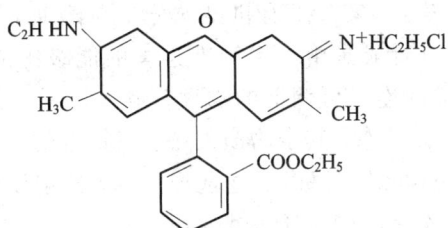

若丹明 6G 结构式　　　　　　　　香豆素 2 结构式

图 13.1　若丹明 6G 和香豆素 2 的分子结构式

表 13 - 1　重要的各种染料及其产生的激光波长范围

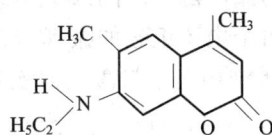

其中几种常用的染料说明如下。

1）吐吨类染料

吐吨染料是染料激光器采用最多的工作物质，其中最为重要的是若丹明 6G(Rh - 6G)、若丹明 B(Rh - B)和荧光素的衍生物等，激光波长覆盖范围在 500～700 nm 之间，通常称为红色染料。这些染料都可溶于水，但会出现聚集现象。

2）香豆素激光染料

香豆素染料的激光辐射波长为蓝绿波段(390～540 nm)，其中应用最广的几种香豆素染料及其激光中心波长分别为：香豆素 120(440 nm)、香豆素 2(450 nm)、香豆素 1(480 nm)、香豆素 102(500 nm)、香豆素 30(540 nm)、香豆素 6(510 nm)等。

3）恶嗪激光染料

恶嗪染料的激光波长在 600～900 nm 波段，其中较重要的几种染料及其中心波长为：恶嗪 118(630 nm)、恶嗪 4(680 nm)、恶嗪 1(715 nm)、恶嗪 9(645 nm)。

4）花青类染料

花青类染料是染料家族中的长波段类染料，激光辐射波长在 600～1300 nm 范围，其中比较重要的染料及其激光中心波长有：亮绿(759 nm)、碘化 3.3′-二乙恶羰花青(541 nm)、隐花青(745 nm)、碘化 3.3′-二乙噻三羰花青(816 nm)、氯铝酞花青(762 nm)、碘化 1.1′-二乙基-4.4′-三羰花青(1000 nm)。

2. 有机染料分子的能级结构

有机染料分子是由很多个原子组成的复杂大分子系统，对有机染料分子发射的荧光，很难归结为是哪一些原子组成的系统所发射的，要精确地计算能级非常困难。目前采用一种模仿简单的双原子分子模型得出的能级结构如图 13.2 所示。分子的不同电子组态之间的能级间隔为 10^4 cm^{-1} 量级，每个电子组态都有一组振动能级，振动能级间隔为 10^3 cm^{-1} 量级。由于分子转动使振动能级发生分裂，形成若干转动能级，这些转动能级之间的间隔很小，约为振动能级间隔的 1%，图中无法表示。实际上有机染料分子与溶剂分子的频繁碰撞，使每个电子组态的振动-转动能级可以看成是由一系列准连续的能级组成的能带。这种宽能带结构是染料激光器实现宽光谱范围连续可调谐的物理基础。其中 S_0、S_1、S_2、$\cdots$为单态(S)，T_1、T_2、$\cdots$为三重态(T)，S_0为基态，其余为激发态。三重态的最低能级位于基态最低能级之上约 1.5×10^4 cm^{-1}。根据电偶极辐射跃迁选择定则，辐射跃迁主要发生在单态之间或三重态之间，而单态与三重态之间的跃迁是禁戒的。

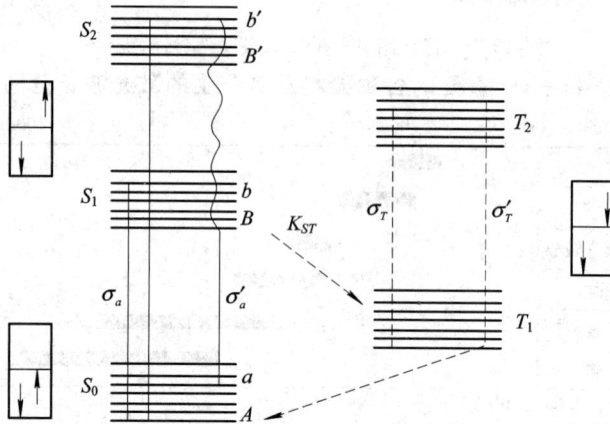

图 13.2　染料分子的能级结构

3. 染料的溶剂

染料激光器的工作物质是有机染料溶液，溶剂决定着激活粒子的环境，对染料分子的吸收和发光谱、荧光寿命、量子效率、弛豫特性，以及染料分子的温度猝灭、浓度猝灭等都有影响，因此，对一定的染料必须选择合适的溶剂。表 13-2 列出了若干种主要的染料、溶剂浓度及输出的激光波长调谐范围。

表 13-2　激光染料、溶剂及输出的激光波长

有机染料名称	溶剂	浓度/（克分子/升）	调谐范围/nm
POPOP	四氢呋喃	5×10^{-4}	$410.98\sim448.71$
四甲基伞形酮	乙醇	1×10^{-2}	$410.98\sim448.71$
香豆素	乙醇	1×10^{-2}	$3900\sim5400$
荧光素钠	乙醇	5×10^{-2}	$515.85\sim543.18$
二氯荧光素	乙醇	1×10^{-2}	$539.02\sim574.12$
若丹明 6G	乙醇	8×10^{-4}	$564.02\sim607.18$
若丹明 B	乙醇	2×10^{-3}	$595.25\sim642.74$
甲酚紫	乙醇	2×10^{-3}	$647.28\sim692.81$
耐尔兰	乙醇		$647.28\sim712.11$
隐花青	甘油		λ_m：7450
氯-铝酞花青	二甲亚枫乙醇		λ_m：7615
碘化 1.1$'$-二乙基-4.4$'$-喹啉三羰花青	醋酸		λ_m：1000

13.1.2　染料分子的光吸收和光发射

由于有机染料在紫外和可见光范围有较强的吸收带，当采用光泵浦时，染料分子受激吸收光子，由基态 S_0 跃迁到激发态 S_1、S_2 的某个振动-转动能级 b、b' 上，分子在能级 b、b' 上的寿命很短，仅为 $10^{-12} \sim 10^{-11}$ s。处于能级 b 的染料分子以无辐射弛豫到激发态 S_1 的最低能级上，该能级的荧光寿命约为 5×10^{-9} s，染料分子从这个能级通过自发辐射跃迁到基态 S_0 的任一振动-转动能级上而产生荧光，接着又很快通过无辐射跃迁到基态 S_0 的最低能级上，显然这是一种四能级系统。产生荧光的过程经历了两次无辐射跃迁，使发射波长较吸收波长向长波方向移动，称为斯托克斯位移。Rh-B 的吸收光谱和荧光光谱如图 13.3 所示。如果光泵浦强度足够大，超过 100 kW/cm^2，则可能在激发态 S_1 和基态 S_0 之间建立粒子数反转分布。

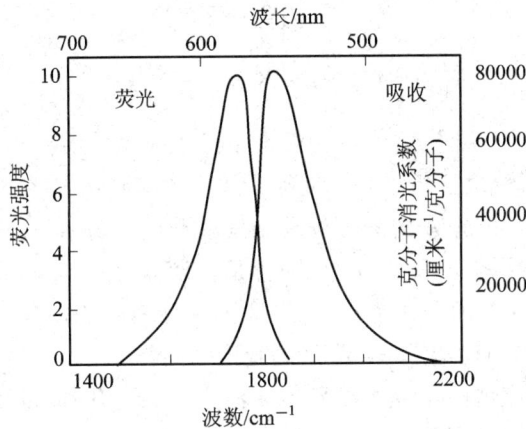

图 13.3　Rh-B 的荧光和吸收光谱

染料分子与其他工作物质不同的是，它具有单态和三重态两套性质不同的能级机构，处于 S_1 态的分子向 S_0 态跃迁发射荧光的同时，也可以无辐射跃迁到比其能级稍低的三重态 T_1 上，从 $S_1 \to T_1$ 的跃迁称为"系际交叉"，系际交叉的速率约为 5×10^8 s^{-1}。而根据跃迁选择定则，从 T_1 到 S_0 的跃迁属自旋禁戒跃迁，因此，T_1 的寿命较长，约为 10^{-3} s 量级。三重态 T_1 实际上起着一个"陷阱"的作用，这是因为能级 T_1 夺走了部分处于 S_1 态的粒子，使 $S_1 \to S_0$ 跃迁的反转粒子数大量减少；T_1 的寿命较长，使 T_1 上的粒子数大量积累，$T_1 \to T_2$ 跃迁的受激吸收很强，从而降低 $S_1 \to S_0$ 跃迁的荧光效率和导致荧光猝灭，因此，系际交叉的存在对染料产生受激辐射是极为不利的。

影响系际交叉速度的参数有自旋磁矩和轨道磁矩的耦合、重原子效应等。为此，选用轨道磁矩较小的染料，其三重态的效率就比较低。如吖啶黄中的三重态效率高达 20%，而轨道磁矩小的若丹明 6G 的三重态效率仅为 1%，可以有效地消除三重态的"陷阱"作用。

13.2　脉冲染料激光器

有机染料分子的宽能带结构是染料激光器实现宽光谱范围连续可调谐的物理基础。但由于染料分子三重态积累损耗，染料激光器在发展初期只能以脉冲形式运转，实现了输出波长的连续可调谐。脉冲染料激光器采用窄的光脉冲泵浦，具有输出激光脉冲峰值功率高、能量转换效率高和结构简单、使用方便等特点。

13.2.1　粒子数反转分布的建立

与其他激光器相类似，脉冲染料激光器必须满足受激辐射光放大条件才能实现激光输出，输出的激光脉冲光子数密度等动态特性也必须借助求解速率方程来完成。

采用窄的光脉冲泵浦染料时，染料分子的第一激发单态 S_1 粒子数 N_1、第一激发三重态 T_1 粒子数 N_T、受激发射光子密度 I_L 的速率方程分别为

$$\frac{\mathrm{d}N_1}{\mathrm{d}t} = N_0(\sigma_{AP}I_P + \sigma_{AL}I_L) - N_1\tau_1^{-1} - N_1\sigma_E I_L - N_L(\sigma_{AP}' + \sigma_{AL}I_L) + N_2\tau_T^{-1} \qquad (13-1)$$

$$\frac{\mathrm{d}N_T}{\mathrm{d}t} = N_1 K_{ST} + N_T\tau\tau_T^{-1} \qquad (13-2)$$

$$\frac{\mathrm{d}I_L}{\mathrm{d}t} = (N_1\sigma_E + N_0\sigma_{AL} + N_1\sigma_{AL}')I_L \qquad (13-3)$$

$$N_0 + N_1 + N_T = N \qquad (13-4)$$

式中，N_0 是处于 S_0 态的粒子数密度；I_P 是泵浦光子密度；σ_{AP} 和 σ_{AL} 分别是吸收 I_P 和 I_L 从 $S_0 \rightarrow S_1$ 跃迁的吸收截面；σ_E 是从 $S_1 \rightarrow S_0$ 的受激发射截面；σ_{AP}' 和 σ_{AL}' 分别是吸收 I_P 和 I_L 从 $S_1 \rightarrow S_2$ 跃迁的吸收截面；$\tau_1^{-1} = \tau_R^{-1} + K_{SS} + K_{ST}$ 是自发辐射速率，K_{SS} 是从 $S_1 \rightarrow S_0$ 的无辐射跃迁速率，K_{ST} 是从 $S_1 \rightarrow T_1$ 的跃迁速率，τ_1^{-1} 是从 $S_2 \rightarrow S_1$ 的跃迁速率，$\tau_1 \approx 10^{-11}$ s，因此从 $S_1 \rightarrow S_2$ 的粒子又会立即返回 S_1 态；τ_T 是 T_1 的弛豫时间。

为使受三重态 T_1 的影响尽可能小，要求泵浦光脉冲上升时间足够地快，即要求泵浦光脉冲的上升时间 t_R 满足以下要求：

$$t_R \leqslant \frac{2\sigma_{AL}}{\sigma_E K_{ST}} \qquad (13-5)$$

对于通常的 $K_{ST} \approx 10^7$ s^{-1}，$\sigma_E/\sigma_{AL} \approx 10$ 的激光染料，要求 $t_R < 10^{-6}$ s。而一般脉冲染料激光器的泵浦光脉冲宽度仅为 5～20 ns，因此，通常可以忽略三重态的作用，并且在这种条件下，把染料分子的能级系统进一步简化看做是由 S_0 和 S_1 组成的宽带二能级系统，如图13.4所示，结合速率方程可以推导出激光器的受激放大条件。

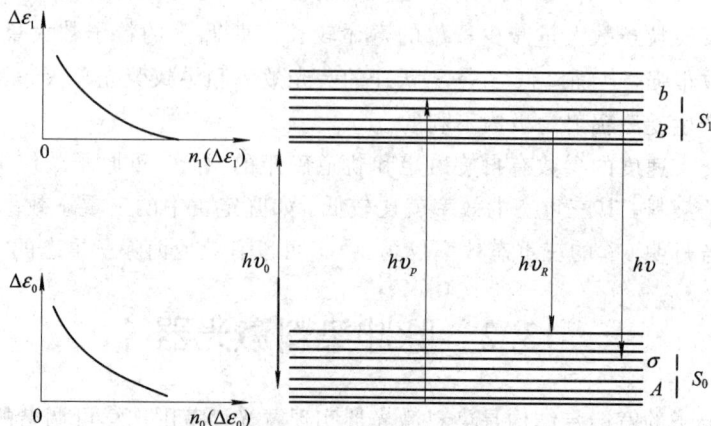

图 13.4　简并化二能级系统

由激光原理知，对二能级系统增益系数的定义为

$$G(\upsilon) = N_1 \sigma_E(\upsilon) - N_0 \sigma_A(\upsilon) \tag{13-6}$$

式中 $\sigma_E(\upsilon)$ 是从 $S_1 \rightarrow S_0$ 的受激辐射截面，$\sigma_A(\upsilon)$ 从是 $S_0 \rightarrow S_1$ 的吸收跃迁截面，分别为

$$\sigma_E(\upsilon) = \frac{h\nu^2\upsilon}{c^2} \cdot B_{10}(\upsilon) \cdot \tilde{g}(\upsilon) \tag{13-7}$$

$$\sigma_A(\upsilon) = \frac{h\nu^2\upsilon}{c^2} \cdot B_{01}(\upsilon) \cdot \tilde{g}(\upsilon) \tag{13-8}$$

式中 B_{01} 和 B_{10} 分别是受激吸收和受激发射的爱因斯坦系数，c 是真空中的光速，ν 是染料溶液中的光速。设 $S_1 \rightarrow S_0$ 之间的能级间隔为 $h\upsilon$。泵浦光的频率为 υ_p，发射光的频率为 υ_R，并且在 S_0 和 S_1 态内的热平衡时间远短于 S_1 态的寿命，因此，S_0 和 S_1 态的各子能级上粒子分布遵守玻耳兹曼分布律，即

$$n_i(\Delta\varepsilon_i) = C_i g_i(\Delta\varepsilon_i)\exp\left(-\frac{\Delta\varepsilon_i}{kT}\right) \tag{13-9}$$

式中，C_i 为归一化因子，$g_i(\Delta\varepsilon_i)$ 为能级简并度，i 表示 S_0 或 S_1 中子能级序数，k 为玻耳兹曼常数，T 为染料溶液温度。利用爱因斯坦公式 $g_1 B_{10} = g_0 B_{01}$ 得

$$\sigma_E(\upsilon) \cdot g_1(\Delta\varepsilon_1) = \sigma_A(\upsilon) \cdot g_0(\Delta\varepsilon_0) \tag{13-10}$$

式中，$\Delta\varepsilon_0$ 为 S_0 能级带宽的能量，$\Delta\varepsilon_1$ 为 S_1 能级带宽的能量，并有

$$h\upsilon_0 + \Delta\varepsilon_1 = h\upsilon + \Delta\varepsilon_0 \tag{13-11}$$

式中，$h\upsilon_0$ 为激发态 S_1 和基态 S_0 最低能级的能量间隔，$h\upsilon$ 为发射光子能量，如图 13-4 所示。因此有 $\Delta\varepsilon_1 = \Delta\varepsilon_0 + h(\upsilon-\upsilon_0)$。由式(13-6)可知，当 $G(\upsilon) \geqslant 0$ 时，才可能获得受激放大。由此可得出实现受激放大条件为

$$\frac{N_1}{N_0} > \frac{\sigma_A(\upsilon)}{\sigma_E(\upsilon)} \tag{13-12}$$

设归一化因子 $C_1 = C_0$，由式(13-9)、式(13-10)、式(13-11)得

$$\frac{\sigma_A(\upsilon)}{\sigma_E(\upsilon)} = \exp\left[-\frac{h(\upsilon_0-\upsilon)}{kT}\right] \tag{13-13}$$

$$\frac{N_1}{N_0} > \exp\left[-\frac{h(\upsilon_0-\upsilon)}{kT}\right] \tag{13-14}$$

可见，若在 $\upsilon \geqslant \upsilon_0$ 的条件下要获得受激放大，须满足 S_1 和 S_0 之间净反转分布，但由于染料受激发射的频率 υ 恒小于 υ_0，所以式(13-14)中指数为负数。这就表明，即使在 $N_1 \ll N_0$ 的情况下，也能产生受激放大，这是宽带二能级系统区别于窄带二能级系统的关键之处。

染料的 $h(\upsilon-\upsilon_0)$ 一般在 $0.1 \sim 0.3$ eV 范围内，将典型值 0.17 eV 代入得 $N_1 > 1.4 \times 10^{-3} N_0$，这正是染料激光器高增益、低阈值的物理本质所在。

13.2.2 脉冲激光泵浦染料激光器

脉冲染料激光器的基本结构由泵浦源、工作物质和谐振腔组成。根据泵浦光源的不同，一般将脉冲染料激光器分为两类，一类是脉冲激光泵浦染料激光器，另一类是脉冲氙灯泵浦染料激光器。这一节重点分析脉冲激光泵浦染料激光器。

用作泵浦染料的脉冲激光，可以获得峰值功率高和谱线宽度窄的染料激光。最常采用的有红宝石激光、氮分子激光、准分子激光和脉冲 Nd^{3+}：YAG 晶体的二倍频或三倍频

激光。

采用激光作泵浦源时，常用的泵浦方式有纵向和横向泵浦两种工作方式。纵向泵浦又分为轴向泵浦和离轴纵向泵浦形式，如图 13.5 所示。泵浦方式的选择，主要取决于泵浦光束的空间分布，目前较多采用的是横向泵浦，因为横向泵浦方式较适用于光束截面为圆形的泵浦光束，但由于泵浦光强度随染料的吸收而沿通光方向不断衰减，容易造成轴向激活粒子数密度的不均匀性。

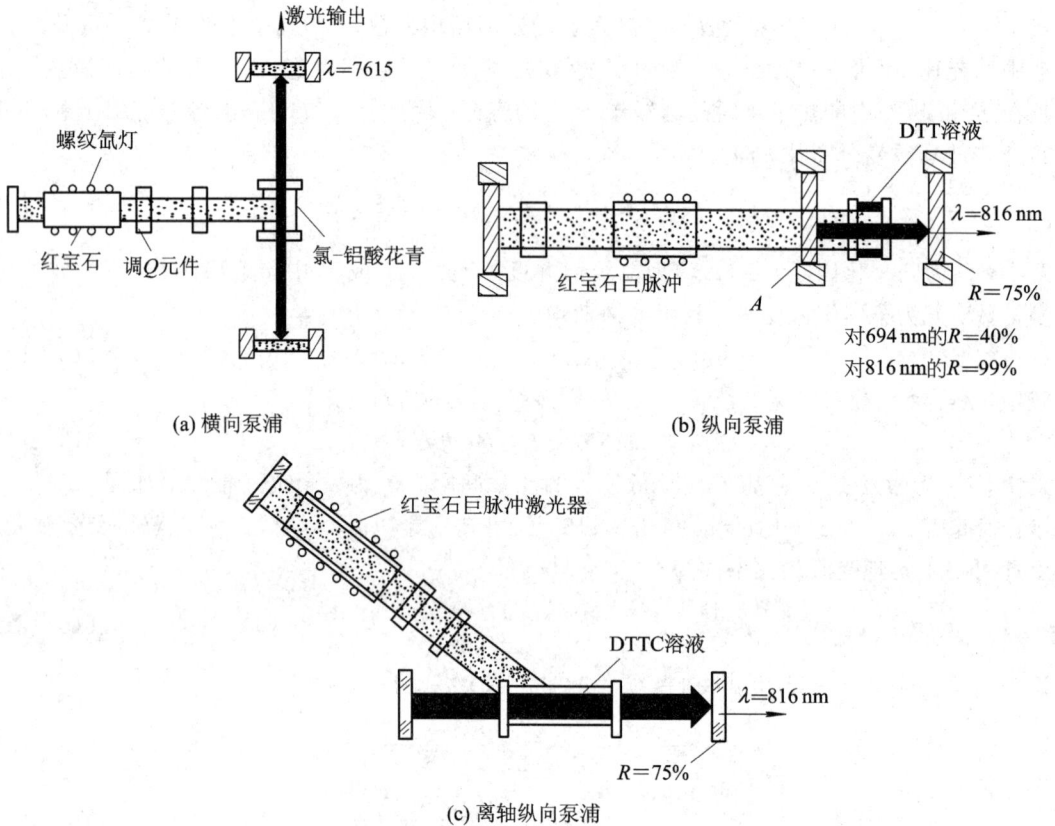

(a) 横向泵浦　　　　　　　　　　(b) 纵向泵浦

(c) 离轴纵向泵浦

图 13.5　三种典型的泵浦方式

在采用横向泵浦方式时，根据泵浦激光束的截面形状不同，又可分为两种不同的结构形式，如图 13.6 所示。图(a)是矩形光斑型，即泵浦光束光斑为矩形的情况，如 N_2 分子激光器的输出光斑多为矩形，光斑尺寸一般为 5 mm×15 mm 或 3 mm×30 mm，矩形的泵浦光束经一柱面会聚透镜而会聚成宽约 0.15～0.3 mm 的细焦线，染料池中的受激细线即为谐振腔的轴。图(b)是圆形光斑型，即泵浦光斑为圆形时的情况，如 YAG、红宝石等激光器输出的光斑大多为直径 $\phi 3 \sim 8$ mm 的圆斑，在采用横向泵浦形式时，先使圆形泵浦光束通过一凹柱面镜而在水平方向发散扩束，然后再用水平的凸柱面镜将其会聚成细长的水平细焦线。在有些装置中，也采用扩束望远镜先将圆形泵浦光束扩束，然后用凸柱面镜会聚成一根细焦线，焦线的长度应与染料池的通光长度相一致。

此外，染料池的通光面不应与光轴相垂直，而应有一小倾角(3°～5°)，以防止因染料的增益高而造成端面反射引起的寄生振荡。

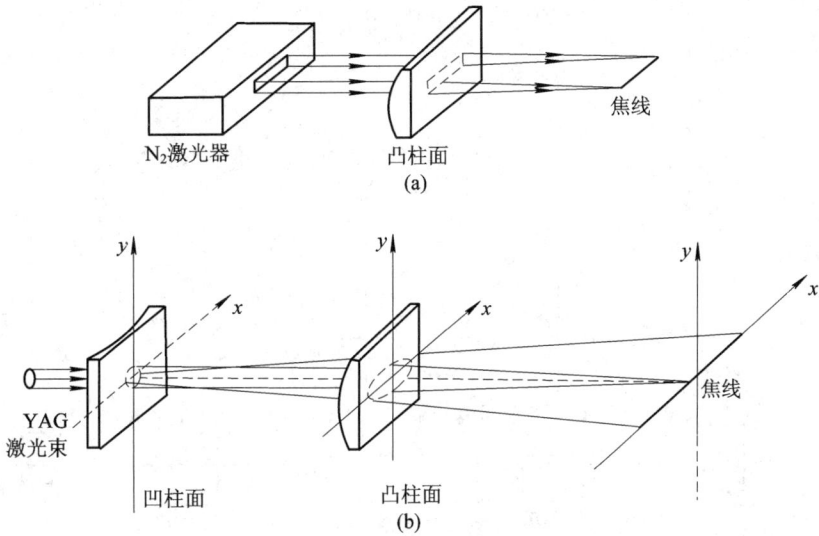

图 13.6　泵浦光斑及其光学变换

1. N₂ 分子激光泵浦可调谐染料激光器

图 13.7 是 N_2 分子激光泵浦可调谐染料激光器装置示意图。由 N_2 分子激光横向泵浦，泵浦光经镀铝的反射镜 2 偏转 $90°$，通过石英柱面镜 3 聚焦在染料池 4 内；染料激光器的谐振腔由反射率为 50% 的宽带介质膜反射镜 5 和李特洛光栅 7 组成；谐振腔中的扩束镜 6 的作用，一方面是为了防止集中的激光能量可能损坏光栅，另一方面是为了增加光栅的使用面积，以提高器件的分辨率及增加输出的激光能量；鼓轮 8 用以转动光栅，实现输出波长的调谐。

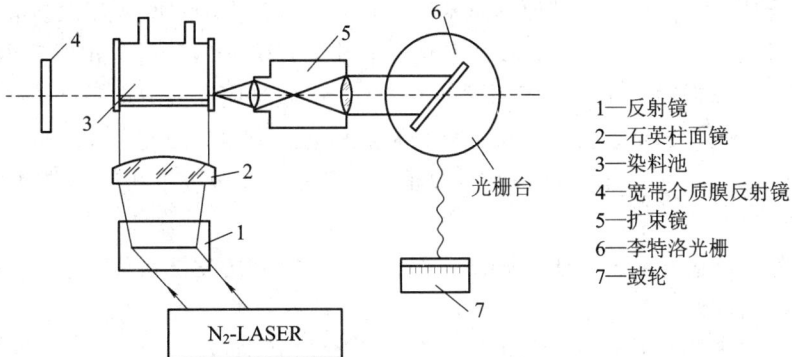

1—反射镜
2—石英柱面镜
3—染料池
4—宽带介质膜反射镜
5—扩束镜
6—李特洛光栅
7—鼓轮

图 13.7　氮分子激光泵浦可调谐染料激光器装置示意图

2. YAG 晶体倍频激光泵浦脉冲染料激光器

图 13.8 为 YAG 晶体倍频激光泵浦的染料激光器系统原理图，波长为 532 nm 的 YAG 晶体倍频光通过扩束望远镜扩束后，经分束器 1 分光，一部分直接去泵浦振荡级染料池，另一部分经反射镜 1 反射，又经分束器 2，将光束分别作为预放级和放大级的泵浦源。振荡级采用横向泵浦，激光谐振腔由输出镜（平面镜）和调谐反射镜组成，腔内激光振荡以布儒斯特角入射，经 4 棱镜扩大 20 倍，以宽光束入射到光栅上，经光栅分光，输出的衍射光由调谐反射镜反馈回腔内，转动调谐反射镜，即能获得不同波长的激光振荡，达到调谐的目的。

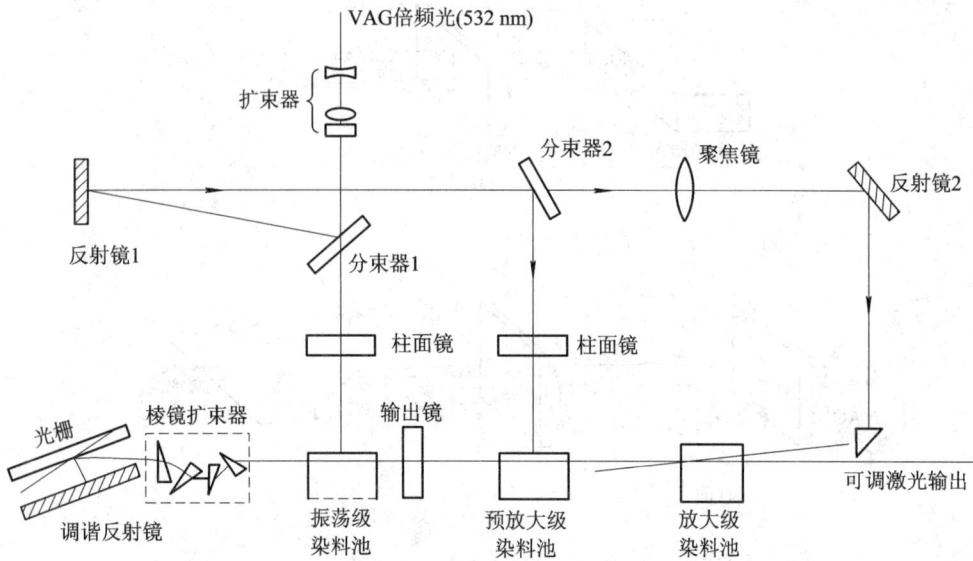

图 13.8　YAG 晶体倍频激光泵浦染料激光器原理图

最后，由振荡级输出的激光经预放级和放大级的染料放大，形成可调谐的高功率脉冲激光输出。图示激光器的输出特性指标为：调谐范围为 570～620 nm；谱线宽度为 0.1 nm；总转换率约为 15%；发散角为 1～5 mrad。

3. 染料激光器的调谐原理与调试方式

脉冲染料激光器的腔内调谐、扩束和元器件的性能密切相关。

染料激光器的激光波长调谐原理是基于染料分子中存在的自吸收现象。染料分子属于四能级激光系统，在染料分子的吸收和发射过程中，其荧光发射带一般是吸收带的镜像，当染料分子的吸收带和荧光带之间的重叠变大时，吸收带向长波方向移动，这种吸收带长波部分对荧光再吸收的结果会导致荧光峰值向长波方向移动。因此，可以通过改变染料液体的浓度、种类、温度、光程、谐振腔的 Q 值等参数来改变吸收带和荧光带间的重叠程度，从而实现激光波长的调谐。

以上措施只能粗略地选择激光波长，当需要精密的激光波长和获得窄的线宽时，就要使用有色散能力的谐振腔。应用较广泛的色散腔主要有四类：① 含有空间波长分选器件的谐振腔；② 含有干涉波长甄选器件的谐振腔；③ 含有转动色散元件的谐振腔；④ 有选择反射率能力的分布反馈谐振腔。

腔内色散元件主要包括：光栅、棱镜、标准具、双折射滤光片、分布反馈装置等。

光栅调谐谐振腔由一块衍射光栅和一块反射镜组成，利用光栅的色散特点，使谐振腔依次对不同的波长有不同的 Q 值，激光振荡发生在 Q 值最大时对应的波长值，激光波长与光栅入射角有 $\lambda = 2d \sin i$ 关系。光栅谐振腔输出的激光谱线宽度为

$$\Delta\lambda = \frac{2d \cos i}{\Delta\theta} \qquad (13-15)$$

式中 d 是光栅常数；$\Delta\theta$ 是光束对光栅的发射角；i 是腔内光束对光栅的入射角。

由式(13-15)可见，增大入射角 i，可使输出线宽变窄，但光栅的衍射效率随 i 的增大

而减小，即随着 i 的增大，腔内光学损耗将增大，例如，对于 1 级衍射，当入射角 $i \approx 89°$ 时，衍射效率便小于 1%，解决此矛盾的一种方法是在腔内加光束扩束器，若扩束器将光束直径扩展 M 倍(即光束发散角减小 M 倍)，则光栅的有效分辨率将提高 M 倍，即通过减小入射角 i，可使腔内光学损耗减小，这样有利于提高激光器的输出功率和能量转换效率。

光栅调谐的主要缺点是插入损耗较大，达 10%~30%。

13.3　连续染料激光器

由于染料分子三重态积累损耗，染料激光器在发展初期只能以脉冲形式运转。1970 年 Peterson 等人用氩离子激光泵浦若丹明 6G(并加入猝灭剂)实现了染料激光器的连续运转。

13.3.1　染料激光器连续工作条件

在染料分子的单态和三重态两套不同性质的能级结构中，只有在单态的受激发射大于三重态 T_1 的吸收时，才有可能产生激光，即必须符合

$$\sigma_E N_1 > \sigma_T N_T \tag{13-16}$$

式中 σ_E 是从 $S_1 \rightarrow S_0$ 的受激辐射截面，N_1 是 S_1 态的粒子数密度，σ_T 是三重态 T_1 的激发截面，N_T 是 T_1 的粒子数密度。在稳态时，三重态的弛豫速率 N_T/τ_T 必须等于能级的系际交叉所增加的速率 $K_{ST} N_1$，即

$$\frac{N_T}{\tau_T} = K_{ST} N_1 \tag{13-17}$$

与式(13-16)比较得

$$\tau_T < \frac{\sigma_E}{\sigma_T K_{ST}} \tag{13-18}$$

式中 τ_T 是 T_1 的寿命；K_{ST} 是 $S_1 \rightarrow T_1$ 的能级系际交叉速率。对于典型的染料，$\sigma_E/\sigma_T \approx 10$，由上式可以得到染料激光器连续工作必须满足的条件：

$$K_{ST} \tau_T < 10 \tag{13-19}$$

式(13-19)表明，要使激光器能连续工作，就要求 K_{ST} 和 τ_T 都尽量小，它们的乘积不超过 10。

因此，染料激光器获得连续运行的最有效的方法是采用高速喷流技术，使染料溶液高速流过激活区。这样，一方面可以把在 T 态积集之前或 T 态上已积集粒子数的溶液更换掉，另一方面可以解决溶液热梯度问题。激光器能稳定工作，溶液的流速一般为 10~100 m/s。

13.3.2　连续染料激光器的阈值泵浦功率密度

由激光器原理可知，激光振荡的阈值条件为

$$R_1(v) R_2(v) \exp[2G_{th}(v)l] = 1 \tag{13-20}$$

式中 $R_1(v)$、$R_2(v)$ 分别是谐振腔镜对振荡频率 v 的反射率；l 是染料液层厚度；$G_{th}(v)$ 是阈值增益系数。由上式，有

$$G_{th}(v) = \frac{\ln R_1(v) R_2(v)}{2l} \tag{13-21}$$

对于染料的增益系数可表示成

$$G(v) = \sigma_E(v) N_1 - \sigma_A(v) N_0 - \sigma_T(v) N_T \tag{13-22}$$

考虑式(13-17)则有

$$\sigma_E(v)N_1 - \sigma_T(v)N_T = [\sigma_E(v) - K_{ST}\tau_T\sigma_T(v)]N_1 = \sigma_{ef}(v)N_1 \qquad (13-23)$$

式中的 $\sigma_{ef}(v)$ 称为有效辐射截面。式(13-22)可改写成

$$G(v) = \sigma_{ef}(v)N_1 - \sigma_A(v)N_0 \qquad (13-24)$$

染料单位体积内的总分子数 $N_1 + N_0 + N_T = N$，在阈值条件下令 $N_1 = N_{th}$，N_{th} 表示 S_1 态的阈值粒子数密度，联立式(13-21)和式(13-24)，可得

$$\frac{N_{th}}{N} = \frac{\sigma_A(v) + \dfrac{\gamma}{N}}{\sigma_{ef}(v)} + \sigma_A(v)[1 + K_{ST}\tau_T] \qquad (13-25)$$

式中，$\gamma = \dfrac{\ln R_1(v)R_2(v)}{2l}$。

阈值泵浦功率密度的表达式为

$$\frac{P_{th}}{A} = N_{th}\tau^{-1}hv_p l \qquad (13-26)$$

式中 A 是泵浦光在染料液处的截面积，v_p 是泵浦光频率，h 是普朗克常数。

13.3.3 典型的连续波染料激光器

按谐振腔和泵浦方法的不同，连续染料激光器有多种构型。最常见的形式为三镜折叠腔染料激光器和四镜环形腔染料激光器。

1. 三镜折叠腔连续波染料激光器

图 13.9 是典型的三镜折叠腔构型的纵向泵浦染料激光器结构原理图。三镜折叠腔连续波染料激光器采用由全反射镜 M_3、转折反射镜 M_2 和输出镜 M_1 构成。采用 Ar^+ 激光做染料的连续泵浦，泵浦光由三棱镜耦合进谐振腔内，染料喷流置于镜 M_2 和 M_1 构成的折叠臂的束腰处，以使有高的泵浦光功率密度，喷流面与折叠臂光轴成布儒斯特角，以保持最小的染料喷流插入损耗。

折叠腔连续波激光器采用纵向泵浦方式，即在染料喷流处泵浦光的轴线与染料激光轴线相重合，连续泵浦光束通过三棱镜耦合进谐振腔，若 $R_2 < 2l_1$ 在镜 M_2 和 M_1 之间存在泵浦光的最小光斑，即高斯光束束腰 ω_0'，在镜 M_2 离泵浦光源甚远，当满足 $L \gg R/2$ 时，其中 L 是 M_2 与泵浦光束腰 ω_0 的间距，则有：

$$\omega_0' = \frac{R_2}{2L}\omega_0 \qquad (13-27)$$

显然 R_2 越小，泵浦光的截面积 $A = \pi{\omega_0'}^2$ 也越小，可获得较高的泵浦光功率密度，因此设计时，应使 A 与燃料池的光口径相匹配。

三镜折叠腔连续波染料激光器谐振腔中的三棱镜具有耦合泵浦光和调谐振荡波长的双重作用。如图 13.10 所示，当一束白光 S 入射到棱镜上时，由于偏向角 D 是波长 λ 的函数，即 $D = f(\lambda)$，波长越短，材料的折射率就越高，偏向角 D 也就越大，因此，如果沿 $S''(\lambda_2)$ 反方向入射一束平行的泵浦光，通过三棱镜后将沿 S 方向出射，这时，若折叠腔的参数选择成如图 13.9 所示的那样：$\dfrac{R_2}{2} + R_1 = l_1$，则谐振腔内的激光束将沿 S 方向投射到三棱镜

上，出射时的激光束将沿 $S'(\lambda_1)$ 方向，因此利用激光 λ_1 和泵浦光 λ_2 的方向角之差，可将它们在光路上分开。同理，若激光的波长连续可变，各波长的激光出射方向 S' 将各不相同。若镜 M_3 恰与某一激光波长的出射方向准直，则谐振腔将使该波长的光产生振荡，因此，使镜 M_3 绕垂直于图面的轴线转动时便可获得不同波长的激光振荡。

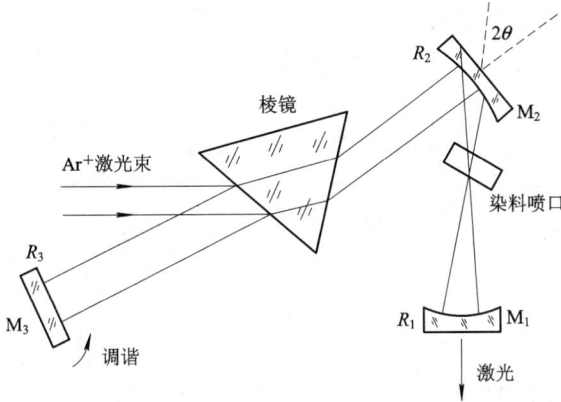

图 13.9　三镜折叠腔连续波染料激光器原理图　　　　图 13.10　棱镜的耦合与分光

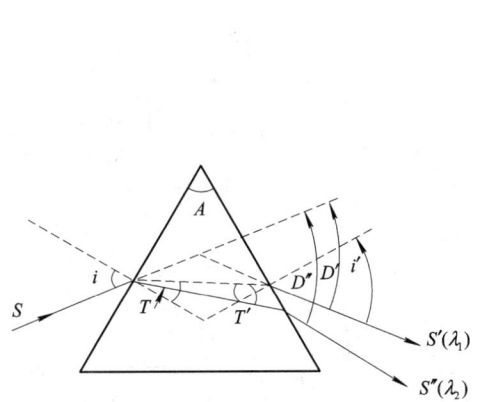

根据图 13.10 所示的关系，激光器输出的谱线宽度 $\Delta\lambda$ 为

$$\Delta\lambda = \frac{\theta}{\omega_\lambda} = \frac{\sqrt{1 - n\,\sin^2\dfrac{A}{2}}}{2\sin\dfrac{A}{2}\,\dfrac{\mathrm{d}n}{\mathrm{d}\lambda}} \cdot \theta \tag{13-28}$$

式中 A 是三棱镜顶角；ω_λ 是棱镜的角色散度；D 是方向角；θ 为 D 的变化量；n 是棱镜材料对某一光波长的折射率。若 $\theta = 1$ mrad，$A = 60°$，在可见光区，玻璃材料的 $\mathrm{d}n/\mathrm{d}\lambda$ 可查表获得，并将有关数据代入式(13-28)，即可算得 $\Delta\lambda \approx 1$ nm，因此，用棱镜色散来选择激光波长是一种粗选法，所获得的谱线宽度较大。

采用三镜折叠腔构型的染料激光器存在一些不足之处：

(1) 折叠腔中振荡光波的形式为驻波，由于驻波场的波节处存在着未饱和的增益区，随着泵浦能量的增大，会导致从这增益区内获得增益的其他模式达到振荡阈值而振荡，因此，为获得单纵模运行，就要增加腔内标准具的分辨率，使腔内的插入损耗增大，从而使器件的转换效率降低。

(2) 染料分子的跃迁机制属均匀加宽，具有较强的模式竞争能力，易获得单频运转，但折叠腔的"空间烧孔"效应会削弱这种模式竞争能力。

2. 连续波可调谐环形染料激光器

采用环形腔结构的激光器能有效地避免三镜折叠腔的染料激光器存在的一些不足。环形腔通常是指能提供多边形振荡回路的谐振腔，采用环形腔形式并在光路中加入单向器，即可实现单向行波振荡，消除折叠驻波腔中的"空间烧孔"效应，从而提高单频振荡的效率，并且也提高了模式竞争能力，使整个激活介质都可贡献于单频振荡模功率输出。

图 13.11 即为典型的由四块反射镜(M_1、M_2、M_3、M_4)构成的"8"字形环形腔，环形腔不具有起点和终点，腔内的电磁波也不能形成"驻波"而表现为一个"行波"，此时谐振腔的

反馈是行波场从一个方向上多次通过工作物质而成，环形腔的光路构成一个闭合环路，因此它必须是一个多元件组成的谐振腔。在 M_1M_2 臂中，染料喷流以布儒斯特角插入谐振腔内，泵浦光束 Ar^+ 激光经泵浦镜 M_p 会聚后，泵浦染料喷流，泵浦光束腰与环形腔内振荡光束光腰相重合，腰斑尺寸为 $26~\mu m$。

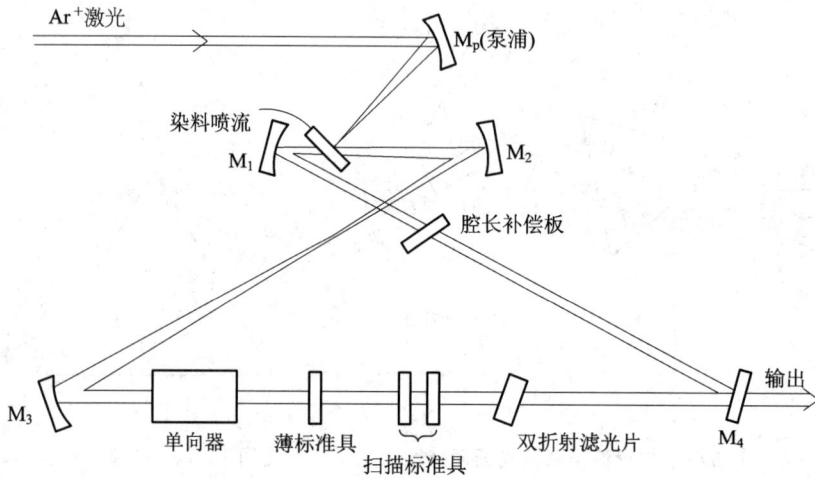

图 13.11　单纵模环形染料激光器原理图

M_3M_4 臂为准直臂，光束直径为 $1.3~mm$，放置单向器和选频元件。在 M_2M_3 臂中，有束腰，束腰处放置倍频晶体。镜 M_4 是激光器的输出镜。

13.4　无机液体激光器

无机液体激光器是以掺杂的无机化合物液体为工作物质的激光器。掺杂离子决定激光器的输出波长，无机化合物液体为基质。

13.4.1　激光机理

无机液体激光器产生激光的机理类似于玻璃激光器。在掺钕的无机液体激光器中，激活粒子也是 Nd^{3+}，不同之处其基质是无机液体(不是玻璃)，因此它的有关激光性能与钕玻璃激光器基本一致。目前性能较好的无机液体激光器主要有两种：

1. Nd^{3+} ：$POCl_3+SnCl_4+P_2O_3Cl_4$ 无机液体激光器

以无机液体 $POCl_3+SnCl_4+P_2O_3Cl_4$ 为基质的工作物质中，Nd^{3+} 含量为 $0.3\%\sim$ 0.5% 克分子浓度，$POCl_3$ ：$SnCl_4$ ：$P_2O_3Cl_4=7$ ：1 ：2(体积比)，其中三氯氧磷($POCl_3$)是溶剂，这种溶剂能使稀土离子在其中很好地发光。四氯化锡($SnCl_4$)的加入可使混合物对稀土盐有极大的溶解能力。此种无机液体的发光效率高达 2%，且流动性好，毒性和腐蚀性都较小。

2. Nd^{3+} ：$SeOCl_2+SnCl_4$ 无机液体激光器

工作物质 Nd^{3+} ：$SeOCl_2+SnCl_4$ 中的 $SeOCl_2$ 是溶剂，$SnCl_4$ 是助溶剂，其混合液能使

氧化钕、氯化钕等化合物溶解，而且以 Nd^{3+} 的形式存在于溶液中。由于这种无机溶液的吸收带不在 Nd^{3+} 的吸收带和激光波长 $1.06~\mu m$ 范围内，故有很好的透明度。此外，这种液体激光器具有阈值低和能量转换效率高的优点，但 $SeOCl_2$ 的毒性和腐蚀性很大，粘性高，流动性差，因而在使用上受到限制。

13.4.2 无机液体激光器的结构和特性

图 13.12 是无机液体激光器的典型结构图，其结构十分类似于钕玻璃激光器。无机液体激光器的主要优点是：易于获得大功率能量输出；掺钕浓度高；易制造体积大，光学质量高；无机液体制造简单、成本低。这种激光器的主要缺点是：热膨胀系数大，因此不能高重复频率工作；由于溶液具有毒性和腐蚀性，使用不方便。

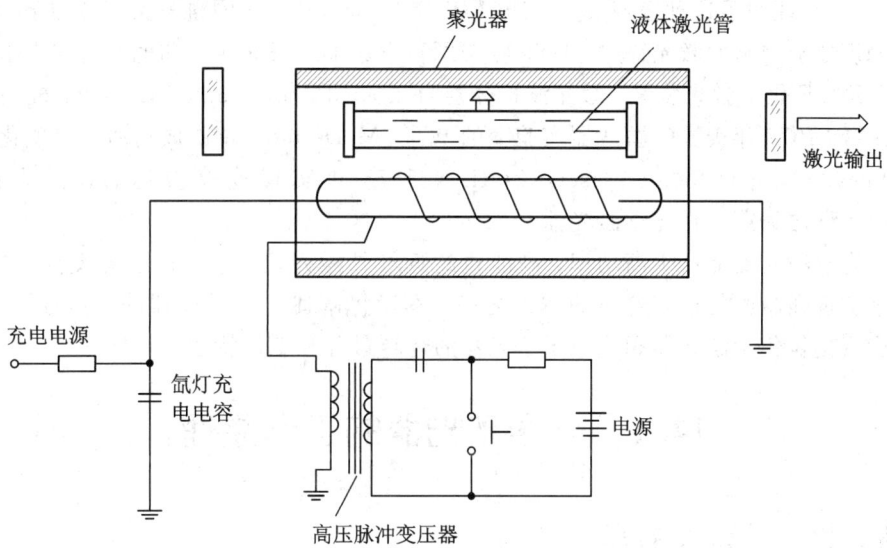

图 13.12 无机液体激光器的结构示意图

液体激光器始于 20 世纪 60 年代，较之于固体激光器，液体激光器用无机液体作为介质，通过无机液体介质在石英管道内的快速循环流动来有效地降低介质的温度梯度，使激光器能够在高功率状态下长时间稳定地输出激光。同时，它还具有介质制造容易、制作成本低廉和体积重量偏小的优势。美国近几年开展的"高能液体激光区域防卫系统"研究取得了较大进展，并计划在未来几年中将其运用于军事上。

练习与思考题

1. 染料分子的能级结构具有怎样的特征？染料激光器实现宽光谱范围连续可调谐的物理基础是什么？

2. 什么是"系际交叉"？其对染料激光的产生有什么影响？

3. 宽带二能级系统与窄带二能级系统的区别是什么？

第十四章 化学激光器

化学激光器是通过化学反应释放的能量产生粒子数反转分布的激光器。1961 年首先由 J. C. Polanyi 提出将化学反应产生的巨大能量转化成激光输出的设想，1965 年，美国科学家 G. Pimentel 和 J. Kasper 在实验室第一次获得了 HCl 激光振荡，产生激光波长为 $3.7 \sim 3.8~\mu m$，证明了这种设想成立。1967 年 G. Pimentel 和德国科学家 K. Z. Kompa 首次实现了 HF 分子的脉冲激光辐射，1969 年美国科学家 D. J. Spencer 和他的研究小组实现了连续波 HF/DF 化学激光装置，激光波长分别为 $2.7 \sim 3.1~\mu m$、$3.8 \sim 4.1~\mu m$，成为第一代化学激光器。1977 年美国空军武器实验室的 W. E. McDermott 首次成功演示氧碘化学激光器（Chemical Oxygen Iodine Laser，COIL），1978 年实现连续波运转，激光波长为 $1.315~\mu m$，称之为第二代化学激光器。

由于化学激光器能产生高功率、高能量的近红外激光辐射，获得了突飞猛进的发展，成为当今实现强激光的最有希望的体系之一。本章将阐述化学激光器的一般原理、特点，重点描述氟化氢化学激光器和碘原子激光器的运转过程和工作特性。

14.1 化学激光器的工作原理

14.1.1 化学激光器的特点

化学激光器要产生激光必须具备如下条件：

(1) 有释放能量的化学反应。

(2) 化学反应释放的能量要变成反应产物中某个粒子的内能，使其成为激发态粒子。

(3) 反应生成的激发态粒子能形成粒子数反转分布。

(4) 要求激发态粒子的自发辐射跃迁几率足够大。

与固体激光器、气体激光器和半导体激光器相比，化学激光器具有明显的特点：

(1) 由于化学激光器是基于热反应产生分子的振-转能级的负温度分布，直接把化学能转化为激光能量，原则上不需要外部激发源，结构简单，因此可以将其应用到没有电源的地方，如野外、宇宙空间等。

(2) 每千克氟氢燃料反应释放的能量为 1.3×10^7 J，足以看出化学激光器是目前获得特大功率、能量的激光器之一。在美国的"星球大战计划"中化学激光器被安排为重点发展的激光器之一。

(3) 具有很好的工程可放大性。实践证明：不论 HF/DF 激光或氧碘化学激光，在达到兆瓦级的放大过程中，都没有出现很大的技术难关。

(4) 理论上化学激光器输出波长可覆盖从红外到可见光，直至紫外和微米波段，目前实际上出光的波长覆盖区域仅是近红外(波长 1.315 μm)到中红外(波长 10.6 μm)。

14.1.2 化学激光器的激发机理

一个由化学反应生成的分子产物体系,在非平衡激发的情况下产生受激辐射,必须满足粒子数反转条件和增益条件。

1. 粒子数反转条件

在两个振–转能级之间的粒子数反转,要求粒子数密度满足

$$\frac{N_{v',J'}'}{g_{J'}} > \frac{N_{v,J}}{g_J} \tag{14-1}$$

式中 $N_{v',J'}'$、$N_{v,J}$ 分别是处于高、低特定振–转能级(v',J')和(v,J)的粒子数密度,能级能量分别为 $E_{v',J'}'$、$E_{v,J}$,$E_{v',J'}' \geqslant E_{v,J}$。$g_{J'}$、$g_J$ 分别是高、低振–转能级的简并度,对振动能级而言均为 $g_v = g_{v'} = 1$,对转动能级 $g_{J'} = 2J'+1$、$g_J = 2J+1$。

当 $N_{v'}' > N_v$ 时,即振动能级间呈现负振动温度状态,$T_v < 0$ 时,全部转动能级均可呈现反转,称之为全反转。对某一对转动能级而言,要产生粒子数部分反转,转动温度必须远小于振动温度,即 $T_r \ll T_v$。J.C.Polanyi 首先提出在多原子粒子体系中存在全反转和部分反转两种状态。这种状态也可以用数学语言进一步描述。为简化起见,设振动能级的粒子数相等,即 $N_{v'}' = N_v (N_v = \sum_J N_{v,J})$。

在特定振动能级不同转动能级上的粒子数分布为玻耳兹曼分布:

$$\frac{N_{v,J}}{g_J} = \frac{N_v}{Q_r} \cdot \exp\left[\frac{-E_0(J)}{kT_r}\right] \tag{14-2}$$

式中 Q_r 是转动温度为 T_r 时的转动分配函数,$E_0(J)$ 是振动能级上转动量子数 J 的转动能级的能量。因此式(14-1)可改写为

$$\frac{N_{v'}'}{Q_{r'}} \cdot \exp\left[\frac{-E_0(J')}{kT_{r'}}\right] > \frac{N_v}{Q_r} \cdot \exp\left[\frac{-E_0(J)}{kT_r}\right] \tag{14-3}$$

由于在振动能级中转动能级弛豫很快速,因此我们可以认为不同振动能级的转动温度相等,即 $T_{r'} = T_r$,此外还假设转动分配函数 Q_r 也相同,于是式(14-3)可简化为

$$\ln\frac{N_{v'}'}{N_v} > \frac{E_0(J') - E_0(J)}{kT_r} \tag{14-4}$$

若在振动能级上的粒子数分布也为玻耳兹曼分布,式(14-4)可用振动温度 T_v 的表达式取代。由于

$$N_v = \frac{N}{Q_v} \cdot \exp\left[\frac{-E_0(v)}{kT_v}\right] \tag{14-5}$$

式中 N 是总分子数密度,$N = \sum_v N_v$,Q_v 是相对于 T_v 的振动分配函数,$E_0(v)$ 是振动量子数 v 的振动能级的能量。因此有

$$\ln\frac{N_{v'}'}{N_v} = \frac{E_0(v) - E_0(v')}{kT_v} \tag{14-6}$$

式中 $E_0(v) - E_0(v') < 0$。由式(14-4)和式(14-6)合并为

$$\frac{T_r}{T_v} < \frac{E_0(J') - E_0(J)}{E_0(v) - E_0(v')} \tag{14-7}$$

显然，只要振动温度和转动温度不相同，以致 T_v 足够高于 T_r 而满足上述不等式，总可以建立起粒子数反转。

对于 P 支跃迁，由于 $\Delta J = -1(J' = J - 1)$，$E(J') - E_0(J) < 0$，式(14-7)右边为正值；对于 Q 支跃迁，由于 $\Delta J = 0(J' = J)$，$E(J') - E_0(J) = 0$，式(14-7)右边为零；对于 R 支跃迁，由于 $\Delta J = +1(J' = J + 1)$，$E(J') - E_0(J) > 0$，式(14-7)右边为负值。

由于全反转要求 $N_v' > N_v$，即 $T_v < 0$。由式(14-7)可知在全反转时，P 支、Q 支、R 支跃迁均能满足不等式而产生激光辐射；而在部分反转时，有 $T_r > 0$，就只有 P 支跃迁能满足不等式而产生激光辐射。不等式(14-7)是分子体系产生粒子数反转的普遍公式。

2. 增益条件

为了产生受激辐射光放大，增益必须满足增益大于损耗 α，即

$$\frac{\mathrm{d}I}{I\,\mathrm{d}x} \geqslant \alpha \qquad\qquad (14-8)$$

式中 I 是光子数密度，x 是光子通过的距离。

化学激光器是利用化学反应释放的能量建立所需的粒子数反转。释放的能量有选择性地分配在产物分子的电子、振动、转动和平动自由度上。但是，在这些自由度中，能量积累的几率与能够以化学激光形式发射的几率，差别很大。电子跃迁所需能量为 $0.17\sim 0.3\ \mathrm{MJ/mol}$(紫外和可见光谱区)，而化学反应提供的能量不足以实现电子激发，一般的化学激光器都是利用分子的振动-转动激发。

在化学反应中，弛豫过程与促成粒子数反转的激发过程一样重要，弛豫过程表示了处于非平衡的体系通过粒子碰撞而趋于平衡态分布的过程。分子的弛豫过程可能发生在一个自由度内($V \to V$、$R \to R$、$T \to T$)，也可能发生在不同的自由度之间($R \to T$、$V \to R$、$V \to T$)，这些过程是以不同的速度进行的。一般来说，v 大时，弛豫速率大，工作气压和温度对弛豫速率也有影响。虽然化学反应速度高，但分子自弛豫很快，由于碰撞过程引起能量再分配使激发态粒子数降低，对激光输出将产生严重影响，因此，在脉冲工作条件下必须快速激发，在连续工作条件下快速流动，以便在微秒量级的短时间内，在负温度粒子数分布尚未因弛豫效应而消失前，通过跃迁发生激光振荡。

在稳态条件下，激发态粒子数密度与激发态粒子的生成和淬灭速率有关，而处于激发态的粒子可通过辐射过程和碰撞弛豫过程去激活返回基态。因此对化学激光器的研究主要有以下几方面的内容：

(1) 如何通过化学反应使体系产生粒子数反转，其中包括链式化学反应的选取、化学反应动力学、能量传递过程的研究等。

(2) 实现粒子数反转的具体实验技术，包括各种不同的引发方式的实施。

(3) 化学激光器的输出特性及参数最佳化的研究。

从以上分析表明，化学激光器是介于物理化学和激光物理边缘的研究领域。随着化学激光器的迅速发展，它将越来越引人注目。

14.2　氟化氢化学激光器

氟化氢(HF)化学激光器是由 SF_6 和 H_2 混合物经闪光光解产生激光的激光器，是化学

激光器的典型代表,是 20 世纪 60 年代发展起来的大能量、大功率激光器,被称之为第一代化学激光器,可以在连续和脉冲两种工作方式下运转,是目前发展最成熟的化学激光器。

14.2.1 粒子数反转分布机理

对于放热化学反应而言,其所释放的能量在产物分子内可以任何形式分配和贮存。反应能量可以分配到电子的、振动的、转动的以及平动自由度上,但其大小是不同的。反应能量贮存可以是分子振动态或转动态的贮能方式。也可以这样理解,分子不同态贮存能量大小不同,意味着分子被激发到转动态、振动态和电子激发态所需要的能量是不同的,转动态最小,电子激发态最大。分子的转动能量大约为 $4 \sim 400$ J/mol,分子的振动能量约为 4×10^4 J/mol,分子的电子能量就更大了,如氧的最低电子激发态是 9.43×10^4 J/mol。

由于化学反应过程中存在大量的碰撞猝灭,分子在转动、振动和电子态能量时不断被重新分布,并向着平衡体系变化。电子激发态和振动激发态,猝灭碰撞的速率相对比较缓慢,就有可能使化学反应能量形成的电子激发态和振动态的分布形成粒子数反转。对于反应

$$F + H_2 \rightarrow HF^*(v) + H \tag{14-9}$$

$\Delta H = -1.33 \times 10^5$ J/mol,$E_A = 7.12 \times 10^3$ J/mol。很显然,这个能量达不到 HF 分子的电子激发态水平,只能分布在 HF 分子的振动、转动和平动自由度上。实验测量各能态结果为:振动能约占 57%,转动能约占 6%,平动能约占 37%,而且能激发到的最高振动能级 $v=3$。在每个振动能级内部转动能级的能量分配如图 14.1 所示。水平线表示转动能级,其长短表示粒子数的多少。

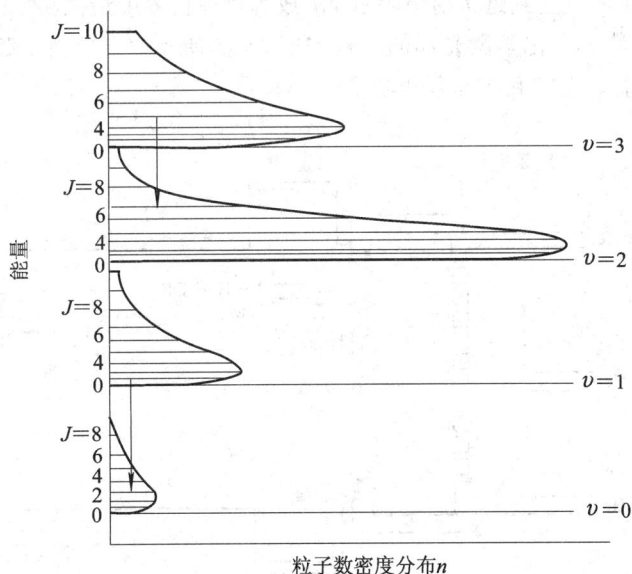

图 14.1　HF 分子能量在振动-转动能级分配图

从图 14.1 中可以看出 $HF(v)$ 各能级之间存在粒子数部分反转,这是 HF 激光器所特有的现象。通常讲的粒子数全反转是指高振动能级的粒子数大于低振动能级的粒子数,而

粒子数部分反转，虽然从整体上高振动能级的粒子数并不大于低振动能级的粒子数，但高振动能级上某些转动能级的粒子数却大于低振动能级上某些转动能级的粒子数。从图 14.1 可以看出 $v=3$ 和 $v=2$ 能级间不存在粒子全数反转。但在 $v=3$，$J'=6$ 与 $v=2$，$J=7$ 之间存在粒子数反转，即部分反转，这种粒子数反转同样可以产生激射。由于激光运转在 HF 分子的振动-转动能级跃迁之间，使 HF 化学激光具有多谱线的辐射，如图 14.2 所示。由图知 HF 激光有 14 条谱线，$P_1(4)\sim P_1(9)$（6 条），$P_2(4)\sim P_2(9)$（6 条），$P_3(4)\sim P_3(5)$（2 条）。

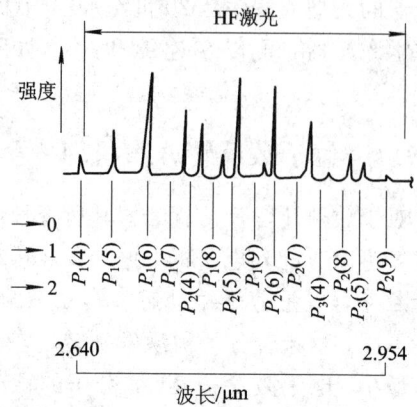

图 14.2　HF 化学激光的谱线图

14.2.2　连续波氟化氢化学激光器的结构和特性

氟化氢化学激光器可分为连续波 HF 化学激光器和脉冲 HF 化学激光器，连续波 HF 化学激光器又可分为电弧驱动化学激光器和燃烧驱动化学激光器。

电弧驱动连续波 HF 激光器运转过程如下：在作为电弧驱动的 CO_2 气动激光器装置上，电弧加热器将氮气和 SF_6 混合气体加热，使 SF_6 分子分解，F 原子达到预定的水平，高温混合气体经超音速喷管膨胀成低压，在超音速喷管出口与 H_2 混合反应生成 $HF(v)$，在光学腔中形成激射。电子束引发的脉冲 HF 激光器（不包括放大器的振荡器）输出能量已超过 CO_2 激光器和钕玻璃激光器。后来在此基础上发展出的燃烧型的超音速 HF/DF 化学激光器，其功率可达几兆瓦，光束质量达到近衍射极限水平，成为目前世界上最大功率能量的激光器。

电弧驱动连续波 HF 化学激光器的结构如图 14.3 所示。主要由电弧加热器、混合室、燃烧室、超音速喷管、光腔和扩压器组成。

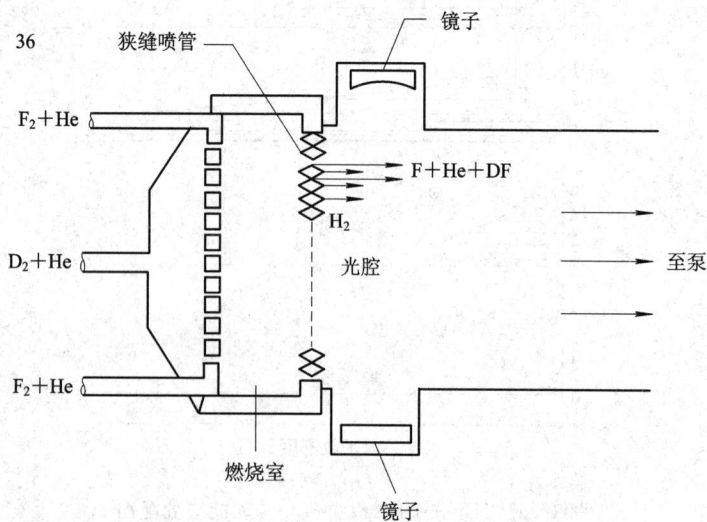

图 14.3　电弧驱动连续波 HF 化学激光器

采用的超音速喷管是单狭缝喷管，H_2是在超音速喷管出口处加入的，用的是两根$\phi0.6$的铜管，在其上开了一排小孔。采用的腔镜为两块$\phi45$，用其中的一块镜子中心小孔进行耦合输出。在 HF 化学激光器中超音速喷管的作用有：

（1）使气体膨胀并加速至超音速，使光腔区尽可能长。

（2）使气体绝热冷却至比较低的温度，并且使 F 原子的浓度冻结至接近混合室的浓度。

（3）使得 F 原子和 H_2 在超音速状态下混合。其运行参数如表 14-1 所示。

表 14-1 连续波 HF 化学激光器参数

电弧加热器	混合室	光　腔
p_0：约 294 Pa	p_0：约 294 Pa	p_s：约 6.25 kPa
T_0：5500 K	T_0：2300 K	T_0：440 K
m_{N_2}：45 g/s	m_{N_2}：29 g/s	m_{N_2}：10 g/s
电弧功率：30 kW	m_{SF_6}：10 g/s	M：4.5

在 HF 化学激光器运行时，经常会出现由于反应热量导致光腔中气动参数变坏，从而使得激光器输出功率大幅度下降的现象，称之为"热阻塞现象"。这种现象产生的原因是：在超音速喷管出口，如果 F_2 分子和 H_2 分子反应放出大量的热量，就会引起气流温升使得气体进一步膨胀。当没有足够的横向空间供其侧向膨胀时，则必然会引起气流的压力急剧增加，形成激波使得气动条件恶化并发生热阻塞现象。即使压力增加没达到阻塞的程度也会使激光输出功率减小，因此要尽量避免气流压的增加。解决该问题的有效办法之一是在喷管出口处增加适当空间——"底部卸压台"使气流膨胀，以防止压力升高引起热阻塞。另一方法使其气流增加稀释气量，降低由于反应放热产生的温升，缓解热阻塞。

电弧驱动连续波 HF 化学激光器，是靠电弧离解 SF_6 产生 F 原子，虽然效率高，也能产生较大的功率输出，但在实际应用中不如燃烧产生的热能离解 F_2 分子方便，于是便产生了燃烧驱动连续波 HF 化学激光器，其结构如图 14.4。电弧驱动连续波 HF 化学激光器和燃烧驱动连续波 HF 化学激光器除了产生 F 原子的方法不一样外，其他部分是类似的。其结构包括燃烧室、喷管组件、光腔和扩压器。

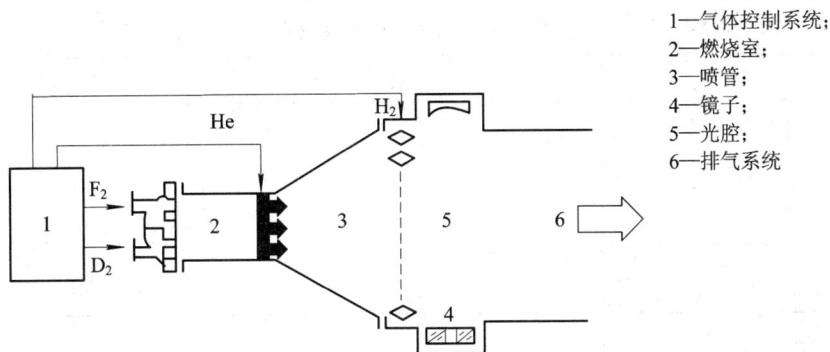

1—气体控制系统；
2—燃烧室；
3—喷管；
4—镜子；
5—光腔；
6—排气系统

图 14.4　燃烧驱动连续波 HF 化学激光器示意图

通常进入燃烧室的有三种气体：D_2 气、F_2 气和稀释剂（He 气或 N_2 气），燃烧室的主要

作用是依靠 D_2 和 F_2 反应放出 543.4 kJ/mol 能量，将过量 F_2 离解为 F 原子。

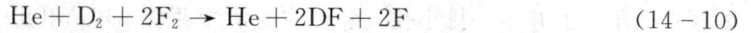

$$He + D_2 + 2F_2 \rightarrow He + 2DF + 2F \tag{14-10}$$

对于 HF 化学激光器而言，为了获得有效的激射，喷管组件起着至关重要的作用。首先是喷管组件提供了 F 原子和强燃料流。为了达到快速混合，减少喷管横向尺寸是非常有利的措施。喷管的快速膨胀是气体温度达到对激射最有利的温度（约为 400 K，压力为 $550\sim650$ Pa）。其次由于喷管的快速膨胀，仅毫秒量级，使得 F 原子损失很小，几乎被冻结到燃料室中 F 原子的水平。喷管的第三个作用是提高超音速气流，M 达到 $4\sim5$，有利于拉长增益区，便于光腔设计；高速气流也有较高压力恢复能力，对压力恢复系统设计有利。

常用的超音速喷管有二维阵列和三维阵列两种类型，为了保证运行时喷管不因受热而变形，通常都用冷水对喷管叶片加以冷却。

超音速喷管内的温度梯度大，因而存在着 F 原子重合的可能性，因为是三体碰撞过程，F 原子重合取决于气流压力变化。在喷管中喉道的前压力比较高，变化梯度大，对 F 原子重合影响大，由于气流在喷管收敛段停留时间很短，只有数十微秒量级，因此 F 原子重合的概率比较小。

对于 HF 激光器，F 原子和 H_2（或 D_2）的混合过程是控制步骤，其混合过程如图 14.5 所示。

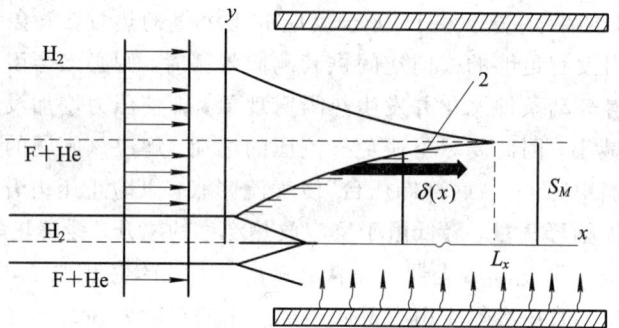

图 14.5　F 原子和 H_2（或 D_2）的混合示意图

很显然，F 喷管和 H_2 喷管中心线间距离（横向扩散距离）越小，混合越快。实验结果如表 14-2 所示，喷管型面设计多采用简单的直线代替特征线型。

表 14-2　不同横向扩散距离的三维列阵喷管实验结果

喷　　管	横向扩散距离 S_x/mm	比功率/(J/g)
CL-A	4.25	70
CL-11	3.40	82
CL-1	2.7	106
CL-9	1.75	130
CL-12	1.2	194

通常喷管型面设计时，先用特征法计算出无粘性的核心流，然后再计算边界层厚度，依靠这些数据得到最终的喷管型面，这样得到的型面可以提供理想的平行出口气流。但实际的 HF 激光器喷管不采用这种方法，其原因是试验时燃烧室压力和温度是变化的，符合

设计的条件是不多的，经常偏离设计条件，这样所设计的型面在偏离设计条件下也得不到理想的平行出口气流。为此多数采用直线代替特征线，这种设计对激光特性影响不大。

HF 化学激光器光腔出光区域比较短，一般在 5 cm 左右，因此光腔结构设计时要特别考虑，尤其是大功率、大能量的 HF 激光器，腔镜的功率密度比较大。小信号增益系数在 10^{-1} cm^{-1} 量级，增益长度长时容易产生超辐射，导致输出相位相干性差使激光质量变坏。在设计时要充分考虑上述两个方面。

HF 化学激光器的扩压器的特点是入口低、边界层厚，这主要是由于激光器的特殊条件，即入口静压低、分子量小(约 6 g/mol)、入口静温在 800K、入口高度小造成的。经常使用的等面积通道的亚音速扩压器，其长高比为 10：1，扩张半角在 6°左右。

14.2.3　脉冲氟化氢化学激光器的结构和特性

脉冲 HF 激光器是将预混合的反应气体 H_2（或 D_2）和 F_2 以及稀释气体 He 通过引发产生 F 原子和 H_2（或 D_2）反应生成 $HF(\upsilon)$，形成粒子数反转产生激光。因而机构相对简单，不需要燃烧室、喷管等。对于预混合气体存在着不希望发生的预反应和爆炸极限，这是在设计脉冲 HF 激光器时要先考虑的问题。其反应过程如下：

$$SF_6 + h\upsilon \rightarrow SF_5 + F \tag{14-11}$$

$$F + H_2 \rightarrow HF^*(\upsilon) + H \tag{14-12}$$

$$HF^*(\upsilon) \rightarrow HF(\upsilon-1) + h\upsilon \tag{14-13}$$

在脉冲 HF 激光器中 F_2 和 H_2（或 D_2）预混合后进入光腔区，一旦被引发，将有 0.75％～1.5％被离解，其后的反应和连续波脉冲 HF 激光器相同。

引发方式可以是闪光光解引发，也可以是放电引发、电子束引发等，以闪光光解为例说明，在激光管中充有一定压力的 F_2、H_2 和稀释气体的预混气体，也可以采用含氟和含氢的化合物代替，如 SF_6、F_2O、NF_3 等。当氙闪光灯放电时产生 5～10 μs 光脉冲，在光的照射下，F_2 分子或者含氟和含氢的化合物分解出 F 原子，F 原子与 H_2（或 D_2）反应产生 $HF(\upsilon)^*$（或 $DF(\upsilon)$），激射产生脉冲 HF 化学激光，激光脉冲的脉宽在微秒量级。

由于 F_2 和氟化物闪光光解产生 F 原子需要的是紫外波段的光，而紫外波段的光仅是氙灯光谱的很小一部分，为了充分利用这部分光能，提高光解效率，通常采用聚光罩，聚光罩的内表面为高反射镜面或漫反射镜面，内表面经过抛光处理和镀反光膜处理。常采用的聚光罩为双椭圆柱，引发光源放在椭圆罩的一个焦点，而被光解的介质放在另一个焦点上。

为了使得大体积激光介质池引发均匀，也可以采用多灯引发的技术，常用双灯和四灯结构。对于小尺寸的光解池，闪光光解是很方便的，但其电-光和光解效率都不高，应用具有局限性。

14.3　氧碘化学激光器

HF/DF 化学激光器是中红外激光器，称为第一代化学激光器。虽然输出波长比二氧化碳激光短了三倍，但还是有些长。更短波长的化学激光器是氧碘化学激光器，输出波长为 1.315 μm，称为第二代化学激光器。氧碘化学激光器的基本理论是 1972 年由英国科学家 B. A. Thrush 首先提出的，他认为激发态氧与碘原子之间的近共振传能能产生激发态的碘原子，可以产生激射。1977 年美国空军武器实验室的 W. E. McDermott 首次成功演示电子跃迁的高能氧碘化学激光器(Chemical Oxygen Iodine Laser，COIL)，它的基础是光解碘激光器。1978 年实现连续波运转。

14.3.1　氧碘化学激光器的激光跃迁及工作原理

氧碘化学激光器的基本原理是基于激发态氧与碘原子之间的近共振传能，实现碘原子的受激发射，氧、碘原子的能级图如图 14.6 所示，碘原子激光器的基本动力过程如下：

单重态氧 $O_2(^1\Delta)$ 化学生成过程是依靠氯气和碱性过氧化氢溶液的化学反应产生的，反应式为

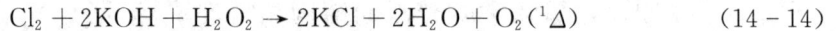

$$Cl_2 + 2KOH + H_2O_2 \rightarrow 2KCl + 2H_2O + O_2(^1\Delta) \tag{14-14}$$

基态碘原子产生过程是依靠碘分子离解得到的，反应式为

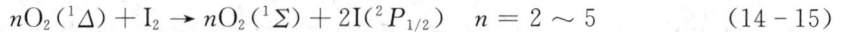

$$nO_2(^1\Delta) + I_2 \rightarrow nO_2(^1\Sigma) + 2I(^2P_{1/2}) \quad n = 2 \sim 5 \tag{14-15}$$

激发态碘原子的能量来自于基态碘原子与激发态 $O_2(^1\Sigma)$ 的近共振传能，反应式为

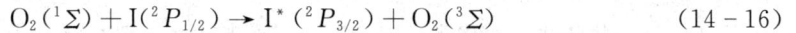

$$O_2(^1\Sigma) + I(^2P_{1/2}) \rightarrow I^*(^2P_{3/2}) + O_2(^3\Sigma) \tag{14-16}$$

激发态碘激射过程反应式为

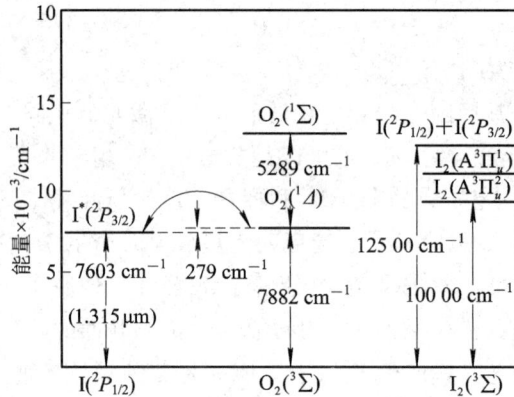

$$I^*(^2P_{3/2}) + h\upsilon \rightarrow I(^2P_{1/2}) + 2h\upsilon \tag{14-17}$$

图 14.6　氧、碘原子的能级图

14.3.2　氧碘化学激光器的结构和特性

现以转盘式超音速氧碘化学激光器为例说明氧碘化学激光器的工作原理。超音速氧碘化学激光器结构示意图如图 14.7 所示。主要包括大流量、高压的单重态氧发生器，适用于低增益 COIL 激光体系的光学谐振腔，碘蒸气发生器和氧碘混合超音速喷管阵列，以及一些重要部件如，气液分离器，低温冷阱，原料气供应系统，扩压器，真空排气系统和总控制系统等。其工作过程是：在转盘式单重态氧发生器中，碱性过氧化氢(BHP)溶液与氯气反应生成单重态氧，依据激发态氧发生器结构和器件水平，所产生的单重态氧浓度在 40% ~ 60%，经过除水器和冷阱使气流中水气含量小于 10%。在氧碘混合喷管亚音速段加入碘蒸气，单重态氧与碘蒸气混合过程中，碘分子被离解为碘原子。

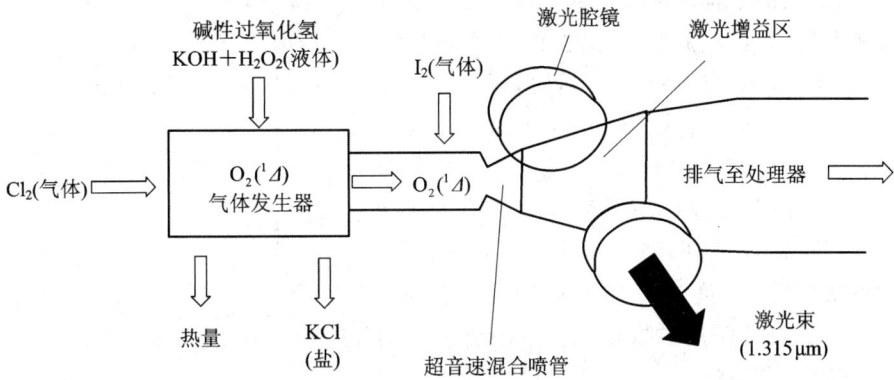

图 14.7　超音速氧碘化学激光器

1. 单重态氧发生器

单重态氧发生器为激发态氧发生器，BHP 和氯气的反应是一种典型的气-液反应，如何使 BHP 和氯气尽可能充分反应，生成氧气，并要求和 BHP 液体接触的时间尽可能短，成为设计激发态氧发生器所面临的重大挑战。气液反应系统如图 14.8 所示。

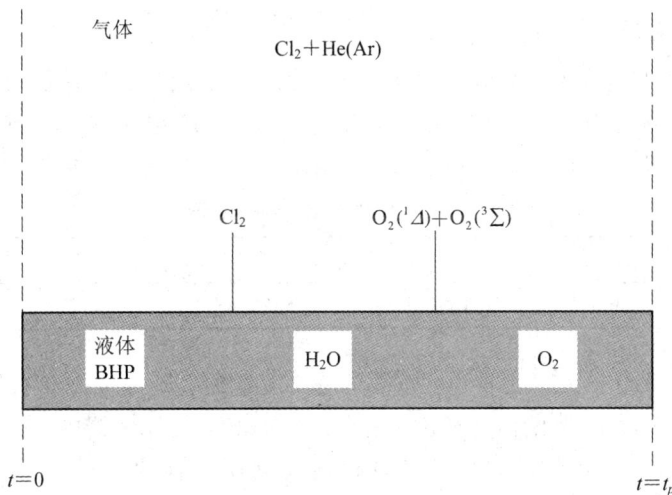

图 14.8　气液反应系统

氯气和 BHP 液面接触，并扩散到 BHP 液体内部，生成的激发态氧在 BHP 中停留时间 $\tau_0 \approx 10^{-7}$ s，在液相中 $O_2(^1\Delta)$ 的脱活速率 $\Delta\tau \approx 10^{-5}$ s，则 $\tau_0/\Delta\tau \approx 10^{-2}$。因此，在液相中生成的激发态氧 $O_2(^1\Delta)$ 大部分在离开 BHP 液面时，仍为激发态，猝灭的仅占 $30\% \sim 40\%$，剩余多少氧取决于激发态氧发生器的设计参数。

氯气由导管引进到 BHP 液面以下，并与带有均匀分布小孔的氯气喷头相连。氯气经氯气喷头小孔喷出，在 BHP 中形成许多氯气小泡，气泡在 BHP 液体中不断上升的过程中，由于减压而不断扩大，最后溢出液面经过过渡段进入光腔。对于一个小气泡而言，整个气泡球面界面会发生下列反应

$$Cl_2 + 2KOH + H_2O_2 \rightarrow 2KCl + 2H_2O + O_2(^1\Delta) \tag{14-18}$$

反应在氯气和液体的界面完成，很显然，氯气喷头深入液面的深度 h_0 越深，气泡在 BHP 中停留的时间就会越长，反应越完全。同时，$O_2(^1\Delta)$ 在 BHP 中停留时间越长，它被 BHP 猝灭的机会就越多，在其离开 BHP 液面时 $O_2(^1\Delta)$ 就越少。这两者之间存在矛盾，则必然存在一个氯气喷头深入液面的最佳深度，见图 14.9 所示。

由图可知，最佳深度为 4～5 cm。应该注意的是发生器的压力对最佳深度的影响很大。随着发生器压力增加，气泡上升越慢，停留时间越长，$O_2(^1\Delta)$ 在上升的过程中被猝灭的机会就越多，为了减少猝灭，必然将深度减少，这又使氯气的利用率减小。所

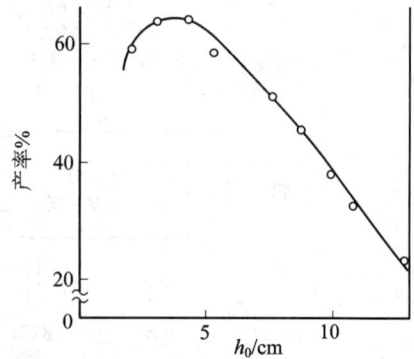

图 14.9 单重态氧的产生率与氯气喷头插入深度的关系

以鼓泡式 $O_2(^1\Delta)$ 发生器对工作压力要求比较高，一般都在几百帕以下，这也对它的应用有一定的限制。目前它只能用于压力不高的亚音速 COIL 装置上。

单重态氧发生器种类有鼓泡式发生器、转盘式发生器、射流式发生器、均匀液滴发生器、喷雾式发生器、转网式发生器等。

2. 碘蒸气发生器

在 COIL 系统中碘分子 I_2 来源于碘蒸气发生器，主要给 COIL 提供碘蒸气。碘在常温下是固体，虽然固体能升华，产生碘分子 I_2 蒸气，其蒸气压在室温时不到 133.322 Pa，随着温度的升高，升华速度加快，I_2 分压强增加。I_2 蒸气压和温度关系见表 14-3。

表 14-3 I_2 蒸气压和温度关系

温度/℃	38.7	73.2	97.5	116.5	183.0
压力/Pa	133.322	1333.22	5332.88	133 32.2	100 313.2

在 COIL 中，碘分子流量比较小，通常是氯气流量的 2%～3%。因此依据 COIL 功率的大小（氯气流量的大小）判断碘分子流量。在化学法碘蒸气发生器中，氯气进入碘池与其中的 CuI 发生反应生成碘原子。被氯气置换出的碘原子很快合成 I_2，与氯气一起进入 COIL 中，与激发态氧混合。为了防止 CuI 的固体粉末使流动床堵塞，需在 COIL 系统中加入 CuI 固定分隔网。这种碘池最大的优点是不需要对 CuI 加热，产生 I_2 时间短，而且 COIL 主系统中又有现成的 Cl_2，不会引入二次污染，也很方便。

3. 氧碘混合喷管和扩压器

从第一台 COIL 激光器诞生以来，1982 年，ReCOIL 输出功率已经达到 4 kW，但是其体积太大，增益介质长度为 4 m，单位流动面积输出功率仅有几瓦每平方厘米水平。特别是亚音速 COIL-Ⅳ 的小信号增益仅为 10^{-3} cm^{-1}，如果不应用非稳腔，其光束质量就不可能改变。随着转盘式 $O_2(^1\Delta)$ 发生器的出现，由于其压力比较高，使超音速 COIL 成为可能。

目前在设计 COIL 时，多半将喷碘和超音速管统筹考虑，大多数的结构是二者合为一体，如图 14.10 所示。碘分子与氧气从喷管侧面 $\phi0.5$ mm 和 $\phi0.3$ mm 的小孔喷到主气流

中去。为了防止碘蒸气凝结而堵住小孔，整个喷管需要加热保温。RotoCOIL 用的热油经喷管孔前后通过，达到保温的目的，如果这种氧碘混合喷管采用耐高温塑料，其绝热性能比较好，就可以不进行加热保温。

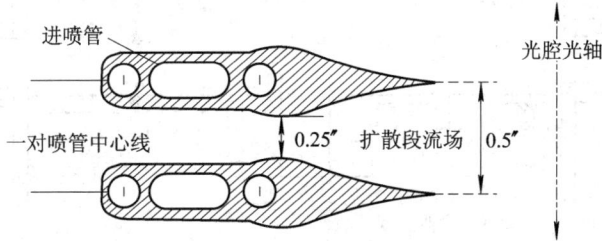

图 14.10　氧碘混合喷管

化学激光器的扩压器不同于一般扩压器，其根本原因就是扩压器入口的 Reynolds 数小，因而边界层比较厚。到目前为止采用的最简单的扩压器是一个长宽比为十几、半角为 $4°\sim8°$ 的亚音速扩压器。扩压器的入口直接与光腔相接。扩压器内的激波与壁面边界层的相互作用引起边界层与壁面分离，将引起对上游流动的附加扰动。所以将这些扰动与光强气流隔离是很重要的。

4. I_2 的离解

在 COIL 中，I_2 的离解依靠 $O_2(^1\Delta)$，实际上一个 $O_2(^1\Delta)$ 分子的能量不足以使 I_2 离解。而从能量的角度看，$O_2(^1\Sigma)$ 分子可以将 I_2 离解为碘原子。实际上 $O_2(^1\Sigma)$ 虽然存在，但也很少，特别是有 H_2O 存在的条件下，$O_2(^1\Sigma)$ 非常快地被 H_2O 猝灭掉。这就说明另外存在 I_2 的接力通道。Heidner 对 I_2 离解问题研究后提出以下离解机理：

$$O_2(^1\Delta) + I_2(X) \rightarrow I_2^*(\upsilon'' = 30 \sim 40) + O_2(^3\Sigma) \tag{14-19}$$

其中反应速率常数 $k_1 = 7 \times 10^{-15}$ $cm^3/(mol \cdot s)$。

$$O_2(^1\Delta) + I_2^*(X) \rightarrow 2I(^2P_{3/2}) + O_2(^3\Sigma) \tag{14-20}$$

其中反应速率常数 $k_2 \approx 3 \times 10^{-11}$ $cm^3/(mol \cdot s)$。由于 $I(^2P_{3/2})$ 与 $O_2(^1\Delta)$ 是近共振传能，能级差为 279 cm^{-1}，因而

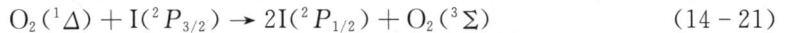

$$O_2(^1\Delta) + I(^2P_{3/2}) \rightarrow 2I(^2P_{1/2}) + O_2(^3\Sigma) \tag{14-21}$$

$$I(^2P_{1/2}) + I_2(X) \rightarrow I_2^*(\upsilon'' = 30 \sim 40) + I(^2P_{3/2}) \tag{14-22}$$

其中反应速率常数 $k_3 = 3.5 \times 10^{-11}$ $cm^3/(mol \cdot s)$。链反应发生在 $O_2(^1\Delta)$、$I(^2P_{1/2})$、$I(^2P_{3/2})$ 和 $I_2^*(X)$ 之间，生成的 $I_2^*(X)$ 被 $O_2(^1\Delta)$ 离解为 I 原子。

5. 光学谐振腔结构

光学谐振腔结构如图 14.11 所示，其平面镜作为耦合输出镜，反射率为 81％～99.5％，全反射镜的曲率为 2 m，镜子直径为 50.8 mm，典型耦合率为 2％。

14.3.3　化学氧碘激光器的发展

1998 年 6 月，TRW 公司设计的几十万瓦级单个激光模块成功进行首次地面光试验，出光持续了 5 秒。

2000 年 4 月，美国国防部会同空军、弹道导弹防御局及有关研制单位，对机载激光器

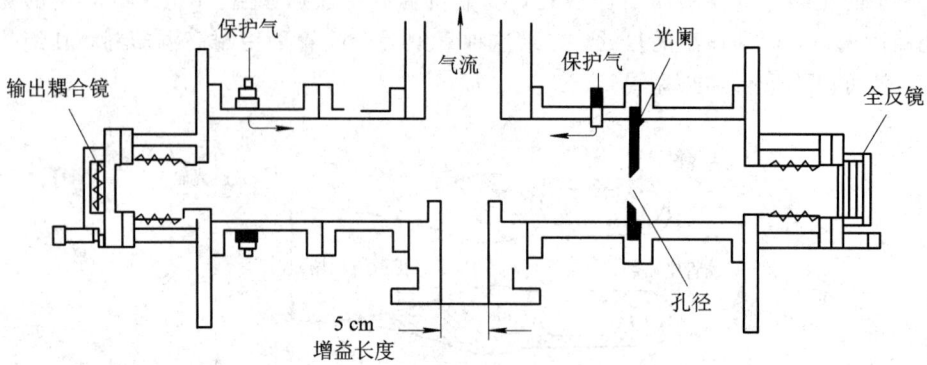

图 14.11 光学谐振腔结构示意图

计划进行了最终的设计审查，认为其技术风险可以接受，并正式确定了机载激光器系统的结构设计。

2002 年 7～12 月，第一架机载激光器样机 YAL－1A 进行了数次适航飞行试验，检验经过改造后飞机的性能。

2004 年 11 月，兆瓦级化学激光器通过了地基发射实验，即"第一束光试验"。

2004 年 12 月，第一架飞机 YAL－1A 安装机载激光器光束控制系统后，在爱德华兹空军基地进行了"首次飞行试验"。

2007 年 8 月 23 日，载有激光武器的波音 747 飞机完成飞行测试。试验表明，该飞机机载系统能完成拦截弹道导弹的所有任务，五角大楼导弹防御局长、空军中将亨利·奥贝林称该试验是机载激光器计划中的"关键里程碑"。

2008 年 9 月 7 日，安装在飞机上的兆瓦级"化学氧碘激光器"首次出光，出光时间仅为几分之一秒，标志着该项目又达到了一个新的里程碑。

2008 年 11 月 26 日，安装在飞机上的"化学氧碘激光器"在地面上通过光束控制系统和安装在飞机头部的炮塔首次发射激光。

2009 年 2 月 12 日，美国导弹防御局"机载激光"上安装的兆瓦级高能"化学氧碘激光器"成功进行了多次长时间出光，每次发出杀伤激光束的时间长达 3 秒。

练习与思考题

1. 化学激光器粒子数反转分布具有怎样的特征？

2. 怎样理解 HF 化学激光器运行时出现的"热阻塞现象"？

3. 试说明氧碘化学激光器中激发态氧与碘原子之间的近共振传能实现粒子数反转的过程。

第十五章　自由电子激光器

自由电子激光器(Free Electron Laser，FEL)是以自由电子束为工作物质的激光器，是一种将相对论电子束的动能转变成相干辐射能的装置。自由电子受激辐射的概念早在 1951 年由美国斯坦福大学的汉斯·莫茨(Hans Motz)提出，他指出相对论电子(运动速度接近光速的电子)通过周期变化的磁场或电场时会产生相干辐射，辐射的频率取决于电子的速度，可以覆盖从微波、红外、可见光、紫外到 X 射线的频谱范围(对应电子能量从 1 MeV～ 1 GeV)。到 1976 年，首次实现了波长为 10.6 μm 的自由电子激光，又在 1977 年完成了 3.2 μm 的自激振荡实验。从 20 世纪 80 年代中期开始，自由电子激光的研究在很多国家都开展起来。在国家"863"计划的支持下，我国于 1993 年 5 月 26 日成功地观察到红外自由电子激光，这项成果达到当时国际先进水平。

FEL 所产生的激光束的光学性质与传统激光器一样，具有高度相干、高能量的特点，其不同点在于其特殊的产生机制。FEL 激光的产生是依靠在磁场中运动的相对论电子束的动能转换为光子能量。由于电子束在磁场中处于自由态，故命名为"自由电子激光器"。研究表明，自由电子激光器具有很多优点，首先是输出波长连续调谐范围大。输出波长与电子能量有关，故通过改变电子束的加速电压就可以改变激光波长(电压调谐)，理论上可以覆盖从微波到 X 射线的频谱范围，已经实现了 0.15 nm～10 μm 的调谐范围(是当今任何其他激光器远远不及的)，这是 FEL 最重要和最吸引人的特性。其次是工作物质不存在固体、液体和气体等的自聚焦、自击穿等非线性光学损伤现象，只要电子能量足够大，就可以获得相应的极高的激光输出。再就是具有极高的能量转换效率，理论上可以达到 50%，实际上已经达到 10%。因此自由电子激光器是目前获得特大功率、能量的激光器之一，将在科学研究、军事和国民经济各方面具有重要的应用前景，在美国的"星球大战计划"中被安排为重点发展的激光器之一。

15.1　自由电子激光器的工作原理

自由电子激光器(FEL)产生激光的原理与传统激光器一样，要求实现受激辐射光放大。FEL 依靠在磁场中运动的相对论电子束的动能转换为光子能量来实现激光输出。

15.1.1　自由电子激光器的结构

自由电子激光器主要包括三个部分：高能电子加速器、扭摆器、光学谐振腔，另外，还有必要的附件，如图 15.1 所示。

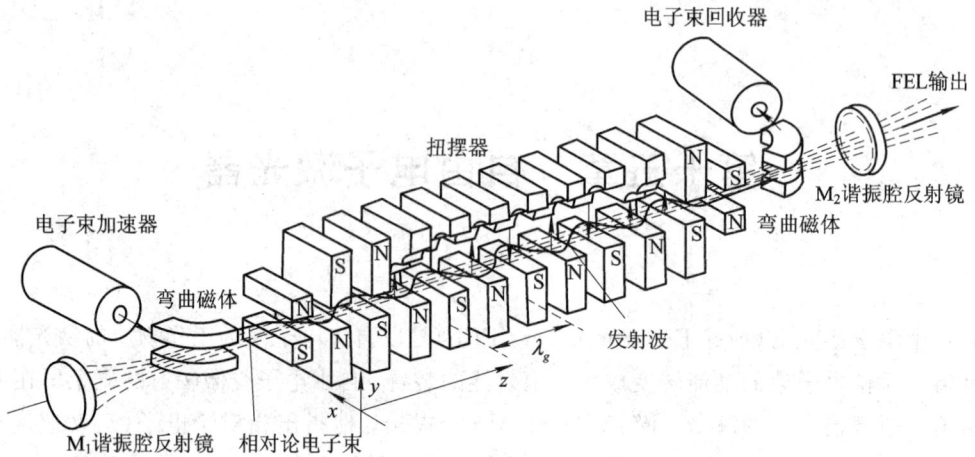

图 15.1 自由电子激光器的基本结构

1. 高能电子加速器

高能电子加速器为 FEL 提供相对论电子束。电子加速器对带电粒子(电子、质子和离子)进行加速以提高能量,也可以改变带电粒子的运动方向。不同的加速器虽然各有不同的特点,但大体上都是由带电粒子源、加速系统、传输系统和控制系统等几部分组成的。在 FEL 的运行中,要求有高质量的相对论电子束,因此要求提供相对论电子束的加速器应具有如下的主要特性:

(1) 有强电流、高亮度(亮度表示电子束流在相空间的密度,束流的亮度越高,表明电子束流的质量越好)。

(2) 有低的能散度(能散度表示电子束流中带电粒子能量的均匀程度)。

(3) 有较低的发射度。

另外,还要有良好的束参数稳定度(如电流密度、激光波长、扭摆器长度、磁感应场等)。

2. 扭摆器

扭摆器是产生周期性横向静磁感应场的器件,是自由电子激光器的核心部件,可分为永磁性扭摆器(由若干对具有周期磁场的磁铁构成)和电磁性扭摆器两类。当电子束通过扭摆器时,电子束将产生角偏离。电磁性扭摆器一般是一个抽真空的铜管上用超导材料绕成的双螺旋线圈,通电后形成一个横向周期变化的静磁场,即轴线上的磁场大小是恒定的,磁场矢量在垂直于轴线的平面上以线圈周期而旋转。当高能电子通过周期磁场时,将受到洛伦兹力的作用,使电子存在横向速度和轴向速度,而且,横向速度小于轴向速度,电子沿轴线方向随时间作周期性摆动,故把周期磁场称为"扭摆器"。另外,电子穿过横向磁场时将产生加速度,因而要产生辐射。磁扭摆器系圆极化磁场,优点是电子稳态运动的纵向速度恒定,适合放大圆极化波。而图 15.1 中的扭摆器利用永久磁铁构成,结构比较简单,适合放大线极化波,其缺点是由于电子的稳态运动纵向速度有振荡分量,引入了附加的纵向速度离散。

相对论电子束在周期磁场的扭摆器中与光辐射场相互作用,当电子失去能量时速度变慢，就形成了群聚，将其能量传递给电磁场，即在电子通过扭摆器的路径中，只有一部分动能转换成光能。为了提高激光输出效率，实现大量的电子动能转换成光能，一般是采用变参数扭摆器，即扭摆器的参数随轴向位置而变化，使电子保持共振相互作用，电子的初始能量可大部分转换成激光能量。

3. 光学谐振腔

由于 FEL 的工作机理和普通激光器不同，它是采用细的电子束作为工作介质，故光学谐振腔设计有其自身的特殊要求。在 FEL 中，光学谐振腔的作用，除了对周期磁场内相互作用区提供光学正反馈，使之在光腔中形成激光振荡外，还要设法把高能电子束引进作用区的光轴线上。为了适应自由电子激光的宽带可调谐性、高功率输出等特性，一般简单的光学谐振腔就很难达到要求，所以不断出现了一些新型光学谐振腔，如孔耦合光学谐振腔、布儒斯特角平板耦合谐振腔、环形腔、掠入射环形腔等。另外，因为自由电子激光的增益介质是在扭摆器中的电子束，这与一般的分子、原子激光器的增益介质不同，不能贮能，因此要达到高峰值功率输出，最好是采用腔倒空技术。为了改善自由电子激光的单色性，还要在腔中加入色散元件等。

15.1.2 自由电子光辐射的产生

1. 自由电子光辐射的产生方式

电磁场辐射理论表明，自由电子在介质中作匀速运动或在真空中作加速运动，都会辐射电磁波，主要的辐射有同步辐射、切伦科夫(Cerenkov)辐射、史密斯-珀塞尔(Smith - Purcell)辐射、韧致辐射、沟道辐射等。

1）同步辐射

带电粒子在磁场中会受到洛伦兹力的作用，粒子将作加速运动。当电子以接近光速的速度作圆周运动时，将会辐射光子，称为同步辐射。对于总能量为 $E = \gamma m_0 c^2$ 的电子，其辐射中心波长为

$$\lambda \approx \frac{2\pi R}{\gamma^3} \tag{15-1}$$

其中 R 为电子作圆周运动的轨道半径；γ 为洛伦兹因子，表示电子无量纲的能量值。对于总能量为 24 MeV 的电子，$\gamma = 48$，若电子的轨道半径 $R = 20$ cm，则 $\lambda \approx 11.36$ μm。

2）切伦科夫(Cerenkov)辐射

当电子以大于介质中的光速作匀速运动时，将会产生光辐射，称为切伦科夫辐射。其物理机制为：当电子在介质内作匀速运动的速度 v 大于介质内的光速 c/n(n 为介质的折射率)时，在电子路径附近，介质的分子电流受到扰动，因而产生次波，不同分子产生的次波互相叠加形成向外界辐射的光辐射。

3）史密斯-珀塞尔(Smith - Purcell)辐射

当高能电子束掠射过一个金属光栅时，将会产生光辐射，称为史密斯-珀塞尔辐射。辐射波长随着电子运动速度而变化，其相干光的波长为

$$\lambda = d\left(\frac{c}{v} - \cos\theta\right) \tag{15-2}$$

其中 d 是金属光栅的光栅常数，v 是电子运动速度，θ 是电子运动方向与观察方向的夹角。

4) 韧致辐射

当电子束入射到靶物质上时，由于电子与原子碰撞而减速，发出的辐射称为韧致辐射。产生这种辐射的入射电子速度远远小于光速，辐射谱为 X 射线连续谱。

5) 沟道辐射

当高能电子束在晶体中沿着某些方向(特别是低晶面指数方向)运动时，就像进入了一条通道一样很容易穿透到晶体内部，这种现象称为沟道效应。在晶格势场中作变速运动的电子，强大的晶格势场可以使其辐射能量达到很高。作沟道运动的带电粒子将会产生光辐射，称为沟道辐射。对于 10 MeV 的正电子，辐射能量可达 keV 量级。

2. 自发辐射光的形成机理

如图 15.1 所示的平面扭摆器的磁场方向为 y，在 z 轴上，磁场强度的变化为

$$B_w(z) = B_{wp}\cos(k_w z) \tag{15-3}$$

其中：$k_w = 2\pi/\lambda_w$，λ_w 是扭摆器的磁场螺距；B_{wp} 是磁场强度。在该周期磁场的作用下，z 方向的电子束在 xz 平面内作螺旋运动。

电子束速度 x 方向分量 v_x，z 方向分量 v_z 呈周期性变化，设 v_z 的平均值为 v_{z0}。为便于阐述电子和扭摆器磁场的相互作用，我们运用一定速度 v_{z0} 下沿 z 方向运动的电子束系(静止系，$x'y'z'$ 坐标系)和实验室采用的坐标系(实验室系，xyz 坐标系)来加以说明。在实验室系看到的电子螺旋运动，如图 15.2 所示的"8 字形运动"。

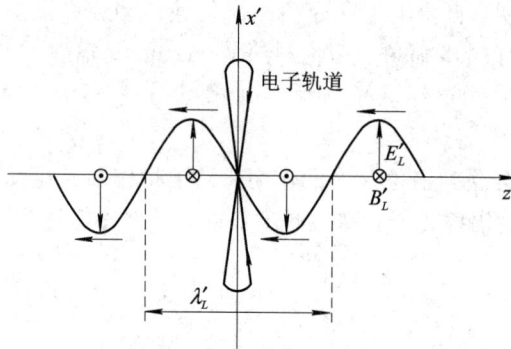

图 15.2　电子束系的电子轨道及注入的电磁波

因为 v_{z0} 是相对论速度，所以这两个坐标系间的转换可利用洛伦兹(Lorentz)变换。实验室系中存在螺距 λ_w 的周期磁场，在图 15.2 的电子束系中，通过洛伦兹收缩，可得到 $\lambda'_L = \dfrac{\lambda_w}{\gamma_{z0}}$ 波长的电磁波。这里，γ_{z0} 是相对论因子，$\gamma_{z0} = \dfrac{1}{\sqrt{1-(v_{z0}/c)^2}}$。该电磁波在电子束作用下发生散射，经空间和时间的双变换效应，实验室系观测到的波长变为 $\lambda_L = \lambda'_L(2\gamma_{z0})$。

FEL 自发辐射光就是扭摆器的简并电磁波在相对论电子束作用下产生的散射现象。实验室系时，该波长为

$$\lambda_L = \frac{\lambda_w}{2\gamma_{z0}^2} = \frac{\lambda_w}{2\gamma^2}\left(1 + \frac{K^2}{2}\right) \tag{15-4}$$

根据电子速度 v 的相对论因子 $\gamma = \dfrac{1}{\sqrt{1-(v/c)^2}}$ 可得，$\gamma_{z0} = \dfrac{\gamma}{\sqrt{1+K^2/2}}$。这里，$K =$

$\dfrac{eB_{wp}}{k_w mc} = \dfrac{93.4 B_{wp}}{\lambda_w}$，$e$ 是电子电荷量，m 是电子的静止质量，c 是真空中的光速。另外，电子

束的能量 E_b(MeV)和 γ 的关系为 $\gamma = 1 + \dfrac{E_b}{0.511}$。

　　上述 FEL 的工作过程可看做在接近于光速运动的坐标系（电子束系）中，电磁波从垂直于运动方向安置的偶极天线上发射出去。在该系中，电磁波沿偶极天线周围的整个空间扩散传播。从实验室角度看，利用洛伦兹变换，电磁波是在半顶角 $1/\gamma$ 的圆锥内沿该系的运动方向发射的，因此，实验室系中的光具有敏锐的方向性，我们观测到的是波长缩短

至 $\lambda_L = \dfrac{\lambda_w}{2\gamma_{z0}^2}$ 的光。

　　上述自发辐射光的输出功率是电荷 e 以法线加速度 a 在同步加速器中加速后发射的功率，可表示为

$$P_{SR} = \frac{e^2}{6\pi\varepsilon_0 c^3}\gamma^4 a^2 \tag{15-5}$$

其中 ε_0 是真空电导率。其谱线线宽是以近光速运动的偶极子发射的寿命，即由电子通过扭摆器的时间决定。根据傅里叶方程，与该时间相对的谱线线宽是由扭摆器的周期数 N_w（电子振动次数）决定的。因此，式(15-5)计算结果表示为下式：

$$P_{SR} \propto f(\xi) = \frac{\sin^2\xi}{\xi^2} \tag{15-6}$$

$$\xi = -\left(\frac{\omega_L}{v_{z0}} - k_L - k_w\right)\frac{\lambda_w N_w}{2} = \pi N_w \frac{\lambda_L - \lambda_{Lr}}{\lambda_{Lr}}(\gamma_{z0} = 常数) \tag{15-7}$$

　　图 15.3 表示了 $f(\xi)$ 的函数关系。这里，$\omega_L = k_L c = 2\pi c/\lambda_L$，$\lambda_L$ 是共振波长。可以看出，自发辐射光的谱线线宽（FWHM）为 λ_L/N_w，如果增加周期数，谱线线宽将变窄。

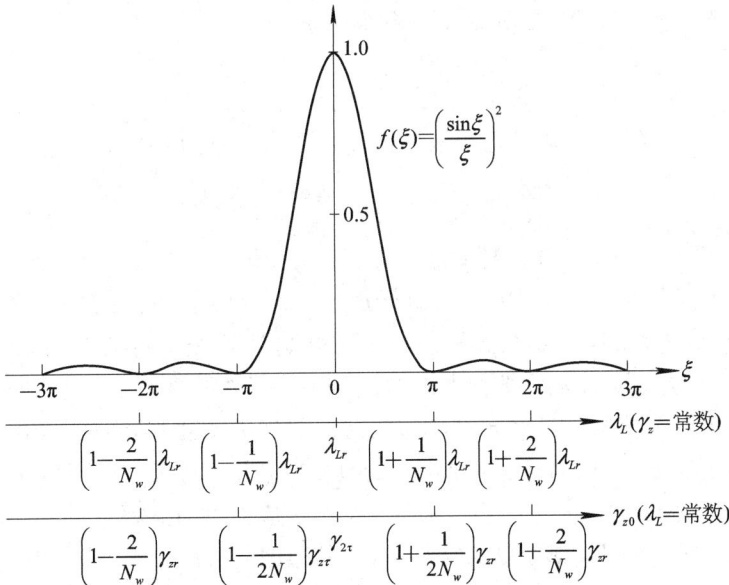

图 15.3　相对论电子束自发辐射光谱线

15.1.3 自由电子激光的产生

自由电子激光器的基本结构如图 15.1 所示。它主要由电子加速器(电子束注入器)、扭摆器和光学谐振腔三部分组成。电子加速器又分静电加速器、感应直线式加速器、射频直线式加速器等,扭摆器可以由扭摆磁铁构成,也可以用一个超导的双右螺旋线圈构成,图中扭摆器由很多组磁铁构成,相邻两组磁铁的磁场方向是上下交替变化的,磁场变化的空间周期用 λ_g 表示。由电子加速器注入到扭摆器磁场区的电子向 z 方向前进并在洛伦兹力的作用下,在 xy 平面内左右往复地摆动,当电子在磁场区域内作圆弧形运动时由于有向心加速度就会沿轨道的切线方向辐射出电磁波,即同步辐射。同步辐射的频率辐射范围比较宽,但缺乏单色性和相干性。这种自发辐射一般不很强。在磁场的作用下,电子受到一个作用力而偏离直线轨道,并产生周期性聚合和发散作用。这相当于一个电偶极子,在满足共振关系的情况下电子的横向振荡与散射光场相互耦合,产生了作用在电子上的纵向周期力——有质动力。在有质动力的作用下,电子束的纵向密度分布受到调制,于是,电子束被捕获和轴向群聚。这种群聚后的电子束与腔内光场(辐射场)进一步相互作用,会产生受激散射光,使光场能量增加,得到具有相干性的激光。这是通过自发辐射光子和电子相互作用的反馈机制,把自发辐射转换成窄带相干辐射。而且该辐射电磁波在电子运动的方向上强度最大。全反射镜和半反半透镜组成的谐振腔则使一部分电磁辐射往返运动,受到反复放大,并从半反半透镜输出。

电子速度的横向分量 v_x 会与电子运动同方向传播的电磁波相互作用。如图 15.4 所示,在 xz 平面内,电子沿 z 方向以速度 v_{z0} 前进,让我们来看一下电子束沿螺距为 λ_w 所做的螺旋运动,以及与电子同方向前进的图示相位光(电场 E_L、磁场 B_L 的电磁波)。电子从 P 运动到 R 期间,光从 P 运动到 R',PR' 恰是光波波长。设满足此种共振条件的波长为 λ_L,共振条件为 $\lambda_L = ct - v_{z0}t$,$t = \lambda_w/v_{z0}$,由此可得共振波长为

$$\lambda_L = \frac{\lambda_w}{2\gamma_{z0}^2} \tag{15-8}$$

该式与式(15-4)一致。电子束和电磁波间的能量传递关系为

$$\frac{d\gamma}{dt} = -\frac{e}{mc^2}v \cdot E_L = -\frac{e}{mc^2}v_x E_L \tag{15-9}$$

若 v_x 和 E_L 同号,则电子能量随时间 t 减少而减少,即电子被减速,反之异号时则被加速。如图 15.4 所示,电子束以横截 z 轴的点 P、Q、R 为中心,电磁波每半个波长区域分布对应加速区 A、减速区 D,即扭摆器每隔半个螺距 $\lambda_w/2$ 重复进行加速、减速。

这样,电子束是以每波长为单位聚束的,它的集合体如同一个带电粒子在振动。如式(15-5)所示,同步加速器的发射光强度与电荷的二次方成正比,因此,聚束的 N 个电子发射的光强度与 N^2 成正比。它比 N 个电子的自发辐射输出系数大 N 倍,这意味着聚束化的辐射输出强度提高了 N 倍,若达到 $N=10^6$,该效应会更加显著。

对任意光波长 λ_L 的光,满足共振条件式(15-8)的共振能量 γ_{zr} 下的电子速度为 v_{zr},因为电子束聚束于图 15.4 的 A、D 区域内,所以参与加速、减速的电子数相同,其光-电及电-光转换相等,激光没有得到放大。但是,若电子速度比其共振速度 v_{zr} 有所加快,电子就可以长时间滞留在 D 区。即 γ_{z0} 比满足式(15-8)共振条件的电子束能量稍大,因此减速的电

子效应变大，该部分的激光能量增大，从而产生光增益。我们将最大增益时的电子束能量设为 γ_{zr1}，相反，γ_{z0} 比 γ_{zr0} 小时，此时由于加速电子效应，光能被电子束吸收。最高吸收点的电子束能量设为 γ_{zr2}。

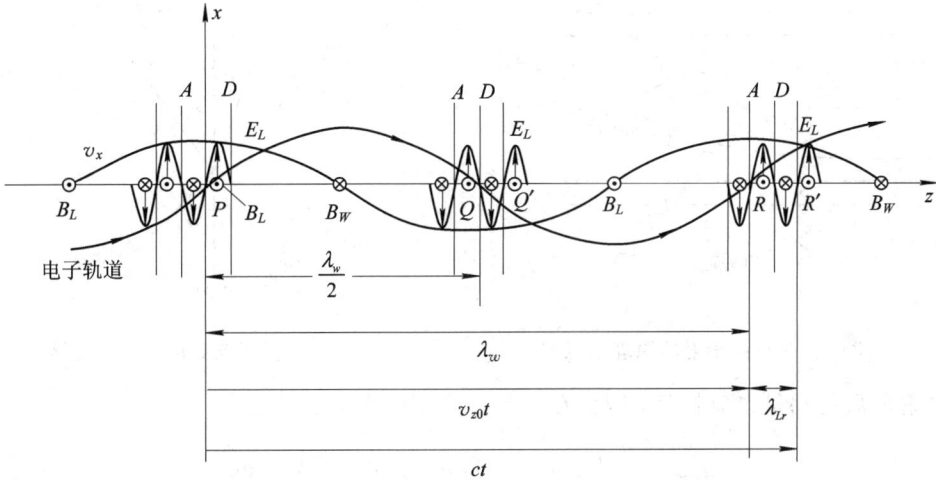

图 15.4　共振波长和电子的加速区及减速区

总之，FEL 是一种电子束在增益区内运转，从而使电子束能转化为电磁能的激光器。在增益区内，FEL 自发辐射光转化成受激辐射光，产生光输出。相反，在吸收区内，产生受激吸收，电子束从电磁波中得到能量，这相当于电子束加速器。

15.2　自由电子激光器的主要类型

在 FEL 中，主要是高能电子在真空中与周期磁场相互作用，使电子轨迹发生偏转作螺旋运动，可以说是入射电磁波在相对论电子束作用下的散射过程。根据散射过程中入射电磁波是受低密度电子个体的散射，还是受高密度电子集团的散射，FEL 大致可分为两类。前者称为受激康普顿(Compton)散射 FEL(康普顿型 FEL)，后者称为受激喇曼(Raman)散射 FEL(喇曼型 FEL)。

15.2.1　磁韧致自由电子激光器

1976 年，首次实现了波长为 10.6 μm 的自由电子激光放大，是利用康普顿型磁韧致辐射产生激光。康普顿型磁韧致辐射自由电子激光器是用高能量(10～1000 MeV)、低密度电子束运行，其中电子间的库仑相互作用可以忽略，这类激光的波长可达到短波段(红外、可见和紫外)。

康普顿效应是描述光子和一个自由电子发生弹性碰撞时，光子被散射，其频率和方向发生变化的现象。在自由电子激光器中，是光子与高能自由电子相碰撞，如图 15.5、图 15.6 所示。它们在碰撞的一瞬间形成了一个孤立的体系，这时可以应用能量和动量守恒定

律列出方程。散射前后体系的动能应相等，所以有

$$h\upsilon_1 + m_1 c^2 = h\upsilon_2 + m_2 c^2 \qquad (15-10)$$

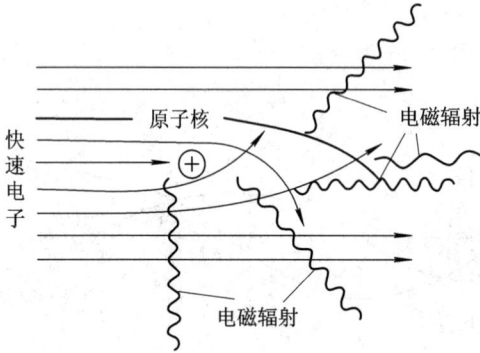

图 15.5　产生韧致辐射的原理示意图　　　　图 15.6　光子与高能电子的碰撞

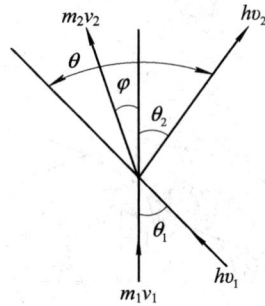

散射前后的动量也应相等，因而在平行于光子的入射方向上为

$$m_1 v_1 + \frac{h\upsilon_1}{c}\cos\theta_1 = m_2 v_2 \cos\varphi + \frac{h\upsilon_2}{c}\cos\theta_2 \qquad (15-11)$$

在垂直于光子入射方向为

$$\frac{h\upsilon_1}{c}\sin\theta_1 = m_2 v_2 \sin\varphi + \frac{h\upsilon_2}{c}\sin\theta_2 \qquad (15-12)$$

联立上面三式求解，得

$$\upsilon_2 = \upsilon_1 \frac{m_1 c^2 - c m_1 v_1 \cos\theta_1}{m_1 c^2 + h\upsilon_1(1-\cos\theta_2) - c m_1 v_1 \cos\theta_2} \qquad (15-13)$$

由上式可以看出，当电子是静止时，即 $m_1 v_1 = 0$，则有

$$\upsilon_2 = \upsilon_1 \frac{1}{1 + \dfrac{h\upsilon_1}{mc^2}(1-\cos\theta)} \qquad (15-14)$$

这就是光子与静止电子相碰撞后发生的康普顿效应。

　　如果所用的电子束能量很高（$\geqslant 20$ MeV），电子密度较低，则电子之间的相互作用可以忽略。麦迪对第一台磁韧致辐射自由电子激光器进行理论分析时，就是采用了这种模型。先假定在电子静止坐标系中，周期静磁场相当于入射到静止电子上的"虚光子"（有的文献称为"鹰波"），因此，问题就归结为一种受激康普顿散射的计算。基于这种模型建立的激光器就称为康普顿型磁韧致辐射自由电子激光器。

　　图 15.1 所示的自由电子激光器就是这种类型。高能电子束从一端进入扭摆器（是由一对称的铁芯诱感（Chicane）磁体实现的），产生电磁辐射，此辐射与相对论电子束一起向前传播，出了扭摆器之后，电子由诱感磁体引出腔外，而辐射则被腔镜反射，重新进入扭摆器，接受电子束再次放大，如同通常激光器发生的过程，电磁辐射波（光场）在腔内多次往返，不断得到放大，最后形成激光振荡。图 15.7 表示了这种自由电子激光器的辐射光谱。实验结果证实了受激发辐射功率在阈值以上时超过自发辐射的 10^3 倍。激光波长为

$3.417~\mu\mathrm{m}$，平均功率为 $0.36~\mathrm{W}$，峰值功率为 $7 \times 10^3~\mathrm{W}$。这种类型的激光器，主要是在红外波段输出激光。

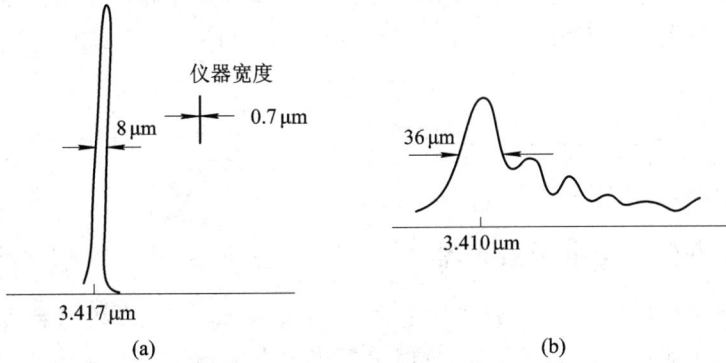

图 15.7　自由电子激光器的发射光谱

（a）阈值以上；（b）电子束发射自发辐射

15.2.2　史密斯-珀塞尔自由电子激光器

史密斯-珀塞尔自由电子激光器是基于史密斯-珀塞尔辐射效应产生自发光辐射的激光器，如图 15.8 所示。

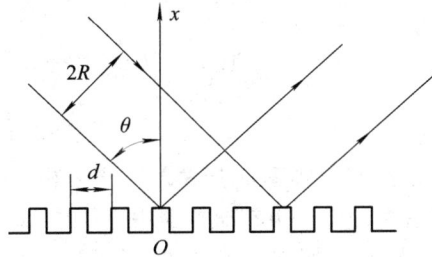

图 15.8　史密斯-珀塞尔辐射原理

这种激光器的工作原理为：电子束由左边射入，并靠近光栅沿 z 方向传播，单色平面波在垂直于光栅刻槽平面入射到光栅上，入射光与 x 轴成 θ 角。在入射波和反射波的行程中放置反射镜构成谐振腔。当电磁波相速度 ω/k_m 等于电子速度 βc 时，平行于 z 方向的高能电子束与 m 次表面谐波发生共振，共振条件为

$$\sin\theta + \xi = \beta^{-1} \tag{15-15}$$

式中：$\xi = m\lambda/d$，d 是光栅常数；$\beta = v/c$，v 是电子运动速度，c 是光速。因为 $\beta < 1$，只有当 $k^2 - k_m^2 < 0$ 时才发生共振，且共振表面谐波将沿光栅法线方向消散，式中

$$k_m = \frac{2\pi}{\lambda}(\sin\theta + m) \tag{15-16}$$

在光辐射照射范围内，入射的相对论电子对光辐射放大因子的极大值为

$$G_\mathrm{m} = \frac{2\pi e I R^2 h E^2 f_\mathrm{max}}{\lambda m c^2 \omega^{3/2}} \tag{15-17}$$

式中：I 为电子束电流；R 为光束半径；h 为共振谐波与入射波的能量比值；E 为谐振腔内振

荡电场的电场振幅；λ 为光波波长；m 为电子质量；$f_{\max}$ 为吸收谱的峰值；$\omega=2\gamma(\gamma-1)^{1/2}\xi-(\gamma^2-1)\xi^2-1$；$\gamma$ 为相对论因子。当 G_m 等于谐振腔内的能量损耗率 $(kC/Q)u$ 时，激光器达到振荡阈值，其中 Q 是激光器谐振腔的品质因子，u 是存贮在腔模中的能量。因此，阈值振荡所需的电子束电流强度为 $I_{\mathrm{th}}=1.3\times10^3\times(l\omega^{3/2})\times(RQh)^{-1}$，式中 l 为腔长，I_{th} 单位为安培。

对电子束能量单色性的要求是 $\Delta\gamma$ 应满足 $\Delta\gamma<\dfrac{\lambda(\gamma^2-1)^{3/2}}{L}$，其中 $L=\dfrac{2R}{\cos\theta}$，为光束在光栅 z 方向的长度。

15.2.3 受激喇曼自由电子激光器

如果所用电子束的能量比较低（$\leqslant 10\ \mathrm{MeV}$），但电子密度很高，在这种情况下，电子之间的相互作用就不能忽略，也就是说，这时电子束本身表现为一个流体波（称为等离子体波），因而需要考虑电子束的集体效应。以这种条件运转的激光器就叫做喇曼型磁韧致辐射激光器。

密度很高的电子束通过扭摆器时，由电子流体动力学理论可知，电子束的密度、速度发生变化并激起等离子体振荡，其频率为

$$\omega_p=\left(\frac{4\pi n_0 e^2}{m}\right)^{1/2} \tag{15-18}$$

式中：n_0 是电子密度；e 是电子电荷；m 为电子质量。如果考虑相对论效应，可将等离子体振荡频率写成

$$\omega_p=\left(\frac{4\pi n_0 e^2}{\gamma m_0}\right)^{1/2} \tag{15-19}$$

式中，m_0 为电子的静止质量。

如果有一频率为 ω_0 的电磁波与以频率 ω_p 振荡的电子束相互作用，将发生喇曼散射，喇曼散射的频率为 $\omega_0\pm\omega_p$。高密度的电子束在扭摆器中之所以会产生等离子体振荡，其机理是：电子束（设沿 z 轴方向运动）在周期磁场的横向力作用下，出现沿横向的运动，因为磁场周期变化，所以电子沿横向作振荡运动。另一方面，电子在周期磁场作用下，在 z 方向上发射出电磁辐射，该辐射的电磁场也对电子施加作用，因而迫使电子在 z 方向上出现周期性的聚合和离散，形成强度比较高的密度波，这个密度波与电子沿横向的振荡运动相耦合，产生受激喇曼散射。故这种类型也称为三波共振方式，即光波、电子等离子体波和静磁场的共振。由以上分析可见，这里是把电子束的等离子体振荡频率类比为原子或分子内部的振荡频率，而把电子在扭摆器中运动时产生的电磁辐射类比为入射光波，故可用喇曼散射的模型来分析电子束在周期磁场中所发生的总体辐射过程。

受激喇曼型自由电子激光器的输出波长在红外区，激光频率由下式给出：

$$\omega_s=\frac{\dfrac{2\pi v}{\lambda_g}-\dfrac{\omega_p}{\gamma}}{1-\beta} \tag{15-20}$$

式中：$\gamma=(1-\beta^2)^{-1}$；$\beta=\dfrac{v}{c}$；$\omega_p=\left(\dfrac{4\pi\rho_e e^2}{\gamma m_0}\right)^{1/2}$，$\rho_e$ 是电子密度。激光器的增益为

$$G=\left(\frac{(eB_\perp/m_0)^2\omega_p L^2\lambda_g}{4\pi\gamma C^5}\right)^{1/2}$$

式中：L 是相互作用长度；$B_\perp$ 是磁场振幅径向分量。

喇曼型自由电子激光器的研究始于 20 世纪 70 年代，1977 年美国哥伦比亚大学研制成功了第一台喇曼型自由电子激光器，其实验室装置如图 15.9 所示。由阴极场发射的圆柱形空心电子束（直径约为 4.5 cm），电子束能量为 1.2 MeV，管两端安装有两个反射镜，两者相距 150 cm，其中耦合输出镜是中央开有小孔的环形反射镜；该装置采用了两个磁场，一个是波荡器，产生一个静磁脉动场，其周期长度 λ_w 是 8 mm，磁感应强度为 0.04 T。另一个是均匀的螺旋管磁场，它的作用是用来会聚电子束。螺旋管磁场和脉动磁场的叠加，使磁场沿轴向（z）的分布如图下部的曲线所示。由于相对论电子束的持续时间为 40 ns（相当于 12 m 的距离），这正是谐振腔长度（150 cm）的 8 倍。这就是说，辐射脉冲在腔内可往返 4 次得到放大，最后得到 400 μm 波长的激光，其功率达 1 MW。所以喇曼型激光器输出的激光主要是在亚毫米波段。

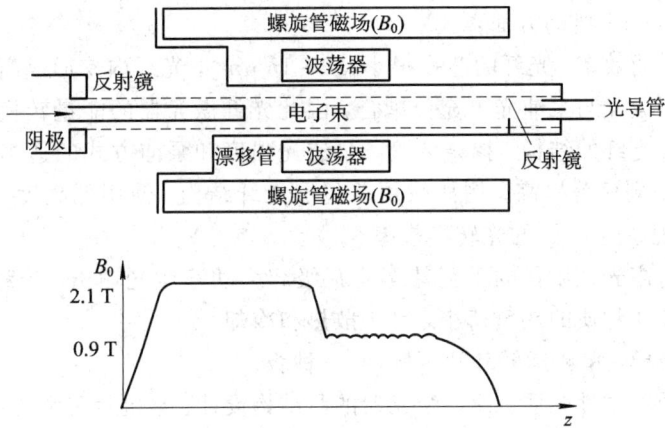

图 15.9　喇曼型自由电子激光器

练习与思考题

1. 自由电子产生光辐射有哪些方式？自由电子激光是怎样产生的？
2. 自由电子激光器的基本构成及主要类型有哪些。

第十六章　光　纤　激　光　器

　　光纤激光器是指以光纤为基质掺入某些激活粒子制成工作物质，或者是利用光纤本身的非线性效应制作成的一类激光器。Nd_2O_3 的光纤激光器于 1963 年首先研制成功。

　　光纤激光器是一种新颖的有源光纤器件。由于光纤激光器在增益介质和器件结构等方面的特点，与传统的激光技术相比，光纤激光器在很多方面显示出独特的优点。这些优点可以归纳为以下几个主要的方面：

　　(1) 较高的泵浦效率。光纤的芯径很小($10 \sim 15~\mu m$)，光纤内易形成高的泵浦光功率密度，且单模状态下激光与泵浦光可充分耦合，因此光纤激光器的能量转换效率高，激光阈值低。通过对掺杂光纤的结构、掺杂浓度、泵浦光强度和泵浦方式的适当设计，可以使激光器的泵浦效率得到显著提高。例如采用双包层光纤结构，使用低亮度、廉价的多模 LD 泵浦光源即可实现超过 60% 的光转换效率。

　　(2) 易于获得高光束质量的千瓦甚至兆瓦级超大功率激光输出。光纤激光器表面积/体积比较大，其工作物质的热负荷小，易于散热和冷却。

　　(3) 易实现单模、单频运转和超短脉冲(飞秒级)。

　　(4) 工作物质为柔性介质，使得激光器的腔结构设计、整机封装和使用均十分方便。

　　(5) 激光器可在很宽光谱范围内($455 \sim 3500$ nm)设计与运行，应用范围广泛。

　　(6) 与现有通信光纤匹配，易于耦合，可方便地应用于光纤通信和传感系统。

16.1　光纤激光器的工作原理

　　和传统的固体、气体激光器一样，光纤激光器基本也是由泵浦源、增益介质、谐振腔三个基本的要素组成。泵浦源一般采用高功率半导体激光器，增益介质为稀土掺杂光纤或普通非线性光纤，谐振腔可以由光纤光栅等光学反馈元件构成各种直线型谐振腔，也可以用耦合器构成各种环形谐振腔。泵浦光经适当的光学系统耦合进入增益光纤，增益光纤在吸收泵浦光后形成粒子数反转或非线性增益并产生自发辐射。所产生的自发辐射光经受激放大和谐振腔的选模作用后，最终形成稳定激光输出。

16.1.1　光纤激光器的激光过程

　　图 16.1 是光纤激光器原理图。由激光工作介质、谐振腔和泵浦源组成。激光介质为掺杂光纤或晶体光纤，谐振腔是由反射镜 M_1 和 M_2 构成的"F－P"腔，泵浦源为大功率激光二极管。当泵浦光通过光纤时，光纤内的工作粒子被激活，并进行受激辐射过程。而要形成

稳定的激光振荡，则必须满足两个条件：一是必须建立粒子数反转分布，因此要求泵浦光所提供的能量在数值上应超过激光上能级的能量，即泵浦光光子的频率必须大于激光光子的频率；二是应有合适的光学谐振腔，以提供适宜的振荡正反馈。上述两个条件表明，在特定条件下，光纤中的激光过程有特定的阈值，只有泵浦超过阈值时才能形成激光，因此，光纤激光器对泵浦光的波长和功率密度以及谐振腔的构型都有特定的要求。

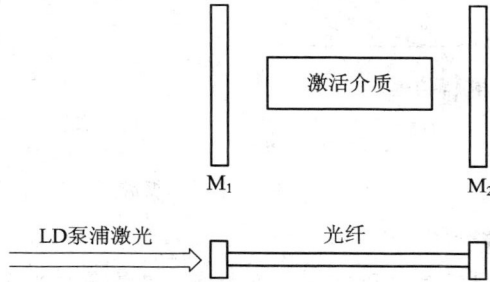

图 16.1　光纤激光器原理图

光纤激光器的谐振腔通常多是在光纤两端面抛光后镀膜而构成的。光纤腔内振荡模的振荡频率 υ_{nmq} 由下式给出：

$$\upsilon_{nmq} = \frac{c}{2\pi n_1 a}\left\{\left[(2\pi q - \Delta\Phi_{nm}) - \frac{a}{2L}\right]^2 + u_{nm}^2\right\}^{1/2} \tag{16-1}$$

式中 n_1 为光纤的折射率，a 为光纤半径，u_{nm} 是 TE 模第 n 阶模特征方程第 m 个根，c 是光速，$\Delta\Phi_{nm} = 2\pi q - \frac{2L}{a}(n_1^2 ka^2 - u_{nm}^2)^{1/2}$，$k = 2\pi/\lambda$，$\lambda$ 为激光波长，L 为光纤长度。

16.1.2　光纤激光器的谐振腔

1. F-P 光纤谐振腔

图 16.1 所示是"F-P"腔构型的环形光纤谐振腔。通常反射面 M_1 和 M_2 直接镀在光纤两个端面上。F-P 腔腔体长度 L 为激光波长的整数倍，且当谐振频率间隔为自由光谱区（FSR）时，就会产生谐振。这里，FSR＝$c/2nL$，L 也即是光纤的长度，n 是光纤的折射率，c 是光速。由于激活的光纤介质有很宽的增益分布区域，能引起的激光振荡是多谱线的，谱线间隔即为 FSR。光纤激光器中采用最多的谐振腔构型就是 F-P 腔。除此以外，近来还出现以下的一些特殊的谐振腔构型。

2. 环形光纤谐振腔

图 16.2(a) 所示为环形光纤谐振腔。由光纤定向耦合器构成。将耦合器的两个臂（即图中的 3，4）连接起来形成光的环形传输回路。图 (b) 是等效光路。耦合器起到了腔镜的反馈作用，而构成环形谐振腔。耦合器的分束比相当于腔镜的反射率，它们决定了谐振腔的精细度，要求有高的精细度就必须选择低的耦合比。一个实例：以掺 Nd^{3+} 光纤为工作物质，光纤的环形直径为 70 cm，采用熔融耦合器，耦合比为 10∶1。

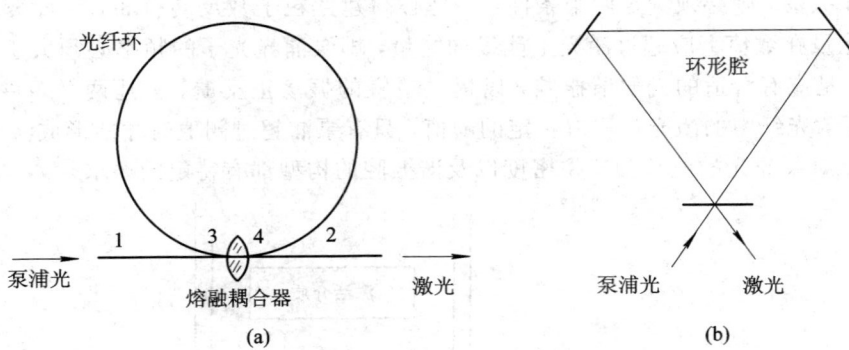

图 16.2　环形光纤谐振腔

3. 环路反射器光纤谐振腔

图 16.3(a)所示是环路反射器和它的等效光路。如果输入光纤功率为 P_i，耦合比为 k，在不计耦合损耗时透射光功率 P_t 和反射光功率 P_r 则分别为

$$P_t = (1-2k)^2 P_i$$
$$P_r = 4k(1-k)P_i \qquad (16-2)$$

因为不计耦合损耗，所以有 $P_r + P_t = P_i$ 关系。当 $k=0$ 或 1 时，反射率 $r=0$，当 $k=1/2$ 时，$r=1$。因此，一个光纤环路可视作是一个分布式光纤反射器，当把这样的两个环路按图 16.3(b)方式连接起来就可构成一个光纤谐振腔。图(b)也给出了这种谐振腔的等效光路，图中的两个光纤耦合器起到腔镜的反馈作用。研究表明，以掺 Nd^{3+} 光纤为介质的双环光纤激光器(全长 4.88 m)，用 806 μm 的 LD 激光泵浦，其激光阈值仅为 0.47 mW。

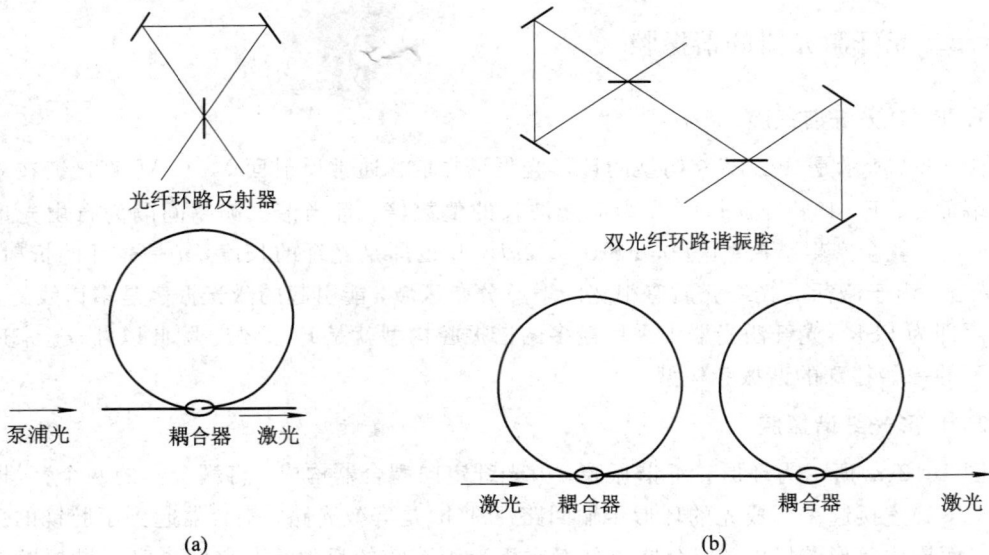

图 16.3　环形反射器光纤谐振腔

4. Fox - Smith 光纤谐振腔

图 16.4(a)所示为 Fox - Smith 谐振腔。它是由光纤端面的介质镜和光纤定向耦合器组

合成的复合谐振腔。其中 1 与 3 构成"子腔"，相当于"F－P"腔，然后再与 4 构成复合腔。图(b)是复合腔的等效光路。由于复合腔具有控制纵模的作用，因此这种谐振腔可获得窄带宽的激光输出。

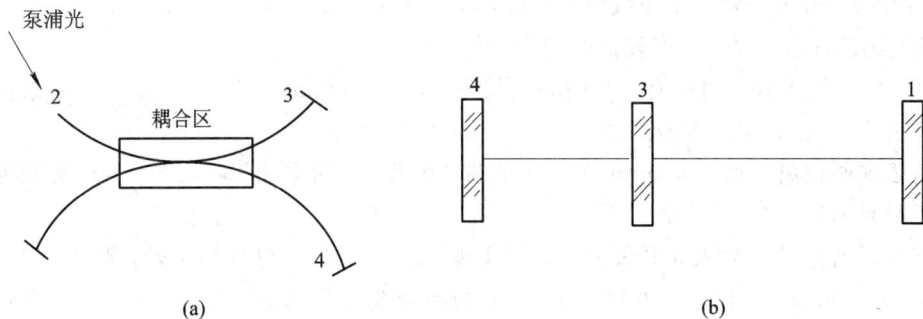

图 16.4 Fox－Smith 光纤谐振腔

16.2 光纤激光器的类型

按照光纤材料的种类，光纤激光器可以分为掺稀土元素光纤激光器、单晶光纤激光器、塑料光纤激光器、光纤喇曼激光器等。在各种光纤激光器中，掺稀土元素光纤激光器出现最早，发展最为迅速和成熟，最早进入商品化阶段。由于掺稀土元素光纤激光器的输出波长恰好与光纤的几个重要窗口相匹配，且具有插入损耗低、增益与偏振特性无关，易于单模光纤耦合，故其成为固体激光器和半导体激光器的有力竞争者，已经在大容量长距离光纤通信系统中显示出诱人的应用前景。光纤激光器的迅速发展，除应用需求外，基于近年来晶体光纤技术、稀土元素掺杂技术、单模光纤低损耗技术、光纤耦合技术、大功率半导体激光器技术等的突破性进展，特别是采用半导体激光器作为泵浦源，为光纤激光器的发展和实用化奠定了基础。

16.2.1 掺稀土元素光纤激光器

掺稀土类元素光纤激光器的光纤基质材料是玻璃，主要有硅玻璃和氟化物玻璃。特别是氟化物玻璃基质，不仅可提高掺杂稀土离子的浓度，而且可使激光发射移到中红外波段 $(2\sim3\ \mu m)$。用以掺杂的稀土元素离子主要包括：Nd^{3+}、Er^{3+}、Tm^{3+}、Ho^{3+} 等，目前研究最集中的是掺 Nd^{3+} 和 Er^{3+} 的光纤。因为它们的 $1.33\sim1.55\ \mu m$ 的输出波长恰处在光纤通信窗口，而且可用 LD 实行高效率的泵浦。泵浦光除用 LD 激光(807 nm)外，还采用 Ar^{3+} 激光(514.5 nm)、N_2 激光(337.1 nm)和 Nd^{3+} 激光($1.06\ \mu m$)等。

掺稀土类元素光纤激光器存在最佳掺杂浓度。掺杂浓度低，使得有效激活粒子数密度不足；掺杂浓度过高，会使相邻离子间的相互作用过大，致使激光上能级粒子数减少，同时也会影响到玻璃基质的结构。离子掺入到玻璃基质中，实际上是填隙于玻璃的网格中。因此，玻璃基质也会影响和改变掺杂离子的光谱特性，主要表现为能级展宽，这种展宽的机制主要归为声子展宽和基质电场展宽。所以，不同材料的玻璃有不同的最佳掺杂浓度，对于硅玻璃，掺杂浓度为几百 ppm(百万分比浓度)，对于氟化物玻璃可更高一些。

对于两种最常采用的掺杂离子 Nd^{3+} 和 Er^{3+} 的光谱具有如下一些特性:

(1) Nd^{3+} 的吸收带对应的两个中心波长分别是 800 nm 和 900 nm,而 Nd^{3+} 的荧光带对应的三个中心波长分别是 900 nm、1.06 μm 和 1.35 μm,因此可在这三个波长上获得激光(其中 900 nm 处的荧光带与吸收带交叠,属三能级系统)。而 1.06 μm 和 1.35 μm 处没有交叠,属四能级系统,具有较低的激光阈值。

(2) Er^{3+} 的吸收带对应有三个中心波长 800 nm、980 nm 和 1.55 μm,其荧光谱带的中心波长为 1.55 μm,属三能级系统。

由于这两种离子均在 800 nm 处有吸收带,因此,就可采用 LD 的 800 nm 激光实行有效的匹配泵浦。

在光纤谐振腔内插入光开关元件,可实现光纤激光器的 Q 脉冲运转,对掺 Nd^{3+} 的激光器,在 1.06 μm 波长上,可获得 200 ns 的激光输出脉宽;对于掺 Er^{3+} 的激光器,在 1.55 μm 波长上,可获得 32 ns 的激光输出脉宽。当在光纤谐振腔内插入锁模脉冲发生器和双折射滤波器时,即可实现锁模和可调谐运转,例如对于掺 Nd^{3+} 的光纤,波长调谐范围是 900~950 nm 和 1.07~1.14 μm。

16.2.2 单晶光纤激光器

单晶光纤激光器的工作物质是单晶光纤。这种激光器的激光过程是:当泵浦光通过单晶光纤时,掺入基质内的离子受泵浦后,能级之间实现"粒子数反转"产生能级跃迁,在能级之间产生光放大。当泵浦光的激发超过一定阈值时,便产生激光输出。单晶光纤的制作是用 CO_2 激光把晶体熔化后再拉成光纤。已制成的单晶光纤激光工作物质有:Al_2O_3 光纤、Cr^{3+}:Al_2O_3 光纤、Nd^{3+}:YAG 光纤和 $LiNbO_3$ 光纤。它们的直径约为 60 μm,长度为 3~20 cm。振荡波长与原来的晶体激光器相同,但具有更高的能量转换效率。例如,Nd^{3+}:YAG 光纤激光器,用 0.590 nm 的激光泵浦(阈值振荡功率 3.7 mW),能量转换效率就可达 10.5%。用 $LiNbO_3$ 光纤作激光倍频,可以得到比块状 $LiNbO_3$ 高 30 倍的倍频效率。

由于这些激光器是以单晶光纤的形式出现的,因此它与 LD 和 LED 的耦合效率高,作为泵浦源时可得到密集度高、稳定性好、高效的激光,同时单晶光纤激光器也有很好的可挠性、体积小等优点。

16.2.3 塑料光纤激光器

塑料光纤激光器的工作物质是在塑料光纤的芯部或包层内充入激光染料。输出的激光波长与原来的染料激光器的振荡波长相同。例如把 POPOP 激光染料充入聚苯乙烯做芯($n=1.6$)、用聚异丁烯酸甲醋($n=1.48$)做包层的塑料光纤中而制成的激光工作物质,采用 N_2 分子激光(337.1 nm)泵浦,能获得在 410~440 nm 波长范围内调谐的激光振荡。

塑料光纤激光器根据在光纤中添加活性染料的不同分为三种:

(1) 活性芯染料激光器,这种激光器是在塑料光纤的芯中掺入染料,使光纤芯作为活性体。这种激光器具有在高效率下激光稳定的优点,但是它的激光波长域受到限制。

(2) 活性包层染料激光器,它是在光纤包层中掺入染料,它的优点是选择适当的染料可以得到各种波长的激光,但其激光效率和稳定性不好。

（3）为了克服以上两种激光器的缺点，采用在光纤芯和包层中分别掺入不同的染料做成放射能量移动型光纤染料激光器，这种激光器可以得到各种波长且效率高、稳定性好的激光。

塑料光纤激光器在制造工艺上比玻璃光纤占优势。但是，塑料光纤的损耗大，限制了其发展和应用，如能克服其损耗大的缺点，将有广泛的应用前景。

16.2.4 光纤喇曼激光器

这是利用光纤内的非线性光学效应而制成的激光器。目前主要有基于激光在光纤内产生受激喇曼散射的光纤喇曼激光器和基于激光在光纤内产生的受激布里渊散射的光纤布里渊激光器。

光纤喇曼激光器的光纤通常为二氧化硅光纤，斯托克斯喇曼位移量为 44×10^3 m^{-1}；在波长为 1 μm 处的激光喇曼增益系数为 1×10^{-9} m$^{-1} \cdot$ W^{-1}，使用长度为 1 km 的光纤，输入 1 W 的泵浦光功率可获得大于 20 dB 的喇曼增益。改变芯部掺入的物质成分，还可获得不同的激光振荡波长。例如，掺入 GeO_2，用 1.06 μm 的激光泵浦，可获得 1.12 μm 的喇曼激光输出。掺入 P_2O_3，也用 1.06 μm 的激光泵浦，可获得 1.25 μm 的激光输出。

对于单模光纤，产生受激喇曼散射的泵浦阈值功率为

$$P_{th} \approx \frac{16A}{G_R L}(\text{W}) \qquad (16-3)$$

式中，A 是光纤芯有效截面积；G_R 是峰值喇曼增益；L 是光纤的有效长度，$L = (1-e^{-\alpha l})/\alpha$，$l$ 是光纤实际长度，α 为光纤线性衰减系数。对于重复频率为 6 kHz、脉宽为 20 ns 的泵浦光，泵浦平均阈值功率为

$$\bar{P}_{th} = 1.4 \times 10^{-4} \frac{16A}{G_R L}(\text{W}) \qquad (16-4)$$

练习与思考题

1. 与传统激光器相比，光纤激光器具有哪些优势？
2. 光纤激光器具有哪些类型？目前主要开发哪些类型的光纤激光器？

参 考 文 献

[1] 程成. 气体激光动力学及器件优化设计. 北京：机械工业出版社，2008.

[2] 李定，陈银华，马锦绣，等. 等离子体物理学. 北京：高等教育出版社，2006.

[3] 吕百达. 固体激光器件. 北京：北京邮电大学出版社，2002.

[4] 桑凤亭，金玉奇，多丽萍. 化学激光及其应用. 北京：化学工业出版社，2006.

[5] 郭硕鸿. 电动力学. 北京：人民教育出版社，2005.

[6] 马养武，陈钰清. 激光器件. 杭州：浙江大学出版社，2006.

[7] 李适民，黄维玲，等. 激光器件原理与设计. 2 版. 北京：国防工业出版社，2005.

[8] 江剑平. 半导体激光器. 北京：电子工业出版社，2000.

[9] 惠仲锡，杨震华. 自由电子激光. 北京：国防工业出版社，1995.

[10] 褚圣麟. 原子物理学. 北京：人民教育出版社，1979.

[11] 蓝信钜. 激光技术. 北京：科学出版社，2000.

[12] 周炳琨，高以智，陈倜嵘. 激光原理. 5 版. 北京：国防工业出版社，2004.

[13] 黄德修，刘雪峰. 半导体激光器及其应用. 北京：国防工业出版社，1999.

[14] 刘晶儒. 准分子激光器及应用. 北京：国防工业出版社，2009.

[15] 曾明. 全内腔绿光氦氖激光器. 物理，1996(5).

[16] 凌一鸣. 200 毫瓦高功率氦氖激光器. 光电子·激光，1995(5),299.

[17] 凌一鸣，吴思恩. 400 毫瓦氦氖激光器及其在光动力学治疗上的应用. 红外与激光工程，1996(1).

[18] 赵绥堂. 316.4 nm 紫外氦氖激光器. 量子电子学报，1997(6).

[19] 周顺彪，等. 小型氦镉激光器的研制. 应用激光，2001(1).

[20] 王建，陈建平，刘小军，等. 涡轮喷气 CO_2 气动激光器概念研究. 航空动力学报，2010(11)：2415～2419.

[21] 上官诚，雷仕湛，罗乃草，等. 气相爆炸 CO_2 气动激光器. 中国科学杂志，1983(3).

[22] 楼祺洪，漆云凤，周军，等. 高性能透明激光陶瓷及陶瓷激光器的最新应用进展. 红外与激光工程，2008(12)：993～997.

[23] 刘颂豪. 透明陶瓷激光器的研究进展. 光学与光电技术，2006(2)：1～8.

[24] 程开富. 半导体激光器的新秀—微碟激光器. 纳米科技，2005(2)：23～26.

[25] 桑凤亭. 连续波氧碘化学激光器的实验研究. 强激光与粒子束，1993(5).

[26] Motz H. Application of the Radiation from Fast Electron Beams，J. App. Phys，22，527(1951).

[27] Madey J. Stimulated Emission of Bremsstrahlung in a Periodic Magnetic Field，J. Appl. Phys. 42，1906 (1971).

[28] 陈泽民. 自由电子激光的基本原理. 物理与工程，2000，10(5)，13～16.

[29] 中井贞雄，等. 激光工程. 北京：科学出版社，2002.